21世纪高等学校规划教材 | 计算机科学与技术

计算机网络简明教程

史志才 编著

清华大学出版社
北京

内容简介

随着信息时代的到来，掌握计算机网络的基础知识和基本原理，能够熟练使用计算机网络已成为当代大学生、甚至公民的一项基本素养。无论是计算机科学与技术、网络工程、信息安全等专业，还是其他电气信息类非计算机专业，计算机网络已成为学生必修的一门重要课程。本书从方便读者学习的角度出发，遵循网络用户的使用习惯以及读者的思维习惯，结合 Internet 和以太网技术，基于网络体系结构的层次模型，采用自顶向下的方法，按照数据发送时的信息流向，从应用层、传输层到物理层，深入剖析和讲解计算机网络的原理和实现技术，为读者建立一个完整的网络通信和信息共享模型。最后，本书还介绍了计算机网络安全与管理、高性能集群计算、网格计算、云计算、移动计算、普适计算等网络计算新模式，以及主动网、自组网、无线传感器网络等新型网络。

本书理论方法与实现技术并重，内容简明精练，重点突出，结构清晰，逻辑性强，语言叙述流畅，易于阅读和理解；主要章节后均附有大量习题，有助于学生巩固理论知识。本书面向应用型本科院校，可以作为计算机科学与技术等电气信息类专业的本科生和研究生教材，也可作为广大网络爱好者自学的参考书。

图书在版编目(CIP)数据

计算机网络简明教程/史志才编著. —北京：清华大学出版社，2018
(21 世纪高等学校规划教材·计算机科学与技术)
ISBN 978-7-302-49178-1

Ⅰ. ①计… Ⅱ. ①史… Ⅲ. ①计算机网络－教材 Ⅳ. ①TP393

中国版本图书馆 CIP 数据核字(2017)第 328405 号

责任编辑：闫红梅 常建丽
封面设计：傅瑞学
责任校对：梁 毅
责任印制：董 瑾

出版发行：清华大学出版社
网 址：http://www.tup.com.cn，http://www.wqbook.com
地 址：北京清华大学学研大厦 A 座 **邮 编**：100084
社 总 机：010-62770175 **邮 购**：010-62786544
投稿与读者服务：010-62776969，c-service@tup.tsinghua.edu.cn
质量反馈：010-62772015，zhiliang@tup.tsinghua.edu.cn
课件下载：http://www.tup.com.cn，010-62795954
印 装 者：北京泽宇印刷有限公司
经 销：全国新华书店
开 本：185mm×260mm **印 张**：22.5 **字 数**：548 千字
版 次：2018 年 9 月第 1 版 **印 次**：2018 年 9 月第 1 次印刷
印 数：1～1500
定 价：49.00 元

产品编号：073330-01

出版说明

随着我国改革开放的进一步深化，高等教育也得到了快速发展，各地高校紧密结合地方经济建设发展需要，科学运用市场调节机制，加大了使用信息科学等现代科学技术提升、改造传统学科专业的投入力度，通过教育改革合理调整和配置了教育资源，优化了传统学科专业，积极为地方经济建设输送人才，为我国经济社会的快速、健康和可持续发展以及高等教育自身的改革发展做出了巨大贡献。但是，高等教育质量还需要进一步提高以适应经济社会发展的需要，不少高校的专业设置和结构不尽合理，教师队伍整体素质亟待提高，人才培养模式、教学内容和方法需要进一步转变，学生的实践能力和创新精神亟待加强。

教育部一直十分重视高等教育质量工作。2007 年 1 月，教育部下发了《关于实施高等学校本科教学质量与教学改革工程的意见》，计划实施"高等学校本科教学质量与教学改革工程"(简称"质量工程")，通过专业结构调整、课程教材建设、实践教学改革、教学团队建设等多项内容，进一步深化高等学校教学改革，提高人才培养的能力和水平，更好地满足经济社会发展对高素质人才的需要。在贯彻和落实教育部"质量工程"的过程中，各地高校发挥师资力量强、办学经验丰富、教学资源充裕等优势，对其特色专业及特色课程(群)加以规划、整理和总结，更新教学内容、改革课程体系，建设了一大批内容新、体系新、方法新、手段新的特色课程。在此基础上，经教育部相关教学指导委员会专家的指导和建议，清华大学出版社在多个领域精选各高校的特色课程，分别规划出版系列教材，以配合"质量工程"的实施，满足各高校教学质量和教学改革的需要。

为了深入贯彻落实教育部《关于加强高等学校本科教学工作，提高教学质量的若干意见》精神，紧密配合教育部已经启动的"高等学校教学质量与教学改革工程精品课程建设工作"，在有关专家、教授的倡议和有关部门的大力支持下，我们组织并成立了"清华大学出版社教材编审委员会"(以下简称"编委会")，旨在配合教育部制定精品课程教材的出版规划，讨论并实施精品课程教材的编写与出版工作。"编委会"成员皆来自全国各类高等学校教学与科研第一线的骨干教师，其中许多教师为各校相关院、系主管教学的院长或系主任。

按照教育部的要求，"编委会"一致认为，精品课程的建设工作从开始就要坚持高标准、严要求，处于一个比较高的起点上。精品课程教材应该能够反映各高校教学改革与课程建设的需要，要有特色风格、有创新性(新体系、新内容、新手段、新思路，教材的内容体系有较高的科学创新、技术创新和理念创新的含量)、先进性(对原有的学科体系有实质性的改革和发展，顺应并符合 21 世纪教学发展的规律，代表并引领课程发展的趋势和方向)、示范性(教材所体现的课程体系具有较广泛的辐射性和示范性)和一定的前瞻性。教材由个人申报或各校推荐(通过所在高校的"编委会"成员推荐)，经"编委会"认真评审，最后由清华大学出版社审定出版。

目前，针对计算机类和电子信息类相关专业成立了两个“编委会”，即“清华大学出版社计算机教材编审委员会”和“清华大学出版社电子信息教材编审委员会”。推出的特色精品教材包括：

(1) 21世纪高等学校规划教材·计算机应用——高等学校各类专业，特别是非计算机专业的计算机应用类教材。

(2) 21世纪高等学校规划教材·计算机科学与技术——高等学校计算机相关专业的教材。

(3) 21世纪高等学校规划教材·电子信息——高等学校电子信息相关专业的教材。

(4) 21世纪高等学校规划教材·软件工程——高等学校软件工程相关专业的教材。

(5) 21世纪高等学校规划教材·信息管理与信息系统。

(6) 21世纪高等学校规划教材·财经管理与应用。

(7) 21世纪高等学校规划教材·电子商务。

(8) 21世纪高等学校规划教材·物联网。

清华大学出版社经过三十多年的努力，在教材尤其是计算机和电子信息类专业教材出版方面树立了权威品牌，为我国的高等教育事业做出了重要贡献。清华版教材形成了技术准确、内容严谨的独特风格，这种风格将延续并反映在特色精品教材的建设中。

清华大学出版社教材编审委员会

联系人：魏江江

E-mail：weijj@tup.tsinghua.edu.cn

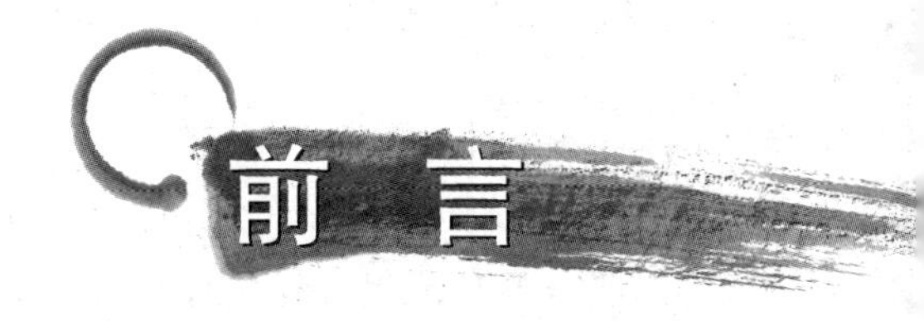

前言

目前，伴随着大数据、云计算、移动互联、物联网等技术的发展，经济社会已经迈入工业4.0和互联网+时代，计算机网络正以惊人的速度向人类社会的各个领域渗透，彻底颠覆了人们传统的生活、学习、工作乃至思维方式，实现了信息世界与物理世界的高度融合，有力地推动了经济社会的进步和快速发展。熟练操作和使用计算机网络已成为现代公民的一项基本素养。但是，对于计算机科学与技术等相关专业的学生而言，不但应熟练地掌握计算机网络的各种应用技术，而且还应掌握计算机网络的工作原理，以便更好地开发网络应用软件，优化网络性能，为用户提供更好的网络服务和用户体验。以往的计算机网络教材一般都是从信息接收者的角度出发，按照信息的接收流程，从物理层、数据链路层到应用层讲解计算机网络的工作过程。但是，当计算机网络的使用者想得到某种网络服务（如打开某个网页）时，首先要发送请求给网络，然后才能得到来自网络的响应信息；所以，对于计算机网络用户，从信息发送的角度讲解计算机网络的工作原理更直观和易于理解。本书就是从上述角度出发，根据国民经济建设和社会发展对计算机等电气信息类专业技术人才在素质、知识和能力等方面的要求，并参考 IEEE-CS/ACM 联合制定的 CS2013（Computer Science Curricula 2013）计算机科学教程，同时，结合 Internet 和以太网技术，采用自顶向下的方式，按照应用层、传输层到物理层的顺序详细介绍计算机网络的工作过程，使读者能够更好地理解和掌握计算机网络的原理和实现技术。本书具有如下特点：

（1）从用户角度出发，按照计算机网络中数据发送的信息流向和网络层次模型，采用自顶向下的方法，按照从应用层、传输层到物理层的顺序，详细地介绍计算机网络的工作原理。全书内容组织安排合理，结构清晰，易于阅读和理解。

（2）书中内容简明扼要，重点突出，主要介绍典型的网络协议（即以太网协议和 Internet 协议）以及网络安全和管理技术。

（3）注重理论联系实际，概念讲解透彻、具体。对于网络各个协议层包括的功能，从理论、方法讲解到具体实现细节。例如，对于简化的五层网络协议，每层的功能不但讲解其原理，而且结合以太网、因特网等技术详细介绍了各种功能的具体实现方法。

（4）实用性和先进性并重。计算机及其网络技术发展迅速，可以说是日新月异。本书作为一门计算机网络课程的教材，不但将以太网、因特网等传统的计算机网络技术详细地介绍给读者，而且还力争将云计算、移动计算等网络技术的最新发展及其作用展现给读者，以激发读者的学习兴趣。

（5）本书内容丰富，系统性强，从计算机网络的基本概念、原理到工作过程、网络接入、网络管理、网络安全和网络计算等多个方面，将计算机网络的原理和实现技术系统地呈现给读者，使读者可以完整地获得计算机网络方面的相关知识。

（6）书中充分借鉴案例教学的思想，由实际生活中的案例引出网络中的一些重要概念，以方便读者学习。例如，通过通信录的管理引出域名及域名解析，通过书信的邮寄过程引出协议和协议栈。

(7) 书中内容表述直观,图文并茂,逻辑性强,易于理解。原理和方法(如域名解析等)均按照步骤和流程进行了详尽描述,不但做到条理清晰,还配有丰富的原理图以及案例图示,从而将复杂的原理和方法直观地呈现出来,方便读者阅读和理解。

本书共分6篇、20章。第1篇是计算机网络与数据通信技术基础,共包括两章。第1章是计算机网络概述,介绍了计算机网络的基本概念、组成、发展历史、网络体系结构以及计算机网络的一些重要概念。第2章是数据通信技术基础,简单介绍了计算机网络中所涉及的一些通信技术和基本概念。这两章为后续内容的学习奠定了基础。第2篇是Internet与TCP/IP,共包括3章。其中,第3章介绍了Internet的HTTP、FTP、SMTP、Telnet等应用层协议,以及域名的概念和组成、域名解析、DHCP等协议,讲述了网络系统是如何接受和响应用户的应用请求,并为用户提供服务的。第4章介绍了Internet的TCP、UDP等传输层协议,重点介绍了TCP在确保网络传输可靠性中的作用。第5章介绍了Internet的网络层协议,即IP,全面论述了IP在网络互联中的重要作用,同时也介绍了ICMP、IGMP、ARP、路由选择等与IP密切相关的几个协议,以及网络地址转换技术(NAT)。第3篇是物理网络与因特网接入篇,包括第6~10章,分别介绍了数据链路层和物理层的功能以及为网络提供底层通信功能的局域网、广域网和接入网等技术。其中,第6、7两章从共性角度出发,分别介绍了数据链路层和物理层的功能,以及数据链路层中进行流量控制和差错控制的方法,同时也介绍了几个典型的数据链路层和物理层协议。第8章以以太网系列局域网为例,通过从10M带宽到吉比特的发展过程详细介绍了局域网技术的原理及其演变进程。第9章介绍了广域网技术,具体包括X.25、帧中继、ISDN、ATM等。第10章介绍了Internet接入技术。第4篇是计算机网络安全与管理篇,共包括两章,分别介绍了网络管理和网络安全技术。第5篇是网络计算,共包括5章,分别介绍了高性能集群计算、网格计算、云计算、移动计算、普适计算等网络计算新技术。第6篇是新型计算机网络,共包括3章,分别介绍了主动网、自组网、无线传感器网络等新型网络。

本书由上海工程技术大学的史志才教授编写,书中内容遵循典型网络技术的发展脉络,结合作者多年的教学经验进行组织,并适当精简和筛选,力求简明、精练,希望能够方便读者掌握相关知识。由于计算机及其网络技术发展迅速,涉及的知识面广,加上作者的知识和能力有限,对书中不妥之处,恳请读者批评指正。

本书可以作为计算机科学与技术等电气信息类相关专业的本科和研究生教材,建议授课学时为48~64学时。最后两篇的部分章节在对本科生的授课过程中可以概略地介绍给学生,目的在于拓宽学生的视野和知识面,使学生能够了解网络技术的最新发展,以及对相关技术的促进和支撑作用;而对于研究生,可以作为其相关研究方向的指导。本书配有教学课件,若需要,可以从清华大学出版社的相关网址上下载。

史志才

2017年8月

目录

第1篇　计算机网络与数据通信技术基础

第5篇 网络计算

第 1 篇

计算机网络与数据通信技术基础

本篇从计算机网络与数据通信技术的基础出发，分别介绍计算机网络的基本概念以及数据通信技术的基本知识，为后续章节内容的学习奠定基础。

本篇共包括两章，第1章为计算机网络概述，主要内容包括：

- 计算机网络的产生与发展
- 计算机网络的定义与功能
- 计算机网络的组成与分类
- 计算机网络协议与体系结构
- 典型的网络体系结构
- 常用的网络设备
- 计算机网络中的一些重要概念（网络的服务类型、网络的主要性能指标、IP地址和物理地址）
- 网络操作系统
- 典型的计算机网络

第2章为数据通信技术基础，主要内容包括：

- 传输介质
- 信道及其复用
- 数据传输方式
- 信道的性能指标
- 信息编码与数字信号编码
- 调制技术与远程传输

第1章 计算机网络概述

随着计算机网络以及通信技术的发展及广泛应用，现代社会已经步入以计算机网络为核心的信息化时代，信息的获取、传输、存储和处理之间的孤岛现象因计算机网络的应用而逐渐消失，人类广泛活动于由计算机及其通信网络所构筑的信息平台之上。计算机网络的出现有效屏蔽了计算机软、硬件资源以及信息资源在地域上的差异，缩短了人与人之间的距离，为用户提供了一个友好、易用、统一的使用环境和操作界面，使得用户可以在虚拟的网络空间中非常方便地获得越来越丰富的信息资源和越来越强大的计算和存储能力。目前，因特网的广泛应用已经彻底颠覆了传统商业的运作模式，也改变了人们的工作、学习和生活方式，计算机网络已经发展成为人们不可或缺的一部分。

1.1 计算机网络的产生与发展

任何一种新技术的产生常常是缘于强烈的社会需求和快速发展的技术驱动，计算机网络的产生也不例外。一方面，它是计算机技术和通信技术高度发展、密切结合的产物，同时，也是为了使人们能够方便、快捷地进行信息交流和资源共享而提出的一种技术。20世纪50年代，计算机与通信技术的发展和社会进步驱动了计算机网络的产生，而计算机网络技术的快速发展反过来又加速了计算机和通信等相关技术的发展进程。目前，社会的各个角落均能见到计算机网络的身影。今天，计算机网络的广泛应用已经彻底改变了人们的工作和生活方式，极大地提高了社会生产率，充分说明了计算机及其网络技术是推动社会进步和经济发展的强大动力。下面从两个不同的角度出发，分别阐述计算机网络的产生和发展历程。

从数据传输和通信的角度看，计算机网络的产生是为了提高通信的可靠性而由电路交换和报文交换发展到分组交换的结果。众所周知，传统的电话网采用的是电路交换方式，通话双方一旦拨通，就被分配一条固定的通信线路（该线路或者其中的某一段可能与其他用户共享），一旦该线路出现问题，通信即被中断；若要继续通信，则需要重新拨号申请一条新的通信线路。显然，这种电路交换方式的可靠性较差，很难满足军事部门等一些重要领域的需要。为了提高通信系统的可靠性，急需研究一种高可靠的新型通信网络，这就是采用分组交换技术的计算机通信网络。

分组交换技术借鉴报文交换的一些思想，并有所改进，它克服了电路交换方式的缺点。在分组交换方式下，被传输的数据分成多个数据包在通信网络中进行传输，每个数据包称为一个分组（packet）。发送数据和接收数据的节点间一般存在多条传输路径，属于同一次传输的各个分组可以经过不同的路径独立地传输到接收节点。因而，当某条通信线路发生故障时，网络节点会感知故障的存在，并通过其他冗余线路继续传输分组数据，从而达到显著提高通信网络可靠性的目的。在通信网络中，相邻两个节点间的通信线路称为一段；数据传输过程可能要经过多个中间节点和多段线路；在分组交换的情况下，数据传输对通信线路是分段占用的，中间节点接收到分组数据后暂时存储在内部存储器中，然后，进行判断选择，并将分组通过某个输出端口转发给下一个节点，这种处理数据分组的方式称为存储转发(store and forward)。所以，分组交换中通信网络的各段线路可以灵活地被多个用户所共享，即提高了通信资源的利用率。而电路交换却不然，它始终占用一条从发送方到接收方之间固定的通信线路，尽管没有数据传输，其他用户也不能使用。由上述介绍可见，计算机网络不同于传统通信网络的显著特征是：它采用了存储转发和分组交换技术。

电路交换、报文交换和分组交换技术及其特点将在广域网一章中详细阐述。

从技术发展的角度看，计算机网络的形成和发展分成如下几个阶段。

1. 单机系统阶段

20 世纪 50 年代，计算机技术处于发展初期，计算机主机价格昂贵，数量少，只能集中管理和使用，这种方式使远程用户使用起来非常不方便。随着通信技术的发展，人们尝试采用通信线路将处于不同地理位置的智能终端与远程计算机相连，这样可以通过终端提交作业给远程计算机，异地操作计算机，提交的作业和计算机处理的结果通过通信线路进行传输，处理结果显示在用户的本地终端上。这样在多用户分时系统的基础上，使得多个远程用户可以同时共享同一台计算机主机上的资源，形成了单机多用户系统。这样极大地方便了远程用户，提高了工作效率和计算机的利用率。这种单机系统的组成如图 1.1 所示，常把这种以单个计算机为中心的联机系统称为面向终端的远程联机系统。单机系统的典型代表为美国航空公司 20 世纪 60 年代初投入使用的、由 IBM 公司开发的航空订票系统(SABRE)。该系统由一套中央计算机与分布在美国各地的 2000 多台终端组成，提供全美国范围内的航空订票业务。到 1964 年年底，该系统每小时处理的订票交易量达到 7500 个。而在以往的手动卡片系统中，处理一个预订交易的平均时间是 90min，SABRE 将这一时间缩短至几秒钟。到 1978 年，SABRE 达到了每天可以存储一百万张机票的历史纪录。

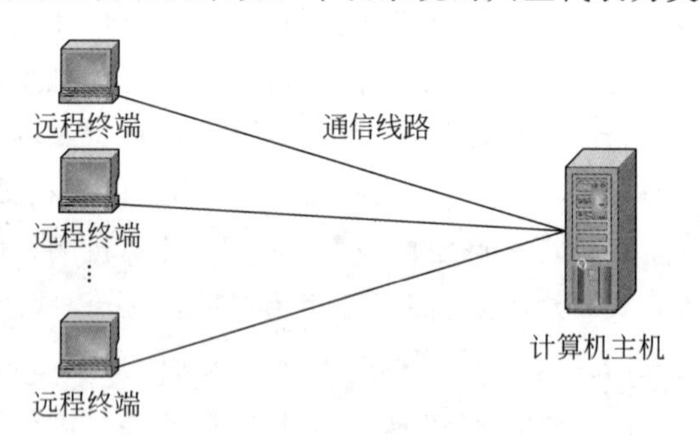

图 1.1 单机系统的组成

2. 多机系统阶段

远程联机系统为计算机网络的雏形，但还很不完善，特别是计算机主机要承担与用户通信以及数据处理的双重任务，工作负荷较重，各个远程终端通过独立的通信线路连接到计算机主机上，通信线路仅供自己使用，利用率低。为了克服上述缺点，对单机系统进行改进，进而发展成了多机系统。多机系统由计算机主机、前端处理机、线路集中器和远程终端组成，如图 1.2 所示。计算机主机仅负责数据处理，与远程用户间的通信和交互工作完全由前端处理机完成。这样工作负荷合理均衡分配，进一步提高了计算机系统的工作效率。此外，对于用户集中的区域，这些用户可以使用低速通信线路连接到线路集中器上，再由线路集中器通过高速的共享线路连接到前端处理机，从而提高通信线路的利用率。前端处理机和线路集中器一般采用通信功能较强的专用计算机，这样成本较低，使整个多机系统具有合理的性能价格比。

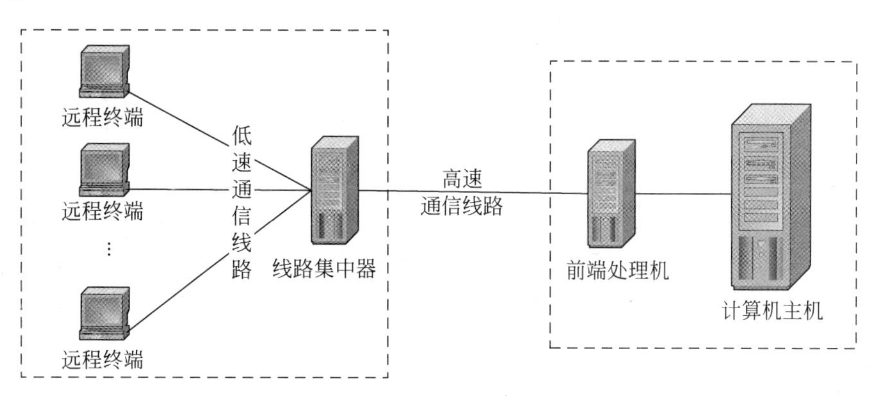

图 1.2　多机系统的组成

3. 计算机通信网阶段

随着微电子技术以及大规模集成电路设计和制造技术的快速发展，计算机的功能越来越强大，价格越来越低廉，体积越来越小，使用起来越来越方便，因而计算机的应用得到了迅速普及。在这种背景下，许多单位常常配备了多台计算机，这些计算机可能分布在不同的地方，用户希望这些计算机之间能够直接进行通信和信息交换。为了满足用户的这些需求，常将多台计算机通过通信线路连接起来，组成计算机通信网。这种网络的功能以数据通信为主，资源共享能力有限。

众所周知，因特网起源于美国国防部高级研究计划署(Advanced Research Projects Agency，ARPA)的 ARPANET，而该网络的设计初衷就是为了解决四个不同节点间的通信问题。20 世纪 70 年代问世的以太网最初也是为了解决有限范围内计算机之间的信息交换问题。它们都是典型的计算机通信网。

4. 计算机网络和因特网阶段

随着计算机的广泛应用以及通信技术的快速发展，人们已不满足于计算机间的信息交换，而更希望通过本地计算机就能够访问和使用其他计算机上的软、硬件资源，为此制定了信息交换和资源共享的标准(即协议)，开发了网络操作系统，通过软件将不同硬件和底层软件的差异屏蔽掉，消除不同厂家系统间的异构性(异构性是指计算机在硬件或者操作系统等底层软件上存在一定的差异)，为用户提供一个统一、透明、虚拟的网络环境，即诞生了以软、硬件资源和信息资源共享为主要特征的计算机网络，并经过不断完善进而发展成今天覆盖全球的因特网。

从计算机网络的发展历程上看，ARPANET、多用户分时操作系统 UNIX、以太网、TCP/IP 以及 WWW 浏览器等对于计算机网络的发展和普及起到了巨大的推动作用。

1.2 计算机网络的定义与功能

计算机网络为人类社会的交流提供了非常便利的手段和平台。通过计算机网络我们可以在虚拟的信息世界中畅游，访问和使用本地或者异地的软、硬件资源，浏览和获取网络上的海量信息。由此可见，通信是计算机网络所具有的一项基本功能。同时，用户通过网络软件可以共享本地或异地的软、硬件和信息等资源，如网络打印、网络存储、分布式计算、超文本信息浏览等。因而，资源共享是计算机网络的另一项重要功能，它形成了计算机网络与传统计算机通信网的根本差别。由此可以看出，计算机网络是将计算机、外围设备、通信设备等通过通信线路连接起来，在软件系统的控制下实现信息和软、硬件资源共享的通信系统。计算机网络所包括的这些组成对象是独立自治的实体，它们的地位是平等的，其硬件环境或软件环境可能相同也可能不同（即是异构的），但在网络环境下却可以相互访问，组成了一个松散的耦合系统。

计算机网络除了提供数据通信、资源共享功能外，还具有如下功能。

(1) 负载均衡和分布式处理。当某个计算机系统的工作负荷较重时，通过计算机网络将一部分任务迁移到其他计算机系统上来完成，从而有效地把计算负载均衡开，这样不但提高了完成任务的效率，而且可以充分挖掘计算资源的潜力，提高网络资源的利用率。此外，对于一个大型计算任务，单个计算机系统很难独自完成，在网络环境下就可以将任务分解成若干个子任务，然后，通过软件寻找网络上可以利用的计算资源，并把分解的子任务分别迁移到这些计算资源上，让它们同时并行地解决问题，并返回计算结果。当把因特网看成是一个巨大的计算资源时，辅以具有资源发现、任务分解和调度等功能的软件就组成了网格(Grid)。

(2) 远程控制。在工业、军事等众多领域，许多情况是不允许人到现场进行操作和控制的。例如，目前的军事战争均是以计算机网络为手段的一场电子化、信息化的现代战争。如导弹的制导、卫星姿态和轨道的控制等，都是通过无线计算机网络来实现的。现代化工业的现场控制，也是通过工业以太网或者其他现场总线将被控对象与控制室内的计算机等控制设备连接起来，通过网络来控制调节对象。网络控制是自动化领域的一个重要研究方向。

(3) 提高系统的可靠性。在介绍计算机网络的发展和形成的历史时，曾提到计算机网络产生的一个重要原因是为了提高通信系统的可靠性。此外，对于许多应用场合，为了提高系统的可靠性，往往把系统设计成双工系统，这两个系统通过高速网络连接在一起，并同时工作；当某一个系统出现故障时，通过网络自动切换到备用系统，从而提高系统的可靠性。

(4) 为新型计算机体系结构的研究提供了一条崭新的途径。随着计算机网络的发展，出现了一种新型的体系结构，这种结构借助高速通信网络将数以万计的处理器、计算机、存储器、外设连接起来，组成性能价格比非常高的阵列处理系统或集群系统，以代替昂贵的大型机来完成数值模拟、科学计算等大型计算任务（如天气预测、油藏模拟、新药研制等），有力地促进了高性能计算系统的设计、开发和应用。

1.3　计算机网络的组成与分类

1.3.1　计算机网络的组成

通常把计算机网络中的计算机、通信设备等称为节点(或者站点)。而连接这些节点的通信线路称为链路。计算机网络就是由节点以及连接节点的链路所组成。

众所周知,通信是计算机网络最基本的功能,而共享网络上的各种软件、硬件和信息资源是计算机网络的另一项重要功能,所以可以把计算机网络划分成通信子网和资源子网两个组成部分,如图1.3所示。通信子网由通信处理机(Communication Control Processor, CCP)、通信链路和其他通信设备组成,其功能是通过通信处理机将资源子网中的计算资源连接起来进行通信和信息交换。而资源子网可以是一个小规模的计算机网络(如后续章节中将要介绍的局域网),也可以是计算机系统、打印机、磁盘等外设。资源子网上存储着丰富的软、硬件资源和信息资源,供用户访问和读取。

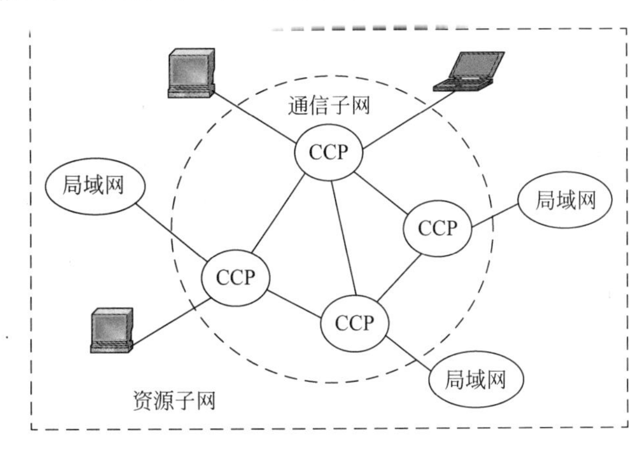

图1.3　计算机网络组成示意图

无论是通信子网,还是资源子网,均包含一个非常重要的组成部分,即软件。通常,计算机网络涉及的软件有:

(1) 网络协议软件。通过协议软件控制数据可靠、正确地传输和交换,同时对网络的流量、拥塞、差错等进行控制。该软件的功能一般由网络接口卡和网络操作系统来共同实现。

(2) 网络操作系统。对网络环境下的系统资源进行调度、分配和有效管理,以实现资源共享。

(3) 网络管理和网络应用软件。网络管理软件对网络的运行进行监视和维护,根据监视数据合理配置网络设备,调整网络设备的工作参数,使网络系统能够安全、可靠、高效地运行。网络应用软件为用户提供各种服务,用户通过这些软件可以方便地访问和使用网络上的各种信息及计算存储资源。

1.3.2　计算机网络的拓扑结构

图论是计算机科学中非常重要的一门基础科学,它常常被用来表示和求解计算科学领域中的一些经典问题。在计算机网络中,图论用来表示各个网络节点间的位置关系。如果把计算机网络中的网络设备看作节点,而将连接各个节点的链路看作边,它们所组成的几何图形就称为计算机网络的拓扑结构。它表示网络中各个节点以及相互之间的连接和几何位置关系。计算机网络的拓扑结构通常是相对于通信子网而言的,特别是主干网。确定网络的拓扑结构是设计计算机网络的关键步骤,它对网络的维护、管理和扩充升级具有重要的影响。常见的网络拓扑结构分为两种:点到点型和共享型。

在点到点型的网络拓扑结构中,一对节点可以通过它们之间的通信链路实现点对点的数据传输。该种拓扑结构有星形、树形、网形和全互联型,如图 1.4 所示。

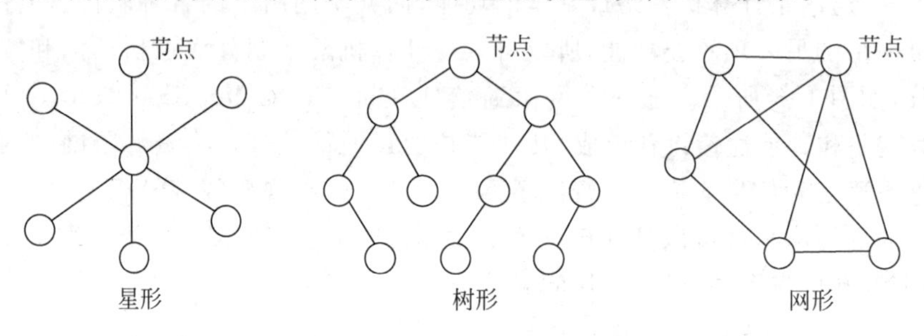

图 1.4　点到点型拓扑结构

星形结构中所有节点均通过一个中心节点相连,处于非中心位置的任何两个节点若要进行通信,则一定要通过中心节点。所以中心节点形成了系统的瓶颈,它决定了网络系统的通信性能,若出现故障则会造成通信系统瘫痪。但这种结构简单,连接方便,管理和维护都相对容易,而且扩展性强。

树形结构可以看成是星形结构的扩充,其节点分层次进行连接,最顶节点为树根,数据交换在相邻两层节点间进行,同层节点间不能直接交换数据。该结构的优点是连接简单,维护方便。由于任意两个节点间仅存在唯一的通信链路,故可靠性不高,主要应用于信息汇集的场合,如统计部门。

在网形拓扑结构中,各个节点间的连接没有规律性,可能存在多条通信链路连接同一对节点,故可靠性较高。其缺点是结构复杂,通信时需要选择路径。目前,网形拓扑结构主要应用于远程通信网中。当网形拓扑结构中任意两个节点均有直接通信线路相连时,即为全互联型。

共享型拓扑结构也称为广播型拓扑结构,主要有总线型、环形、无线通信型,如图 1.5 所示。

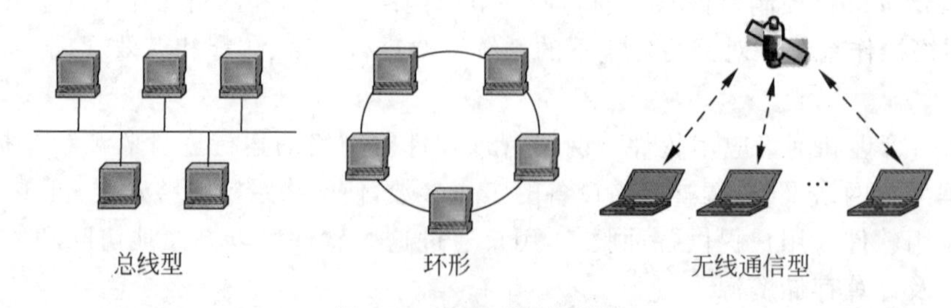

图 1.5　共享型拓扑结构

总线型拓扑结构是最常见的一种网络拓扑结构。目前,世界上约 70%的计算机网络采用这种结构。它是用一条称为总线的通信线路将不同的网络节点连接起来。传输数据时,一个节点往总线上发送数据，与该总线相连的所有节点均能接收到，但通过适当的控制方法仅使目的节点接收该数据，从而，在共享的总线上实现了点对点通信（在介绍以太网原理的相关章节中，读者将会详细了解到这些内容）。这种拓扑结构的最大优点是简单、易于维护和管理，还具有可靠性和传输速率高等优点；缺点是总线的传输距离有限，通信范围受到限制，故障诊断和隔离较为困难。

在环形拓扑结构中，各节点通过一条环形通信线路连接起来构成一条闭合环路，交换的数据在环路上传输，由发送节点传输到接收节点。令牌环网采用的就是这种拓扑结构。

无线通信型即无线通信网络，包括地面无线电网和卫星网。地面无线电网利用无线电波在各个节点间传输数据，而卫星网利用卫星作为微波信号的收发和中继装置来实现各无线节点间的数据传输。这种拓扑结构使用无线电或微波进行通信，无一定网络形状，也称为任意状或无约束型结构。

随着计算机网络的发展和普及应用，网络拓扑结构也发生了很大变化，基本呈现为多种不同基本结构相融合的趋势。目前，计算机网络的拓扑结构常为总线型、环形、星形或树形等多种类型拓扑结构的组合。

1.3.3　计算机网络的分类

随着计算机网络的普及应用以及需求的多样化，出现了各种各样的计算机网络。这些网络各具特色，很好地满足了不同应用领域的个性化需求。下面介绍计算机网络常用的几种分类方法，以便更好地了解和掌握网络技术。

首先，计算机网络按其覆盖范围进行分类，可以分成局域网、城域网和广域网。

(1) 局域网(Local Area Network，LAN)。将一栋大楼、一个实验室或一个校园等有限范围内的计算机、外设等通过通信设备和线路连接起来，便组成了局域网。其覆盖范围通常为几十米到几千米。局域网是计算机网络中发展最迅速、应用最广泛、传输速度最快、技术最成熟的网络，它是构成因特网的细胞。与学生学习、工作和生活密不可分的校园网就是局域网。典型的局域网有以太网(Ethernet)、令牌环网(Token Ring)、光纤分布式数据接口(FDDI)网络、异步传输模式(ATM)网以及无线局域网(WLAN)。

(2) 广域网(Wide Area Network，WAN)。广域网又称远程网。其覆盖范围通常为几十千米以上，可以覆盖一个国家、一个地区甚至全球。它主要使用公用分组交换网、卫星通信网等将分布在不同地理位置的计算机、局域网等计算资源连接起来，实现更大范围内的资源共享。由此可见，广域网的主要功能是解决远程通信问题，它常由电信部门或公司负责组建、管理和维护，并向全社会提供面向通信的有偿服务。

(3) 城域网(Metropolitan Area Network，MAN)。城域网的覆盖范围介于局域网和广域网之间，其覆盖范围通常为几十千米，主要用于连接一个城市内部的计算机、局域网等计算资源。城域网多采用以光纤作为传输介质的 ATM 作为骨干网。

其次，按照采用的通信介质分类，计算机网络可以分成有线网和无线网。

(1) 有线网。采用光纤、双绞线、同轴电缆等作为传输介质的网络。

(2) 无线网。采用微波、无线电、卫星等进行数据通信的网络。

此外，计算机网络按照其使用性质可以分为公用网和专用网；按照其传输速率可以分为低速网、中速网和高速网等。

1.4 计算机网络协议与体系结构

1.4.1 网络协议

人类社会离不开交流，而交流的传统方式之一就是信函。信函由信封和信组成，每一部分均有固定的格式。我国的邮政系统规定，信封的上部写收信人的邮政编码和地址，中部写收信人姓名，下部写寄信人的地址和邮政编码。而信由信头（对收信人的称谓）、内容（所要说明的事情）、落款签名和写信时间等部分所组成。只有按照格式写信，信函才能正确邮递，收信人收到后才能读懂和正确理解。计算机网络最基本的功能就是实现数据通信，而正像人们日常生活中使用的信函有固定的格式一样，计算机在网络环境下对数据通信也要做出相应的规定，以便通信双方可以正确地发送、接收和识别信息。因此把计算机网络进行数据通信所遵守的规则、标准或者约定的集合称为网络协议。它包括语法、语义和时序 3 个要素。语法就是传输信息的结构和格式。语义就是所交换信息各部分的具体含义，如所交换的信息是一般数据还是控制信息，若是控制信息其含义是什么。时序是对事件出现顺序的详细说明，它规定了进行通信时所涉及的一系列操作的顺序。按照协议所规定的规则交互，通信双方就可以识别和理解对方发送来的信息，达到相互通信的目的。所以设计计算机网络之前，首先要设计好网络协议，那么如何设计网络协议呢？最常采用的是分而治之的方法，即将通信功能划分成许多层，每一层完成一部分功能，从而采用层次结构模型来设计网络协议的具体内容。

1.4.2 网络体系结构

由计算机网络的组成可知，计算机网络由许多功能独立、种类繁多的计算机系统所组成。这些系统在软、硬件上可能存在很大差异，人机交互命令和数据文件的存储格式也可能不同，诸多差异给网络环境下数据交换和信息共享造成了很大困难。另外，正像交通运输一样，要对通信的流量进行控制以免产生拥塞；当存在多条通信线路时，各条通信线路上的负载要尽可能均衡。又由于通信线路的质量问题以及外界因素的干扰，可能造成数据传输过程中出错，那么如何检查数据传输出现的错误呢？检查到出错后又如何处理？如何保证数据正确、可靠地传输？如何将数据经过多个中间节点和通信线路传输到目的地？显然，这些均是设计网络协议所要考虑的问题，所以网络协议的设计是相当复杂的。对于复杂系统的设计常采用分而治之的方法，即将待求解的复杂问题划分成几个简单的子问题，分别进行求解，从而降低问题求解的难度。依此思想，将网络协议的设计按照从具体的网络应用到物理通信分成几步去做，并按照自顶向下的顺序来完成网络协议的各项功能。通常将划分的每一步称为一层，每层用于完成一定的功能，相邻层通过系统调用接口进行任务传递。这样复杂的网络协议就可以采用层次结构模型来方便地定义和描述。因此，将计算机网络功能的层次划分、各层协议以及层间接口的集合称为计算机网络的体系结构（Network Architecture）。也就是说，网络体系结构规定了网络协议的实现分成几步（即几层）、每步（即每层）所完成的功能以及各步（即各层）之间的关系等。

假设一个网络协议的层次结构模型共分成 n 层，如图 1.6 所示，自上而下分别定义为第 n 层、第 $n-1$ 层……第 1 层，每一层分别完成不同的功能，这些功能的集合就是计算机网络所应实现的全部功能。在这种层次模型中，仅相邻层间存在关系，下一层为上一层提供服务。每一层处理完信息后，按照接口规范通过服务原语调用下一层所提供的服务，进而将消息传递给下一层。每一层的功能都是相对独立的，其中的各项功能通过执行相应的进程来实现。通常将某一层内用于完成某一特定功能的协议进程称为实体。在通信过程中，发送节点接收用户请求，然后从第 n 层到第 1 层，即从上到下依次对传输的数据进行处理，最后传输到第 1 层，由最底层转变为物理信号（电信号或者光信号）发送到传输介质上；而接收节点按着相反的顺序，即从第 1 层到第 n 层对接收到的数据依次进行处理，最终将处理结果提交给接收端的用户。显然发送节点先执行的协议层，接收节点却后执行，所以通信协议的处理过程相当于栈操作，故常称之为协议栈。

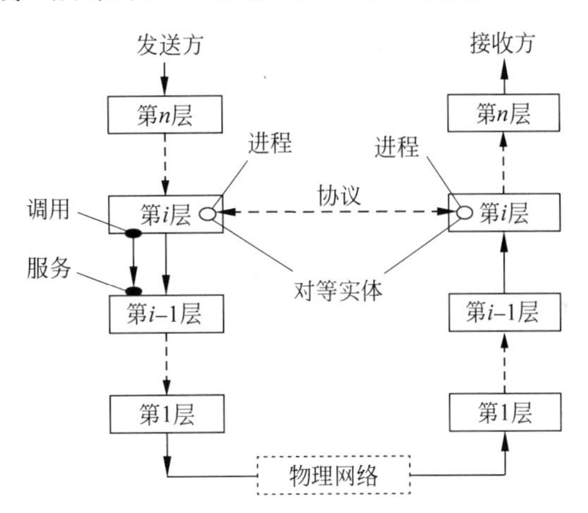

图 1.6　网络体系结构的层次模型

在网络协议的层次模型中，还有另外一个重要概念——对等实体，它是指发送节点和接收节点中处于相同层次上对应的协议进程。例如，对于发送节点，其网络协议模型中的某一层上有一协议进程用于对传输的数据进行编码，那么接收节点协议模型的相同层上一定有一个协议进程用于对接收的数据进行解码，这两个协议进程就是对等实体，而这两个相对应的协议层称为对等层。实际上，也可以将协议定义为对等实体间相互通信时所应遵守的规则、规范或约定的集合。

采用层次模型来描述网络协议具有许多优点。首先，各层功能相对独立，相邻层间仅通过接口发生联系。只要接口不变，各层内部的功能如何实现或更改均不影响其他层，这样每个层增加或修改一些功能都非常方便。其次，各个层均给相邻的上层提供服务，而上层需要时仅需调用这些服务，至于下层是如何实现的它不需要了解，从而对高层协议屏蔽了低层协议实现的具体细节，使每层的设计不需考虑过多的问题，仅局限于本层内部，因而使得设计变得更为简单。此外，由于各层的相对独立性，使得协议软件的设计、调试和维护都非常方便。

最先提出计算机网络体系结构概念的是 IBM 公司，它于 1974 年提出了分为 7 层的系统网络体系（System Network Architecture，SNA）结构模型，DEC 公司随后于 1975 年提出了 9 层的数字网络体系（Digital Network Architecture，DNA）结构模型；1978 年，国际标准化组织 ISO 为了促进计算机网络的标准化工作，推出了 7 层的开放式系统互联参考模型（Open System Interconnection/Reference Model，OSI/RM）。而目前使用的 Internet 网络体系结构是一个 4 层的模型。实践表明，4 到 7 层的网络体系结构较合理。

1.4.3　层次网络体系结构模型下数据的发送和接收过程

下面通过一个较为规范的信件邮递过程来引出分层的网络体系结构模型下数据的发送

和接收过程。为了说明问题,规定邮信的顺序为:写信、装入信封、封装信封、写通信地址,然后付邮资投交邮局。信件邮递过程如图1.7所示。

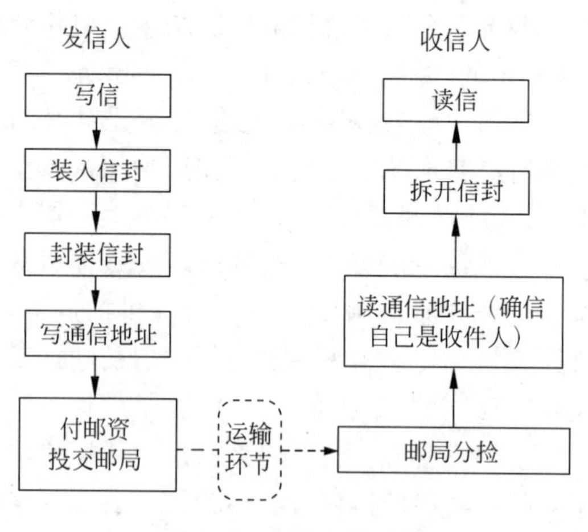

图1.7 信件邮递过程

与上述邮信过程非常相似,在分层的网络体系结构模型下,发送节点接收到发送请求后,在网络协议栈的最顶层创建一个响应进程,该进程完成规定的功能后,在要传输的数据单元前加一些控制信息(称为首部Hi),以通过这些控制信息通知接收方做相应的处理,然后把这两部分作为新的数据单元传输给下一层;下一层接收到数据后也做类似的处理;这样,处理到最底层便将要传输的数据单元转变成物理信号,通过通信线路传输到接收节点。接收节点的最底层从接收的物理信号中识别出数据,然后送给上一层,该层根据所接收数据单元首部中的控制信息做相应的处理,去掉本层的首部,将剩余的数据部分送给上一层。以后的每一层均依此进行处理,最后将数据传送到最顶层,经过顶层处理后取出数据送给接收方。具体的数据发送和接收过程如图1.8所示,图中的Hi($i=n,n-1,\cdots,2,1$)为第i层所附加的首部,用于说明该层所做的操作。注意,每一层中的数据字段没有特别区分,但它们可能并不相同,某一层中封装的数据可能来自上面相邻层协议处理的结果。

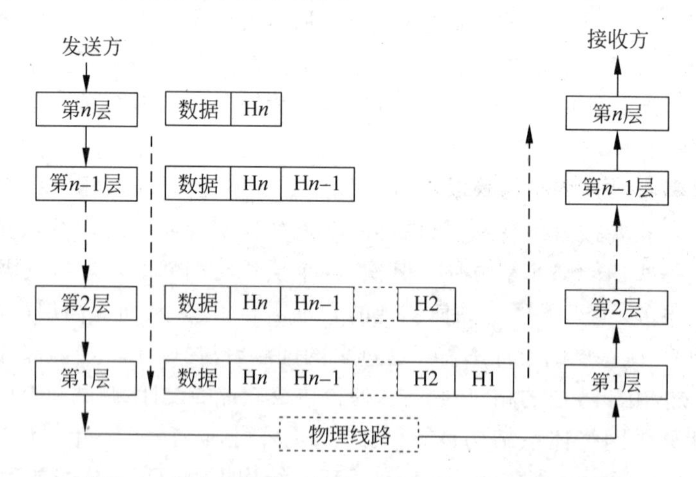

图1.8 层次网络体系结构下的数据发送和接收过程

1.5 典型的网络体系结构

1.5.1 开放式系统互联参考模型

随着计算机网络技术的快速发展和应用规模的不断扩大,不同厂家的网络产品相继问世，出现了多种网络体系结构，而依据这些网络体系结构所构成的计算机网络因为体系结构的差异，而无法互联和互操作。所谓的互联就是不同的计算机或者网络能够相互连接起来进行通信；而互操作就是一个网络节点通过网络能够访问位于其他网络节点上的软硬件资源和信息资源。为了实现各种网络的互联和资源共享，急需一种共同遵守的标准，以便不同厂商开发的网络产品都能够互联和互操作。为此国际标准化组织(ISO)提出了具有七层结构的开放式系统互联参考模型(OSI/RM)，如图1.9所示。下面简单介绍该模型中各协议层的功能。

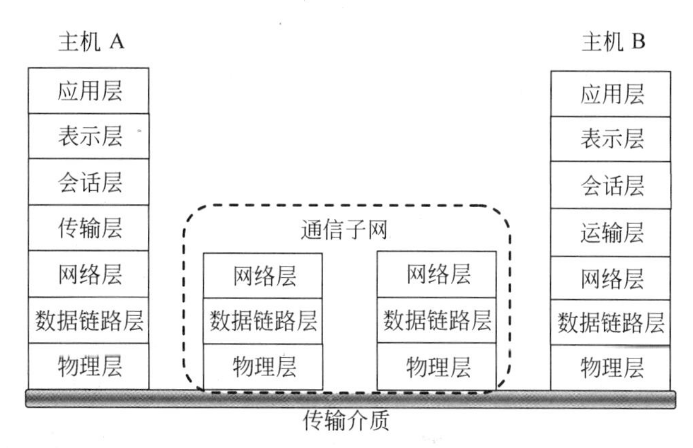

图1.9　开放式系统互联参考模型(OSI/RM)

1. 应用层

该层接收并响应用户的各种请求，为用户提供所需要的各种服务，如文件传输、电子邮件、虚拟终端、报文处理等。

2. 表示层

该层完成被传输数据的抽象表示和解释，包括数据格式转换、加密/解密、压缩和解压缩等。

3. 会话层

该层用于建立和终止通信双方节点上的应用程序之间的连接，为数据交换提供同步机制，确保数据交换在会话关闭之前完成。

4. 传输层

该层为源主机和目的主机提供可靠、有效的数据传输。这种传输与具体的物理网络无关，即传输层独立于物理网络。由图1.9可知，传输层运行在主机上，这种主机也称为端节点或端主机，因此也说传输层提供端到端的数据传输服务。对于目前广泛使用的多用户操作系统，每台主机上可能同时运行实现通信功能的多个协议进程，传输层具有区分这些并发进程的功能，并能够调用同一个网络层协议进程将这些数据传输出去，从而实现端节点内部的多路复用。此外传输层还提供流量控制、顺序控制、丢失控制、重复控制等功能，从而保证数据从一个端节点可靠地传输到另一个端节点。

5. 网络层

该层为通信子网的最高层,对传输层以上的高层协议屏蔽了通信子网的差异,主要用来解决全局寻址、路由选择等问题。此外还完成多路复用、数据分组和重装、差错检测、流量控制等功能。

6. 数据链路层

该层位于物理层和网络层之间,用于在相邻节点间建立数据链路,控制在相邻节点间传输数据。该层通过流量控制、差错控制、同步等措施,保证数据在相邻节点间可靠、正确地传输。

7. 物理层

该层用于定义与物理媒体(即传输介质)相关的规范和标准,涉及传输介质上比特流的传输以及有关传输介质的机械特性、电气特性、功能特性和规程特性。机械特性一般指连接器的形状、几何尺寸、引线数目和排列方式、固定和锁定装置等。电气特性一般指传输介质上信号的编码方式、电压范围、最大传输距离、传输速率等。功能特性规定了每个信号线的功能,指出它们是数据线、控制线,还是电源线。规程特性指出进行数据传输时的操作过程,即各种传输操作的时序。

上面介绍的最后 3 层协议提供了通信子网的全部功能,即通信子网仅实现这 3 层协议的功能,目的是提供数据通信服务。值得注意的是,网络上无论是端节点,还是中间节点,都要实现这 3 层协议的功能,而其他高层协议仅在端节点上实现。

以上七层协议模型说明了设计一个计算机网络所应考虑的各种功能,进而为网络的设计提供指导,但这个模型只具有理论意义,目前没有一个实际的计算机网络完全符合此模型。

1.5.2 Internet 体系结构

Internet 体系结构也称 TCP/IP 参考模型,共分成 4 层:物理网络层、网络层、传输层、应用层。其具体划分以及与 OSI/RM 模型间的对应关系如图 1.10 所示。

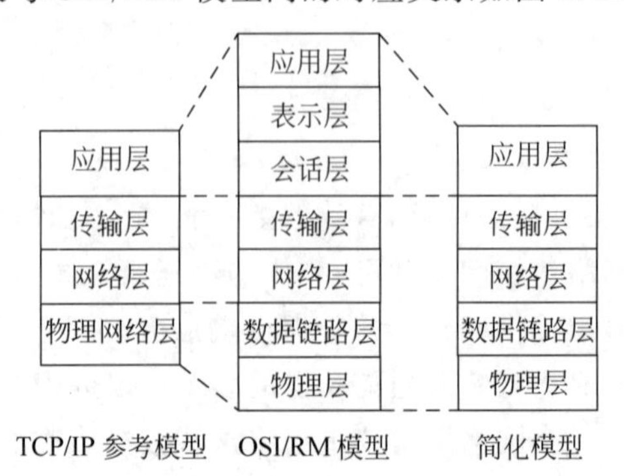

图 1.10 TCP/IP 参考模型与 OSI/RM 模型间的对应关系

1. 应用层

接收并响应用户的各种请求，为用户提供各种服务。该层提供的主要服务有：

- 远程登录服务，用户使用该协议可以登录并访问远程计算机上的资源。
- 文件传输服务，可以在不同计算机间传输文件。
- 电子邮件服务，支持在网络上发送和接收电子邮件。
- WWW 服务，使用 HTTP 访问网络上丰富的文本或超文本信息。

2. 传输层

提供端节点到端节点之间的可靠通信，具有差错控制、数据包的分段与重组、数据包的顺序控制等功能。该层包括面向连接的 TCP 和无连接的 UDP，这两个协议分别用于传输不同性质的数据。

3. 网络层

该层的主要功能是通过网络互连协议（即 IP），将不同的物理网络连接起来，以实现数据通信和资源共享。该层形成的数据单元称为 IP 报文，它所完成的具体功能有：IP 地址的分配与管理、路由生成和 IP 报文转发、IP 报文的分片与重组等。此外，该层还定义了 ICMP、IGMP、ARP 等协议，用于实现网络的测试与控制、组管理、地址解析等。

4. 物理网络层

该层为 TCP/IP 参考模型的最低层，对应于 OSI/RM 模型的物理层和数据链路层。其功能是负责从网络层接收 IP 报文并通过物理网络进行传输，或者是从接收的物理信号中提取出 IP 报文并提交给网络层。在 TCP/IP 参考模型中该层协议未加定义，而是依所使用的具体物理网络而定，如以太网协议等。

图 1.10 中还给出了一个网络体系结构的简化模型，即 5 层模型，它能够更清晰地反映出在实际计算机网络中网络协议具体的层次划分以及每层完成的功能，从第 3 章开始将按这个 5 层模型自顶向下地介绍计算机网络的工作原理。

1.6 常用的网络设备

常用的网络设备除计算机、服务器以外，还有集线器、网桥、交换机、路由器和网关。这些网络设备的工作原理、功能、连接对象等存在一定的差别，它们分别实现了 OSI/RM 的不同协议层次的功能。下面对照 OSI/RM，先简单介绍一下这些网络设备的功能，其工作原理等细节在介绍相关网络协议时再详细说明。

集线器（hub）仅实现物理层的功能，故称之为物理层设备。它在局域网中，起到扩大局域网连接范围的作用。集线器具有多个端口，同时可以连接多台计算机，但某一时刻仅有一对计算机能够进行通信。

网桥（bridge）实现物理层和数据链路层的功能。它一般具有两个端口，常用于连接两个相同或不同的局域网。网桥具有流量隔离作用，使连接在网桥一端的局域网内传输的数据，仅在其内部传输，而不向网桥另一侧的局域网转发。网桥有本地网桥和远程网桥之分。本地网桥用于连接本地的两个局域网；而远程网桥可以通过电信网等连接位于不同地理位置的局域网。

交换机(switch)是目前最常用的网络设备，也称为多端口网桥。它也是完成物理层和数据链路层的功能，故称之为第二层交换机。它一般具有多个端口，同时可以连接同一网络内部的多台网络设备，允许多对设备同时进行信息交换。不同种类的网络具有自己专用的交换机，如以太网交换机、ATM交换机、光交换机等。随着快速交换技术的发展，现已出现第三层交换机；它能够完成物理层到网络层的功能，所以它可以取代下面要介绍的路由器。

路由器(router)是因特网上最常用的网络互联设备。它实现了物理层、数据链路层和网络层的功能，并具有协议转换功能，常用于连接不同的计算机网络。在后续章节介绍网络层的网络互联功能时，就是指采用路由器连接不同的计算机网络。路由器具有路由选择功能，还涉及复杂的路由选择算法、路由生成协议等，这些内容将在网络互联部分中详细介绍。

凡是实现的功能涉及传输层以上协议层的网络连接设备就称为网关(gateway)。其功能最强，但也最复杂。下面通过一个简单例子来说明网关的作用。当电子邮件从一个网络发往另一个使用不同电子邮件协议的网络时，由于两个网络的协议不同，电子邮件不能相互识别，所以，需要在连接两个网络的设备上安装一个邮件协议转换软件，这个软件实现不同邮件协议间电子邮件格式的相互转换，此时称该网关为电子邮件网关。

众所周知，计算机通过网卡接入网络。网卡也称为网络适配器(Network Interface Card，NIC)。它实现物理层的全部功能以及数据链路层的部分功能，而网络协议的其他功能由操作系统来实现。前面介绍的网络连接设备具备连接两个或两个以上网络或者网络节点的功能，但网卡不具有这种功能，它仅能实现将端节点接入网络，所以它不是网络连接设备。

1.7 计算机网络中的一些重要概念

1.7.1 IP地址和物理地址

如上所述，计算机网络采用分组转发技术传输数据，那么在网络上如何标识目的节点呢？又如何控制分组选择正确的路径到达目的节点呢？这就引出地址的概念。网络中的每个节点均是由地址来标识的，每个节点均有两个地址：物理地址和IP地址。在网络通信过程中，这两个地址缺一不可，起到不同的作用。但是它们都与数据形成分组后一起传输，以使各个网络节点依据这些地址将数据分组传输给下一个节点，最终到达目的节点。其中，物理地址对应于OSI/RM的数据链路层，它是固化在网卡中的一个固定地址。一个分组可能经过多个中间节点才能传输到目的节点，前面讲过数据链路层管理相邻节点间的数据链路，它就是通过物理地址来为分组寻找下一个节点。所以物理地址用于相邻节点间的寻址，更确切地说，是用于局域网内相邻节点间的寻址。IP地址是一个逻辑地址，对应于OSI/RM的网络层，数据发送节点和数据接收节点的IP地址与数据一起传输，并一直保持不变，以此控制数据最终传输到目的地。所以，可以说IP地址控制数据通信的全局寻址。IP地址的概念将在介绍Internet的网络层时再详细介绍。

1.7.2　计算机网络的服务类型

正像电信网络提供基本通话、短信、来电显示、无线/有线上网等多种业务一样，计算机网络也提供多种类型的服务，以满足不同用户的个性化需求，或者适应不同性质服务的特殊需要。总体来讲，计算机网络提供如下两类服务方式供用户选择使用。

1. 面向连接的服务

下面先看一下电话系统的通信过程。在通话之前要先拨号，拨通后才能与对方通话，通完话后挂机，这种拨号过程实际上就是为通话双方分配一条通信链路的过程，即为通话双方建立一条连接。同样，计算机网络也提供类似的服务，这种服务称为面向连接的服务。这种服务类型要求计算机网络在传输数据前，先为通信双方建立一条连接；然后，传输数据；传输完数据后释放连接。这种服务由于在建立连接过程中为数据通信分配了一定的网络资源(如带宽、缓存区等)，所以数据传输的质量一般是有保证的。

面向连接的服务一般具有确认功能。这种确认功能是指接收方接收到发送方发送过来的数据后，要给发送方发送一条确认信息，以通知发送方它是否正确接收到数据。这对于可靠的数据通信而言，是相当重要的。

面向连接的服务广泛应用于广域网中，Internet 中的 TCP 也是面向连接的，但它们面向连接的方式还存在一定的差别，读者在以后相关章节的学习中将会了解到这些。

2. 无连接的服务

众所周知，发送电报和手机短信不需要拨号过程，它是无连接的。同样，计算机网络也提供这种无连接服务。这种服务方式下，发送方有数据就发送，无须与接收方建立连接，但发送的每个数据分组均要有接收方的地址信息，以便计算机网络能够根据该地址信息正确地寻找路径，并将数据传输到目的地。这种方式由于通信前无须建立连接，所以，通信速度快，非常适合小规模数据和实时数据的传输。

无连接的服务一般不具有确认功能。接收方接收到数据后，不给发送方发送任何确认信息，这样因接收不到接收方的确认信息，发送方就不知道它所发出的数据是否被接收方正确接收到。所以无连接的服务是一种不可靠的服务。但是，不可靠不等于没有任何实用价值。由于目前的网络系统具有非常高的通信质量，所以无连接的服务也大有用武之地。这是因为这种无连接特性使得在传输数据前不需要建立连接，所以传输速度快，非常适合应用于对实时性要求较高的业务，如多媒体数据的传输。

1.7.3　计算机网络的主要性能指标

计算机网络性能的好坏直接关系到系统的运行情况和为用户提供服务的质量。常采用延迟、吞吐率(带宽)、丢失率、抖动、同步等指标来描述计算机网络的性能。

延迟(delay)表示从发送方发送数据分组开始到接收方接收到数据分组所经历的时间。延迟时间包括处理时延和传输时延。由于数据分组在网络上要经过多个节点，每个节点都要对该数据分组进行处理(包括转发)，一个分组数据在所经历的各个节点上所花费的处理时间的总和就是处理时延。传输时延就是分组数据在各段通信链路上的传输时延之和。显然,延迟的大小与网络设备的性能、传输线路的质量和网络的工作状况有着密切的关系。

吞吐率(throughout)指单位时间内网络传输的数据量,常指每秒钟网络所能传输的比特数(bit per second,b/s),有时也称之为带宽(bandwidth)。传统以太网的吞吐率为10Mb/s,而目前高速以太网的吞吐率达到了吉比特Gb/s(1Gb/s=1024Mb/s)和太比特Tb/s(1Tb/s=1024Gb/s)。

丢失率指数据传输过程中,单位时间内丢失的数据量。而抖动是指发送和接收数据时吞吐率的变化率,它表示网络是否能够平稳地发送、传输和接收数据。同步指同时传输的两种或两种以上数据间的时间关系,如多媒体中的音频数据和视频数据。抖动和同步是描述多媒体网络的两个重要指标。

1.7.4 计算机网络中数据分组的传输方式

在计算机网络中,数据分组的传输一般有三种方式:单播、组播和广播。各种传输方式的具体含义如下:

- 单播(unicast)是一个节点仅向另一个节点发送数据,即一对节点之间进行通信,所以,也称之为点到点通信。
- 组播(multicast)是一个节点发送数据,多个节点接收数据,即一个节点向一组节点发送数据,也称为多播。
- 广播(broadcast)是一个节点向所有其他节点发送数据,与经常听的广播一样,有时将组播也称为有限广播。

1.8 网络操作系统

计算机系统由硬件和软件两部分组成,硬件是计算机系统的“躯干”,而软件则是计算机系统的“灵魂”。硬件在软件的控制下,有条不紊地工作,完成计算机系统的各种功能。而软件又包括系统软件、应用软件、工具软件等多种。其中,最重要的系统软件就是操作系统。对于单机环境来讲,操作系统要完成处理机管理、存储管理、文件管理、设备管理以及提供人机接口等五大功能。显然,对于网络环境,操作系统不但要完成上述五项功能,还要为计算机等设备间的通信以及资源共享提供支持,即还应具有如下两项功能:

(1) 提供高效、可靠的网络通信能力。

(2) 完成网络环境下共享资源的管理,并为用户提供使用共享资源的手段。

我们将支持网络功能的操作系统称为网络操作系统(Network Operating System,NOS),它通过协议软件实现网络的通信和资源共享等功能,它一般实现OSI/RM中第3层以上各个协议层的功能。一个典型的网络操作系统一般应具有如下几个特征:

① 具有与硬件无关性。网络操作系统可以运行在不同的硬件环境下,为用户屏蔽底层硬件系统的差异,使用户感觉不到底层硬件系统的不同,为用户提供一个一致的使用环境和人机接口,方便用户的使用。

② 服务透明性。网络环境应具有资源共享功能,用户可能要访问其他计算机系统上的

资源，而该计算机系统可能处于异地，网络操作系统对用户屏蔽了这种地理位置上的差异，使用户感觉好像是在访问本地资源。

③ 支持多用户、多任务。网络环境下存在同时工作的多个用户，这些用户可能并发甚至并行地工作，在一台或多台计算机上启动多个进程来完成他们的任务，网络操作系统必须具备多用户、多任务的调度和管理能力。

④ 安全性和存取控制。网络环境下的资源访问远比单机环境复杂，网络操作系统必须对系统资源的访问进行有效控制，并提供访问共享资源的方法。

⑤ 支持网络管理功能。为了保证计算机网络能够安全、可靠、高效地工作，必须对网络进行有效地管理。这就要求网络操作系统必须支持网络管理功能，如系统备份、安全管理、性能管理等。

⑥ 提供访问共享资源的人机接口。为了实现网络环境下的资源共享，网络操作系统必须为共享资源的访问提供手段和方法。

随着计算机网络的发展和推广应用，出现了多种计算机网络以满足不同领域的需求，相应地产生了多种不同类型的网络操作系统，通常分为以下3类。

- 对等结构的网络操作系统。这种网络操作系统应用于对等网。在这种网络中，各个节点的地位平等，均安装和运行相同的网络操作系统，各种网络资源原则上都可以共享。网络上的各个节点均工作于前/后台方式，前台为本地用户提供服务，而后台为其他节点的网络用户提供服务。这种网络操作系统可以提供硬盘共享、打印机共享、电子邮件等服务。其特点是结构简单，网络中的任何节点间均能直接进行通信。但是每个网络节点要同时完成客户机和服务器的双重功能，负担较重；特别是网络规模较大时，这种缺点更为明显；所以这种网络操作系统适合应用于规模较小的网络。
- 非对等结构的网络操作系统。这种网络操作系统应用于非对等网。这种网络存在功能完全不同的两种节点：网络服务器和网络工作站，各种节点分工明确，分别承担不同的工作。网络服务器的配置和性能较高，以集中方式管理网络的共享资源，并为网络工作站提供服务。网络工作站配置较低，主要为用户访问本地资源和远程网络资源提供服务。这种网络操作系统软件分成协同工作的两部分，分别运行在服务器和工作站上。运行在服务器端的软件负责集中管理网络资源和服务，是网络操作系统的核心，直接决定网络系统的功能和性能。运行这种操作系统的网络由于要对全部网络资源进行集中管理，服务器的负担较重，导致系统效率低，安全性较差。
- 基于文件服务的网络操作系统。为了克服上述网络操作系统的缺陷，提出了基于文件服务的网络操作系统。这种操作系统软件包括文件服务器软件和工作站软件两部分。文件服务器具有分时系统文件管理的全部功能，提供网络用户访问文件、目录的并发控制和安全保密措施；它具有完善的文件管理功能，能够对全网实行统一的文件管理，为网络用户提供完善的数据、文件和目录服务，而各工作站用户可以不参与文件管理。目前，使用的网络操作系统均属这种类型，如Microsoft公司的Windows NT Server和LAN Manager、Novell公司的NetWare操作系统、IBM公司的LAN Server等。

下面介绍几种典型的网络操作系统。

1. Windows 系列网络操作系统

该类网络操作系统由微软公司开发和提供，包括 Windows NT、Windows 2000 等一系列产品，具体有服务器端和用户端等不同版本，支持 TCP/IP、IPX/SPX 等多种通信协议，具有非常高的稳定性、安全性和可靠性，提供了桌面视窗窗口，操作直观、简单，已广泛应用于个人机、工作站、服务器等环境。

2. UNIX

UNIX 是最早推出的网络操作系统，是由美国贝尔实验室发明的一种多用户、多任务操作系统。经过多年来的使用和不断完善，已发展成为系列产品，并存在大量的变种，如 XENIX、SUN Solaris、IBM AIX、HP UX 等。UNIX 系统内部采用多用户、分时、多任务调度管理策略，文件系统可随意装卸，具有良好的开放性和可移植性、强大的命令功能、完善的安全机制和网络特性，具有强大的数据库支持能力。UNIX 广泛支持 CISC、RISC、SMP 等各种架构的计算系统和 TCP/IP、IPX/SPX、PPP、NFS 等常用的网络通信协议，它是唯一一个应用范围从微型机到巨型机的通用操作系统，并已成为小型机以上机型的主流操作系统。

3. Linux

Linux 是运行于多种硬件平台、支持多种系统软件和应用软件、与 UNIX 兼容、符合 POSIX(Portable Operating System Interface，可移植操作系统接口)标准、功能强大的操作系统。Linux 具有多用户、多任务、虚拟存储器、虚拟文件系统等特点，它是一种源代码开放、可免费使用的自由软件。Linux 网络功能相当强，目前，大都运行在各种类型的网络服务器上。

Linux 最初由芬兰赫尔辛基大学计算机系学生 Linus Torvalds 在 1990 年出于个人兴趣开发、用于 Intel 386 个人计算机上的 UNIX 类操作系统。Linux 是在一般公共许可证(General Public License，GPL)保护下开发的自由软件。GPL 保证任何人有取得、修改、重新发布和免费使用自由软件的权利。Linux 虽然是 UNIX 类操作系统，但它没有使用一行 UNIX 的源代码。它继承了 UNIX 的许多优点，但在许多方面也进行了改进。

Linux 是开放的自由软件，其研究者遍布世界各地，他们之间通过计算机网络进行相互交流。所以，Linux 支持所有标准因特网协议(事实上，Linux 是第一个支持 IPv6 的操作系统)。由于 Linux 具有成本低、可靠性高、Internet 应用软件丰富等特点，任何 Linux 发行版本都提供了电子邮件、文件传输、网络新闻等服务软件，所以，它是因特网服务提供商(Internet Service Provider，ISP)所推荐的最流行的网络操作系统。而且，Linux 是一个性能优异、标准的 Web 应用平台，利用它作为路由器、防火墙、Web 服务器、电子邮件服务器、数据库服务器和目录服务器可以建立一个完善、安全的因特网站点。

Linux 的出现对 UNIX 在中低档服务器领域中的应用提供了有力支持，其优良的性能价格比有效地抑制了 Windows NT 对 UNIX 服务器市场的冲击。据专家预测，将来的格局是传统的 UNIX 将主要占据高端服务器市场，而 Linux 与 Windows NT 将分享中低档服务器市场。与此同时，Linux 将逐渐侵蚀 Windows NT 在客户机市场上所占有的份额。

4. NetWare 网络操作系统

该操作系统由著名网络公司 Novell 于 1983 年推出，主要应用于由 PC 构成的网络环境。使用 NetWare 操作系统的网络称为 Novell 网，它由文件服务器和用户工作站两个部分组成。

NetWare 是一个以文件服务器为中心的网络操作系统，它由文件服务器内核程序、工作站外壳程序和低层通信协议等三部分组成。其中，通信协议包括网卡驱动程序及通信协议软件，它实现网络服务器与工作站、工作站与工作站之间的通信。

工作站外壳程序(NetWare Shell)运行于用户工作站上，是用户与网络系统的接口，它通过通信协议程序直接连接到文件服务器上。外壳程序对用户命令进行解释，若是本地命令，则就地执行；若是网络请求，则将其转换后送给文件服务器。同样，外壳程序也接收并解释来自文件服务器的信息，并把它转变为用户所需要的形式。

内核程序运行于文件服务器上，它是 NetWare 的核心协议，包括了 NetWare 的所有核心功能，如进程管理、文件系统管理、安全保密管理、磁盘管理、网络监控等。NetWare 提供的网络服务包括文件与打印服务、数据库服务、网络管理、多协议路由选择等。某些版本还支持分布式应用环境，可以把分布在不同位置的多个文件服务器集成为一个虚拟系统，并对其进行统一管理，为用户提供完善的分布式服务。

NetWare 采用开放式数据链接接口(Open Data link Interface，ODI)，支持 TCP/IP、IPX/SPX、Apple Talk 等多种通信协议，能够实现不同类型的工作站、文件服务器和主机之间的相互通信。

虽然 NetWare 网络操作系统具有许多优点，但因它主要应用于由 PC 构成的网络环境，而 PC 又主要被 Windows 系列操作系统所牢牢占据，致使其应用受到了限制，市场占有率下降，逐渐被 Windows NT/2000 和 Linux 系统所取代。

1.9 典型的计算机网络

1. ARPANET

ARPANET 是由美国国防部高级研究计划署(Advanced Research Project Agency，ARPA)于 1969 年研制成功的世界上第一个计算机网络，最初该网络只有四个节点，它们分别位于斯坦福大学研究院(SRI)、加州大学洛杉矶分校(UCLA)、加州大学圣芭芭拉分校(UCSB)和犹他大学(UofU)。通过该网络的建设主要来研究分组交换技术、网络通信协议和不同类型计算机联网的兼容性等。这些技术的研究对计算机网络技术乃至 Internet 技术的发展具有划时代的意义。到 1975 年，该网络已连接了 100 多个节点，并移交美国国防部通信局正式使用。随后，在前期工作的基础上开展了第二阶段的研究工作，重点是研究网络互连问题。到 1984 年互连的主机就已经超过 1000 台。1983 年 TCP/IP 成为 ARPANET 上的正式标准。同年，ARPANET 分成两个独立的部分继续发展。一个仍为 ARPANET，主要用于进行网络技术的研究；另一个称为 MILNET，用于军事。1990 年，ARPANET 由于因特网的形成而完成了它的历史使命并正式关闭，但 MILNET 目前仍在运行。

2. NSFNET

NSFNET(National Science Foundation Net)是美国自然科学基金网的简称,它是由美国自然科学基金会(National Science Foundation,NSF)于 1984 年开始建设的。随着 ARPANET 的发展,NSF 认识到计算机网络的重要性,开始投入资金在原有六个大型计算机中心的基础上建设计算机网络,并于 1986 年年初步建成了 NSFNET。这个网络覆盖了全美国主要的大学和研究所。到 1987 年所连接的计算机已超过 1 万台。该网络的通信子网所使用的硬件技术与 ARPANET 基本相同,采用了 56Kb/s 的通信线路(1988 年 7 月升级到 1.5Mb/s),但软件上直接使用了 TCP/IP。该网络采取了三层的层次结构分级进行建设,这三层分别为主干网、地区网和校园网。各大学的主机接入校园网,各校园网接入地区网,各地区网接入主干网,主干网通过高速通信线路与 ARPANET 相连。接入网络的计算机均可访问 NSFNET 和 ARPANET 上的任何计算资源。

随着网络应用范围的不断扩大,许多公司也接入了 NSFNET,使网络上的通信量急剧增大,原有的网络已不能满足要求。于是美国政府决定逐渐将网络的开发、经营权转交给公司,合作建设了高级网络与服务中心网络(Advanced Network and Services NET, ANSNET),并开始对接入网络的用户收费。1992 年网络上的用户已超过 1 万,1993 年主干网的速率提高到了 45Mb/s。ANSNET 经过发展构成了因特网的主要组成部分。

3. 以太网

以太网(Ethernet)是目前使用最为广泛的局域网,它具有结构简单、性价比高、可靠性好、产品成熟、易于维护和扩展等多方面的优势,因而成为局域网的主流。以太网是由美国施乐公司、Stanford 大学合作研制,并以历史上传输电磁波的物质——以太(Ether)来命名的。它采用总线型拓扑结构,通过总线将不同的计算机等设备连接起来进行通信。1980 年,DEC、Intel 和 Xerox 公司联合制定了以太网的工业标准 Ethernet 规范 V1.0。1982 年,又制定了规范 V2.0。上述规范采用三个公司名称的首字母命名,也称为 DIX 规范。同年 3COM 公司率先将以太网产品投放市场,随后,DIX 规范就成为事实上的工业标准。DIX 规范仅涉及 OSI/RM 的低两层协议,主要是实现通信功能。1974 年,TCP/IP 开发成功并嵌入到 UNIX 操作系统的内核中。该操作系统与以太网技术相结合,进一步促进了以太网的推广应用。目前,以太网的拓扑结构已从传统的总线型发展到总线型与星形相结合;传输介质也从同轴电缆发展到双绞线、光纤和无线电等。交换技术的采用使以太网的带宽从最初的兆比特发展到了太比特,以太网已发展成为应用最广的高速局域网。

4. ATM

20 世纪 80 年代,随着信息化时代的到来,社会对计算机网络提出了更高要求,网络所服务的对象越来越复杂,所传输的数据量越来越大,业务种类越来越多,业务的差异也越来越大,许多业务具有很强的突发性或实时性(如视频点播),这就要求网络提供高带宽、可变传输速率等多种不同类型的综合性服务业务。但是,电路交换技术和分组交换技术均不能很好地满足这些要求。为此,急需推出一种新型计算机网络以满足日益增长的社会需求。异步传输模式(Asynchronous Transfer Mode,ATM)就是在这种背景下诞生的。它是充分吸取了电路交换的快速性以及分组交换的灵活性等优点，而设计的一种高性能的计算机网络，具有高带宽、良好的服务质量(Quality of Service，QoS)，可传输视频、语音、图像、数据等多种类型的信息。

ATM技术从根本上解决了传统网络技术所存在的问题。它通过端节点间的点到点链路和交换技术，代替了传统网络的共享访问式传输媒体；采用面向连接技术代替了路由转发技术；通过定长的数据分组(称为信元：cell)传输代替了传统的、长度可变的数据报文传输；通过传输固定长度的分组(53个字节)避免了传输过程中因数据的拆装导致延迟过大而影响实时业务的传输(如视频点播、视频会议等)。ATM能够提供连续比特流业务(如语音)和突发性业务(如数据和图像等)。ATM不但可以用做局域网，还可用做广域网。它形成了未来宽带综合业务数字网(B-ISDN)的底层传输技术。

为了推动ATM技术的发展，国际电信联盟电信标准部(ITU-T)于1984年开始着手ATM的标准化工作，并于1988年推出了建议I.121。1995年，ITU-T又对原有的技术规范进行了修改，提供了六种传输速率的用户网络接口，以支持多种传输速率的通信业务。

由上面的介绍可见，ATM具有许多优势，但由于目前的局域网市场大都被以太网产品所占据，而且在ATM出现的时候，IP技术已逐渐成熟，可以满足多种通信业务的需要，这些不利因素限制了ATM技术的应用，导致其产品的市场占有率低，价格相对较高。

5. Internet

Internet简称为因特网，是在ARPANET和NSFNET基础上发展起来的。它由分布在世界各地的计算机系统、局域网等各种计算资源经过广域网连接起来，通过TCP/IP实现数据通信和资源共享的开放性系统。

Internet由Internet协会(Internet Society，ISOC)协调管理。ISOC是一个志愿者组织，除了协调管理职能外，还负责Internet技术研究、标准化和技术推广等工作。ISOC下设有Internet体系结构委员会IAB(Internet Architecture Board)，IAB下又设两个主要部门：因特网工程任务部(Internet Engineering Task Force，IETF)和因特网研究任务部(Internet Research Task Force，IRTF)，分别负责技术开发、标准化和技术研究等方面的工作，目的是推动Internet技术的发展以满足不断出现的新需求。

目前，因特网已覆盖全球，为用户提供了丰富的计算资源和信息资源，还提供WWW、电子邮件、文件传输、新闻、远程登录等各种服务，Internet已经成为推动人类社会发展的重要动力。

1.10　计算机网络在中国的发展

随着计算机网络的兴起，中国从20世纪80年代初就开始计算机网络的建设和技术研究。1989年，中国第一个公用分组交换网CNPAC建成运行，经过几年的不断完善和探索，于1993年，发展成新的中国公用分组交换网，并改称为CHINAPAC。该网络由国家主干网和各省、区、市的地区网组成，在北京、上海设有国际出口。在科教领域，由中科院联合北京大学、清华大学，于1994年，建设成了NCFC(The National Computing and Networking Facility of China)，该网络中心位于中科院网络信息中心(CNIC)；同年，建成了Internet中国地区的最高级域名服务器系统，并通过 64Kb/s 专线连接到国际 Internet，与国际 Internet 信息中心建立了规范的业务联系；同时，在 CNIC 建立了面向国内外的网络信息中心(Network Information Center，NIC)和网络运行中心(Network Operation Center，NOC)。

此后，于 1995 年，中国又建成了中国教育科研计算机网(CERNET)和公用计算机互联网 CHINANET，1996 年，正式开通了中国金桥网(CHINAGBN)，中国科学院在 NCFC 的基础上建成了中国科学技术网(CSTNET)。这四个网络均设有国际线路出口。此外，中国陆续建成的计算机网络还有：中国公用计算机互联网(CHINANET)、中国联通互联网(UNINET)、中国网通公用互联网(CNCNET)、中国移动互联网(CMNET)、中国国际经济贸易互联网(CIETNET)、宽带中国 CHINA169 网、中国长城互联网(CGWNET)、中国卫星集团互联网(CSNET)等。

上述众多互联网中，与高校密切相关的是中国教育科研计算机网(CERNET)。该网络始建于 1994 年，是由国家投资，教育部管理，清华大学等高校负责建设和运行管理，面向全国高校和科研机构开放。

CERNET 采用分级管理方式，共分为四级，分别设有全国网络中心、地区网络中心和地区主节点、省教育科研网和校园网。CERNET 全国网络管理中心设在清华大学，由它负责全国主干网的运行管理。地区网络中心和地区主节点分别设在清华大学、北京大学、北京邮电大学、上海交通大学、西安交通大学、华中科技大学、华南理工大学、电子科技大学、东南大学、东北大学 10 所高校。省级节点分别设在 36 个城市的 38 所大学，覆盖了除台湾以外的全国各个省、市和自治区，与国内的 CSTNET、CHINANET、CHINAGBN 等网络互联。并以现有的网络设施为基础，开展了下一代互联网的研究，建立了全国性规模的 IPv6 实验床，研究因特网的基础架构等核心问题，以缩短与发达国家的差距。

CERNET 的建立为全国高校和科研单位提供了信息交流的基础平台，有力地促进了各高校、科研院所之间的交流和合作，以及信息、计算等资源的共享和利用，对提高人才培养质量和科学研究水平起到了积极的促进和保障作用。

1.11 计算机网络的应用

以 Internet 为代表的计算机网络，从其产生到现在虽然只有几十年的历史，但其正以迅猛的速度发展，已深入应用到人类社会的各个领域，对当今社会的政治、经济、文化产生了深远的影响，正改变着人们的生活、工作和思维方式，并成为促进社会发展和人类进步的重要动力。

计算机网络的典型应用有：

1. 计算机支持的协同工作

计算机支持的协同工作(Computer Supported Cooperative Work，CSCW)是指地域分散的群体借助于计算机及其网络技术的支持，共同协作来完成同一项任务。CSCW 屏蔽了时间和地域的差别，改变了人们群体的工作和生活方式，提高了人们的工作效率和生活质量，有力地促进了世界文化的交融和协作。

典型的 CSCW 系统有合作科学研究、协同设计、协同决策、军事协同等。

CSCW 是一个多学科交叉的研究领域，它不仅涉及计算机、通信、多媒体等技术，还涉及社会学、心理学、管理科学等多个学科领域，它需要这些学科和技术的高度融合。CSCW 为人类提供了一种全新的工作模式和交流方式。

2. 电子商务

电子商务(Electronic Commerce，EC)是一种现代商业经营方式。它通过计算机网络实现信息、产品、服务的交换，以达到降低成本、改进产品和服务质量、提高服务传递速度的目的。

电子商务是网络经济中企业商务运作的一种重要模式。企业的商务活动通过计算机网络的整合，综合运用信息技术，以协调、协作方式处理贸易伙伴间的商务活动，使企业达到提高商业经营效率、降低成本、提高服务质量、增强对市场变化的快速反应能力、拓宽业务范围和提高竞争能力的目的。

目前，网络银行、网上商城、网上书店等网站非常普遍，例如淘宝网、京东商城、苏宁易购等，电子商务已成为人们日常消费的一种重要手段。

3. 电子政务

随着计算机及其网络技术的发展，出现了办公自动化、网络化办公、无纸化办公等新概念。这些新概念改变了传统的办公方式，出现了基于网络的电子政务系统。这种电子政务系统包括：政务内网、信息门户、政务外网等部分。实现了文件的上传下达、信息采集与发布、网上办公等功能，有效地精简了机构和办事流程，大幅度地提高了办公效率。电子政务系统已成为政府部门办公现代化水平的重要标志。

4. 远程教育

远程教育(remote education/remote learning)是指与传统的以课堂为主体、教师与学生面对面的教学所不同的另一种教学模式。它包括函授、广播电视教学、网络远程教学等 3 种形式。随着计算机网络特别是 Internet 的发展，网络远程教学已逐渐取代了前两种教学模式，成为远程教育的主流。

在网络远程教学模式下，通过 Internet，学生不但可以访问网络上丰富的教学资源(如教学网站)，而且还可以通过网络与教师、其他同学进行信息交互，进行答疑和交流，网上探讨问题和提交作业。可以说，计算机网络技术的发展使远程教育进入了一个全新的发展阶段，即网络远程教育阶段，有力地促进了全民素质的提高以及文化教育事业的蓬勃发展。

5. 远程医疗

远程医疗指在计算机网络环境下开展的异地医疗活动，特别是在 Internet 环境下，在医疗管理信息系统(Hospital Information System，HIS)的基础上，异地开展远程医疗咨询与诊断、远程专家会诊、在线检查、远程手术指导、医疗信息服务、远程医疗教学和培训等活动，乃至建立基于网络环境的虚拟医院。通过远程医疗、医院、医生、医疗管理部门、医学院校和科研院所等群体，能够围绕病人的疾病，通过计算机网络进行协同诊断和治疗，使得病人无论身处城市、乡镇，还是偏远山村，都能得到及时、良好的医疗服务。远程医疗也可以看成是医疗领域的计算机支持的协同工作。

6. 网络控制

随着计算机技术和通信技术的飞速发展，使计算机网络的应用日益普及，并渗透到社会的各个领域。特别是在控制领域，随着控制对象的日益复杂，控制系统的结构也变得越来越复杂，空间分布越来越广，控制系统常被分解成若干个分布式的单一功能子系统，这些子系统通过网络相互连接，进行远程的数据传输及交互操作，进而实现资源共享、远程操作和控制。这种通过网络形成的闭环反馈控制系统称为网络控制系统（Networked Control System，NCS）。与传统点对点结构的控制系统相比，NCS具有成本低、功耗小、安装与维护简便、可实现资源共享、能进行远程操作和控制等优点。若采用无线网络，NCS还可以实现某些特殊用途的控制系统，这是传统的点对点结构的控制系统所无法实现的。特别是工业以太网的问世，使TCP/IP由信息网络向底层控制网络延伸和扩展，形成了控制与信息一体化的分布式全开放网络。因基于网络的NCS的诸多优点，使其在智能建筑、家庭自动化、智能交通、航空航天、国防以及复杂、危险的工业控制领域中得到了广泛应用。

上面只是列举出计算机网络的几个具体应用领域。实际上，计算机网络的应用无所不在，特别是随着移动互联网的普及，更将深刻地体会到这一点。未来的社会将进入以物联网、云计算为重要特征的普适计算时代，计算机、传感器、PDA、智能手机、移动终端等各种设备通过网络连接起来，随时随地为用户提供各种服务。

习题

(1) 请说明电路交换、报文交换和分组交换的特点。

(2) 简述计算机网络的定义。

(3) 计算机网络的主要功能是什么？计算机网络与计算机通信网有什么区别？

(4) 简述计算机网络的组成。

(5) 通信子网和资源子网的组成和作用是什么？

(6) 通信子网的主要组成部分为(　　)。

A. 主机和局域网　　　　B. 通信设备和通信链路

C. 各种软件和信息资源　　　　D. 通信链路和终端

(7) 计算机网络所涉及的软件有哪些？各完成什么功能？

(8) 什么是网络拓扑结构？常见的网络拓扑结构有几种？网络拓扑结构对于网络的设计、规划和建设具有哪些重要作用？

(9) 点到点型和共享型网络拓扑结构各包括几种具体的类型？各有什么特点？

(10) 计算机网络分类有几种方法？具体分成几类？

(11) 什么是网络协议？协议软件的功能是由网络的哪些组成部分来实现的？

(12) 网络协议包括的3个要素为(　　)、(　　)和(　　)。

(13) 什么是计算机网络的体系结构？

(14) 论述采用层次结构方法设计网络协议的优点？

(15) 什么是网络互联和互操作？

（16）对于层次网络体系结构，什么叫对等层和对等实体？

（17）对等实体间采用（　　）进行通信。

A. 协议　　B. 接口　　C. 服务访问点　　D. 以上所有的

（18）简述层次网络体系结构下数据的发送和接收过程。

（19）在ISO/RM参考模型中，（　　）层提供流量控制功能，（　　）层提供建立端到端的连接及其管理功能，（　　）层提供路由功能。

（20）在TCP/IP模型中，网络接口层与OSI/RM模型中的（　　）相对应。

A. 物理层与数据链路层　　B. 数据链路层和网络层

C. 物理层　　D. 数据链路层

（21）常用的网络连接设备有哪些？它们分别实现哪些协议层的功能？

（22）简述IP地址和物理地址的含义、区别和作用。

（23）计算机网络提供的服务类型有几种？各具有什么特点？

（24）描述计算机网络性能的各种指标。请详细解释。

（25）网络操作系统要实现哪些功能？它与单机环境下的操作系统存在哪些区别？

（26）网络操作系统一般具有哪些主要特征？

（27）收集资料，分析目前市场上主流网络操作系统的种类、各自的特点以及应用范围。

（28）收集资料，了解我国各类主要计算机网络（特别是CERNET和CSTNET）目前的建设情况以及所能提供的主要服务。

（29）举例说明计算机网络的主要应用领域。

第2章 数据通信技术基础

计算机网络是通信技术和计算机技术相结合的产物。通信技术是计算机网络产生的基础，它对计算机网络技术的发展起到了积极的促进和推动作用；而计算机网络技术的发展反过来又为通信技术的发展提供了有力的技术支持。通信技术和计算机网络技术相互促进、相互融合，有力地促进了计算机网络技术的发展，以及现代社会的信息化进程。为了更好地理解和掌握计算机网络的工作原理，本章将简要介绍数据通信的一些基本概念，这些概念将为第3篇物理网络的介绍奠定基础。

2.1 数据通信的基本概念

信息是事物的固有属性，它可以用来刻画事物的某些性质。信息可以采用数字、声音、文字、图像或图形进行表示。在计算机中，采用二进制数据来表示和存储所采集到的信息。众所周知，通信的目的是为了交换信息。在计算机网络中，通过数据的传递来实现信息交换。那么，如何传递信息呢？答案是通过通信线路。这种通信线路可以是由电缆、光纤等介质组成的有线传输线路，也可以是微波等形式的无线传播通道。数据在通信线路上以电信号或者光信号的形式表现出来，信号是数据的电磁表现形式。通过信号将信息从一个节点传到另一个节点，最终传输到目的节点，从而实现通信的目的。

信号一般可以看成是时间的函数，由此，可以将信号分为模拟信号和数字信号。模拟信号是随时间连续变化的信号，也称为连续信号。如日常使用的照明电压（即正弦波信号）、语音信号等。数字信号是取值不随时间连续变化的信号，也称为离散信号，数字电话、数字电视中的信号均为数字信号。虽然模拟信号和数字信号存在一定的差别，但它们可以相互转换。这两种信号分别具有不同的特点，适用于不同的场合。

信号根据频率范围的不同又可分成基带信号和频带信号。基带信号是指由信号源发出不经任何变换直接进行传输的信号。该类信号因为没有经过特殊处理，其能量有限，一般适用于近距离通信。局域网中所传输的信号一般为基带信号。频带信号也称为宽带信号，是指由信号源产生的信号经过特殊处理后再进行传输，这种处理可能是调制过程（如调频、调幅等），它将基带信号转变为高频信号以进行远距离传输。

像信号可以分为模拟信号和数字信号一样，通信对应的可以分成模拟通信和数字通信。模拟通信通常是利用模拟信号传输信息；而数字通信则是利用数字信号传输信息。实现模拟通信的系统称为模拟通信系统；而实现数字通信的系统称为数字通信系统。无论哪种类型的通信系统,其目的都是将信息从一个节点传输到另一个节点。现实生活中存在多种不同的实现通信功能的系统,但它们都可以抽象表示成图 2.1 所示的模型。该模型由信息源、发送设备、信道、接收设备、信宿等部分组成。其中,信息源是信息的发送者,它将要传输的信息传输给发送设备,发送设备再把信息转换成适合于信道上传输的信号,经信道进行传输,接收设备从信道上接收信号并恢复出初始信息,然后送给信宿。噪声是由于信道质量不高或者外界电磁辐射等因素而产生的干扰信号。通信模型中,信道由传输介质、通信设备等组成,其定义将在本章后续部分中详细介绍。

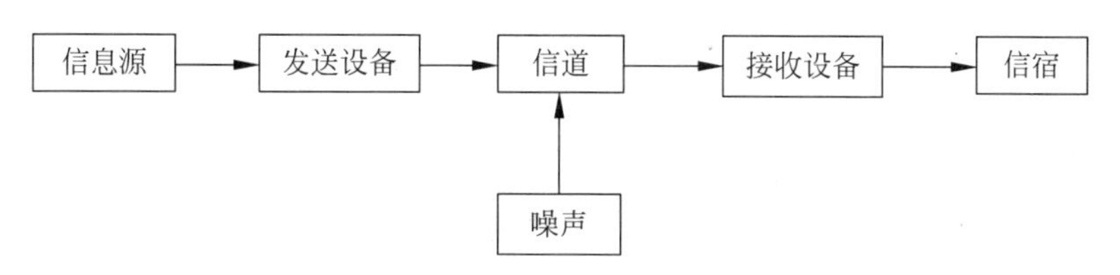

图 2.1 通信系统的抽象模型

2.2 传输介质

传输介质用于连接计算机、终端和通信设备,它可以分成有线传输介质和无线传输介质。这些传输介质的应用场合、传输特性等各不相同,现分别介绍如下。

2.2.1 有线传输介质

有线传输介质内的信号沿介质传输,有固定的传输方向,故也称为导向性传输介质。常见的有线传输介质有双绞线、同轴电缆、光纤等。

1. 双绞线

双绞线是由两根相互绝缘的铜线以均匀对称的方式扭绞在一起形成的,它既可以传输模拟信号又可以传输数字信号。两条铜线互相扭绞在一起,可以有效地减少彼此之间的电气干扰。由若干对双绞线放置在保护套中就组成了双绞线电缆。使用双绞线最多的场合就是局域网和电话系统。对于电话系统,用户电话机一般都是通过双绞线连接到电话网的交换机上,这段线路通常称为用户环路(subscriber loop)。

双绞线按照组成结构的不同又可分成非屏蔽双绞线(Unshielded Twisted Pair,UTP)和屏蔽双绞线(Shielded Twisted Pair,STP),如图 2.2 所示。屏蔽双绞线是在双绞线外增加了一个由金属丝编织的屏蔽层,以提高双绞线的抗电磁干扰能力。它的价格显然比无屏蔽双绞线要贵,但其信号传输质量明显优于无屏蔽双绞线。

双绞线按照其传输特性的差异又可分成不同的种类。UTP 分成 3 类、4 类和 5 类,其中 5 类 UTP 的性能最好;STP 分为 3 类和 5 类。各种不同类别的双绞线在最高传输速率、传输距离以及传输质量等方面存在一定差别。双绞线传输信号的有效距离约为 100m,千兆传输速率以下的网络均可采用双绞线作为传输介质。

双绞线价格低,易于安装,具有阻燃性,非常适合于结构化布线。目前,广泛应用于局域

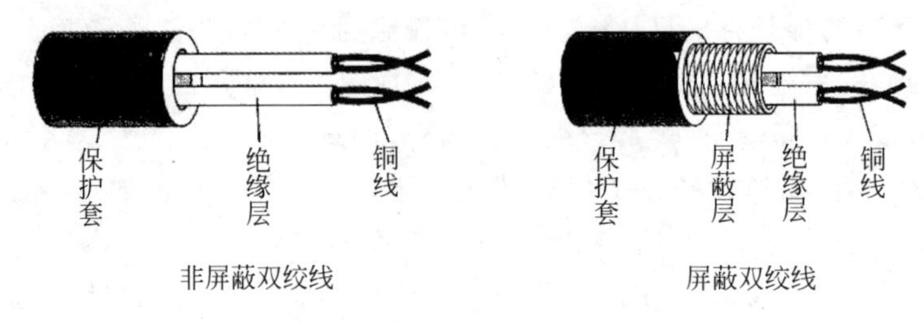

图 2.2　双绞线结构示意图

网中。

2. 同轴电缆

同轴电缆由铜芯导线、绝缘层、网状编织的屏蔽层及保护套所组成，如图 2.3 所示。同轴电缆的传输特性非常好，能进行高速率的数据通信。特别是屏蔽层的存在，使其具有特别强的抗电磁干扰能力，多用于基带信号的传输。这种采用基带信号进行通信的方式称为基带传输，局域网中一般都采用基带传输方式。

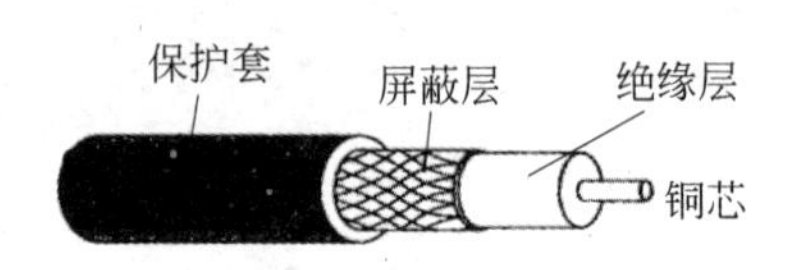

图 2.3　同轴电缆的组成

同轴电缆一般分为粗缆和细缆。两种电缆因铜芯直径不同而导致对电信号的衰减程度不同。粗缆一般对电信号的衰减小，信号传输距离较远。

根据传输信号频率范围的不同，同轴电缆又分成基带同轴电缆和宽带同轴电缆。基带同轴电缆用于传输基带信号，其阻抗为 50Ω，一般使用于局域网。宽带同轴电缆用于传输宽带信号，其阻抗为 75Ω，一般使用于有线电视网。

3. 光纤

光纤由纤芯外加包层组成的双层圆柱体，如图 2.4 所示。纤芯是光导纤维，是由非常透明的石英玻璃拉制而成的细丝，用来传导光波。包层具有较低的折射率。当光线从高折射率介质射向低折射率介质时，其折射角大于入射角。当入射角足够大时，就会发生全反射，即光线从纤芯射到两个介质的接触面时又全部返回纤芯。这样反复进行，光线就会在光纤中传输下去。

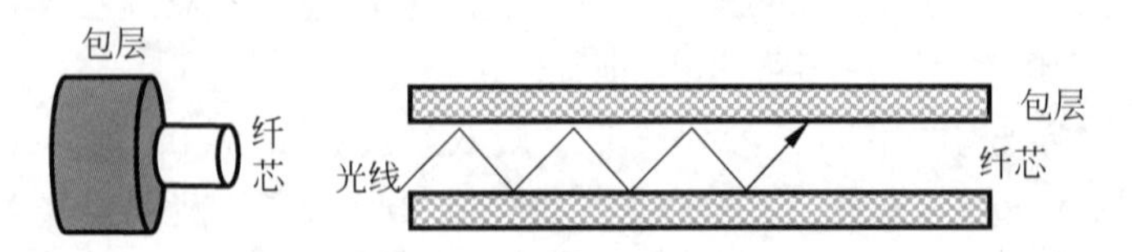

图 2.4　光纤的组成及工作原理示意图

一根光纤内可能传输一束光线，或传输多束入射角不同的光线，这样的光纤分别称为单模光纤和多模光纤。单模光纤传输光信号的距离比多模光纤要远，常适用于远距离传输，但价格较高。多模光纤传输光信号的距离较近，但同时能传输多路光信号。

多根光纤加上填充物、加强芯和保护层就组成了光缆。光纤因频带宽、重量轻、信号衰减少、抗电磁干扰能力强、保密性好等特点而得到了普遍应用。目前，局域网等高速通信线路均采用光缆作为传输介质。上网能够达到最理想的目标是：实现光纤到桌面，即用光纤将个人计算机直接连接到因特网上，但目前大都使用的是双绞线。

2.2.2　无线传输介质

无线传输介质是指使用无线电波作为传输介质。由于此时电波不是按照一个固定的方向，而是向自由空间中传播，故也将无线传输介质称为非导向性传输介质。该类传输介质主要用于移动通信和难以铺设固定通信线路的情况。无线传输使用的无线电频率范围非常宽，但主要使用短波和微波这两个频段。

短波信号的频率一般在3～30MHz之间，它主要靠电离层的反射来进行通信。但由于受气候等因素的影响，常导致电离层非常不稳定。因此短波通信的质量较差，一般只适用于低速率通信。

微波通信在无线电通信中占有非常重要的位置。微波信号的频率范围一般为300MHz至300GHz，但主要使用2～40GHz范围内的信号。由于微波在空间中是以直线传播，可以穿透电离层进入太空，不能采用通过电离层反射的方式进行通信。所以，微波采用中继的方式进行通信。具体分为两种：地面微波接力通信和卫星通信。

地面微波接力通信是因为微波以直线传播，而地球表面为一个曲面，微波沿地球表面的传输距离一般约为50km。为了实现远距离通信，必须在地球上建立若干个中继站，这些中继站相距一定的距离，分别接收其他站发来的微波信号然后放大再转发给下一站；这样像接力赛一样，使以直线方式传播的微波能够沿着地球球型表面传播，常将这种通信方式称为地面微波接力通信。这种通信方式频带宽，通信容量大，传输质量高；但相邻中继站必须直视，不能有障碍物，而且隐蔽性和保密性较差。

卫星通信利用位于约36 000km高空的人造地球同步卫星作为中继站，实现对微波信号的转发。每个卫星可以覆盖1/3的地球表面，所以需要3颗卫星就可以实现覆盖全球的无线通信。卫星通信频带宽，通信容量大，但由于卫星距离地面较远，故通信延迟较大。

此外，无线通信还可以使用红外线、毫米波等作为传输介质。但因为它们频率太高，波长太短，不能穿越固体，仅适用于室内或近距离通信。

把采用无线传输介质进行通信的方式称为无线通信。近几年来，在通信领域中，发展最快、应用最广的就是无线通信技术。在移动中实现的无线通信又统称为移动通信，人们把两者合称为无线移动通信。目前，第3代无线移动通信技术(3G)已很成熟，正在研究推广应用4G、5G移动通信技术。

2.3　信道及其复用

2.3.1　信道

信道是传输信息的通道。它通常由发送和接收信息的设备，以及将这些设备连接在一起的传输介质所组成。当信道中传输的信号为模拟信号时，则称之为模拟信道；而传输的信号为数字信号时，则称之为数字信道。当某条信道仅被一对通信对象所使用时，则称之为独占信道；而同时被几对通信对象所使用，则称之为共享信道。显然共享信道的利用率较高。

一个信道可以仅向一个方向传输信号，也可以交替地向两个不同的方向传输信号，或者同时向两个不同的方向传输信号，这样的信道分别称为单工信道、半双工信道和全双工信道。

描述信道性能的一个重要指标是带宽（bandwidth），它是指信道允许通过信号的频率范围，即所能传输信号的最高频率和最低频率之差。带宽越宽表示该信道的通信能力越强。

2.3.2 信道复用

为了提高信道的利用率，信道常工作在共享方式，以供多个用户轮流使用。多个用户同时使用同--条物理信道进行通信，则称为信道复用。信道复用有时分、频分、波分、码分等多种方式。信道复用方式下的通信过程如图 2.5 所示。此时，共享信道的各个用户的多路数据经过复用器后，才能在共享信道上传输；而共享信道上的数据必须经过分用器分离出独立的各路数据后，才能送给各个接收用户。下面就分别介绍几种信道复用技术。

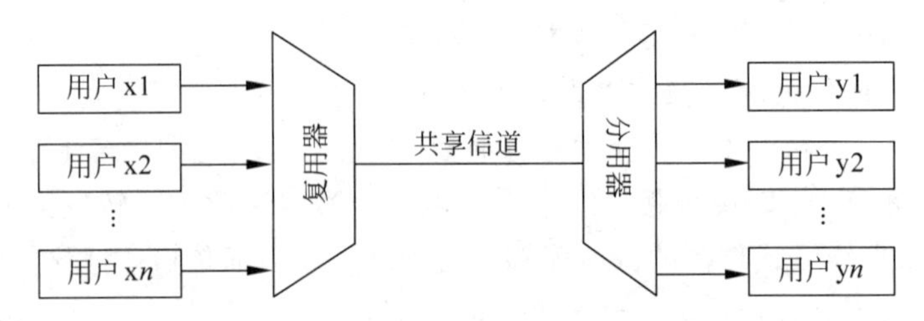

图 2.5 信道复用方式下的通信过程

1. 时分复用

当一条信道为 n 个用户所共享时，时分复用（Time Division Multiplexing Access，TDMA）就是按照时间周期 T 将信道分成固定长度的 n 等份，每一份称为一个时隙（slot），每个时隙给一个固定的用户使用，每个时间周期 T 内各个用户的数据形成了一个 TDM 帧。这样在每个周期 T 内，各个用户若有数据要发送，则将分别占用分配给它的时隙来发送数据；一个时间周期 T 内的所有时隙的数据形成一个 TDM 帧后，被发送到共享信道。图 2.6 给出了 4 个用户 A、B、C、D 复用同一个信道的情况。这样在时间周期 T 内，每个用户都将占用一个固定的时隙。此时，即使它没有信息发送，分配给它的时隙也不能给其他用户使用。显然，这种复用方式会造成信道的浪费。

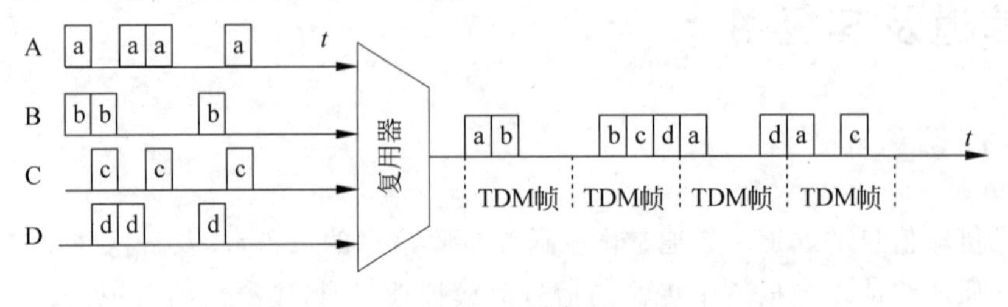

图 2.6 时分复用

为了避免信道浪费,采用的一种有效方法是统计时分复用(Statistic TDMA,STDMA)技术。这种复用技术不是将各个时隙分配给固定的用户,而是当用户有数据要发送时,就判断信道当前的时隙是否为空,若空,则占用当前时隙发送数据;否则,等待下一个时隙继续判断,如图 2.7 所示。这种复用方式下,用户随机占用信道,信道的利用率高。此时为了区分信道上的信息,传输的数据需要加上标识信息,以表明该数据属于哪个用户或表明接收节点的地址,因而需要占用额外的通信开销。

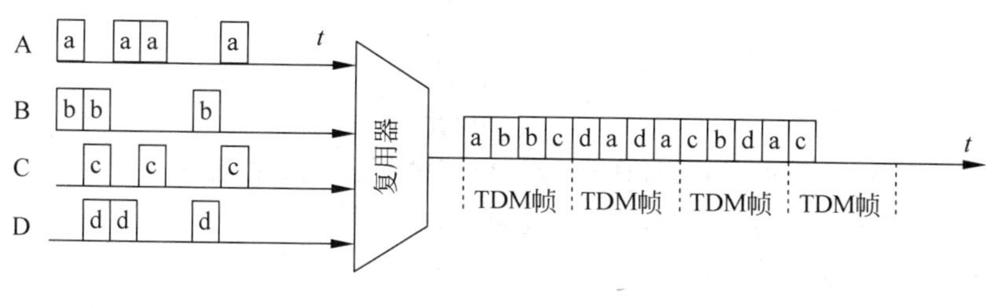

图 2.7　统计时分复用

2. 频分复用

频分复用(Frequency Division Multiplexing Access,FDMA)就是将有效传输数据的频率范围分成几个互不重叠的频率段,每个频率段固定地分配给不同的用户。分成不同的频率段后,各个用户就可以同时使用同一个信道传输数据。当共享信道上包含有多个用户数据的信号到达接收节点后,再采用带通滤波等措施,将这些数据分开,然后分别送给相应的用户。

频分复用技术存在的一个问题是:相邻两路信号容易产生相互干扰(称为串扰)。相互干扰的原因是由于传输电路性能不好而导致信号的频带展宽,以至于相邻两路信号的频带相互重叠,无法区分,这可以通过提高传输电路的性能或增大相邻频带间的间隔来改善。

3. 波分复用

波分复用(Wavelength Division Multiplexing Access,WDMA)主要使用于由光纤网组成的通信系统中。随着光纤网的广泛使用,波分复用已成为计算机网络系统的主要通信技术之一。与频分复用技术相似,波分复用为了能够在一条信道上,同时传输多路光信号,将有效使用波长分成多个互不重叠的波段,每个波段分配给一个固定用户使用。由于波长和频率间的关系,波分复用实际上就是一种频分复用。与电信号的频分复用不同的是:波分复用采用光学仪器(如衍射光栅等),实现多路不同波长光信号的合成和分解。

4. 码分复用

码分复用(Coding Division Multiplexing Access,CDMA)是一种用于移动通信系统的新技术,又称为码分多址技术,它为每个用户分配唯一的一个地址码来区分不同用户的信息,允许多个用户同一时刻在相同信道上使用相同的频率进行通信。该技术最初出现于军事领域,因其具有抗干扰性强、保密性好、容量大、发射功率低等优点,而被移动通信领域所广泛使用。

码分多址技术中,每个比特时间被细分成 m 个相等的时隙,称之为码片(chip),m 通常为 64 或者 128。每个用户被分配唯一的一个 m 位二进制码片序列，作为用户的地址码。为了表示和处理方便，常将码片序列中的 0 用 -1 来表示，这样每个地址码就相当于一个由 1 和 -1 组成的 m 维向量。为了实现信道复用，要求这些地址码向量必须满足如下条件：

① 不同地址码向量间必须两两相互正交，即两个不同地址码向量的规格化内积为 0。其中向量的规格化内积定义如下：

设 $X=[x_1\quad x_2\quad \cdots\quad x_m]$、$Y=[y_1\quad y_2\quad \cdots\quad y_m]$ 是两个 m 维向量，则 X 和 Y 的规格化内积定义为：

$$X \cdot Y = \frac{1}{m}\sum_{i=1}^{m} x_i y_i$$

② 每个地址码向量与其他地址码向量的反码的规格化内积也为 0。

③ 每个地址码向量与其自身的规格化内积为 1。

④ 每个地址码向量与其反码的规格化内积为 -1。

通信时，发送站点 A 利用自己的地址码 S 来处理待发送的 0、1 信号序列；当要发送信号“1”时，就发送其地址码的原码；而发送信号“0”时，就发送其地址码的反码。接收站点采用发送站点 A 的地址码 S 对接收到的信号进行处理，分离出发送站点 A 所发送的原始信号。由于，所有站点都使用相同的频率发送信号，因此，每一个站点都能接收到所有其他站点发送来的信号，即各站点收到的信号是来自所有其他站点的叠加信号 $S_x+T_1+T_2+\cdots+T_k$，其中 S_x 是发送站点 A 发送的信号，而 $T_m(m\in\{1,2,\cdots,k\})$ 是所有其他站点发来的信号。当接收站点要接收发送站点 A 发送的信号时，就用发送站点 A 的地址码 S 与收到的信号求规格化内积，这相当于计算 $S\cdot S_x+S\cdot T_1+S\cdot T_2+\cdots+S\cdot T_k$。显然，$S\cdot T_m(m\in\{1,2,\cdots,k\})$ 的计算结果都是零，只剩下发送站点 A 发送的比特信号，再根据 $S\cdot Sx$ 的计算结果是 -1 还是 1，还原出 0、1 信号序列，即得到发送站点 A 要发送给接收站点的原始信号。

根据上面的介绍，现假定发送站点要发送信息的速率为 t b/s。由于每一个比特要转换成 m 个比特的码片，因此，发送站点实际的数据发送速率要提高到 t b/s 的 m 倍。同时，发送站点所占用的频带宽度也提高到原来带宽的 m 倍，故将这种技术称为扩频通信技术。

2.4 数据传输方式

根据观察角度的不同，数据在通信线路上的传输方式可以分成多种不同的类型。

首先，数据传输按照通信线路上每次所传输的比特位数，可以分成串行传输和并行传输，也称之为串行通信和并行通信。在串行传输中，依据二进制数据各位的顺序一位一位地依次进行传输；而并行传输是一次可以传输若干个比特位(如 8 位)。显然，并行传输比串行传输快得多，但它需要较多的数据线，故仅适合于近距离通信；而串行传输因需要的数据线少，非常适合远距离通信。目前，计算机网络等通信系统中广泛采用串行通信。

众所周知，计算机内部的数据以字节或字为单位。当进行串行通信时，计算机首先要将并行的字或字节转变成串行数据(也称为比特流)。而计算机接收串行数据后，也要将之转变成并行数据，一般常采用移位寄存器来实现上述功能。

在串行通信过程中，接收方如何正确识别发送方发送过来的每个数据字符或者比特流的开始和结束呢？该功能是通过同步操作来实现的。通过同步操作可以协调发送方和接收方间的通信过程，使它们能够准确地识别和交换数据。而这种同步功能存在两种不同的实现方式，分别对应两种不同的传输方式：即异步传输和同步传输，也称之为异步通信和同步通信。

所谓异步传输方式，是指发送方和接收方的时钟不需要保持一致，发送方有数据就可以发送（只要信道可用），而接收方只要有数据到达就可以接收。与异步传输相反，同步传输则要求发送方和接收方的时钟一致，以保证接收方能准确识别线路上传输的每个比特数据。

异步传输方式以字符（5～8 位）为单位进行传输。为了使接收方能够正确识别字符数据，发送方在发送的数据前、后各加入了一个起始位和停止位；起始位占 1 位，编码为 1；停止位占 1～2 位，编码为 0。如果没有数据发送，发送方连续发送停止位，即若干个 0；若有数据发送，则发送起始位 1。显然，当接收方连续接收到多个位 0，然后接收到位 1 时，则知道后续位串就是要接收的数据。这种通信方式实现简单，费用低。但由于在每个数据字符前后都要增加 2～3 个同步位，所以传输效率较低，只适合低速率数据的传输。微机上的 RS-232 串行接口采用的就是异步传输方式。

同步传输方式是以数据块为单位传输数据的。发送方在发送数据前要将数据前、后分别加上一个首部和尾部，形成数据帧之后再进行传输。附加的首部和尾部分别用于标识一个数据块的开始和结束。发送方和接收方的同步可以通过两种不同的方式来实现。一是通过单独一根信号线来传输同步信号，该方式仅适应用于近距离通信。另一种方法是被传输的数据信号中携带同步信息，如在待传输数据帧的前后分别增加一个特殊的二进制位串来表示数据的开始和结束，所以该方法也称为自同步。显然，同步传输方式消除了每个字符所带的同步位，因而通信效率高，已经应用于多种通信网络。

2.5　信道的性能指标

信道是用来传输信息的，我们希望信道能够正确无误、快速地传输信息，那么如何来描述信道的性能和传输信息的质量呢？带宽是度量信道性能的一项重要指标，该指标在前面已经做了介绍。下面介绍信道性能的另外几个指标：码元传输速率、比特传输速率和误码率。

首先，将携带数字信息的信号单元称为码元。每秒钟系统所能传输的码元数称为码元传输速率，其单位为波特（baud），1 波特就是 1 秒钟传输 1 个码元。码元是由传输前的原始数据经过编码后得到的，如 3 位二进制数存在 000、001、…、111 等 8 种编码。每种编码可以用一个码元来表示。显然，每个码元包括 3 位二进制信息，而每个码元可以采用适当的方式作为一个信号单元在信道上传输。

另外一个描述信道性能的指标，即比特传输速率。它是指每秒钟系统所能传输的二进制位数，其单位为比特/秒，也表示为 bps(bit per second)或者 b/s。

码元传输速率与比特传输速率间存在一定的数量关系，假如一个码元携带 n 个比特的信息量，则 m 波特的码元传输速率所对应的比特传输速率就是 $m \times n$ b/s。

显然，不论是信道的码元传输速率，还是信道的比特传输速率，它们的值越高越好。实际上信道的最高传输速率是有限制的。奈奎斯特于 1924 年就指出：在理想的低通信道下，其最高码元传输速率为信道带宽的二倍。这种理想的低通信道是指仅允许低频信号能够不失真地通过的信道。而理想带通信道的最高码元传输速率等于信道的带宽，这种理想带通信道是指仅允许某个频率范围内的信号不失真地通过的信道。

由图 2.1 所示的通信系统模型可以看出，信道往往会受到噪声的干扰而使传输的信号发生畸变，从而导致传输的数据出现错误。当一个信道在传输数据过程中，经常发生错误时称该信道的可靠性较差，并采用误码率来衡量信道可靠性的高低。误码率定义为一定时间内信道所传输出现错误的码元数与所传输的码元总数的比值，具体表示如下：

$$P = \lim_{m \to \infty} \frac{n}{m}$$

式中，m 和 n 分别是在一定时间内信道所传输的码元总数和出现错误的码元数。显然，误码率越小，说明信道的可靠性越好，传输质量越高。

2.6 信息编码与数字信号编码

在信息处理和传输过程中，通常并不是将原始信息直接存储于计算机内或者直接进行传输，而是要先经过某种变换处理后，再存入计算机或者进行传输。这种变换常通过信息编码和数字信号编码技术来实现。目前存在多种不同的编码技术，编码的目的也存在一定差异。常用的信息编码技术及其作用为：

(1) 信息(数据)加密/解密。有些数据是非常重要的，仅允许提供给某些人。为了防止保密数据泄露给其他人，常采用加密技术将原始数据转变为密文，然后在通信线路上进行传输。经加密的数据传输到接收方后，再进行解密操作，恢复出原始数据。数据加密/解密的科学称为密码学，它是计算机网络与信息安全的重要基础。

(2) 信息(数据)压缩。原始数据有时非常庞大，若直接存储则浪费大量的存储空间；若直接传输，则占用过多带宽资源。有些原始数据具有很大的冗余度，如视频图像，其相邻两幅图像间的差异并不是很大，所以可以进行有效压缩，以减少数据量。这样，存储时可以少占存储空间，传输时可以减少占用信道的时间，从而提高传输效率。

(3) 数据的抽象表示。组成计算机网络的各种计算机系统可能是异构的，其数据存储和表示格式可能并不相同。为了能够相互通信和识别对方的数据，数据在传输前要经过协议软件转变成统一的数据格式，即所谓数据的抽象表示。接收方接收到网络传来的数据后，首先转变为其自身的数据格式，然后再进行处理。

(4) 数据校验。为了检查数据在传输或者存储过程中是否出错、是否被改变，常采用数据编码的方式来达到校验数据是否发生变化的目的。最常采用的就是数据冗余的方法，即由要传输的数据生成一个冗余码，该冗余码与数据一起传输。数据传输到目的地后，接收端也依同样的方法，处理接收到的数据，生成冗余码，并与接收的冗余码进行比较，来判断传输的数据是否出错。数据校验方法的应用将在后续章节中详细介绍。

(5) 为了区分信息的性质和含义，或者为数字信号的有效传输创造条件，如通过信息编码，说明哪些帧是数据帧，而哪些帧是控制帧或状态帧等。

显然，信息编码是对数据进行编码，其过程是在计算机等智能设备内部进行的。目前存在多种信息编码方法，如各种信息加密/解密算法和压缩/解压算法。此外还有一种称为

mB/nB 编码方法。该编码方法是将 m 位的二进制数据编码成 n 位的二进制数据，此时 $m<n$。这种编码方式将少位数的二进制数据编码为多位数的二进制数据。显然，这种编码方法不但可以表示原有的信息，还可以扩展进而表示其他的控制、状态等信息。同时这种编码方式也有利于数字信号的传输。在介绍局域网时将涉及 4B/5B、8B/10B、64B/66B 等多种 mB/nB 编码方式。

在介绍传输技术时，讲到了基带传输。这种技术在不改变原始数字信号频带的情况下，直接传输数字信号，可以达到很高的数据传输速率。所以基带传输是目前发展非常迅速的数据通信技术。但是原始数字信号在传输到通信线路之前，通常要进行编码，然后才能进行传输。这种编码是以数字信号为对象，编码的目的通常有如下几个：①提供同步信号；②提高信号的抗干扰性和延长信号的有效传输距离；③进行信号加密；等等。下面就介绍几种常用的数字信号编码方法。

(1) 不归零制编码(Non-Return Zero Coding，NRZ)。不归零制编码的波形如图 2.8(a)所示。NRZ 制编码规定用低电平表示逻辑"0"，用高电平表示逻辑"1"。其缺点是当存在连续个"0"或连续个"1"时，就难以决定一位的结束和另一位的开始，即很难进行同步。因此，为了保持收发双方的同步往往需要增加另外的同步信号。

(2) 曼彻斯特编码(Manchester Coding)。曼彻斯特编码是目前应用最广泛的编码方法之一。典型的曼彻斯特编码如图 2.8(b)所示。其编码规则为：每个比特周期的前半周期传输原码，而后半周期传输原码的反码。这样在每个比特的中间均存在一个跳变，这个跳变可以用来作为同步信号，使接收方与发送方同步，所以曼彻斯特编码是自同步的。该种编码的缺点是编码时钟信号的频率应为信号传输速率的两倍。

(3) 差分曼彻斯特编码(Differential Manchester Coding)。差分曼彻斯特编码的编码规则是：每个比特的中间仍发生跳变，以提供同步信号。但是，它采用每个比特信号的前沿是否发生跳变来区分"0"和"1"。前沿发生跳变，表示该位是"0"；前沿不发生跳变，表示该位是"1"，如图 2.8(c)所示。显然，其缺点也是编码时钟信号的频率为信号传输速率的两倍，但其抗干扰性比较好。

目前，有专用的编码芯片完成上述信号的编解码功能。

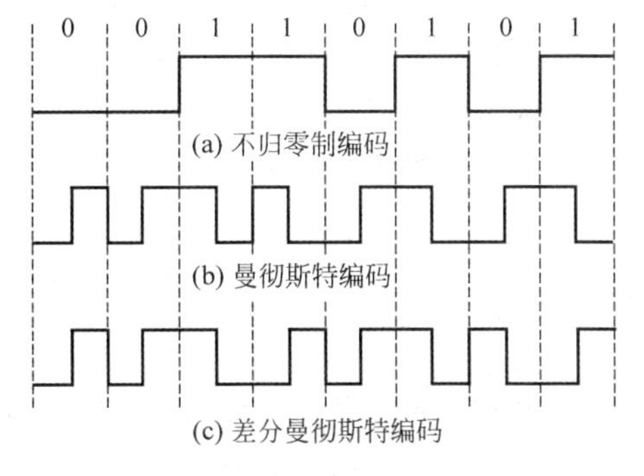

图 2.8 几种常见的数字信号编码方法

2.7 调制技术与远程传输

前面已讲过信号传输有基带传输和宽带传输两种方式。因基带信号的频率较低，功率有限，不适合远距离传输，因此基带信号要进行远程传输就必须经过变换。

众所周知，为了使电力输送到更远的地方，常常采用高压输电，即将电压升高到一定程度再进行传输，以减少在输电线上的电力损失。同样，常常将低频的基带信号加载到一个高频信号上，以传输到更远的距离，这个高频信号称为载波信号(carrier)。这种将基带信号加载到高频的载波信号上，以进行远距离传输的过程称为调制(modulation)。通常采用的调制方法是以正弦波作为载波信号对基带信号进行变换，以进行远程传输。实现调制的方法有调幅(Amplitude Modulation，AM)、调频(Frequency Modulation，FM)和调相(Phase Modulation，PM)3种方式，如图2.9所示。

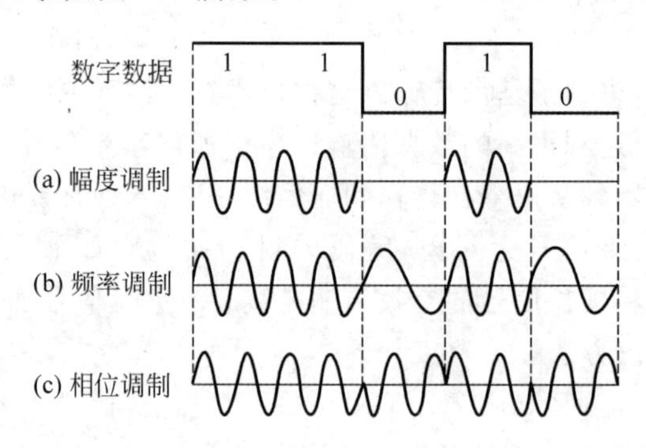

图2.9 正弦波作为载波信号的3种调制过程

调幅也称幅移键控(Amplitude Shift Keying，ASK)，它通过基带信号改变载波信号的幅度，到达接收端后，可以根据载波信号的幅度提取出原始信号，如图2.9(a)所示。调频也称频移键控(Frequency Shift Keying，FSK)，它通过基带信号改变载波信号的频率，进而达到信号调制的目的，如频率没有发生变化的部分表示"1"，而频率发生变化的部分表示"0"，如图2.9(b)所示。调相也称相移键控(Phase Shift Keying，PSK)，它通过基带信号改变载波信号的相位，如相位没有发生变化的部分表示"1"，而相位发生变化的部分表示"0"，如图2.9(c)所示。可见，接收端根据载波信号的变化情况就可以识别出原始信号。从载波信号上取出原始信号的过程称为解调，完成解调功能的设备称为解调器，而完成调制功能的设备称为调制器，兼有完成调制和解调功能的设备称为调制解调器。

通过调制解调过程就可以实现基带信号的远程传输，这种传输也叫载波传输。

习题

(1) 什么是信号？信号与数据的区别是什么？

(2) 简单叙述信号的分类。

(3) 什么是模拟信号和数字信号？

(4) 什么是基带信号和频带信号？

(5) 请详细描述通信系统的抽象模型。

(6) 双绞线有几种？它们的区别是什么？

(7) 请说明同轴电缆的种类及特点。

(8) 光纤与电类传输介质的最大区别是什么？

(9) 在常用的传输介质中，带宽最宽、信号衰减最小、抗干扰能力最强、保密性最好的是(　　)。

A. 同轴电缆　　B. 双绞线　　C. 微波　　D. 光纤

(10) 单模光纤的远程通信能力一般比多模光纤(　　)。

A. 小　B. 大　C. 相同　D. 不确定

(11) 在常用的传输介质中,误码率最低的是(　　)。

A. 同轴电缆　B. 双绞线　C. 微波　D. 光纤

(12) 什么是信道? 信道是由什么组成的?

(13) 什么是信道的带宽?

(14) 什么是信道复用? 信道复用的目的是什么? 各种信道复用技术的原理是什么?

(15) 什么是异步传输和同步传输? 各有什么特点?

(16) 什么是信息编码? 信息编码的意义是什么?

(17) 什么是信号编码? 信号编码的意义是什么?

(18) 举例说明适用于基带传输的数字信号编码方法。

(19) (　　)编码方法内部含有自同步时钟。

A. 二进制　B. 4B/5B　C. 不归零制　D. 曼彻斯特

(20) 传统的以太网采用曼彻斯特编码传输数据,该种编码方式要求编码信号的时钟频率为信号传输速率(　　)。

A. 一倍　B. 两倍　C. 三倍　D. 半倍

(21) 已知基带数字信号 10001011,请画出对应的不归零制编码和差分曼彻斯特编码的波形。

(22) 什么是码元传输速率和比特传输速率? 它们之间的关系是什么?

(23) 什么是调制和解调? 常用的调制方法有哪些?

(24) 什么是调制解调器? 请举一个日常生活中使用调制解调器的例子。

第 2 篇

Internet与TCP/IP

Internet 通过 TCP/IP 实现网络通信和资源共享功能。TCP/IP 是一个协议簇,它包括实现应用层、传输层和网络层等各层功能的多个协议,TCP 和 IP 是其中两个最重要的协议,故常将 Internet 的网络协议简称为 TCP/IP。

本篇根据 Internet 协议的层次模型,从用户请求网络服务的角度出发,按照信息的发送流向,采用自顶向下的顺序,依次介绍 Internet 的应用层、传输层和网络层等各层协议的具体功能和实现方法。通过该篇的学习,使读者掌握计算机网络通信的具体过程以及 Internet 的工作原理。

本篇共包括 3 章,分别介绍 Internet 的应用层、传输层和网络层等各层所包括的众多协议,以及各个协议的具体功能和实现过程,所包括的主要内容有:

- 应用层:Internet 提供多种类型的应用功能(如电子邮件、文件传输、信息浏览等),每种功能均由对应的应用层协议来实现。本章将按照 Internet 所提供的应用功能,分别介绍对应的应用层协议的工作原理、实现过程以及相关知识。具体的应用层协议包括 Telnet、FTP、SMTP、DNS、DHCP 以及支持 WWW 服务的 HTTP 等协议。
- 传输层:本层共包括两个协议:传输控制协议(TCP)和用户数据报协议(UDP),这两个协议分别用于传输不同性质的用户数据。本章将详细介绍 TCP 及其在网络数据传输的可靠性、流量控制、拥塞控制、分组顺序控制等方面的作用,以及 UDP 的原理、特点及应用。
- 网络层与网络互联:本层包括 IP、控制报文协议、组管理协议、地址解析协议以及路由生成协议等多个协议。本章将从网络互联设备——路由器出发,介绍 IP 及其数据报文的路由转发过程、IP 地址及解析、路由选择算法与路由生成协议,全面讲解 IP 的功能及其互联特性。同时,介绍 Internet 控制报文协议(ICMP)和 Internet 组管理协议(IGMP)的原理与功能、网络地址转换技术以及 IP 的新版本:IPv6 的具体情况。

第3章 应用层

目前，计算技术的发展使得现代社会进入了以Internet为运行环境，以网络计算和普适计算为特征，正积极向移动计算和云计算推进的信息化时代。Internet上提供了丰富的计算、存储资源和信息资源。那么，如何去使用和访问这些资源？Internet为人们使用和访问网络资源提供了哪些服务和手段？计算机网络如何接受和响应用户的请求并为用户提供服务？这些都是应用层所要完成的功能。应用层为用户提供的具体服务包括远程登录、电子邮件、文件传输、WWW服务等。每种服务均有对应的应用层协议来支持，这些协议规定了网络应用所应遵守的规范和准则。下面就详细介绍Internet的应用层所提供的各种协议及其功能，具体包括远程终端登录、电子邮件、文件传输、超文本传输等协议，以及为这些协议软件运行提供支持的域名解析、动态主机配置等协议。

3.1 概述

应用层是网络协议层次模型的最高层，也是用户与网络的接口。通过使用Internet，知道计算机网络提供多种类型的应用服务，如WWW服务、电子邮件、文件传输等。对于每种应用服务均涉及网络上不同节点间的通信，以及人机间的交互过程。显然，既然涉及通信和交互过程，就需要有相关的标准、规则和约定（即协议）来支撑。在Internet环境下，各种应用功能存在一定的差异。所以，分别为每种服务定义了相应的应用层协议，如完成WWW服务的HTTP、完成电子邮件功能的SMTP和完成文件传输功能的FTP等等。每种服务均由相应的协议软件来实现，这些协议软件分别运行在用户端和服务器端。运行在用户端的软件称为用户软件；运行在服务器端的软件称为服务器软件。不同的服务器软件可以安装、运行在同一台计算机上，也可以分别安装、运行在不同的计算机上。装有服务器软件的系统启动后，便创建了一个称为守护进程（Daemon）的服务器进程，该进程一直处于运行状态，等待用户的服务请求。用户使用服务时，需通过用户软件（如WWW浏览器等）发出请求，本地网络操作系统接受该请求，并创建一个用户进程（也称为客户进程），该进程调用网络协议软件，通过网络向对应的服务器进程发出请求；服务器进程接受请求，并按照协议来分析和响应请求，将处理结果按照通信协议通过网络返回给用户进程。协议定义了用户进程与服务器进程间交换信息的格式和顺序，以及发送、接收和响应请求时所采取的操作。客户/服务器模式的通信过程如图3.1所示。显然，用户进程是一个请求进程，而服务器进程是一个响应进程。这种服务模式称为客户/服务器模式，网络上大部分服务均工作于这种模式。

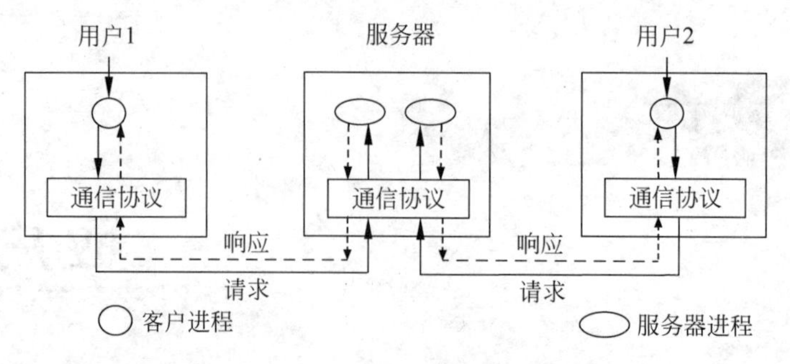

图 3.1 客户/服务器模式的通信过程

目前,计算机网络所使用的客户/服务器模式应该严格地称为基于 Web 的客户/服务器模式,简称为 B/S(Browser/Server)模式。而传统的客户/服务器模式简称为 C/S(Client/Server)模式。基于 Web 的客户/服务器模式与传统的客户/服务器模式间存在一定的区别。传统的客户/服务器模式下,客户端程序承担较多的功能,是基于不同的操作系统和数据库管理系统开发的。当客户端的操作系统等运行环境发生变化时,可能需要重新开发应用软件,这样,势必造成很大的浪费和不便,并且对于不同的操作系统环境,应用软件的移植也存在一定困难。能否把应用系统都放在服务器端,而简化用户端的功能,让应用软件在服务器端运行;在这种情况下客户使用时,只需要访问服务器即可。这样,无论用户端的系统软件环境如何变化,只要能访问服务器,就可以得到相应的服务,这就是所谓的 B/S 模式。显然,这种工作方式下,服务器端的负担较重,而客户机所承担的工作较少,所以也称之为瘦客户机。目前的云计算正是贯彻这种理念,将服务集中在云端(即服务器端),而客户端可以做得非常简单(如智能手机等各种移动终端),只要它能通过网络访问云端,就可以得到云端提供的各种服务。

现在计算机所使用的都是多任务、多用户操作系统,无论是客户机,还是服务器,均可能同时运行多个进程(即多个应用程序)。对于计算机网络而言,它可能同时提供多种类型的服务,而每种服务都将创建相应的应用层进程,这些应用层进程可能要用到相同的运输层协议。为了区分这些并发的应用层进程,在应用层的下一协议层:运输层引入了端口号的概念。每个端口号是一个 16 位的二进制整数,它唯一地标识了某台主机内运行的一个应用层进程。应用层进程在调用运输层协议时,由运输层进程为其分配一个端口号,并保证在一台计算机内运行的应用层进程与端口号是一一对应的。

对于服务器来讲,它可能同时提供多种类型的网络服务,即运行多个服务器进程。当客户端想要得到某种类型的网络服务时,它必须事先知道向哪台服务器上的哪个服务器进程发送请求,即必须事先知道提供该服务的服务器地址和服务器进程的端口号。所以,与各种网络服务相对应的服务器进程的端口号必须是公布于众的,这些端口称为熟知端口。Internet 规定熟知端口号从 0 到 1023,表 3.1 给出了常用 Internet 服务所对应的熟知端口号以及与运输层协议间的关系。而客户端进程的端口号是由它调用的运输层协议进程随机产生的,称之为临时端口,其值要大于 1023,一般在 49 152～65 535 之间。

当用户想要得到某种网络服务时,它首先调用相应的应用软件(如浏览器),创建一个客户进程,客户进程将调用通信协议把所获得的端口号和客户机的 IP 地址作为源端口号和源 IP 地址,而将提供服务的服务器进程的熟知端口号和服务器的 IP 地址作为目的端口号和目的 IP 地址,连同请求信息一起封装成请求数据包,发送给服务器。网络层的 IP 根据请求数据包中的目的 IP 地址,控制该数据包传输到相应的服务器;服务器接收到该数据包后,由运输层协议根据其中的目的端口号将该请求送给相应的服务器进程(即应用层进程,对应某种网络服务)。服务器进程处理客户端的请求,然后,将请求数据包中的源端口号和源 IP 地址作为目的端口号和目的 IP 地址与响应信息一起封装成响应数据包,通过网络协议发送给请求服务的客户进程。

各种网络服务与端口间的关系如图 3.2 所示。显然,客户机的 IP 地址和客户进程的端口号在全网范围内唯一地标识了客户进程,而服务器的 IP 地址和服务器进程的端口号也在全网范围内唯一地标识了服务器进程。因此把主机的 IP 地址以及主机上标识进程的端口号组合在一起,称之为套接字(socket)。这样,一对套接字唯一地标识了网络上的一条通信连接,这一点在运输层介绍 TCP 时将详细讲解。

表 3.1 常用 Internet 服务所对应的熟知端口号以及与运输层协议间的关系

服务类型	文件传输		远程终端	SMTP	POP3	WWW	域名服务	简单文件传输	简单网络管理
	数据连接	控制连接							
端口号	20	21	23	25	110	80	53	69	161
运输层协议	TCP						UDP		

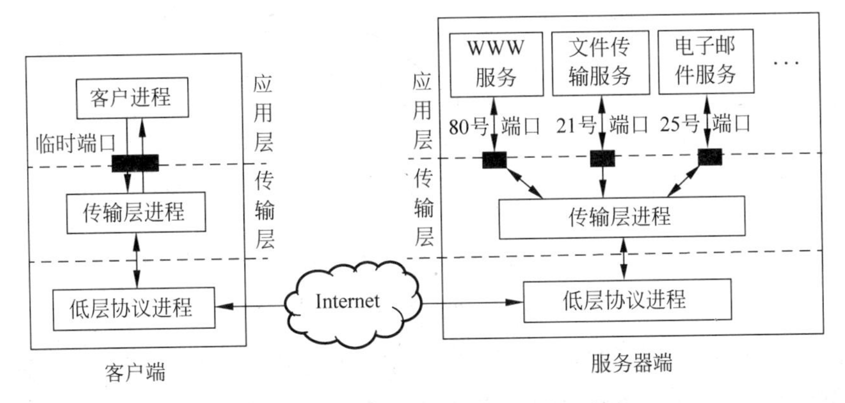

图 3.2 各种网络服务与端口间的关系

3.2 域名和域名解析

3.2.1 域名及域名的组成结构

在日常生活中,当人们想要寻找某个地点时,应事先知道该地点的地址。同样,当要访问某种网络资源时,必须知道该资源的网络地址。在 Internet 上,用 IP 地址就可以唯一地标识出网络节点的地址。第 1 章简单介绍了 IP 地址的概念,在网络层还将详细介绍。实际上,IP 地址是一个 32 位的二进制数字串,它尽管可以采用四位点分十进制来表示(如 202.156.122.210),但这样一串枯燥的数字仍不利于记忆,而人们习惯于记忆名字。所以,为了便于记忆，常采用形象、直观的字符串作为网络上各个节点的地址，如搜狐的 WWW 服务器的网络地址为：www. sohu. com。这种唯一地标识网络节点地址的符号名就称之为域名(domain name)，也称为主机名(host name)。域名是一个逻辑概念，与主机所在的地理位置没有必然联系，它们由专门的组织(不同级别的网络信息中心)进行管理和分配，用户使用域名需要向该组织申请和注册。

由于 Internet 上用户数量的快速膨胀，域名急剧增多。为了便于管理、记忆和查找，常采用树形层次结构组织域名。其中树根节点为空，以下的每级节点依次分别称为：顶级域、二级域、三级域……所表示的名称分别称为：顶级域名、二级域名、三级域名……如图 3.3 所示。整个域名树组成了 Internet 的域名空间，而以每个非根节点为根的子树组成了 Internet 的一个域名子空间。域名树上的每个节点(除根节点)都定义了一个标签(label)，它是该节点所对应级别域名的一个实例，它由字母、数字和连字符"-"组成，其最大长度为 63 个字符，而且不区分大小写。网络上每个节点的域名是从该节点开始，按照域名树的层次结构自底向上，最终结束到根节点，而形成的一个标签序列。书写时从左到右排列，中间用圆点分开，最右边的域名为顶级域名，具体形式为：

……三级域名. 二级域名. 顶级域名

如：北京大学图书馆的域名表示为 lib. pku. edu. cn。

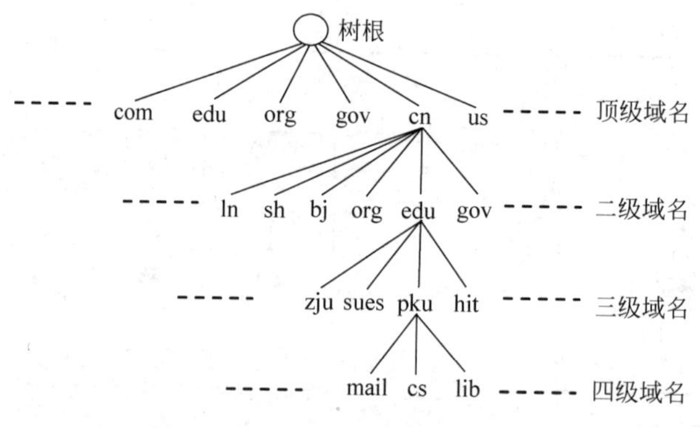

图 3.3 Internet 域名空间

注意，一个域名的最大长度为 255 个字符。各级域名由上一级域名机构进行管理，顶级域名由因特网名字与号码指派公司(The Internet Corporation for Assigned Names and Numbers，ICANN)进行管理。顶级域名分成 3 大类：

- 国家顶级域名。采用了 ISO 3166 的规定，例如：. cn 表示中国，. us 表示美国，. jp 表示日本等。
- 国际顶级域名。采用. int，国际性组织可在. int 下面注册域名。
- 通用顶级域名。这些域名表示公司、政府部门、军事部门、教育机构等，共 13 个，见表 3.2。

顶级域名下面是二级域名。中国将二级域名分成"类别域名"和"行政区域名"两大类。其中，类别域名 6 个，见表 3.3。行政区域名 34 个，用于表示全国的省、自治区、直辖市和特区，如. bj 表示北京，. sh 表示上海，等等。若在中国二级类别域名. edu 下申请注册三级域名，则需要向中国教育科研计算机网络中心申请；若在其他二级域名下申请注册三级域名，则需要向中国互联网网络信息中心 CNNIC 申请。图 3.3 展示了 Internet 域名空间的大致情况，从表中可以看到，一旦某个单位拥有了三级以下级别的域名，下一级域名完全由它自己决定如何去命名和管理。如北京大学拥有三级域名：pk.edu.cn，其下属单位的域名就由它自己分配和管理。

表 3.2　常用的通用顶级域名

序号	域名	代表含义	序号	域名	代表含义	序号	域名	代表含义
1	.com	公司企业	6	.edu	教育机构	11	.museum	博物馆
2	.net	网络服务机构	7	.aero	航空部门	12	.name	个人
3	.org	非营利性组织	8	.biz	商业	13	.pro	自由职业者
4	.gov	政府部门	9	.coop	合作团体			
5	.mil	军事部门	10	.info	网络信息服务组织			

表 3.3　中国二级域名中的类别域名

序号	域名	代表含义	序号	域名	代表含义
1	.com	工、商、金融等企业	4	.edu	教育机构
2	.net	网络信息中心和运行中心	5	.ac	科研机构
3	.org	非营利性组织	6	.gov	政府部门

3.2.2　域名解析

上面已经说明，用域名标识某个网络节点的地址只是为了方便记忆，但随数据包一起传输的还是 32 位二进制数组成的 IP 地址，而上网所使用的却是域名，所以就需要一种方法自动地将域名转换为 IP 地址。这种将域名转换为 IP 地址的过程称为域名解析。

域名解析的过程与打电话的过程颇为相似。显然，平时人们大脑中记忆的是人的名字。当要给某个人打电话时，首先，想到的是这个人的姓名，然后，根据姓名查找电话号码簿，找到其电话号码，再使用电话号码进行拨号和通话。此时通过查找电话号码簿就将受话人的姓名转换为其电话号码。

在 Internet 发展初期，由于当时的网络规模比较小，采用 Hosts.txt 文件来记录和管理网络上各个节点的域名和对应的 IP 地址，进而实现域名解析功能。该 Hosts.txt 文件存储在网络系统的中心管理服务器上，每个网络节点在启动时，均需要从中心服务器上下载该文件。但是，随着 Internet 主机数量的急剧增加，除了 Hosts.txt 文件的大小不断增加外，每次 Hosts.txt 文件的下载及其更新过程产生的流量也在不断增加，进而给网络通信造成了很大负担。所以，迫切需要一种采用分布式管理方式、可扩展性好、支持多种数据格式的软件系统来代替 Hosts.txt 文件实现域名解析功能，这就是下面将要介绍的域名服务器软件系统。

这种称为域名服务器的软件系统诞生于 1984 年，它代替了基于 Hosts.txt 文件的域名解析方式来完成域名解析功能。该软件也称为 DNS 服务器，它执行的协议是一个应用层协议，称之为域名解析协议。DNS 服务器上设有 DNS 数据库，用于记录和存储网络节点的域名、IP 地址等信息。当用户使用域名访问某个网络节点时，它创建的客户程序首先发送请求给域名服务器，要求域名服务器将要访问的域名转换成对应的 IP 地址，然后，使用 IP 地址来与目标服务器进行交互。

Internet上，通常设有多个域名服务器，分别负责不同域名子空间的域名解析工作。这些服务器按着域名的层次结构进行组织，分布在级别不同的各个域中，组成了一个高效、可靠、协同工作的分布式系统。域名服务器具体分为以下3类：

- 本地域名服务器。每一个独立的网络系统(称之为自治系统(Autonomous System，AS))均设有自己的域名服务器，它负责本区域内所有网络节点域名的管理和解析，该域名服务器称为本地域名服务器，也称为默认域名服务器。该区域的每个网络节点必须将其域名和对应的IP地址等信息登记在一个本地域名服务器的DNS数据库中。
- 授权域名服务器。Internet上，登记有某台主机域名信息的本地域名服务器也称为这台主机的授权域名服务器。为了可靠起见，要求每台主机至少有两台授权域名服务器。
- 根域名服务器。Internet上，共有13个根域名服务器，它们是负责顶级域名管理的授权域名服务器，其中有10个位于北美洲，其他3个位于欧洲和亚洲。根域名服务器的作用非常重要，它是架构因特网所必需的基础设施。若出现故障将严重影响网络的正常运行，所以，每个根域名服务器一般是由多个服务器组成的分布式系统，它们协同、可靠地工作，共同完成域名的解析任务。

域名解析系统工作于客户/服务器模式，它使用运输层中的UDP进行传输，对应的端口号为53。为了提高域名解析的速度，每个网络节点常在本地存储器中开辟一块存储区域(称为DNS缓存)，用于存储已经获得的域名和对应的IP地址等信息。当WWW、E-mail、FPT等服务采用域名访问网络时，应用进程首先创建一个称为域名解析器(resolver)的本地客户端进程。该进程接收应用进程的域名解析请求，并在本地DNS缓存中进行查找。若找到对应域名的IP地址，则直接将查询结果返回给应用进程；若域名解析器在本地缓存中没有找到匹配结果，则它将要进行解析的域名等信息封装成DNS请求报文，调用运输层的UDP，向本地域名服务器的53号端口发送请求，要求本地域名服务器协助查找；若本地域名服务器仍没有查找到结果，则它作为新的客户端，再向根域名服务器发送DNS请求，根域名服务器没有找到，则再向下一级域名服务器发送DNS请求，直到在某级域名服务器上查询到待解析的结果。然后，形成DNS响应报文将查询结果返回给请求DNS服务的主机。该主机首先将域名和得到的IP地址存入自己的DNS缓存，然后，采用该IP地址封装数据包，并通过网络发给相应的目的节点。

因此，为了实现上述的域名解析功能，必须做如下假设：

- 每个域名服务器必须知道所有根域名服务器的IP地址。
- 每个域名服务器必须知道其下一级域名服务器的IP地址。

显然，只有满足上述条件，各个域名服务器才能知道其他相关域名服务器的地址信息，这样它们才能相互协同，以共同完成域名解析工作。实践证明：DNS是在Internet上实现的最成功的分布式系统。

通常，域名解析有两种不同的实现方式：递归解析(recursive resolution)和反复解析(iterative resolution)。

1. 递归解析

当主机需要进行域名解析，但在本地查找DNS缓存而没有成功时，它调用解析器向本地域名服务器发送一个DNS请求报文，其中含有要解析的域名信息。若本地域名服务器找到了指定的域名，则形成DNS响应报文将对应的IP地址信息返回给主机；若本地域名服务器没有找到指定的域名，则本地域名服务器将请求授权的根域名服务器协助查找；然后，根域名服务器根据要查找域名的二级域名请求相应的二级域名服务器协助查找；重复上述过程，直到某一级的域名服务器找到了相应的域名信息，然后，它形成DNS响应报文，按照刚才的请求路径逆向传递，如图3.4中的虚线所示，最终传递给请求域名解析的主机。上述域名解析过程如图3.4所示，其中的序号标明了DNS请求和响应的顺序。用户访问新浪网WWW服务器域名的递归解析过程如图3.5所示。此时在本地域名服务器和本地DNS缓存中，均没有找到新浪WWW服务器的IP地址，只好调用域名解析系统进行解析。

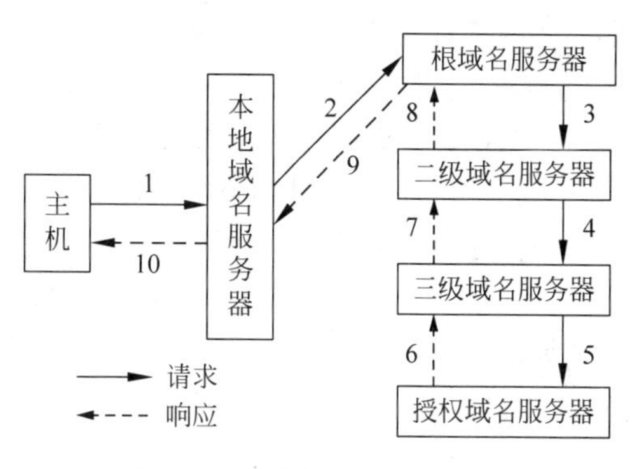

图3.4　域名的递归解析过程

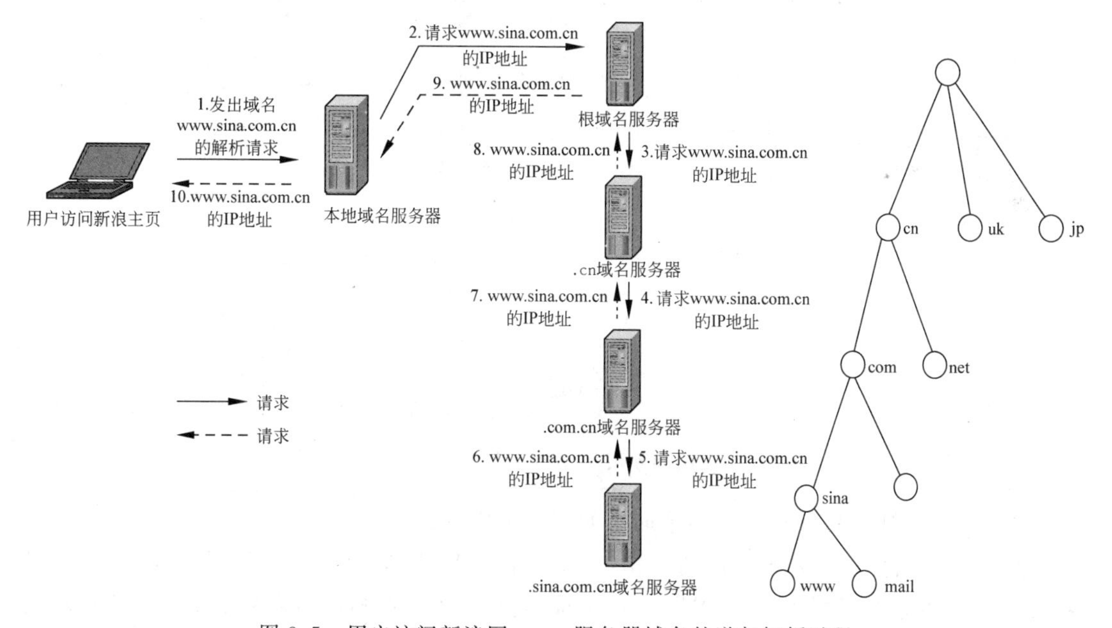

图3.5　用户访问新浪网www服务器域名的递归解析过程

2. 反复解析

反复解析也称为迭代解析。当主机需要进行域名解析，但在本地没有成功时，它也是首先调用解析器向本地域名服务器发送一个DNS请求报文。若本地域名服务器找到了指定的域名，则形成DNS响应报文将对应的IP地址信息直接返回给主机；若本地域名服务器没有找到指定的域名，则它要向授权的根域名服务器发送DNS请求报文要求协助查找。根域名服务器若找到相应的域名，则形成 DNS 响应报文返回结果给本地域名服务器；否则根域名服务器将根据待查找域名的二级域名确定下一个域名服务器，并把该域名服务器的地址通知给本地域名服务器；然后，本地域名服务器再向该二级域名服务器发出 DNS 请求，要求其协助查找；若该域名服务器找到了相应的结果，则形成 DNS 响应报文，将查到的 IP 地址信息通知给本地域名服务器；若没有找到，则再根据待查找域名的三级域名确定下一级域名服务器，并把它的地址通知给本地域名服务器。重复上述过程，直到某一级域名服务器找到了结果，并将结果通知给本地域名服务器，本地域名服务器将查找结果形成 DNS 响应报文通知给主机，从而完成了一次域名解析工作。域名反复解析的过程如图 3.6 所示，其中的序号标明了 DNS 请求和响应的顺序。用户访问新浪网 WWW 服务器的域名解析过程如图 3.7 所示，此时在本地域名服务器和本地 DNS 缓存中均没有找到新浪 WWW 服务器的 IP 地址，只好调用域名解析系统进行解析。

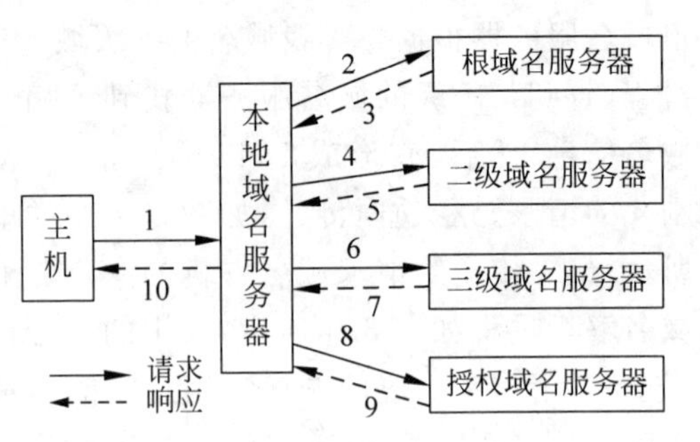

图 3.6 域名反复解析的过程

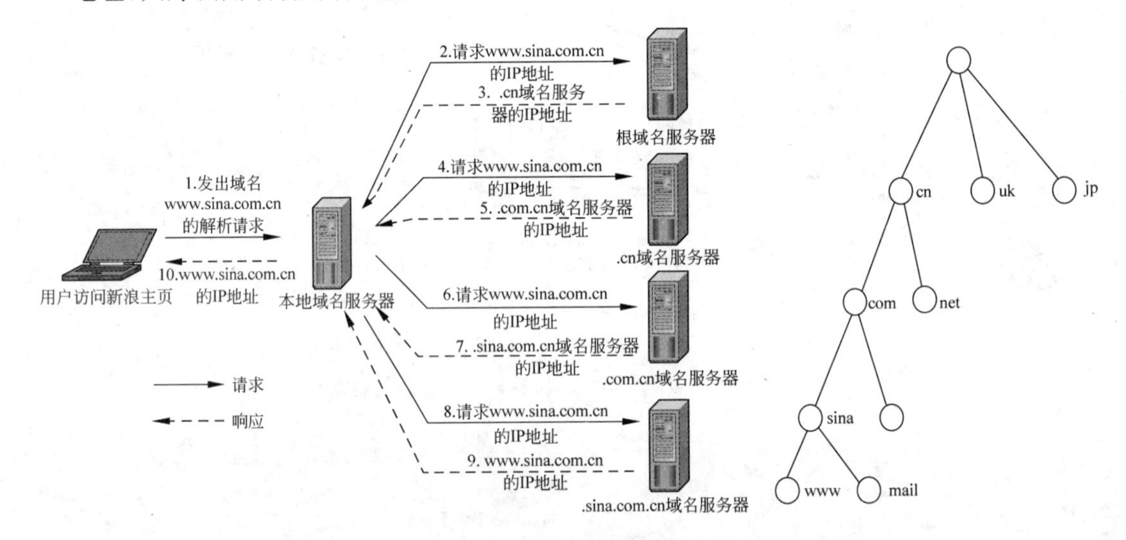

图 3.7 用户访问新浪网 WWW 服务器的域名解析过程

为了提高域名解析的速度，还采取了如下 3 种措施：

(1) 为了减轻根域名服务器的负担，它常工作于反复解析模式。即根域名服务器一旦接收到某个本地域名服务器的 DNS 协助请求，它将根据待解析的域名确定负责解析该域名的下一级域名服务器的 IP 地址，并将之通知给发出请求的本地域名服务器，让它们合作完成该次域名的解析工作，以后不再干预，从而减轻其工作负担。

(2) 在本地域名服务器内设置了一块高速缓存。当本地域名服务器从其他域名服务器得到了不在其管辖范围内的域名和对应的 IP 地址信息后，就把该域名和对应的 IP 地址等信息存入高速缓存。以后在域名解析过程中，一旦确定所解析的域名不在其管辖区域内，下一步就查找高速缓存。若高速缓存内仍查不到，则再向根域名服务器发出请求，要求协助查找。

(3) 许多主机在启动时，从本地域名服务器中下载全部域名解析信息。同时，在内存中设置了DNS高速缓存(在前面介绍域名查找算法时已经提到)，用于记录新得到的域名解析信息。这样，每次进行域名解析时，首先查找本地DNS信息，若找不到才求助于本地域名服务器，这样可以显著加快域名解析的速度。

由于网络是动态变化的，高速缓存中的内容可能因为时间过长而失效。所以，为了保证高速缓存中域名信息的有效性，要设置时钟限制并定时更新。

此外，为了保证域名解析系统工作的可靠性，域名服务器一般均成对存在，以便一个出现故障时，另一个能接替工作。

3.3 远程终端协议

在计算机发展初期，个人计算机的功能相对简单，而更多的计算机软、硬件资源和信息资源都集中在小型机或者更高档次的计算机系统上，这些计算机系统运行分时操作系统，同时可以为多个本地和远程用户提供服务。而功能有限的个人计算机(或者终端)为了完成复杂的功能或者为了获取更多的信息资源，常常作为一个仿真终端或者智能终端登录到远程计算机系统，以使用远程计算机系统上的软、硬件资源。此时，对于用户而言，它的显示器和键盘就好像直接连接到远程计算机上，远程计算机系统就像它的本地主机一样供其使用，这就是远程登录服务。但随着个人计算机功能的逐渐增强，远程登录服务已很少使用；但在网络管理领域，目前仍在使用这种方式来管理和配置路由器、交换机等网络设备。

Internet使用远程终端协议(Telnet)来提供远程登录服务。这种服务工作在客户/服务器模式下，它由两部分组成：Telnet客户端和Telnet服务器。远程Telnet服务器上运行服务器进程，这个进程是一个守护进程，一直运行在23号端口，等待用户的Telnet请求。当用户想要申请Telnet服务时，它在本地计算机上启动一个Telnet客户进程，向Telnet服务器的23号端口发送连接请求。服务器进程接受该请求，建立与客户机的连接，并启动一个子进程响应该Telnet请求，然后，返回到等待状态继续等待其他Telnet请求。远程登录过程示意图如图3.8所示。

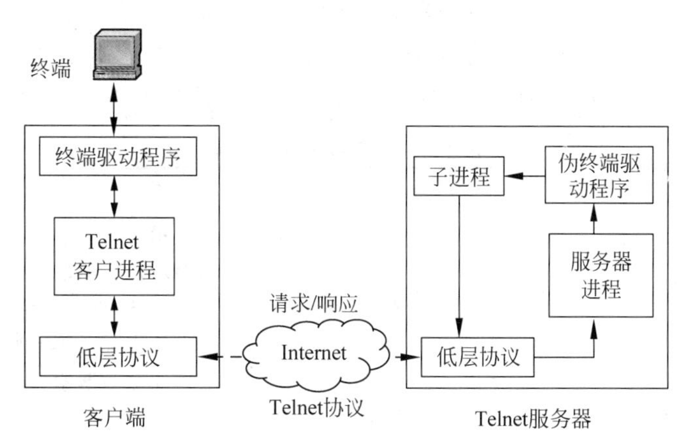

图3.8 远程登录过程示意图

远程登录服务所涉及的一个关键问题是客户端和远程服务器可能是异构的,它们的计算机硬件、所使用的操作系统以及键盘输入字符的格式等方面可能并不相同。如有些系统使用 ASCII 码的回车(CR)来表示文本行的结束,有些系统使用换行符(LF)来表示,而有些系统使用回车加换行符(CR+LF)的组合来表示。为了使 Telnet 服务器能够识别远程用户所输入的命令,必须消除这些差异。Internet 采用网络虚拟终端(Network Virtual Terminal,NVT)来适应不同系统间的差异。即用户输入的命令首先由本地格式转换为 NVT 格式,然后,发送给 Telnet 服务器;Telnet 服务器接收这种 NVT 格式的命令,再转换为服务器端的命令格式,然后执行,并将响应结果转换为 NVT 格式后返回给用户;用户接收后再将之转换为本地格式并显示在显示器上。远程登录的 NVT 转换示意图如图 3.9 所示。

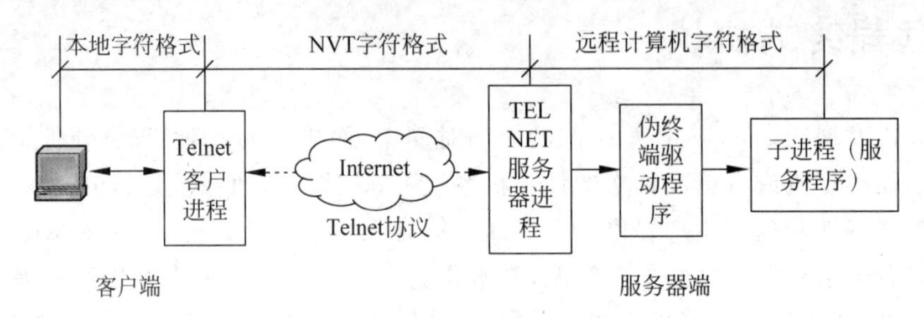

图 3.9 远程登录的 NVT 转换示意图

NVT 使用 7 位标准的 ASCII 码来表示数据,每个 7 位字符以字节为单位进行发送,字节的最高位规定为 1。7 位标准的 ASCII 码字符集包括可打印/显示的普通字符和不可显示的控制字符。对于用户输入的普通字符,NVT 将其按照原始含义进行传送;而当输入的是控制字符或者组合字符时,NVT 将它们转换为特殊的编码,然后在网络上传输。

当本地用户想要获得远程登录服务时,首先,在本地计算机上启动一个 Telnet 客户进程,向 TELNET 服务器申请进行登录和注册,建立与 Telnet 服务器间的双向连接(该连接通过运输层的 TCP 来建立),然后就通过该条连接进行交互,传输命令、响应等信息。

Telnet 协议支持多种命令,这些命令用于控制客户端与服务器间的交互。每条 Telnet 命令一般由两个以上字节组成,第一个字节各位全为 1(即 0xFF),称为 IAC(Interpret As Command)。它是一个转义字符,用于表示后续的字节为命令代码。对于某些命令代码,其后跟有选项代码,用于客户端与服务器间协商数据的传输方式、传输速度等,以增强 Telnet 协议的灵活性和对异构环境的适应能力。常用的 Telnet 命令见表 3.4。

表 3.4 常用的 Telnet 命令

命 令	命令编码	命令含义
IAC	255	表示之后的数据为命令
DON'T	254	表示选项参数所指定的请求被拒绝
DO	253	表示选项参数所指定的请求被接受
EL	248	通知服务器删除当前行
EC	247	通知服务器删除前一个字符
IP	244	中断、终止或结束某个进程
BRK	243	表示数据传输的中断
EOF	236	表示文件中的数据已全部传输出去

3.4 文件传输协议

计算机网络最基本的功能就是实现数据通信和资源共享。位于一台计算机上的文件可以通过网络传输到另一台计算机,通过网络也可以读取其他计算机上的文件。在计算机网络中,上述功能是通过文件传输协议来实现的。这种文件传输协议最初是 ARPANET 的一个组成部分,后来发展成 TCP/IP 中的一个应用层协议。这种协议实现了文件的远程传输功能,是计算机网络所提供的基本功能之一,也是计算机网络产生初期使用最多的功能,目前仍在广泛使用。

文件传输服务通过网络将文件从本地计算机复制到另一台称为文件服务器的计算机,该过程称为文件的上传。相反,从文件服务器传输文件到本地计算机的过程称为文件的下载。这种文件的传输过程看起来似乎很简单,但是,实现起来却相当复杂。众所周知,计算机网络常常由多台异构的计算机所组成。这些计算机的操作系统、所使用的字符集、采用的文件结构及格式、目录的组织方式等均可能存在一定差异。所以,文件传输必须考虑到这些差异,并能屏蔽掉这些差异,为用户提供透明的文件传输服务。Internet 采用文件传输协议(File Transfer Protocol,FTP)实现上述功能,所以,文件传输服务也称为 FTP 服务。

3.4.1 FTP 的工作原理

文件传输服务工作于客户/服务器模式,它由客户端和服务器端两部分组成,如图 3.10 所示。用户操作的本地计算机即为客户端,存储用户想要访问文件的计算机系统为服务器端,通常称该计算机系统为 FTP 服务器,用户通过 FTP 访问服务器端的文件。FTP 工作于运输层的 TCP 之上,它采用 21 号端口,以面向连接的方式工作,通过客户端和服务器端间的交互会话过程,实现它们之间的数据传输。

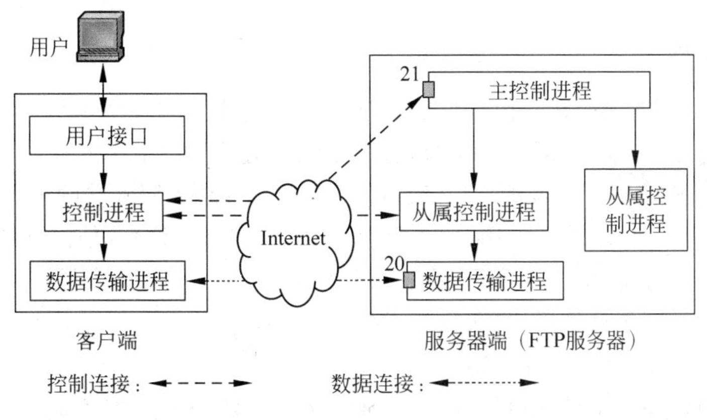

图 3.10 文件传输过程示意图

图 3.10 给出了 FTP 服务的基本模型。客户端由用户接口、控制进程和数据传输进程组成。而服务器端由主控制进程、从属控制进程和数据传输进程组成。其中,主控制进程为守护进程,FTP 服务器启动后,它就一直处于运行状态,该进程一直监测 21 号端口,等待用户的 FTP 请求。当客户端要访问 FTP 服务器时,首先,调用运输层的 TCP 建立客户端与

FTP服务器端的两条双向连接：控制连接和数据连接。其中，控制连接用于传输命令和响应信息；而数据连接用于传输要存取的数据文件。建立连接时，控制连接先建立，然后，客户端与FTP服务器端使用这条控制连接进行交互协商，以建立数据连接，之后使用这条数据连接传输数据文件。

FTP规定有两种不同的连接模式：PORT和PASV，分别称为：主动模式（active mode）和被动模式（passive mode）。对于不同的连接模式，FTP服务器和客户端仅在建立数据连接时的作用有所不同。

1. PORT模式

该模式下，数据连接的建立由FTP服务器发起。当用户想要访问FTP服务器时，具体的工作过程如下：

（1）用户在FTP客户端启动一个控制进程，通过该控制进程向FTP服务器的21号熟知端口发送文件传输请求。

（2）服务器端的主控制进程接收到客户端的FTP请求，创建一个从属控制进程，由该从属控制进程建立与客户端控制进程间的连接（即控制连接），然后，主控制进程返回并继续等待响应其他FTP用户的并发请求。

（3）FTP客户端通过其客户端控制进程创建一个客户端的数据传输进程，并通过控制连接和PORT命令，将该数据传输进程所使用的端口号通知给服务器端的从属控制进程，进而发出一次数据传输请求。

（4）服务器端接收到客户端的数据传输请求后，从属控制进程采用20号熟知端口，启动一个服务器端的数据传输进程，并向客户端数据传输进程的端口发送请求，进而建立与客户端数据传输进程间的连接（即数据连接）。

（5）以后的文件传输过程就在客户端的控制进程与服务器端的从属控制进程的控制下，由客户端与服务器端的数据传输进程来完成。

2. PASV模式

该模式下，数据连接的建立由客户端发起，其控制连接的建立过程与PORT模式相同，但数据连接的建立过程有所区别。此时，客户端要求建立数据连接时，使用的是PASV命令。客户端通过PASV命令告诉FTP服务器：它希望连接到服务器的某个端口（非熟知端口）。若FTP服务器上该端口可用，服务器就返回ACK，作为确认信息，然后，建立数据连接；若FTP服务器上该端口不可用，服务器就返回UNACK信息，表示该端口已经被占用，客户端接到端口不可用信息后，再次发送PASV命令，继续要求与服务器上的其他端口建立数据连接。

对于上述两种连接模式，最初客户端通常默认使用PORT模式建立数据连接；但是，因为PORT模式存在安全隐患，现在，许多客户端默认使用PASV模式。

显然，无论对于哪一种连接模式，均可能存在多个用户同时访问同一个FTP服务器。此时，主控制进程可以创建多个从属控制进程，以响应来自多个不同客户端的FTP请求。此外，还需注意的是，在文件传输期间，控制连接是一直存在的，而数据连接是在每次数据传输请求时创建，数据传输结束后撤销。随着数据连接的撤销，相应的数据传输进程也随之消亡。当有新的数据传输请求时，再由控制进程创建新的数据传输进程和建立新的数据连接，以再一次完成数据传输任务，直到所有数据传输完毕，控制进程才随之消亡。

3.4.2 FTP的命令和响应

FTP通过建立两条双向连接来分别传输命令/响应信息以及数据文件。为了实现异构网络平台上的信息传输，与Telnet协议一样，FTP也采用NVT格式传输命令和响应信息。FTP定义了许多命令和响应信息，分别用于登录FTP服务器、设置传输参数、浏览文件服务器上的文件和目录、读取文件服务器上的文件、存储文件到服务器以及管理FTP服务器与客户端的文件传输过程。当应用进程调用FTP进行某种操作时，FTP将对应的命令或者响应信息封装成应用层协议数据单元，然后，调用运输层的TCP来完成进一步的数据传输工作。

1. FTP命令

FTP定义了3类FTP命令：存取控制命令、传输参数命令和FTP服务命令。这些命令通过控制连接由客户端传输到FTP服务器，要求服务器完成指定的操作。

1）存取控制命令

该类命令主要用于实现用户身份验证、切换目录、关闭连接等功能。如用户登录FTP服务器时，客户端进程必须连续使用USER命令和PASS命令，将用户名和口令传递给FTP服务器进行认证。常用的FTP存取控制命令见表3.5。

表3.5 常用的FTP存取控制命令

命令与格式	命令功能
USER username	为FTP服务器提供用户名，用于身份验证
PASS password	为FTP服务器提供用户口令，用于身份验证
CWD pathname	改变当前工作目录
CDUP	返回到上一级目录
QUIT	退出FTP登录，关闭控制连接

2）传输参数命令

FTP实现文件传输时，事先要通过控制连接协商某些参数，如数据端口号、数据连接建立方式、传输模式等。实际上，许多传输参数设有默认值，当这些默认值不能满足文件传输要求时，就要使用传输参数命令对传输参数进行协商设定。常用的FTP传输参数命令见表3.6。

表3.6 常用的FTP传输参数命令

命令与格式	命令功能
PORT host-port	使用主动模式传输文件，并将客户端的端口号通知给FTP服务器
PASV	使用被动模式传输文件
TYPE type-code	设置文件的数据类型(type-code=A/E/I/L)
STRU structure-code	设置文件的结构类型(structure-code=F/R/P)
MODE mode-code	设置传输模式(mode-code=S/B/C)

对于异构的网络环境，客户端和FTP服务器的系统环境可能存在一定差异，如字长不同，NVT ASCII码字符在不同系统中的存储表示也不一样。为了保证文件能够被正确地存取和传输，FTP规定了文件传输和存储的数据表示规范以及传输模式。FTP的数据表示包括：数据类型和文件结构类型两个方面。

(1) FTP的数据类型。共包括四种，具体描述如下：

- ASCII码类型。为默认的数据类型，用于传输文本文件。发送方将本地文件转换为标准的8位NVT ASCII码形式，然后，在数据连接上传输。
- EBCDIC类型，即扩充的二进制编码的十进制交换码，是一种类似ASCII码规范的编码方式。主要使用在IBM计算机上，可用于传输文本文件。
- IMAGE类型，即通常所说的二进制文件类型，数据打包成8位的传输字节，以连续比特流形式进行传输，通常用于传输二进制文件。以二进制文件类型传输数据时，收发双方均不需要进行数据格式的转换，所以传输速度比较快。
- LOCAL类型，即本地文件类型，用于在具有不同字长的主机间传输二进制文件。

上述4种类型中，ASCII码类型和EBCDIC类型最为常用。

(2) FTP的文件结构类型。共包括3种类型，具体描述如下：

- 文件类型。默认的数据结构。此时，文件由连续的字节流组成，不存在内部结构。
- 记录类型。文件由一系列记录组成。该类型适用于表示文本文件，文本文件的每一行就是一条记录。
- 页类型。文件由一组独立的带有编号的页组成，每个页发送时，都带有一个页号，以便接收方能够随机地存储各页。

除了数据表示以外，FTP还规定了文件在数据连接上如何进行传输。FTP共规定了3种传输模式，具体如下：

① STREAM模式。即流模式，是默认的文件传输模式。文件以字节流的形式传输。这种传输模式对要传输数据的表示类型没有限制。

② BLOCK模式。即块模式。文件以一系列数据块的方式进行传输。每个块都带有一个由3个字节组成的报头。其中，2个低位字节为计数字段，用于表示数据块所包含的字节总数；高位字节是位标志的描述符，用于表示数据块的结束标志(EOF或者EOR)等信息。

③ COMPRESSED模式。即压缩模式。对传输的信息进行压缩后再发送，这样有利于节省网络的传输带宽。

3) FTP服务命令

FTP服务命令为用户提供了有关文件传输和文件系统操作的一系列功能，这些命令的参数通常是一个路径名(pathname)。除个别命令外，大部分命令的使用顺序不受限制。常用的FTP服务命令及功能见表3.7。

表3.7 常用的FTP服务命令及功能

命令与格式	命令功能
RETR pathname	从文件服务器上下载一个文件
STOR pathname	上传一个文件到文件服务器上
DELE pathname	删除文件服务器上的一个指定文件

续表

命令与格式	命令功能
MKD pathname	在文件服务器上建立一个目录或文件夹
RMD pathname	在文件服务器上删除一个目录或文件夹
PWD	显示当前工作目录
STAT	返回状态信息(如文件上传或下载的字节数)
ABOR	终止前一个命令,并中断数据传输

2. FTP 响应

当 FTP 服务器接收到来自客户端的 FTP 命令并按照命令的要求完成指定操作后,要通过控制连接给客户端返回 FTP 命令的响应信息,这种响应信息也称为 FTP 应答。与 FTP 命令一样,FTP 应答也是采用 NVT 编码方式进行传输,它反映了 FTP 服务器对 FTP 命令的执行情况和服务器的当前工作状态,这些执行情况和状态信息通过 FTP 应答能够及时地反馈给客户端和用户。每条 FTP 命令可以产生一个或者多个 FTP 应答。每个 FTP 应答包括一个 3 位的数字编码和附在其后的一串文本信息。3 位的数字编码为 FTP 应答码,文本信息仅提供给用户阅读并使用户了解命令的执行情况或者服务器的当前状态。部分 FTP 应答码及其含义见表 3.8。

表 3.8　部分 FTP 应答码及其含义

应答码	应答码的含义
125	表示数据连接已建立,传输开始
200	表示命令已被成功执行
220	表示 FTP 服务准备就绪,用户可以登录
226	表示关闭数据连接
331	表示用户名有效,可以输入用户密码
425	表示 FTP 服务器无法建立数据连接
426	连接关闭,传输终止
452	表示 FTP 请求没有被响应,系统没有足够的存储空间
500	表示语法错误(无法识别命令)
503	表示命令顺序错

3.4.3　FTP 的使用

FTP 提供交互式的访问方式完成文件操作。在使用 FTP 操作时,首先,用户需要启动 FTP 客户端程序,通过传统的 FTP 命令、浏览器或者专用的下载工具向 FTP 服务器发送连接请求,通过输入自己的用户名和口令以登录 FTP 服务器。登录成功后就可以访问 FTP 服务器,进行各种文件操作。通常 FTP 提供两种类型的服务。

1. 特许 FTP 服务

特许 FTP 服务指用户在 FTP 服务器上建立自己的账号,在访问 FTP 服务器时,要求用户输入自己的用户名和口令。该种服务方式下,用户拥有较高的使用权限,但对于没有开设账号的用户来讲,显然无法访问 FTP 服务器。所以,Internet 提供了另一种 FTP 服务方式,即匿名 FTP 服务。

2. 匿名 FTP 服务

该种服务方式为用户建立了一个公开账户,用户名一般为 anonymous,口令一般为 guest。普通用户都可以使用上述用户名和口令登录 FTP 服务器,访问 FTP 服务器上的信息资源。但为了安全起见,对公众开放的信息资源是有限的,因而对用户的使用权限进行了限制,不允许用户上传文件或者修改 FTP 服务器中的文件。

3.4.4 简单文件传输协议

相对于 FTP 而言,还有另一个更为简单的文件传输协议,即简单文件传输协议(Trivial File Transfer Protocol,TFTP)。它是一个简化的文件传输协议,其代码非常简短,可以放在无盘工作站的只读存储器中运行。TFTP 使用 69 号熟知端口,采用无连接的方式(即使用传输层中的 UDP)进行文件传输;而 FTP 是采用面向连接的方式(即使用传输层中的 TCP)。TFTP 不支持交互,因而非常适合多个文件同时传输的情况。但因为在传输层采用了不可靠的 UDP,所以,TFTP 需要有自己的差错保证措施。

3.5 电子邮件服务

电子邮件服务是计算机网络所提供的基本服务方式,是目前使用最为广泛的 Internet 服务之一。电子邮件也称 E-mail,它代替了传统的电报业务,为通信双方提供了简单、廉价、快捷的信息传递方式,深受广大用户的欢迎。

3.5.1 电子邮件系统的组成及工作过程

电子邮件系统一般由 3 部分组成:用户代理(User Agent,UA)、邮件服务器和邮件传输协议,如图 3.11 所示;邮件传输协议又包括简单邮件传输协议(Simple Mail Transfer Protocol,SMTP)、邮局协议(Post Office Protocol,POP3)等。

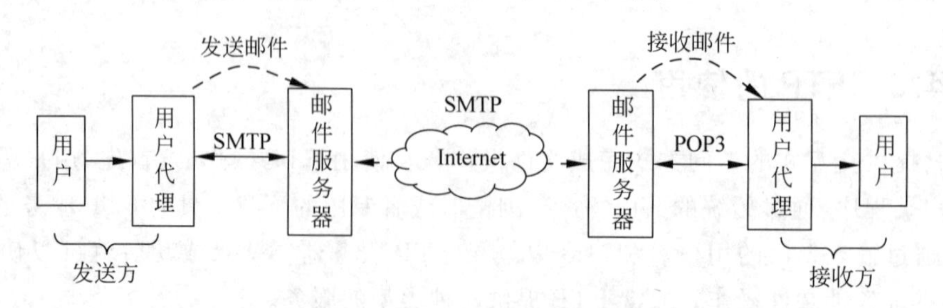

图 3.11 电子邮件系统的组成

用户代理是用户使用电子邮件系统的接口,它运行在用户的本地计算机上,负责为用户生成和管理电子邮件,具体实现电子邮件的编辑、显示、删除等,并负责将邮件发送到邮件服务器以及从邮件服务器中读取邮件。为了确保邮件能够有效地传输给邮件服务器，用户代理创建了到邮件服务器间的双向连接通道，分别用于发送邮件和接收来自邮件服务器的响应信息。

邮件服务器是为用户提供邮件传输服务的软件系统，也称之为邮件传输代理(Mail Transfer Agent，MTA)，它负责接收用户传输邮件的请求，并把要传输的邮件发送给目的邮件服务器。邮件服务器为每个申请邮件服务的用户提供一定大小、称之为邮箱的磁盘空间，用来存储用户收发的邮件。邮箱通过名字进行标识，该名字由用户名和邮件服务器名组成，邮件服务器名即为邮件服务器的域名。此外，邮件服务器还设有邮件缓存以临时存储等待发送的邮件和已接收但尚没有转存到用户邮箱的邮件。

邮件传输协议用于控制用户代理与邮件服务器以及发送邮件服务器与接收邮件服务器间的信息交换。其中，最基本的两个邮件传输协议是 SMTP 和 POP3，它们分别用于控制邮件的发送和接收。

电子邮件系统传输的邮件包括信封、邮件首部和邮件正文 3 个部分。信封上记录有发件人和收件人的地址，收件人的地址可以有多个。邮件首部包括第一收件人的电子邮件地址、发件人、发件人的电子邮件地址、主题(邮件的简要说明)、抄送的邮件地址(可能有多个)、回信应送达的电子邮件地址等信息。正文是邮件的具体内容，最初仅限于 NVT ASCII 文本，后来，经 MIME 协议的扩展可以传输非 ASCII 码字符(如图像、声音等信息)。

邮件服务器兼有发送邮件服务器和接收邮件服务器的双重功能，它们通过 Internet 分别完成邮件的发送和接收。如果邮件服务器在一定时间内没有将用户的邮件成功地发送出去，它要将发送失败的相关信息通知给相关的用户代理。因为邮件服务器独立于客户端，它一直处于运行状态，所以，无论用户是否在线，邮件服务器均能完成邮件的接收工作。

为了有效地控制用户代理与邮件服务器以及邮件服务器与邮件服务器之间的信息交换，Internet 定义了两个协议：邮件发送协议和邮件读取协议，分别用于控制邮件的发送和读取。邮件发送协议使用的是简单邮件传输协议，即 SMTP，它是发送方的用户代理向发送邮件服务器以及发送邮件服务器向接收邮件服务器发送邮件时所使用的协议。邮件读取协议使用的是邮局协议，即 POP，目前采用的是协议的第 3 个版本，即 POP3，它是接收方的用户代理从接收邮件服务器中读取邮件时所使用的协议。上述两种协议的作用范围如图 3.11 所示。

电子邮件的发送和接收均工作于客户/服务器模式，邮件发送和接收的具体过程如下。

(1) 发送方在本地创建一个 SMTP 客户进程，即用户代理，实现对邮件的编辑，并将编辑好的邮件通过 SMTP 发送到发送邮件服务器的邮件缓存中等待发送。

(2) 发送邮件服务器定期扫描邮件缓存，如发现有邮件就一一取出进行发送。对于每个要发送的邮件，首先，通过解析邮件中的收件人邮箱地址中的邮件服务器域名来判断是否为本地邮件；若是本地邮件则直接发送到收件人的邮箱。若待发送的邮件不是本地邮件，发送邮件服务器马上启动低层协议(下一章将要介绍的 TCP)，建立与接收邮件服务器 25 号熟知端口的双向连接；若连接成功，则将邮件发送给接收邮件服务器；若连接失败，或者因其他原因导致发送失败，则每隔一定时间再重复发送一次；若发送规定次数后仍没有发送成功，则将失败信息通知给发送方(即用户代理)。

(3) 接收邮件服务器接收到电子邮件后，将它们存放到收件人的邮箱中等待用户读取。

(4) 当读取邮件时,收件方在本地创建一个 POP 客户进程,即用户代理,通过 POP3 与接收邮件服务器的 110 号熟知端口建立连接,连接成功后就可以从接收邮件服务器中读取邮件,然后进行阅读和处理。

3.5.2 SMTP

如前所述,Internet 上无论是客户端到邮件服务器间的邮件发送,还是邮件服务器间的邮件传输均采用 SMTP 进行控制。SMTP 采用客户/服务器工作模式。当用户要发送邮件时,首先启动 SMTP 客户进程,并使用 25 号熟知端口建立与邮件服务器端 SMTP 服务器进程间的双向连接,然后通过这条连接传送邮件以及之间交换的命令和应答信息。

SMTP 规定了 14 条 SMTP 命令和 21 种应答信息。这些命令和应答信息采用 NVT ASCII 文本格式,并以明文方式进行传输。下面简单介绍一下主要命令的功能及格式,其中,< SP >表示空格,< CR-LF >表示行结束符。

1. HELO

命令格式:HELO < SP ><域名>< CR - LF >

功能:用于启动邮件传输过程。发送方以自身域名作为参数来标识身份,接收方通过返回自己的域名进行确认。

2. MAIL

命令格式:MAIL < SP > FROM: < reverse - path >< CR - LF >

功能:用于初始化邮件传输。< reverse-path >为逆向路径,用于指出到达邮件发送方的路径,一般为发件人的电子邮件地址;当邮件在传输过程中出现问题时,错误信息会通过这些路径传输到发件人。

3. RCPT

命令格式:RCPT < SP > TO: < forward - path >< CR - LF >

功能:用于标识单个收件人。< forward-path >为前向路径,一般为收件人的电子邮件地址。当有多个收件人时,该条命令要重复使用。

4. DATA

命令格式:DATA < CR - LF >

功能:用于将邮件报文发送给邮件服务器。该命令在 RCPT 命令后面使用,声明开始传输邮件数据。邮件数据要求以仅有一个"点"的行表示结束。当传输到仅有一个"点"的行时就表示邮件数据已经传输完毕。

5. QUIT

命令格式:QUIT < CR - LF >

功能:表示结束邮件传输。该命令用于终止客户端与服务器间的连接,服务器会返回

一个代码为 221 的应答信息。

6. RSET

命令格式：RSET <CR－LF>

功能：使客户端与服务器端的连接复位。该命令使当前的邮件事务异常终止，所存储的关于发件人和收件人的所有信息被删除，复位客户端与服务器端的连接。

应答信息是从邮件服务器发送给客户端的响应信息，每个应答信息是一行文本，包括 3 位十进制数组成的应答码和附加的描述信息。SMTP 命令的主要应答代码及代码含义见表 3.9。

表 3.9　SMTP 的主要应答代码及代码含义

应答代码	代 码 含 义	应答代码	代 码 含 义
220	服务准备就绪	500	语法错，不能识别的命令
221	关闭连接	501	参数语法错
250	请求操作就绪	503	命令顺序错
354	开始邮件传输	550	操作未执行，邮箱不可用
421	服务不可用	552	操作中止：存储空间不足
450	操作未执行：邮箱忙	553	操作未执行：邮箱名不正确
451	操作中止：本地出错	554	传输失败

下面使用 SMTP 命令和应答信息对邮件发送过程进行详细描述。该过程包括 3 个阶段：建立连接、传输邮件和终止连接。具体过程如下：

(1) 建立连接。客户端启动客户进程向邮件服务器的 25 号端口发出请求，要求建立 TCP 连接。当连接成功后，服务器返回代码为 220 的应答信息，表示服务准备就绪。然后，客户端向服务器发送 HELO 命令以标识发件人自己的身份。如果服务器允许接收邮件，则返回代码为 250 的应答信息；若服务器不可用，则返回代码为 421 的应答信息，表示暂时不能提供服务。

(2) 传输邮件。当连接建立成功后，客户端首先发送 MAIL 命令以标识发件人的信息。此时，如果服务器已准备接收邮件，则返回代码为 250 的应答信息；否则，根据错误返回相应代码的应答信息，并说明出错原因。

当邮件服务器已准备接收邮件并返回正确的应答信息后，客户端发送 RCPT 命令标识接收方；若有多个收件人，则需要多次发送 RCPT 命令。如果邮件服务器同意为收件人接收邮件，则返回代码为 250 的应答信息；如果不同意，则返回代码为 550 的失败信息。

当接收到邮件服务器同意为收件人接收邮件的应答信息后，客户端发送 DATA 命令给服务器，服务器端返回代码为 354 的应答信息进行确认，通知客户端可以开始发送邮件数据。客户端将邮件数据按行发送，当服务器检测到接收的一行数据仅有一个“点”时表示邮件数据传输结束，然后，返回代码为 250 的应答信息。

(3) 终止连接。当邮件数据传输结束后，客户端向邮件服务器发送 QUIT 命令，邮件服务器返回代码为 221 的应答信息表示关闭服务，同意释放之间的 TCP 连接，结束邮件传输过程。

注意,上述过程可以是用户代理向发送邮件服务器发送邮件,也可以是发送邮件服务器向接收邮件服务器发送邮件。

3.5.3 POP3

与 SMTP 一样,POP3 也采用客户/服务器工作模式以及命令-响应方式进行信息交换,其命令和响应信息也采用 NVT ASCII 文本格式。每个 POP3 响应信息包括:状态码和附加说明两部分。其中,状态码非常简单,只有两个:"+OK"和"-ERR",分别表示操作正确和操作失败。POP3 的主要命令及功能见表 3.10。

表 3.10 POP3 的主要命令及功能

命令及格式	功能	命令及格式	功能
USER username	指定用户名	DELE [Msg#]	删除指定的邮件
PASS password	指定密码	NOOP	空操作
STAT	询问邮箱状态(如邮件总数和总字节数等)	RSET	重置所有标记为删除的邮件,用于撤销 DELE 命令
LIST [Msg#]	列出邮件索引(如邮件数量和每个邮件的大小等)	QUIT	提交修改,并断开连接
RETR [Msg#]	取回指定的邮件		

当用户使用 POP3 接收邮件时,用户首先在本地计算机上启动用户代理进程,即 POP3 客户程序,使用 110 号熟知端口建立与邮件服务器上 POP3 服务器进程间的双向连接,然后,通过这条连接进行邮件读取。注意,POP3 服务器同时还是邮件接收服务器,以通过 SMTP 接收其他邮件服务器发送来的邮件。当用户启动 POP3 客户程序并使用 USER 和 PASS 命令正确输入用户名和口令后就登录到 POP3 服务器。客户端通过发送 POP3 命令进行相应操作,服务器接收命令并做出响应,使客户端读取其邮箱中的邮件。当邮件读取结束后,客户端发出 QUIT 命令,服务器确认用户的操作,关闭客户端与服务器端间的连接。邮件读取过程结束。

POP3 属于离线式协议,不能对邮件实现在线操作,要读取的邮件必须下载到本地计算机上。而且,一旦邮件被读取它就从 POP3 服务器中被删除,用户就不能在其他计算机上再读取这个邮件,显然这给用户造成了许多不便。为此对 POP3 进行了功能扩充和改进,可以设定邮件被读取后仍保留在 POP3 服务器中的时间,从而方便用户的使用。

3.5.4 电子邮件协议的扩充

SMTP 和 POP3 是最初使用的电子邮件传输协议,它们或多或少存在一定的缺陷;随着 Internet 应用的普及,电子邮件传输协议逐渐得到了完善而走向成熟。

1. 邮件发送协议的扩充

Internet 中最初采用的邮件发送协议为 SMTP。该协议为了消除系统间的异构性,邮件正文采用 NVT 编码进行传输。而且 SMTP 只能传输可打印的 7 位 ASCII 码数据,这就限制了邮件的使用范围。为了能够传输更多类型的电子邮件,1993 年提出了一个辅助协议：通用因特网邮件扩充协议(Multipurpose Internet Mail Extensions,MIME)。MIME协议对Internet所能传输邮件的种类进行了扩充,它可以传输文本、图像、音频、视频等多种类型的数据。注意,MIME协议并不是一个独立工作的邮件传输协议,它不是取代SMTP和POP3,而是与它们一起工作,它位于用户代理和SMTP/POP3之间。在发送端,MIME协议接收到非ASCII码数据后,将之转换成7位的NVT ASCII码数据,然后,交给SMTP邮件服务器进行传输；在接收端,邮件服务器接收到NVT ASCII码数据,然后,经POP3交付给MIME协议进行转换,恢复成原来的数据后再交给用户。MIME协议的作用如图3.12所示。

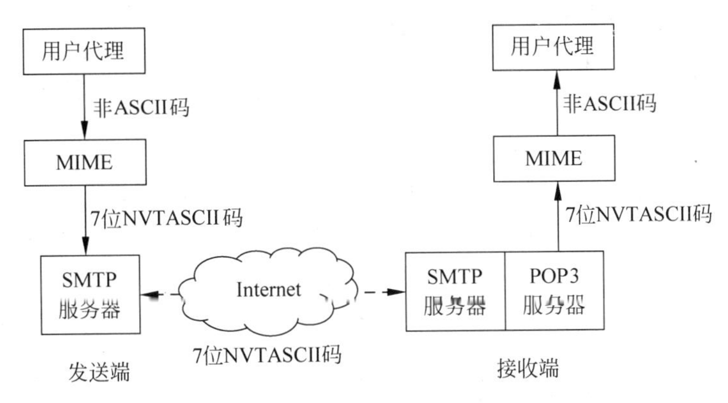

图3.12 MIME协议的作用

2. 邮件读取协议的扩充

目前,用户从接收邮件服务器中读取邮件时,除了使用邮局协议(POP3)外,还有因特网报文存取协议(Internet Message Access Protocol,IMAP)。

IMAP是一种比POP3更为复杂、功能更强的邮件读取协议。它也是工作在客户/服务器模式。该协议是一种联机协议,运行在用户主机上的IMAP客户程序要一直保持与IMAP服务器的连接,被读取的邮件也一直保存在IMAP服务器上,直到被用户主动删除。这样用户就可以随时使用其他计算机通过网络连接到IMAP服务器读取信箱中的邮件。但该协议因一直要保持与IMAP服务器的连接而占用过多的服务器时间。

3.6 WWW服务

WWW是World Wide Web的简称,也称为万维网或环球信息网,是由欧洲原子核研究委员会于1989年提出的。像文件传输、电子邮件等各种网络服务一样,WWW虽然被称为万维网,但它并不是一种计算机网络,而只是Internet所提供的一种应用。通过WWW服务(也称为Web服务),用户可以浏览Internet上的各种信息。众所周知,因特网规模庞大,它由许多异构的计算机系统所组成,存储着海量的信息资源。这些资源包括文本、图像、声音、视频、动画等各种信息。那么,在因特网环境下,如何表示如此丰富多样的信息资源？如何在茫茫的信息海洋中寻找我们想要的信息？Internet上如何传输这些信息等等。在开始介绍这些知识前,先介绍超文本(hypertext)、超媒体(hypermedia)、WWW浏览器等几个重要概念。

首先，Internet 上以超文本文件的形式表示和存储各种信息资源。这种超文本文件不但含有文本信息，而且还含有链接信息；通过单击链接信息就可以跳转到文件的另一处，或者跳转到另一个超文本文件，而这些超文本文件可能位于网络中的不同计算机上，常把这种链接称为超链接。显然，超文本文件具有非线性的信息组织形式。

当超文本文件中的链接信息为多媒体信息时，就称这种超文本为超媒体。所链接的多媒体信息可以是文字、图形、图像、动画、声音、视频、表格等。通过灵活地设置超链接的内容，就可以非常方便地访问和浏览 Internet 上的各种信息。这些被访问的信息可能位于本地，也可能位于异地，只要它们连接到 Internet 上就可以被访问到。

超文本文件采用超文本标记语言(Hyper Text Markup Language，HTML)进行编写。HTML 语言是一种制作网页的标准语言，万维网上不同种类的计算机间通过这种语言可以非常方便地进行信息交流。

Internet 上的各种信息资源采用统一资源定位符(Uniform Resource Locator，URL)来唯一地进行标识和定位。URL 给出了信息资源在网络上的具体位置，即指出了该信息在哪台服务器的哪个文件夹下，同时，还指出了访问这种资源的方式。

WWW 浏览器是用户访问网络信息资源的工具软件，如 IE 浏览器、360 浏览器、Google 浏览器等。这些浏览器具有友好的图形界面，用户只需输入所要访问资源的 URL，浏览器就可以完成在 Internet 上的信息搜索并将结果显示给用户。

3.6.1 WWW 服务的工作原理

WWW 服务采用客户/服务器工作模式，它包括：客户机、WWW 服务器和 HTTP 等 3 个组成部分，如图 3.13 所示。其中，客户机是用户的本地计算机，WWW 服务器是用户访问的信息资源所在的服务器；HTTP 控制客户机访问 WWW 服务器的整个交互过程。

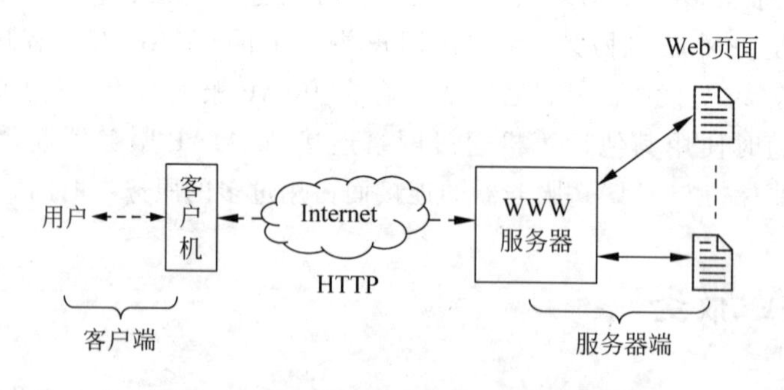

图 3.13 WWW 服务的工作原理示意图

用户通过 HTTP 访问因特网上信息资源，信息资源的具体位置由 URL 给出，具体过程如下：

(1) 用户在本地浏览器上输入想要访问信息资源的 URL。

(2) 浏览器接收该 URL 后，向 DNS 服务器发送请求要求进行域名解析。

(3) DNS 服务器接受浏览器的请求对 URL 中的域名进行解析，并把查找到的 IP 地址发送给浏览器。

(4) 浏览器向该 IP 地址所标识的服务器的 80 号熟知端口发出一个 Web 请求。

(5) 服务器接受来自用户的 Web 请求,并建立与客户机间的 TCP 连接。

(6) 浏览器将所要访问信息资源在服务器上的具体位置通过 HTTP 中的 GET 方法通知给服务器。

(7) 服务器根据请求寻找到相关的 Web 信息,然后,通过 HTTP 将查找的结果信息返回给客户端。

(8) 服务器和客户机释放 TCP 连接。

(9) 客户机将接收到的返回信息以 Web 页面的形式呈现在显示窗口上,供用户浏览。

客户机与 WWW 服务器交换信息的基本单位为 Web 页面(Web page)。Web 页面一般是通过超文本标记语言(HTML)来进行组织和编写的。HTML 和 HTTP 构成了 WWW 服务的基础。

3.6.2 超文本标记语言

超文本标记语言(HTML)是编写 Web 程序和建立超文本文件的工具,是一种标准化的页面描述语言,它使用文本标志来说明结构元素、输出格式、显示图像和超链接等,使得同一页面能够以相同的格式在不同的计算机系统上显示出来,从而对用户屏蔽了网络系统的异构特性,方便了用户的使用。

采用 HTML 编写的程序通常由普通文字和标签组成,其中的标签用来定义 Web 网页的显示方式、链接方式等。HTML 的标签可分成基本结构标签、连接标签、列表标签、字属性标签等。HTML 程序由 HTML 解释程序解释执行。当 WWW 服务器将请求的页面返回浏览器,浏览器根据其显示器的分辨率重新组织和显示页面。

HTML 的发明和成功应用对 Internet 的普及和推广起到了积极的促进作用。但随着 Web 信息的增加和所涉及内容的复杂化,HTML 也逐渐暴露出许多不足,具体为:

(1) 可扩展性较差。由于 HTML 不允许用户定义自己的标签,从而限制了用户对数据语义的准确描述。

(2) 结构描述能力弱。HTML 不支持深层次的嵌套表达,无法充分描述结构复杂的文档数据,特别是一些关系数据或者面向对象的层次结构数据。

(3) 缺乏有效的确认机制。HTML 没有提供对所描述数据结构的正确性进行确认的机制,造成了 HTML 文档本身的不规范性。

为了更好地适应 Web 技术的发展,在继承了 HTML 优点的基础上对其进行了改进,提出了可扩展标记语言(Extensible Markup Language,XML)。XML 具有允许用户自由定义标签、支持元素任意层次的嵌套等优点,很好地克服了 HTML 的不足。

3.6.3 统一资源定位符

众所周知,要在个人计算机上访问一个文件,必须给出相应的路径和文件名。显然,要在计算机网络上访问一个文件,不但要给出文件名及其路径,而且还要给出文件所在服务器的地址以及访问文件的方式。Internet 中使用统一资源定位符(URL)来唯一地标识网络资源的位置,可以把 URL 看成是单机环境下的文件名概念在网络环境上的扩展和延伸。

URL的一般格式如下：

<URL访问方式>: //<主机地址或域名>: <端口号>/<路径名和文件名>

其中“主机地址或域名”指出所要访问的目的主机或者服务器在网络上的具体位置；“端口号”指出需要得到的服务类型（如80号端口对应WWW服务，25号端口对应电子邮件服务），该项可以省略；“路径名和文件名”指出所访问信息资源在目的主机上的具体位置，该项可以省略；几种常见的“URL访问方式”有ftp、http和news，分别对应文件传输服务、超文本信息浏览和USENET新闻。

各种URL访问方式中ftp和http的简化格式如下：

ftp: //<ftp服务器的地址或域名>
http: //<WWW服务器的地址或域名>

如：麻省理工学院的匿名文件服务器和北京大学的WWW服务器的URL分别为：

ftp: //rtfm.mit.edu　和　http: //www.pku.edu.cn

当要通过浏览器访问本地的信息资源时，URL的格式如下：

file: ///<路径名和文件名>或者 file: ///localhost/<路径名和文件名>

其中localhost为本地主机名。

前面已经讲过，浏览器给用户访问各种网络信息资源提供了一种有效手段。用户若想访问某种Web信息资源，则只需在浏览器的打开文件一栏输入相应的URL即可。

3.6.4 HTTP

HTTP为支撑WWW服务的网络传输协议，是一个面向对象的应用层协议，由于其简捷、快速，故非常适用于分布式超媒体信息系统。该协议于1990年提出，经过多年的使用与发展，不断得到扩展和完善，陆续出现了HTTP 1.0、HTTP 1.1等版本，使得WWW服务器一次仅能接收一个Web请求发展到可以同时响应多个Web请求，而且目前新的协议版本：HTTP-NG(HTTP-Next Generation)也已经出现。

在Internet提供Web服务的过程中，运行在不同端系统上的客户程序和服务器程序通过HTTP交换Web消息。HTTP定义了这些消息的结构以及客户和服务器间交换这些消息的方法和步骤。HTTP具体包括两部分：资源定位和消息内容格式。资源定位采用URL指明所要访问的信息资源的位置。HTTP采用电子邮件的MIME(Multipurpose Internet Mail Extensions)协议定义所传输数据的格式，以使HTTP可以传输包括多媒体在内的多种类型数据。HTTP定义了两类数据报文：请求报文和响应报文，并详细规定了每种报文的格式。当客户进程接收到客户的请求并按照请求报文的格式封装成报文，通过相应端口传输给下一协议层(即传输层)，然后，通过网络层等低层协议和通信线路将请求报文发送给WWW服务器。WWW服务器接收到客户的请求，然后按照客户的请求进行相应的操作并把结果封装成响应报文，再经过下面的运输层、网络层等低层协议和通信线路发送给客户。

HTTP的主要特点可概括如下：

(1) 支持客户/服务器模式。

(2) 简单快速。客户和服务器交互请求服务时,只需传送请求方法和应答状态。请求方法封装在请求报文中,由客户端发出,要求服务器完成指定的操作。请求报文有固定的格式,其中第一行是请求行,该行包括:请求方法、请求资源的 URL 和 HTTP 的版本号 3 部分。常用的请求方法有:

- GET:请求读取 URL 所标识的页面。
- HEAD:与 GET 类似,但只请求读取页面的首部。
- PUT:与 GET 的功能相反,PUT 操作要求存入一个页面,用于新增或者修改页面。
- POST:与 PUT 的功能类似,但仅是把数据附加在原来页面的后面。
- DELETE:请求服务器删除 URL 所标识的资源。

应答状态以编码的形式封装在响应报文中,响应报文的第一行为状态行,该行包括 HTTP 的版本号、状态编码以及解释状态编码的短语等 3 个字段。服务器通过响应报文将自身的状态等信息通知给客户端。每个状态编码由 3 位数字组成,共分成 5 类:

- 1xx:表示服务器发给客户机的通知信息。如要求客户机继续发送剩余的请求。
- 2xx:表示客户机的请求是否被服务器成功地接收、理解和接受。
- 3xx:指明为了完成 Web 请求需要客户进程所要进一步完成的操作。
- 4xx:表示客户机出现错误的各种情况,如客户请求超时、客户请求未授权等。
- 5xx:表示服务器出现错误的各种情况。如服务器不可用、HTTP 版本不支持等。

每类编码的后两位数字表示更为具体的详细信息。

(3) 灵活。虽然被称为超文本传输协议,但 HTTP 允许传输任意类型的数据对象(包括多媒体数据等),具体由请求报文和响应报文中的消息首部(message header)来说明所传输信息的具体类型。

(4) 无连接。HTTP 建立在可靠的、面向连接的传输控制协议(即 TCP)基础之上。无连接的含义是指 HTTP1.0 限制 WWW 服务器每次连接只处理一个请求。服务器处理完客户的请求,在收到客户的应答后,立即断开连接。采用这种方式使得 WWW 服务器实现起来非常简单,而且可以避免服务器为了保持过多的 TCP 连接而浪费系统资源。但这种短连接的频繁建立和拆除增加了网络传输数据包的数量而容易引起网络拥塞,故 HTTP1.1 对其进行了改进,允许浏览器发出一次 Web 连接请求可以从服务器上下载多个文件。

(5) 无状态。HTTP 是无状态协议。无状态是指协议对于事务处理没有记忆能力,即服务器不保留与每个客户交互时的各种状态信息,从而大大减轻了服务器的记忆负担,使其实现简单,程序规模小,响应速度快。但没有记忆能力意味着如果后续处理需要前面的信息,则服务器必须重传,这样可能导致增大每次连接传送的数据量。

HTTP 完成一次 WWW 服务需要经历 4 个阶段:建立连接、请求服务、应答和关闭连接,如图 3.14 所示。

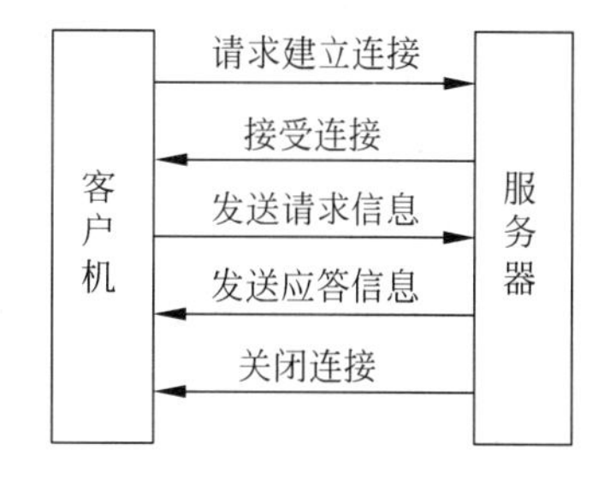

图 3.14 HTTP 完成一次 WWW 服务的过程

① 建立连接:用户输入链接地址后,浏览器查找相应的 WWW 服务器的主机名并与之建立连接,其中包括调用 DNS 服务器进行域名解析以获得 WWW 服务器的 IP 地址。

② 请求服务：一旦建立了与WWW服务器的连接，浏览器向服务器发送一个请求，指明所请求的Web页面、所用的协议及版本、语言及版本、所能接收的MIME类型、编码类型等信息。

③ 应答：WWW服务器响应客户进程的请求，把用户要求的数据文件按MIME格式传输给客户机。

④ 关闭连接：客户端接收服务器所返回的信息，并通过浏览器显示在用户的显示屏上，然后，客户机与服务器断开连接。

HTTP支持的连接方式主要有两种。第一种是直联方式，即客户进程直接与服务器进程建立连接。此时，客户进程想要访问某个WWW服务器时，便向其发出连接申请；WWW服务器监听网上的连接请求，当请求到达时，就创建新的进程来处理请求，并将应答信息传输给客户进程。

第二种连接方式在客户端和WWW服务器之间增加了一个中间环节：代理服务器。代理服务器通常位于用户网络的出口。在这种方式下，客户机将请求先发给代理服务器，代理服务器再作为客户机转发该请求给WWW服务器并与之建立连接。WWW服务器的响应信息先发给代理服务器，然后再经代理服务器转发给客户机。显然，分别从客户机和WWW服务器的角度看，代理服务器有时作为服务器，有时又作为客户机，它扮演着客户机和服务器的双重身份，所以称之为代理服务器。

为什么在客户端和服务器之间增加一个代理服务器呢？因为代理服务器在计算机网络中有着非常重要的作用，主要体现在两方面：安全代理和缓存代理。

安全代理是为了将内部计算机网络与外部计算机网络相隔离，使得外部网络用户只能看到代理服务器，而且只能通过代理服务器来访问内部网络。从而，通过代理服务器实现了内网对外部用户的屏蔽，使他们无法知道内部网络的具体情况，从而增强了内部网络的安全性。防火墙等安全软件常安装在代理服务器上。

缓存代理的设置主要是为了提高Web信息的访问速度。在代理服务器上设置了高速缓存，用于存储用户刚访问过的Web页面。当代理服务器接收到客户机的请求，它首先检查其高速缓存，看是否存在所请求的Web页面。若有，则直接从高速缓存中取出，送给客户机；若无，则向WWW服务器转发请求，并将得到的响应信息发送给客户机，同时也存储到高速缓存中。注意，为了保证高速缓存内信息的有效性，此时要为高速缓存中的信息设置一个有效时间，以定期清除或更新。显然，缓存代理的存在，不但提高了Web信息的访问速度，而且也降低了网络通信量，从而减轻了网络的通信负荷。

上面所介绍的两种代理可以同时工作于同一台代理服务器上。代理服务器除具有上面所介绍的两种功能外，它还具有控制流量、减少用户上网费用以及采用地址转换技术、解决IP地址不足等作用。

3.7 动态主机配置协议

通常网络中计算机的IP地址有两种配置方式：手动配置和自动配置。对于手动配置方式，IP地址、默认网关等信息需要通过手工输入；当需要配置的计算机数目较多时，不但配置起来麻烦，需要时间长，而且往往发生输入错误，导致不能正常地进行配置，也可能配置的 IP 地址因重复而导致冲突。所以，为了增强网络管理的灵活性和使用的方便性，常常不给临时上网的用户分配固定的 IP 地址，而是在这些用户上网时，由系统软件自动地给他们分配临时的 IP 地址，对于移动用户更是如此。这样，不但降低了 IP 地址管理的复杂度和工作量，用户使用起来特别方便，而且避免了由于手工配置易于引起的 IP 地址冲突等问题。

网络中负责管理和为用户分配 IP 地址的系统软件称为动态主机配置协议（Dynamic Host Configuration Protocol，DHCP）服务器，每个网络必须具有至少一台 DHCP 服务器，它们负责本网络内 IP 地址的分配，而且每个 DHCP 服务器所能分配的 IP 地址范围是不同的，该范围称为 DHCP 服务器的作用域。DHCP 服务器工作于客户/服务器模式，它执行的协议称为动态主机配置协议，简称 DHCP。该协议是应用层的一个协议，它通过租借过程为客户端动态地分配或释放 IP 地址。客户端租借到的 IP 地址及相关信息并不是永久有效的，而往往有一个使用期限，该期限通常称为租约周期。当超过租约周期后，申请到的 IP 地址等信息失效，需要重新申请。客户端和 DHCP 服务器间通过报文交换来实现 IP 地址的动态分配和释放。DHCP 定义的报文有如下几种。

- DHCPDISCOVER 报文：即 DHCP 发现报文，客户端使用该报文定位 DHCP 服务器。该报文是 DHCP 客户端在首次尝试登录网络并向 DHCP 服务器请求分配 IP 地址时发出的消息。
- DHCPOFFER 报文：即 DHCP 提供报文，由 DHCP 服务器发给客户端，是对 DHCP 发现报文的响应，其中，包括临时分配给客户端的 IP 地址及相关信息；而且 DHCP 服务器保证在没有接收到客户端的响应信息前不会把该 IP 地址分配给其他客户。
- DHCPREQUEST 报文：即 DHCP 请求报文，是客户端以广播方式发送给 DHCP 服务器的报文。当客户端以广播方式发送 DHCP 发现报文后，可能有多个 DHCP 服务器均接到请求，它们均给客户端发送 DHCPOFFER 报文。但是，客户端仅采用第一个收到的 DHCPOFFER 报文，然后，以广播方式发出一个 DHCPREQUEST 报文作为响应，表明接收该 DHCP 服务器提供的响应数据。DHCPREQUEST 报文中含有为该客户端提供 IP 地址的 DHCP 服务器的标识信息，所有其他的 DHCP 服务器收到该 DHCPREQUEST 报文后，知道客户端没有采用它们提供的 IP 地址，然后，都将刚分配出去的 IP 地址收回，留给其他 IP 租约请求使用。
- DHCPACK 报文：即 DHCP 确认报文，是 DHCP 服务器发送给客户端的报文，用来确认并完成 IP 地址的配置过程。DHCP 服务器通过该报文通知客户端分配给它的 IP 地址及相关信息有效。当客户端接收到该确认报文后，会用 DHCP 服务器提供的 IP 配置信息初始化 TCP/IP，并将 TCP/IP 绑定在网络服务和网络适配器上。
- DHCPNAK 报文：即 DHCP 否定报文，也是 DHCP 服务器发送给客户端的报文。如果 DHCP 服务器所提供的 IP 地址不再有效或者已被其他计算机所使用，它就发送该报文给客户端；客户端接收到该报文后将开始一个新的 IP 地址租约过程。

在实际运行过程中，需要申请 IP 地址的主机因为不知道 DHCP 服务器的 IP 地址，所以，在启动时以客户端的身份采用广播方式向网络上的所有结点发送 DHCP 发现报文，要求给它分配一个 IP 地址。显然，网络上的所有结点均能接收该 DHCP 发现报文，但只有 DHCP 服务器响应该报文，因为它根据接收的报文头部得知该报文是向它（们）发出请求的

DHCP 发现报文；然后，DHCP 服务器首先查找其数据库，判定是否有该主机的配置信息(事先已配置并存储好的，如地址绑定)；若有，则取出其 IP 地址并连同子网掩码、默认网关等信息一起形成 DHCP 提供报文返回给发出申请的客户端；若无，则在其 IP 地址池中，取出一个空闲的 IP 地址，同样，也要形成 DHCP 提供报文，将分配的 IP 地址等信息通知给客户端。发出请求的主机可能接收到多个 DHCP 服务器发出的 DHCP 提供报文，但是，它仅选择第一个接收到的 DHCP 提供报文所对应的 DHCP 服务器；然后，采用该 DHCP 服务器的标识信息形成 DHCPREQUEST 报文，并以广播方式发送给所有 DHCP 服务器，被选中的 DHCP 服务器接收到该 DHCPREQUEST 报文后，再形成 DHCPACK 报文发送给客户端，表示该次 IP 地址租约过程成功，客户端可以使用分配给它的 IP 地址进行通信。而没有被选中的 DHCP 服务器，则自动收回刚分配出去的 IP 地址。IP 地址的动态分配过程如图 3.15 所示。主机(客户端)在应用层发出的 DHCP 发现报文采用 68 号熟知端口进行标识，并经过运输层的 UDP 协议发送给下层协议，而 DHCP 服务器使用的是 67 号熟知端口来处理 DHCP 请求。

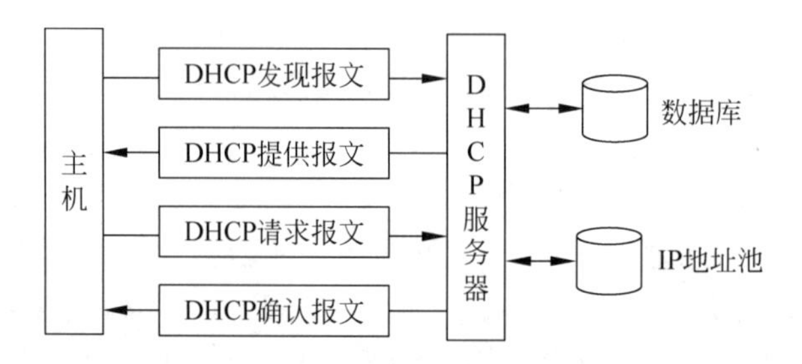

图 3.15 IP 地址的动态配置过程

当客户端动态申请到一个 IP 地址并使用一段时间后，可能超出了租约周期，此时，客户端必须开始新的 IP 地址租约过程。DHCP 提供了自动续订租约功能。当申请到的 IP 地址使用时间超过了 50%的租约周期，DHCP 客户端自动尝试续订租约。此时，它直接向对应的 DHCP 服务器发送一个 DHCPREQUEST 报文来续订租约。如果该 DHCP 服务器可用，则它将续订该租约并向该客户端发送一个 DHCPACK 报文；该报文中含有新租约的持续时间和需要更新的参数，客户端收到该确认报文后更新其配置。如果 DHCP 客户端首次续订失败，则一旦超过了 87.5%的租约时间，该客户端会广播一个 DHCP 发现报文以开始新的地址租约过程。此时，该客户端会接受任一台 DHCP 服务器所发布的租约。

如果客户端在发出 4 次请求后，均没有得到任何 DHCP 服务器的响应，则在 169.254.0.1～169.254.255.254 之间的保留地址范围内选择一个 IP 地址；客户端使用这些 IP 地址只能在本子网中进行通信。此后，每隔 5 分钟，客户端将持续尝试寻找可用的 DHCP 服务器。当 DHCP 服务器可用后，客户端将申请到有效的 IP 地址，然后，就可以与子网外的主机进行通信了。

同样，在租约周期内的任何时候，客户端也可以向 DHCP 服务器发送 DHCPRELEASE 报文来释放 IP 地址等配置信息，以取消剩余的租约。

在实现动态 IP 地址分配的过程中，为了确保 DHCP 服务的可靠性，根据微软的建议，常采用 80/20 规则在网络中设置两台 DHCP 服务器；这两台 DHCP 服务器位于同一子网，但具有不同的作用域，分别分配 80%和 20%的 IP 地址。两个 DHCP 服务器中 IP 地址的分配比例可以灵活调整，但是绝对不允许存在相同的IP地址。

DHCP非常适合配置位置经常变动的计算机。对于运行在Windows环境下的计算机，若想动态获取临时的IP地址，则需要在控制面板的"网络连接"图标中选中"本地连接"的"属性"选项，双击"TCP/IP"，然后，选择"自动获取IP地址"选项。这样该计算机在启动时通过DHCP自动获取一个动态的IP地址。

3.8　其他Internet服务

TCP/IP的应用层除提供上面介绍的各种服务外，还提供网络新闻组(UseNet)、电子公告板(BBS)、菜单式信息查询系统(Gopher)、广域信息服务(WAIS)等。

UseNet也称为新闻论坛，是人们利用Internet发表看法、交换创意、收集信息以及回答问题的网络新闻系统软件。它利用网络新闻传输协议(Network News Transfer Protocol，NNTP)在Internet上发布网络新闻，并对新闻提供分类管理功能，用户根据兴趣自由选择新闻讨论小组，检索、阅读新闻或发表自己的见解。

电子公告板(Bulletin Board Service，BBS)是Internet上的一种电子信息服务系统，是一种强有力的信息交流工具。它提供一块公共电子白板，各个用户可以在上面发布信息，提出看法，也可以方便、迅速地获取公告信息。目前，许多大专院校的校园网上都建立了各具特色的BBS系统。

菜单式信息查询系统Gopher是一个综合性的网上文件查询工具。Gopher工作于客户/服务器方式。Gopher服务器维护一个供用户访问的菜单集，每个菜单指向一个特定的信息。Internet上存在多个Gopher服务器。Gopher客户一般被指定访问一个默认的Gopher服务器。当Gopher客户机启动后，它就自动地与默认的Gopher服务器建立连接。Gopher服务器将主菜单发送给Gopher客户机，Gopher客户选择菜单中的某一项后，便向Gopher服务器发送请求，Gopher服务器根据请求将相应的菜单或信息返回给Gopher客户机。这样Gopher客户根据Gopher服务器提供的菜单就可以检索和浏览Gopher服务器提供的各种信息。

WAIS是一个网络环境下的数据库查询工具，它利用关键词来搜索信息。WAIS也是工作于客户/服务器方式。WAIS客户发送包括检索关键字的请求给WAIS服务器，WAIS服务器根据客户的请求检索相应的信息，并将结果返回给客户机。

习题

(1) Internet为用户提供哪些服务？这些服务使用了应用层的哪些协议？

(2) 什么是客户/服务器工作模式？

(3) 什么是守护进程？

(4) 什么是端口和套接字？它们的作用分别是什么？

(5) 什么是域名？采用域名的意义是什么？域名是如何进行组织和管理的？

(6) 什么是域名解析和域名服务器？请解释域名解析的具体过程。

(7)（　　）一定可以将其管辖的主机名转换为 IP 地址。

A. 本地域名服务器　　B. 根域名服务器

C. 授权域名服务器　　D. 代理域名服务器

(8) 对于递归域名解析，由（　　）返回 IP 地址。

A. 最开始连接的域名服务器　　B. 最后连接的域名服务器

C. 目的地址所在的域名服务器　　D. 不确定

(9) 解释域名解析过程中设置高速缓存的作用。

(10) 请解释 NVT 格式在 Telnet 服务中的作用。

(11) 请说明 FTP 中控制连接和数据连接的建立过程以及作用？

(12) 一次 FTP 会话中存在（　　）个 TCP 连接。

A. 0　　B. 1　　C. 2　　D. 3

(13) 在一次 FTP 会话期间，协议打开数据连接（　　）。

A. 一次　　B. 两次　　C. 按需要定　　D. 以上均不正确

(14) 请说明电子邮件系统的组成以及各个部分的作用。

(15) SMTP 和 POP3 以及 POP3 和 IMAP 的主要区别是什么？

(16) POP3 采用（　　）模式，当客户机需要服务时，客户端软件与 POP3 服务器建立（　　）连接。

A. B/S　　B. C/S　　C. TCP　　D. UDP

(17) MIME 允许（　　）数据通过 SMTP 进行传输。

A. 音频　　B. 非 ASCII 码数据

C. 图像　　D. 以上所有

(18) 什么是 WWW 服务？什么是超文本和超媒体？

(19) 什么是超文本标记语言？其特点是什么？

(20) 什么是 URL？请写出其一般格式，并说明其作用。

(21) 什么是 HTTP？其特点是什么？

(22) 说明两个不同版本 HTTP 的主要区别。

(23) 说明 HTTP 完成 WWW 服务需要经历的四个阶段。

(24) 请说明在 WWW 服务中代理服务器的作用。

(25) 从协议分析的角度看，WWW 服务的第一步一般是 WWW 浏览器（　　）。

A. 请求地址解析　　B. 建立传输连接　　C. 请求域名解析　　D. 建立会话连接

(26) 什么是动态主机配置协议？它的作用是什么？

(27) 对于运行在 Windows 环境下的计算机若想启用 DHCP，应如何进行配置？

(28) 请解释 DHCP 发现报文为什么不采用 TCP 而是采用 UDP 进行传输？

(29) DHCP 提供了哪些报文？它们的作用是什么？

(30) 请详细论述 DHCP 为主机动态分配 IP 地址的过程。

(31) 主机如何续订 IP 地址？

(32) DHCP 客户不能发送（　　）报文。

A. DHCPDISCOVER　　B. DHCPOFFER

C. DHCPREQUEST　　D. DHCPRELEASE

(33) DHCP 服务器不能发送(　　)报文。

A. DHCPDISCOVER　　B. DHCPACK

C. DHCPNACK　　D. DHCPRELEASE

(34) (　　)报文向客户提供 IP 地址。

A. DHCPNACK　　B. DHCPOFFER

C. DHCPREQUEST　　D. DHCPRELEASE

(35) 下列协议中,(　　)调用 UDP。

A. SMTP　　B. TFTP　　C. HTTP　　D. DHCP

第4章 传输层

从 Internet 体系结构可知，传输层位于应用层和网络层之间，起到承上启下的作用。当发送数据时，它接收来自应用层的数据包，进行必要的处理，加上首部信息，形成本层的协议数据单元(Protocol Data Unit，PDU)，然后传递给网络层。当接收数据时，它接收来自网络层的数据包，去掉本层的首部，并根据首部的信息进行处理，提取出数据部分并提交给应用层。这里讲的处理涉及许多具体的功能，如 TCP/UDP 的复用和分用、流量控制、拥塞控制、顺序控制、可靠性控制等，这一章将详细介绍这些功能的实现方法。

以前，曾介绍过网络层是通信子网的最高层，那么传输层就不属于通信子网，所以通信子网中的路由器等设备不实现传输层及应用层的功能，传输层仅运行在通信子网以外的主机中，这些主机或者是用户直接使用的计算机，或者是为用户提供服务的计算机(即服务器)，一般称这些主机为端主机，也称为端节点。

4.1 TCP/IP 的传输层

TCP/IP 中的传输层也称为运输层(transfer layer)，它包括两个不同的协议：传输控制协议和用户数据报协议，分别简称为 TCP(Transfer Control Protocol)和 UDP(User Datagram Protocol)，它们分别用来满足传输不同性质应用层数据的需要。传输层所传输的数据包称为传输层协议数据单元(Transfer Protocol Data Unit，TPDU)，根据所使用的协议是 TCP 还是 UDP，分别称之为 TCP 报文段和 UDP 数据报，UDP 数据报也称为用户数据报。

下面简要介绍传输层所包括的这两个协议的功能、特点及其适用场合。

首先，TCP 是面向连接的。在数据传输前发送方和接收方需要先建立连接，传输完数据后再释放连接。这种连接仅仅是发送方和接收方在通信前相互通知对方各自的情况，协商一些参数，并不是建立一条真正的固定物理链路。在同一条连接上所传输的不同数据包在网络上所经过的传输路径可能是不同的，这种连接也称为虚连接。这种面向连接的服务方式采用的是一种确认机制，要求接收节点正确接收到数据后要给发送节点发送确认信息，因而发送方知道它所发出的数据包是否被接收方正确接收。若所发出的数据包没有被接收方正确接收，发送方将采用重新传输等措施确保数据可靠地传输到目的地，所以 TCP 可以保证数据传输的正确性和可靠性。上面已经讲过，TCP 工作在端主机上，而且一旦建立连接，收、发双方可以同时发送和接收数据，所以，TCP 提供端到端的全双工通信(这里的端到端是指发送端和接收端)。显然,TCP 不支持多播或广播业务。

众所周知,应用层可能同时运行多个用户进程,这些进程可能同时调用 TCP 进程为其提供服务,这一功能称为 TCP 的复用。这就要求 TCP 应具有区分应用层进程的能力,这种能力通过上一章介绍的端口号来实现,TCP 通过端口号能够记住和识别哪个应用层进程调用它。另一方面,TCP 在接收到响应数据时,应能够将之正确地提交给相应的应用层进程,这一功能称为 TCP 的分用。这也是通过响应数据包中的目的端口号来实现的。此外,TCP 还具有流量控制、拥塞控制、顺序控制等功能。所以,TCP 提供的是面向连接的、可靠的、端到端的全双工通信服务,但这些功能的实现是以增加系统的开销为代价的。由上面的分析可见,TCP 非常适合于对可靠性要求较高的长数据包的传输,这样用于建立和释放连接所花费的时间代价才是值得的。

与 TCP 一样,UDP 也是运行在端主机上,但它所提供的是端到端的无连接服务。在传输数据之前,UDP 不需要在发送端与接收端之间建立连接,既然通信前不需要建立连接,显然通信结束后也就不需要释放连接,这样就节省了许多时间。对于少量数据的传输,若采用面向连接的方式,可能用于建立连接和释放连接的时间所占的比例过大而导致通信效率的降低。所以常采用 UDP 来进行传输。通过上面的分析可见,UDP 非常适合于对实时性要求较高的短数据的传输。此外,因为 UDP 是无连接的,对于这种无连接的服务,接收方即使正确接收到数据也不给发送方发送确认信息,这样发送方无法知道它所发送的数据是否被接收方正确接收。显然,UDP 提供的是一种不可靠的服务。此外,使用 UDP 发送的用户数据报在传输过程中可能发生丢失、乱序、重复、出错等,但在某些情况下,UDP 仍是一种非常有效的工作方式。

下面就分别介绍 TCP 和 UDP 的具体功能和实现原理。

4.2　TCP

如上所述,TCP 在确保 Internet 数据可靠传输方面具有相当重要的作用,它具有如下功能。

(1) 定义了 TCP 报文段的格式。

(2) 具有复用和分用功能。即多个应用层进程可以同时调用 TCP 与其他端节点进行通信,从而实现复用功能。同时,TCP 也可以接收多个网络应用的响应数据,并将之正确地提交给相应的应用层进程,从而实现分用功能。

(3) 具有差错控制和可靠性控制等功能。通过校验、确认、超时重传等机制确保数据正确、可靠地传输到目的地。

(4) 具有流量控制功能。通过滑动窗口机制确保网络上各个节点间发送和接收数据的速率相一致。

(5) 具有拥塞控制功能。通过流量控制等措施确保网络的工作性能和服务质量。

(6) 具有数据分段、分段排序和重组等功能。能够保证提交给网络层的 TCP 报文段的长度满足网络层的要求;在数据分成多个分段进行传输的情况下,接收方能够保证按序接收或者能够恢复数据的正确顺序,并完成数据段的重组以提交给应用层。

(7) 链路的建立和管理。由于 TCP 是面向连接的,所以,TCP 定义了连接的建立、释放和管理方法。

而TCP的上述功能大都是通过TCP报文段首部中的各个字段来实现的，下面我们就先介绍TCP报文段的格式。

4.2.1 TCP报文段的格式

TCP报文段包括首部和数据两部分，具体格式如图4.1所示。其中，首部包括20B的固定部分和长度可变的选项部分，而且要求选项部分的长度必须为4B的倍数。数据部分是应用层协议数据单元，为应用层提交给传输层的数据。TCP报文段首部的格式如图4.2所示，下面先简要地介绍各个字段的含义，它们在实现TCP各项功能中的作用将在后续几节中详细介绍。

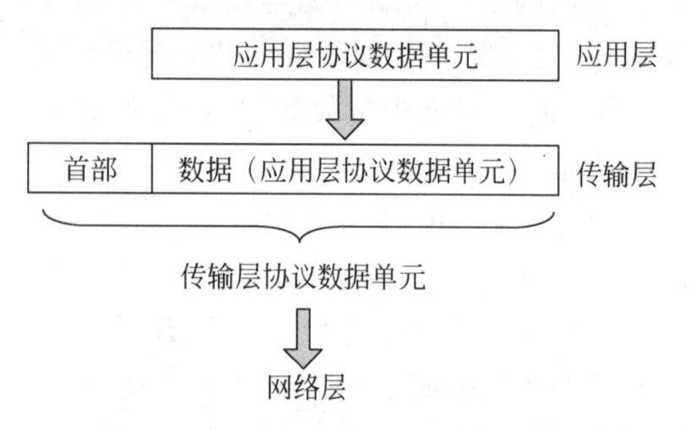

图4.1 TCP报文段的格式

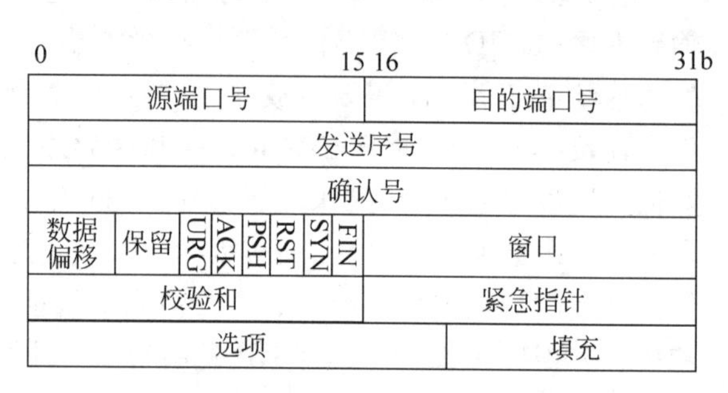

图4.2 TCP报文段首部的格式

(1) 源端口号和目的端口号：各占2B，分别用于标识位于源端和目的端上建立连接的两个应用层进程，其主要作用是实现应用层进程对TCP的复用和分用。

(2) 发送序号：简称序号，占4B，为本报文段中数据部分的第一个字节的序号。当TCP要将长数据段分成几个短数据段进行传输时，源端将每个字节按顺序进行编号，各个数据段首字节的序号作为发送序号与该数据段一起传输；目的端接收到TCP报文段后，根据报文段首部中的“发送序号”字段就能够识别出各个短数据段的顺序，以便恢复出原来的长数据段，该字段用于顺序控制。

(3) 确认号：占4B，为目的端所正确接收数据部分的最高字节的序号加1，即表明该序号以前的数据均已被正确接收，希望源端下次是从该序号以后的数据开始传输。显然，确认号也就是目的端期望收到的下一个报文段的发送序号。

上述两个序号各占32位，可对4GB(4000MB)的数据进行编号。这样可以保证序号的使用不发生冲突。

(4) 数据偏移：占4位，指出数据部分离TCP报文段起始处的距离，即指出了TCP报文段首部的长度。注意数据偏移的基本单位为4B，即首部最多占$(2^4-1)\times 4B=60B$。

(5) 保留：占6位，未用。

(6) 控制字段：共6个，各占1位，具体含义如下：

① URG：urgent，紧急位。当URG=1时，说明此报文段中有紧急数据，应将该报文段插入到发送队列的首部，保证以最快的速度发送出去，而不是按原来的顺序排队后传送。当URG=1时，紧急指针字段有效。注意，窗口大小为0时，也可以发送紧急数据。

② ACK：acknowledge，确认位，表示TCP报文段首部中的确认号是否有效。当ACK=1时，表示确认号有效；而当ACK=0时，表示确认号无效。

③ PSH：push，急迫位，表示当前报文段较为急迫，目的节点接收后应立即提交或者推送给应用层。当端主机接收到PSH=1的TCP报文段时，TCP将该报文段立即传送给应用层，而不是放在接收缓冲区里等候处理。这样该报文段就不用在接收缓冲区里排队，而是直接提交给应用层进程，使其能得到及时处理，此操作也称为推操作。

④ RST：reset，复位位或者重建位，用于复位一条TCP连接。当RST=1时，表明当前连接出现严重差错，必须马上释放，然后，再重新建立连接。

⑤ SYN：synchronous，同步位，用于建立连接时在源端和目的端间进行同步。当目的端接收到SYN=1，且ACK=0的TCP报文段时，表明当前报文段是一个连接请求报文段。若目的端同意建立连接，则发回SYN=1，且ACK=1的报文段作为应答。

⑥ FIN：final，终止位。当FIN=1时，说明目的端已接收到最后一个数据分段，并要求释放连接。

(7) 窗口：占2B，表示接收端接收窗口的大小，单位为字节，表示接收端下一次所能接收数据的最大字节数，主要用于流量控制。

(8) 校验和：占2B，用于检验TCP报文段的正确性。生成校验和时，要在TCP报文段的前面另外加上一个12B的伪首部，如图4.3所示。在计算校验和时，先将校验和字段设置为0，然后，采用16位按位加的方法；若产生进位，则将进位位放在报文段的尾部并进行相同的处理；最后，将得到的16位结果取反，将之作为校验和并填入校验和字段。接收端接收到该报文段后采用相同的方法进行处理，并将处理结果取反，若不为零，则说明数据传输出错。

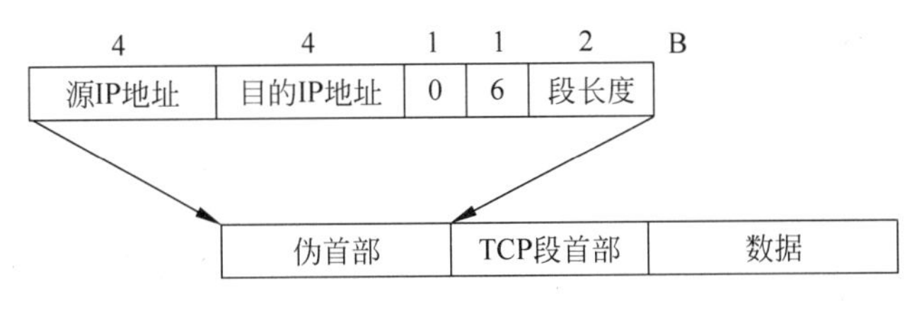

图4.3 TCP报文段的伪首部

(9) 紧急指针：紧急指针的值指出紧急数据的最后一个字节相对于本报文段数据部分第一个字节的偏移量，将发送序号和紧急指针两个字段的内容相加，即可得到紧急数据的最后一个字节在数据流中的具体位置。当URG=0时，紧急指针字段无效。

(10) 选项和填充：长度可变，通信双方使用选项协商一些参数，而填充部分是为了保证选项部分的长度为4B的倍数。TCP规定的重要选项之一是最大报文段长度(Maximum Segment Size，MSS)选项，通信双方将自己的最大报文段长度通过该选项通知给对方。MSS选项占4个字节，第一、第二个字节分别为00000010和00000100，后两个字节表示最大报文段长度。注意：当MSS过小时，每个TCP报文段内含有的有用数据少，首部占较大比例，通信效率较低；当MSS过大时，由于网络层所能传输的最大数据包长度也有一定限制，所以长TCP报文段传给网络层前可能就要分成几个短报文段，这些段分别传输到达目的端点后又要重组装配，恢复成原来的报文，增加了额外的处理时间。一般来讲，MSS应大一些，最好经网络层传输时不需要再分段。建立连接时，双方协商 MSS 的值，Internet 规定 MSS 的默认值为 536。TCP 规定的另一个重要选项是窗口扩大因子。该选项占 3B，第一、第二个字节分别为 00000011 和 00000011，最后一个字节表示窗口字段扩大的倍数；若最后一个字节存储的数值为 n，则窗口将扩大 2^n 倍。

4.2.2 TCP 的复用和分用

在应用层已经介绍了端口号的概念，我们知道，目前的计算机均运行于多任务的操作系统环境下，用户可能同时点击多个应用程序(如同时打开多个网页)，相应地要启动多个应用层进程，这些应用层进程可能要同时调用 TCP 进程为其提供服务。当进行通信时，源端和目的端各自启动一个应用层进程，在它们调用 TCP 进程建立连接时，系统为其各自分配一个端口号，分别称之为源端口号和目的端口号；对于某个节点上的不同应用层进程，所分配的端口号在本节点上是唯一的。源端的 TCP 进程将上述两个端口号分别放入 TCP 报文段首部的“源端口号”和“目的端口号”字段中，连同应用层的协议数据单元一起封装成 TCP 报文段，然后调用 IP 发送给目的端。在源端，TCP 根据源端口号就可以区分调用它的应用层进程；这样，宏观上多个应用层进程就可以同时调用 TCP 为其提供服务，从而实现 TCP 的复用功能。当目的端的 TCP 进程从网络层接收到 TCP 报文段后，根据其首部中的“目的端口号”字段将数据提交给相应的应用层进程，从而完成 TCP 的分用功能。目的端形成响应报文时，TCP 进程将接收到的 TCP 报文段首部中的源端口号和目的端口号反过来分别作为目的端口号和源端口号，分别填入到 TCP 响应报文段首部的相应字段中，然后形成 TCP 报文段并通过网络层发送给源端。源端接收到响应报文后，TCP 根据 TCP 报文段首部的目的端口号(即发送报文中的源端口号)将响应数据送给相应的应用层进程。TCP 的复用和分用功能如图 4.4 所示。UDP 也具有类似的复用和分用功能，这将在以后的章节中详细叙述。

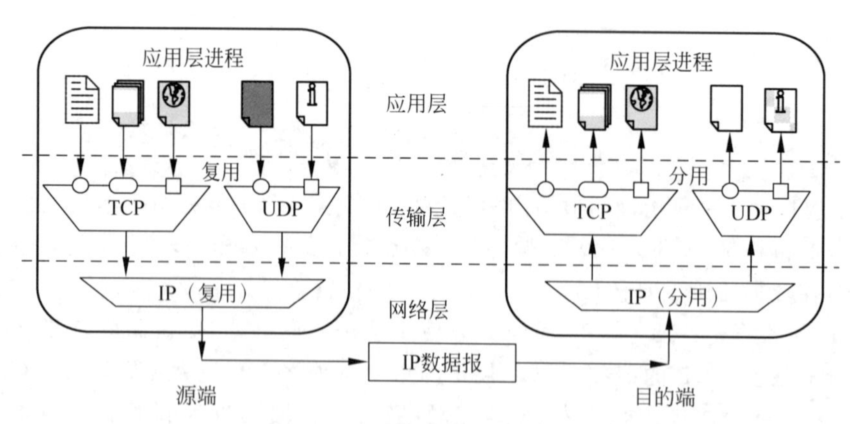

图 4.4 TCP 的复用和分用功能

4.2.3 报文段的顺序控制

为了对数据传输过程进行有效控制，TCP 将应用层传递给它的数据(即应用层协议数据单元)作为字节流进行处理，并为每个字节编一个序号；第一个字节的序号由通信双方建立连接时确定，称为初始序列号，后续数据字节的序号依次加一；每个数据段第一个字节的序号填入 TCP 报文段首部的“发送序号”字段，并随该报文段一起传输。

Internet 中各层协议每次所能传输的最大数据长度均有一定的限制。当传输层提交给网络层的数据段的长度超过网络层所允许传输数据的最大长度时，它必须将该数据段分成多个小的数据段，分别组成 TCP 报文段传递给网络层，这一过程称为数据分段。当各个小的 TCP 报文段分别经网络传输到达接收端后，接收端再将这些小的 TCP 报文段按一定的方式进行处理，提取出其中的各个数据段，把它们按序装配在一起，恢复成原来的大数据段，这一过程称为数据重组。在完成上述分段和重组的过程中就用到了“发送序号”字段。

上述的数据分段和重组是 TCP 所要完成的一项重要功能。当 TCP 提交给网络层的数据段的长度超过了网络层所允许传输数据的最大长度时，它首先将该数据段分成多个小的数据段，然后将每个小数据段的第一个字节的序号填入 TCP 报文段首部的“发送序号”字段，分别形成 TCP 报文段，传递给网络层，并经低层协议和通信网络发送给目的端。目的端接收到这些 TCP 报文段后，根据各段首部的“发送序号”字段中的内容按序排列各个小数据段，恢复出原来大的数据段，从而完成数据的重组过程。

在数据重组过程中，常涉及一种现象。计算机网络的优点之一是存在冗余的通信线路，所以不同的 TCP 报文段可能经过多条不同的路径传输到目的地；数据在不同的通信路径上传输所需的延迟时间可能不同，这就导致先发送的报文段可能后到达目的地，而后发送的报文段也可能先到达目的地。所以接收端所接收 TCP 报文段的顺序与其发送顺序可能不同，这就是所谓的乱序问题。TCP 具有顺序控制功能，能够把乱序接收的 TCP 报文段恢复成正常顺序。解决乱序问题的方法有两种：一是当接收端接收到顺序错误的报文段时，TCP 简单地将之丢掉，等待正确顺序 TCP 报文段的到达，即实现按序接收；显然，这种方式浪费一定的网络带宽资源。另一种方式是接收端在内存开辟一块缓存区，当接收到顺序错误的报文段时，先暂存在缓存区内，待所有报文段均到达后再将它们进行重组；这种方式提高了通信效率，但容易引起重组死锁；即缓冲区已被不同数据段的 TCP 报文段所占满，但没有一个是完整的，而此时缓冲区已满，它又不能接收新的数据段，使得该节点无法继续与其他节点进行正常通信。

为了提高通信效率，常常允许发送端同时发送多个报文段。此时可能发生另外一种情况，即当多个报文段到达接收端后，经校验序号在前面的某个报文段出错，致使接收端不能正常重组报文给应用层协议进程。当接收端接收到出错的报文段后可以简单地将之丢掉，并要求发送端重新发送，这也相当于乱序问题。处理方式之一是采用回退 N 机制(go back N)，即接收端将出错报文段开始以后的所有报文段均丢掉，要求发送方从出错的报文段开始重新发送，即回退并重新发送 N 个报文段，N 为接收端接收到的出错报文段以后的报文段的个数。显然，这种方式重新传输了已经正确接收到的若干个报文段，浪费了一定的网络带宽资源。处理的另一种方式是选择重传(selective repeat)，即将正确接收到的报文段暂存在接收缓存区中，仅要求发送方重新发送出错的报文段，这种方式效率较高，但额外占用一定的存储缓冲区等系统资源。

4.2.4 报文段的可靠性控制

TCP 实现可靠的、端到端的全双工通信。可靠的通信是指源端保证能够将数据正确地传输到目的地。那么源端怎样知道数据是否已经被目的端正确接收了呢？我们知道，TCP是面向连接的，这种服务方式采用确认机制，要求接收方接收到TCP报文段后，要发送一个确认报文给发送方，以说明数据的接收情况。

接收方发送确认报文有两种方式。一种是单独形成一个载有确认信息的TCP报文段，通过该报文段将确认信息通知给发送方；实际上，接收方是将确认信息填入TCP报文段首部中的“确认号”字段，接收方通过该“确认号”通知发送方，序号位于“确认号”以前的数据均已被正确接收；此时，TCP确认报文段首部中的“ACK”位有效，以表示该报文段中的“确认号”有效。另一种情况是采用捎带技术，即当目的端要给源端发送确认信息时，此时恰好目的端有其他TCP报文段要发送给源端，目的端便将确认信息填入到该报文段首部的“确认号”字段中，将确认信息捎带发送给源端。发送端根据所接收TCP报文段首部中的“确认号”就知道哪些数据段被正确接收了。端节点通过TCP报文段首部中的“ACK”位就可以判断其中的“确认号”是否有效。但是，当出现下列问题时，TCP又将如何处理呢？

(1) 源端发送出去的报文段在传输途中丢失，目的节点没有接收到数据，因而不可能给源端发确认信息。

(2) 目的端正确地接收到了源端发出的报文段，但发送给源端的确认信息在传输过程中丢失了，这样源端也不可能知道目的端是否接收到数据。

以上两种情况均导致发送端无法知道所发送出去的数据是否被接收端正确接收了，因而无法保证数据传输的可靠性。为了解决上述问题，TCP引入了重传机制，确保数据能够可靠地传输到目的地。TCP规定在发送端每发送一个报文段的同时要复制一份，将之插入到重传队列中，然后启动一个超时时钟，只要在该时钟规定的时间内没有接到该报文段的确认信息，就进行重发；直到收到接收节点的确认信息为止，或者重传到规定的次数。上述过程也称为超时重传，超时时钟的值称为重传时间，也称为重发时间。

超时重传的原理非常简单，但实现起来却相当复杂，最难解决的问题是如何确定重传时间。因为报文传输可能要经过多个速度不同的计算机网络，各个网络的带宽常常是动态变化的。此外，还存在其他一些不确定因素，使得重传时间的确定非常复杂。理想的情况是采用一种能够反映网络动态变化情况、自适应的重传时间确定方法。显然，重传时间与报文在源端和目的端间传输时所经历的时间有关。下面定义几个与确定重传时间有关的量。

(1) 报文段的往返时延：发出报文段的时间与接收到相应确认报文段的时间之差。

(2) 报文段的平均往返时延 T：为各个报文段的往返时延的加权平均。

当得到一个新的往返时延时，采用如下方法对平均往返时延 T 进行更新：

$$\text{平均往返时延 } T = \alpha \times (\text{旧的往返时延}) + (1-\alpha) \times (\text{新的往返时延})$$

其中 $0 \leqslant \alpha \leqslant 1$。显然，当 α 接近1时，则 T 值更新慢；而当 α 接近0时，则 T 值更新快。但实际上常定义重传时间为：

$$\text{重传时间} = \beta \times (\text{平均往返时延 } T)$$

其中 β 为大于1的系数。下面看看 β 的选择对重传时间的影响：

(1) 取 β 接近1，发送端可以及时重传丢失的报文段，因而效率很高；但若网络延迟稍微增加，则会产生过早的重传而增加网络负担。故 β 常取值为2。

(2) 若重传报文段后，收到了确认报文段；那么它是原来发出的报文段的确认（因网络延迟导致），还是重传报文段的确认，很难确定。这样导致很难准确确定平均往返时延 T。

为此，Kam 提出一个算法：在计算平均往返时延 T 时，只要报文段重发了，就不考虑新的往返时延，但此时又会导致重发时间无法更新。进而提出了一种改进方法，即：报文段每重发一次，就将重发时间增大一些，重发时间的更新公式为：

$$新的重发时间 = \gamma \times (旧的重发时间)$$

式中的 γ 一般取值为 2。当不再发生报文重传时，才根据报文段的往返时延更新平均往返时延和重传时间的数值，这样可以取得较好的效果。

上面仅讲述了接收端接收数据的两种情况。一是接收端没有接收到源端发送来的报文段；二是接收端正确接收到报文段，但源端没有接收到接收端的确认信息。此外，在接收端还会发生另外两种情况，这两种情况以及相应的处理方法如下：

① 若接收端接收到的数据段经校验有错，则将之丢弃，但不发确认信息给发送端。这样，经过一个重传时间后发送端会重新发送。

② 在确认信息丢失的情况下，接收端就可能因超时重传而收到重复数据段；一旦接收端收到重复的数据段，就简单地将之丢弃，但要发确认信息给发送端，以免发送端重新发送。接收端根据所接收 TCP 报文段首部的发送序号很容易判断出是否接收到了重复的数据段。

4.2.5　流量控制与拥塞控制

流量控制与拥塞控制是保证计算机网络正常工作的关键技术。流量控制是计算机网络上点到点的通信量的控制，目的是使接收节点的接收速率与发送节点的发送速率相一致。当快速设备向慢速设备发送数据时，若不进行流量控制，数据可能因慢速设备来不及接收而丢失。

拥塞是指网络性能(如吞吐率等)随着负载的增大而下降的现象，是指计算机网络的一种不良工作状态。当网络发生拥塞时，进入网络的数据流量大，而流出网络的数据流量少。发生网络拥塞的原因之一是因为网络中间节点(如路由器)的分组转发能力有限，使得中间节点接收的数据分组多，而转发出去的少，输入的大部分数据分组暂存于节点的缓存区内，占用了大量的缓存资源，最终很可能导致缓存资源的枯竭。而缓存资源一旦枯竭，新进入网络的数据分组将被丢弃；被丢弃的数据分组又将导致重传，使得入网流量进一步增加，进而加剧了网络的拥塞程度，最终可能导致网络的崩溃。显然，可以通过对进入网络的数据流量进行控制，使得入网流量与网络的分组转发能力相适应，从而达到控制网络拥塞的目的。

对于流量控制，最常采用的是源抑制技术，即从产生数据流量的源端着手，控制发送方发送数据的速率，进而控制入网流量。实现源抑制技术的常用方法是通过接收方来控制发送方的数据发送速率。那么接收方如何能够控制发送方的数据发送速率呢？在介绍 TCP 报文段首部时，知道其中有一个“窗口”字段，接收方就通过该字段将它的接收能力(即接收缓冲区的大小)通知给发送方。当发送方接收到含有有效“窗口”大小的报文段后，就根据其中“窗口”字段内容的大小给接收方发送数据。当接收方的接收能力发生变化时，它会及时调整接收窗口的大小，并通知给发送方。由此可见，描述接收端接收能力的“窗口”大小是经常变化的，在通信过程中接收端根据自己资源的使用情况和接收能力，动态地调整接收窗口的大小，并及时地通知给发送方，以获得最佳的流量控制效果。

上面所介绍的“窗口”用来描述接收方的接收能力，通常称为接收窗口。同样，发送端也有一个“窗口”，用于表示它将要发送的数据，称之为发送窗口，只有位于发送窗口内的数据才是允许发送的数据。显然,流量控制就是力图达到发送窗口和接收窗口的协调一致。

下面通过两个例子进一步说明“窗口”的概念以及流量控制方法。

例 1:假设发送端要发送若干个 100B 长的数据段,接收端的接收窗口大小为 400B,并在建立连接时通知给了发送端,开始时发送端的发送窗口如图 4.5 所示,显然有 4 个可以发送的数据段。当发送端已发送了 4 个数据段(如图 4.6 的黑色背景和阴影部分),而且前两个数据段(1～100 和 101～200)已收到确认,后两个数据段(201～300 和 301～400)未收到确认。因为此时第 1 和第 2 数据段已被正确接收,所以接收端的接收窗口又空出两个数据段的存储空间,它可以额外接收另外两个数据段。这样,发送窗口也随之后移两个数据段,它还可继续发送后续两个数据段(401～500 和 501～600);而 601 以后的数据段未位于当前发送窗口中,是不允许发送的。此时发送端的发送情况如图 4.6 所示。由图 4.5 和图 4.6 可以看出,随着数据的发送,发送窗口根据接收端的接收情况不断地向后滑动,逐渐将未发送的数据段移入发送窗口,并逐一地发送给接收端,从而达到协调发送端和接收端的数据发送和接收速率的目的。由上面的分析可见,发送窗口是不断向后滑动的,所以也称之为滑动窗口。

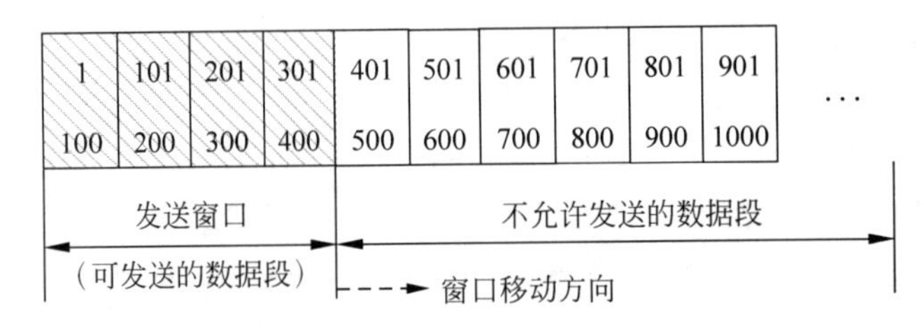

图 4.5 连接建立后的发送窗口

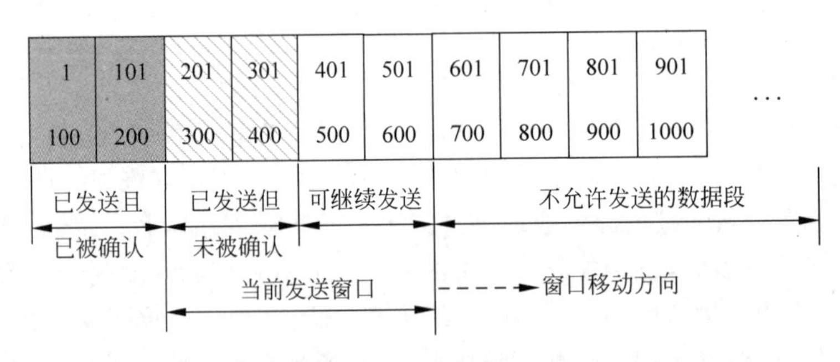

图 4.6 TCP 的滑动窗口机制

例 2:假设主机 A 向主机 B 发送数据,初始协商窗口的大小为 400B,每个报文段大小为 100 字节;主机 A 与主机 B 建立连接时,假设协商的初始序列号 SEQ=1,即数据第一个字节的序号为 1,主机 A 和主机 B 使用滑动窗口机制的通信情况如图 4.7 所示。图中,SEQ 为发送数据段的第一个字节的序号,WIN 为接收窗口的大小,这两个值分别对应 TCP 报文段首部的“发送序号”和“窗口”字段。

图 4.7 描述的过程具体如下:

(1) 主机 A 向主机 B 发送第 1 个数据段(发送序号 SEQ=1),主机 A 还能发送 3 个数据段。

(2) 主机 A 向主机 B 发送第 2 个数据段(发送序号 SEQ=101),主机 A 还能发送 2 个

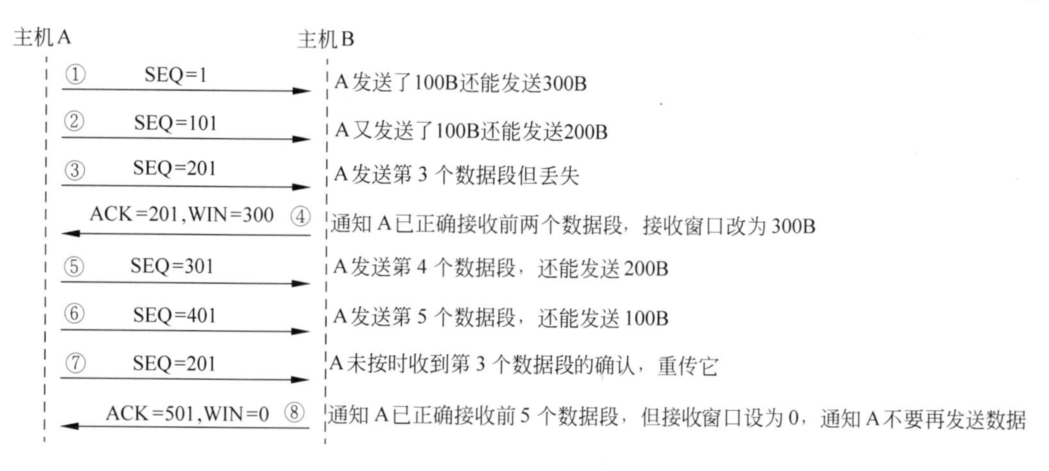

图 4.7　主机 A 和主机 B 使用滑动窗口机制的通信情况

数据段。

(3) 主机 A 向主机 B 发送第 3 个数据段(发送序号 SEQ＝201)，但该数据段在传输过程中丢失。

(4) 主机 B 向主机 A 发送确认信息，确认号 ACK＝201，说明前两个数据段均已正确接收，下次应发送序号从 201 开始的数据；并把接收窗口调整为 300，说明最多能接收 300B，即 3 个数据段。

(5) 主机 A 向主机 B 继续发送第 4 个数据段(发送序号 SEQ＝301)，主机 A 还能发送 2 个数据段。

(6) 主机 A 向主机 B 继续发送第 5 个数据段(发送序号 SEQ＝401)，主机 A 还能发送 1 个数据段。

(7) 主机 A 在规定时间内仍没有接收到第 3 个数据段的确认信息，出现超时重传，然后重新传输第 3 个数据段(发送序号 SEQ＝201)。

(8) 主机 B 向主机 A 发送确认信息，确认号 ACK＝501，说明序号在 501 之前的所有数据均已正确接收，并把接收窗口调整为 0，通知主机 A 暂时不要向它发送数据。

基于滑动窗口机制来实现流量控制的关键问题是如何确定发送窗口即滑动窗口的大小？当发送窗口过大，虽然可以同时发送多个数据报文，但可能导致网络负荷过重，会引起报文段的延迟增大，进而导致不能及时收到确认信息而增加重发报文的数量，最终可能导致网络拥塞。当发送窗口过小，非常不利于接收方接收大容量的数据。在介绍确定发送窗口大小的方法之前，先介绍两个概念：通知窗口和拥塞窗口。

(1) 通知窗口：即接收窗口，是接收端根据其接收能力许诺的窗口值，是来自接收端的流量控制。接收端将通知窗口的值放在 TCP 报文首部的“窗口”字段中，传送并通知给发送端。

(2) 拥塞窗口：是发送端根据网络拥塞情况得出的窗口值，是来自发送端的流量控制。

显然，理想的发送窗口上限值应取上述两个窗口的最小值，即：

发送窗口＝Min(通知窗口，拥塞窗口)

这样的发送窗口综合考虑到网络的传输能力和工作状态以及接收方的接收能力，使得网络以及收发两端能够有条不紊、协调一致地工作，保证网络通信的正常进行。

但是滑动窗口机制使用不当会导致产生一种称为糊涂窗口综合症的现象，即大量仅含有很小数据净荷的数据包在网络上传输。由于数据包中TCP报文段和IP数据报的首部至少各占20B，若数据净荷只有几个字节（甚至1B），将导致数据包传输的大都为首部信息，而有效数据净荷部分所占比例过低，将严重影响网络的通信效率。下面分别从发送端和接收端两个角度来分析产生糊涂窗口综合征的原因，并介绍解决的方法和途径。

在发送端，当发往某一接收端的多个含有短数据净荷的数据包陆续进入TCP缓存，若发送端每接收一个便发送一个，则会导致糊涂窗口综合症现象的发生；在这种情况下，应对发送端的发送过程进行控制。当发送端陆续接收到多个含有短数据净荷的数据包时，并不是每接收一个便发送一个，而是先在本地缓存一下，等接收多个小的数据包后再形成一个大的数据包，然后发送出去。但是，这样可能导致某些数据包传输延迟的增大，同时也可能因某些数据包的延迟过大导致被重传，所以必须对数据包在缓存中的驻留时间进行控制。

Nagle算法是避免发送端产生糊涂窗口综合征现象的一种简单而有效的方法，该算法具体如下：

① 发送端的TCP从应用程序接收到第一个数据包时，不考虑该数据包的大小，都将其封装成TCP报文段并直接发送出去。

② 发送完上一个报文段后，TCP继续接收应用程序的数据并进行缓存；当发生下列两种情况之一时，TCP取出缓存中的数据形成报文段并发送出去，两种情况具体为：

- 发送端接收到了来自接收端的确认信息。
- 发送端缓存中的数据可以形成一个最大长度的TCP报文段。

③ 对于陆续接收到的数据，发送端按照步骤②依次进行处理。

对于接收端，假设其处理能力有限，每次从接收缓存中仅能读出1个或者几个字节；此时，若接收端通过接收窗口将其当前的接收能力通知给发送端，则会使发送端频繁将小的数据包发送给接收端，从而也导致糊涂窗口综合症现象的发生。有两种途径可以避免接收端产生上述问题。其一是接收端只要接收到数据就发确认信息给发送端，但是在空闲的接收缓存可以容纳最大长度报文段或者至少需要一半的接收缓存变为空闲之前，确认报文段中的接收窗口一直设置为0，从而通知发送端现在接收端不能接收数据。其二是延迟发送确认信息给发送方，直到接收方的接收缓存有足够的空闲空间；此时可以一次对多个报文段进行确认，从而减少网络传输数据包的数量，进而减少网络的通信量；但是发送确认信息的延迟大小要适当，以避免超过了重传时间而引起重发。

上面讲述了流量控制的实现方法，现在开始介绍拥塞控制的具体措施。为了使问题得到简化，现做如下两点假设：

- 假设接收方的接收能力无限大，即通知窗口无穷大，从而发送窗口只取决于拥塞窗口。
- 假设通信线路的通信质量非常高，引起分组丢失的误码率很小，可以保证数据以相当高的概率被正确接收。

在上述假设下，只要出现超时重发，就意味着网络出现拥塞。超时的原因是因为网络拥塞导致分组传输延迟时间过长，或者是因为为了缓解拥塞而使数据分组被中间节点丢弃。有了上述假设，常采用如下拥塞控制方法，即慢启动（slow-start）、加速递减（multiplicative decrease)和拥塞避免(congestion avoidance),这 3 种方法相互结合,共同完成拥塞控制功能。现假定窗口的大小以报文段为单位,拥塞控制过程如图 4.8 所示;图中的慢开始门限由网络的工作状况决定(图中初始值设置为 20),当发送窗口达到慢开始门限时,说明网络可能要发生拥塞,应放慢发送速度。拥塞控制的具体过程如下:

开始发送数据时因不知道网络的具体工作状况,所以发送端试探性地从小到大逐渐增加拥塞窗口的大小,初始值从 1 开始。在发送开始阶段,发送速度增加较快,拥塞窗口以指数规律增长,拥塞窗口一旦超过慢开始门限值,说明可能要引起拥塞,应立即放慢发送速度,拥塞窗口改为按线性规律增长。此后,一旦出现超时重传,则认为网络出现拥塞,调整慢开始门限值为发生超时重传时的拥塞窗口的一半,然后拥塞窗口返回到 1,再按指数、线性规律增长。下面看一下慢启动、加速递减和拥塞避免的确切含义。

- 慢启动。每次开始传输数据时,拥塞窗口均从较小的值开始,发送数据的速度由慢逐渐变快。
- 加速递减。一旦发生超时重传,慢开始门限值将减至当前拥塞窗口的一半;若频繁出现超时重传,则慢开始门限值将减小很快。慢开始门限值越小,拥塞窗口的增长速度变慢的时间越早。
- 拥塞避免。当拥塞窗口增大到慢开始门限时,就将拥塞窗口的增长速率由指数增长降低为线性增长,放慢数据发送速率增长的速度,避免网络出现拥塞。

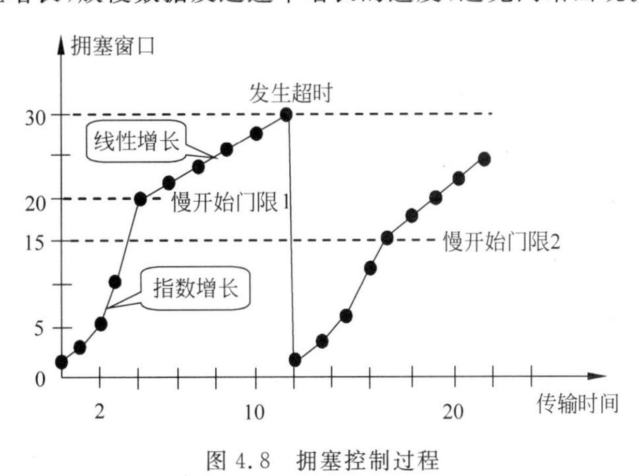

图 4.8　拥塞控制过程

图 4.8 中,慢开始门限初始值为 20(图 4.8 中的慢开始门限 1),最初拥塞窗口从 1 开始,然后按指数规律增长。当拥塞窗口增长到慢开始门限值时,改为按线性规律增长。当拥塞窗口增加到 30 时,发生超时重传,此时发生拥塞,慢开始门限值改为此时拥塞窗口的一半(即变为 15,如图 4.8 中的慢开始门限 2),然后拥塞窗口重新从 1 开始,按指数规律逐渐增大,当增长到慢开始门限 2 时,再改为按线性规律变化以放慢增长速度。

4.2.6　TCP 的连接管理

TCP 是面向连接的,在通信双方进行通信前必须通过两个端节点间的会话来建立它们之间的连接,因而其数据传输过程包括 3 个阶段:建立连接、传输数据、释放连接。注意,这里所建立的连接并不是建立真正意义的物理连接,而只是通信双方相互通报各自的情况,使每一方能够确认对方的存在，并协商最大报文段长度、窗口大小等参数，初始序列号以及对缓存等资源进行分配和预留。

TCP 连接的建立采用客户/服务器方式。主动要求建立连接的一端叫作客户端，而被动等待连接建立的一端叫作服务器端。

下面介绍建立连接的 3 个阶段，如图 4.9 所示；端节点 A 欲与端节点 B 建立连接，端节点 A 为客户端，端节点 B 为服务器端；它们通过 3 次握手信号建立连接。

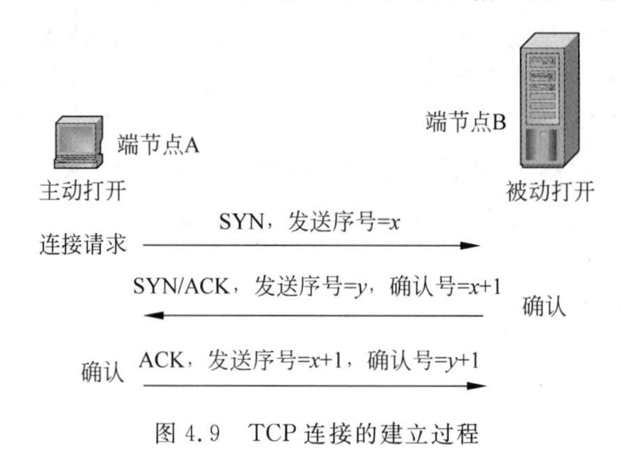

图 4.9　TCP 连接的建立过程

具体连接建立过程如下：

(1) A 向 B 发送连接请求，发送的请求报文段首部中的 SYN 标志位有效，发送序号为 x。

(2) B 接收到 A 的连接请求报文段后，发送应答报文段给 A，应答报文段首部的 SYN 和 ACK 标志位均有效，首部中还包括自己的发送序号 y 以及确认号 $x+1$。

(3) A 接收到 B 的应答报文段后，形成确认报文段，其中首部的 ACK 标志位有效，发送序号为 $x+1$，确认号为 $y+1$，通知主机 B 连接已建立。

完成第(1)和第(2)步后的系统状态称为半连接状态。此时 B 已同意与 A 建立连接，并为之预留必要的系统资源(如缓冲区等)；但只有完成第(3)步后，端节点 A 和 B 才能进行正常通信。任何服务器所允许同时建立的并发连接数是有限的，若在一定时间内接收到大量的连接请求，而这些连接请求都处于半连接状态，那么将耗尽服务器端为建立连接所预留的缓冲区等系统资源，即使还有正常的连接请求也将无法得到响应，此时发生了拒绝服务(Denial of Service，DoS)攻击，结果将导致服务器系统无法提供正常服务。

连接建立后，端节点 A 和端节点 B 之间即可以进行正常的数据传输；此时，端节点 A 可以传输数据给端节点 B，端节点 B 也可以传输数据给端节点 A，即端节点 A 和端节点 B 之间建立的为双向连接，所进行的是全双工通信。数据传输结束后，要断开两个端节点间的连接，并释放占用的系统资源(如缓冲区等)，具体过程如图 4.10 所示。如前所述，TCP 采用的是一种全双工的通信方式，两个端节点间建立的连接是双向连接，即包括端节点 A 到端节点 B 的连接以及端节点 B 到端节点 A 的连接；这个双向连接是通过 3 次握手信号同时建立的，但是这个双向连接在释放时却要分两次单独进行，即要通过 4 次握手信号来释放。

释放 TCP 连接的具体过程为：

(1) 端节点 A 向端节点 B 发送关闭连接的请求，该请求段首部的 FIN 标志位有效，通

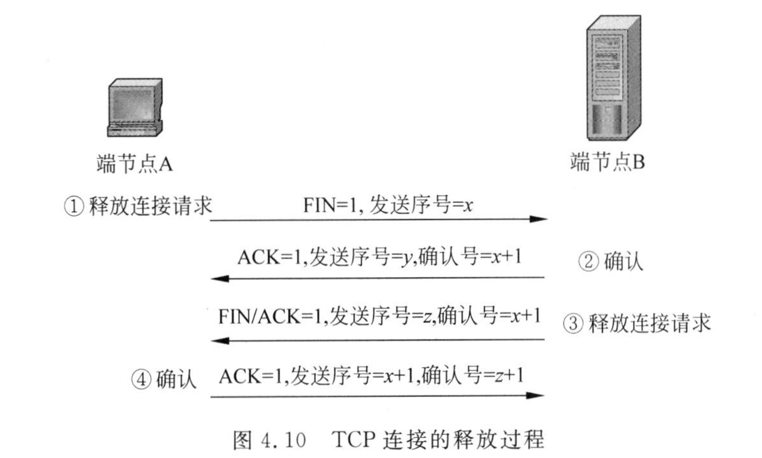

图 4.10 TCP 连接的释放过程

知 B 它的数据已全部发送结束。

(2) 端节点 B 接收到 A 的关闭连接请求后，发送确认段给 A(段首部的 ACK 标志位有效)，通知 A 可以释放连接；此后 A 单方面释放了与 B 的连接，它不能再向 B 发送数据，但仍可以接收 B 发来的报文段。

上述过程如图 4.10 中的①和②所示。

(3) 当 B 向 A 发送完所有的数据后，也向 A 发送释放连接的请求，其请求段首部中的 FIN 和 ACK 标志位均有效。

(4) A 接收到 B 的释放连接请求后，再给 B 发确认信息，通知 B 可以释放连接。

上述过程如图 4.10 中的③和④所示。至此 A 和 B 间的连接完全断开，并释放了相关的系统资源。

4.3 用户数据报协议

4.3.1 概述

用户数据报协议，即 UDP，是传输层中的另外一个协议，它具有 TCP 所不具备的特点，它适合于传输不宜采用 TCP 传输的数据。UDP 的功能相对简单，只在 IP 基础之上增加了端口功能和差错校验功能，它提供不可靠的数据传输服务。UDP 具有以下特点。

- UDP 为无连接的，使用 UDP 传输数据时不需要建立和释放连接，从而减少了数据的传输开销和时延。
- UDP 没有拥塞控制功能，也没有保证数据传输可靠性的措施。
- UDP 所传输的协议数据单元由首部和数据部分组成，其首部仅有 8B，短小精悍，传输数据的效率非常高。

传输层之所以提供了 TCP 和 UDP 这两个各具特点的协议，是为了满足个性化应用的不同需求。应用层协议可以根据其特点调用不同的传输层协议。应用层协议与传输层协议间的对应关系见表 4.1。

表 4.1 应用层协议与传输层协议间的对应关系

应用层协议	使用的传输层协议
SMTP、Telnet、HTTP、FTP	TCP
DNS、DHCP、SNMP、TFTP、RIP、BOOTP、NFS	UDP

与 TCP 一样,UDP 与应用层间也是通过端口号进行复用和分用的。每个端口对应两个缓冲队列,一个出队列,一个入队列,分别用来缓冲输出和输入报文,如图 4.11 所示。下面以 TFTP 为例介绍客户端和服务器端的运行情况。假设 TFTP 客户端的端口号为 53000,而文件服务器的端口号为熟知端口 69。

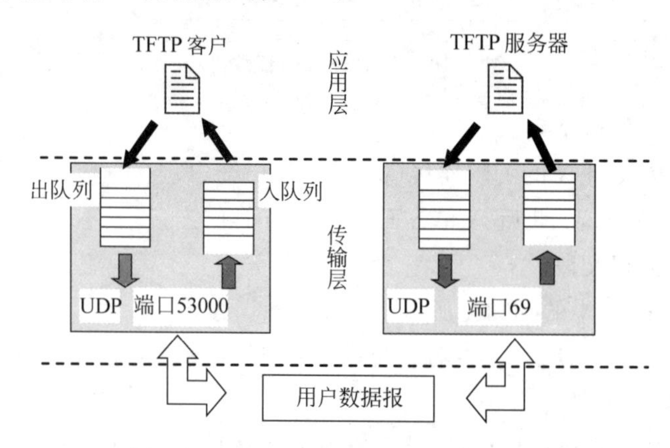

图 4.11 UDP 与应用层协议交互示意图

1. 客户端的发送过程

UDP 接收应用层的协议数据单元,形成用户数据报,并送入到出队列中;UDP 按照报文进入到出队列中的先后顺序依次进行发送。送报文进入出队列时,输出队列可能溢出,此时,操作系统应通知 TFTP 客户进程暂停发送。

2. 客户端的接收过程

对于收到的 IP 数据报,UDP 首先检查报文中目的端口号是否正确;如不正确,UDP 就丢弃该报文,并通过调用网络层的 ICMP(具体网络层一章)发送"端口不可达"差错报告报文给服务器端。若目的端口正确,UDP 就将收到的报文放进入队列的末尾,客户进程按接收报文到达的先后顺序一一取出进行处理。若将接收的数据报放进入队列时,发现入队列已满,则 UDP 丢弃该数据报。

3. TFTP 服务器的接收过程

UDP 首先检查到达的用户数据报的目的端口是否为 69。如果是则将此数据报放入到入队列的末尾;如果端口号不对,就丢弃该报文,并通过调用 ICMP 发送"端口不可达"差错报告报文给客户端。

4. TFTP 服务器回答客户请求的过程

将要发送的响应报文送到出队列,并使用请求服务的源端口号(53000)作为目的端口号,填加 UDP 数据报首部,然后传输给网络层,经低层协议发送给客户端。若出队列溢出,则通知操作系统暂停发送。

4.3.2 用户数据报的首部

用户数据报首部的格式非常简单,只有 8B,由 4 个字段组成,每个字段均占 2B,如图 4.12 所示。其中源端口号和目的端口号的概念和作用与 TCP 一样,用于实现应用层协议对 UDP 的复用和分用功能。长度字段是用户数据报的长度(包括其首部)。校验和用来对传输的数据进行校验,以判断是否出现传输错误。在计算校验和时需要在用户数据报前加上 12 个字节的伪首部,再把校验和字段的各位设置为 0,然后以 16 位为单位进行二进制反码求和运算,将计算的 16 位结果的反码作为校验和并填入校验和字段中,随数据一起传输。当接收端接收到一个用户数据报后,采用同样的方法进行计算,得到的累加结果再取反码,若结果为 0,则说明数据传输正确,否则数据传输出错。在生成校验和时,当用户数据报中的数据字段不是双字节的整数倍时需要采用全 0 字节补齐。显然,上述进行差错校验的方法非常简单,保证 UDP 具有较高的传输效率。

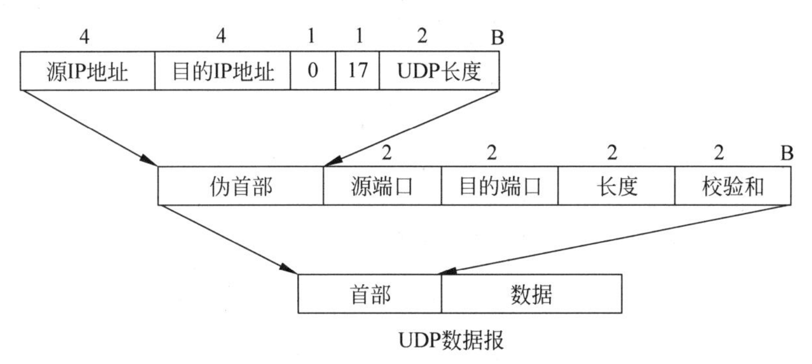

图 4.12 用户数据报的格式

4.3.3 UDP 的应用

由前面的介绍可知,UDP 提供的是一种无连接的数据传输方式;当有数据要发送时,无须建立连接,马上就可以发送;而且 UDP 数据报的首部简单,端节点处理起来速度快;所以 UDP 传输数据的实时性好,非常适合对实时性要求较高的数据的传输;而且 UDP 不进行拥塞控制和可靠性控制,在发送端可以提供恒定发送速率的数据传输业务。正是因为 UDP 协议的以上特点使得许多应用层协议都采用 UDP 作为低层协议。此外,UDP 还广泛应用于 IP 电话、视频会议、VOD 等多媒体数据传输领域;这些业务对数据传输的可靠性要求不高,即使丢掉一些数据包也不会对传输效果造成太大影响;但是这些业务要求传输时延小,而且必须保证能够平稳地进行数据传输,UDP 很好地满足了这些要求。

习题

(1) 说明 TCP 和 UDP 的区别和特点。

(2) 传输层通过(　　)识别不同的应用。

A. 物理地址　　B. 端口号　　C. IP 地址　　D. 逻辑地址

(3) 传输层面向连接的特性意味着(　　)。

A. 不保证可靠,但保证按序交付　　B. 保证可靠,但不保证按序交付

C. 不保证可靠,也不保证按序交付　　D. 保证可靠,也保证按序交付

(4) 什么是 TCP 分段？什么叫分段和重组？TCP 是如何实现分段和重组的？

(5) 说明 TCP 报文段首部中发送序号和确认号等字段的具体含义和作用。

(6) 什么是顺序控制？TCP 采用什么方法实现顺序控制？

(7) TCP 如何实现数据的可靠和正确传输？

(8) A 和 B 之间建立 TCP 连接,A 向 B 发送一个报文段,其中发送序号 seq=300,确认号 ACK=101,数据部分仅为 7B,那么 B 在确认报文中正确的是(　　)。

A. seq=301, ACK=101　　B. seq=301, ACK=108

C. seq=101, ACK=101　　D. seq=101, ACK=307

(9) 什么叫数据重传？重传时间如何确定？

(10) 说明导致数据重传的几种情况。

(11) 解释说明影响计算平均往返时间的因素,能否找到反映网络动态变化的自适应的计算方法。

(12) 什么是流量控制？TCP 是如何实现流量控制的？

(13) 什么是拥塞控制？TCP 是如何实现拥塞控制的？

(14) 请用算法描述 TCP 的拥塞避免过程。

(15) 说明 TCP 建立连接的过程。

(16) 什么是半连接状态？解释说明拒绝服务(DoS)攻击的原理。

(17) UDP 的首部包括哪些字段？作用是什么？

(18) 说明 UDP 适合传输什么类型的数据。

(19) 当接收到一个有错的 UDP 用户数据报时,接收端(　　)。

A. 请求重传　　B. 将其丢弃　　C. 忽略差错　　D. 进行纠错

(20) 需要采用组播方式进行传输的应用应该调用传输层的哪个协议？请解释原因。

(21) 对于实时视频通话,传输层应该采用(　　)。

A. HTTP　　B. TCP　　C. FTP　　D. UDP

(22) UDP 用户数据报中,伪首部的作用是(　　)。

A. 数据对齐　　B. 计算校验和　　C. 数据加密　　D. 填充数据

第5章 网络层与网络互联

覆盖全球的因特网是由各种不同规模的计算机网络互联而成的，这些计算机网络的类型可能相同，也可能不同，它们在硬件组成和系统软件等众多方面都可能存在一定的差异，但是它们均可以通过网络层协议连接起来，进行相互通信和资源共享。所以网络层的重要功能就是通过路由器等网络互联设备实现多个网络的互联和通信。

为了实现网络互联，网络层应完成以下功能。

- 路由选择、路由表的生成及维护。路由器按照一定的算法查找路由表，为IP数据报的转发寻找到达各个网络的最佳路由；同时完成路由表的生成和定期更新维护，以使路由表能够反映网络拓扑的最新变化情况。
- 数据转发。根据路由表为收到的数据分组选择下一个网络节点并发送出去，此时可能要完成不同协议类型的转换。
- 寻址。从第4章可知，传输层协议提供了两个运行在不同端主机上进程之间的通信，并通过端口号标识出这两个进程。在传输层协议识别出具体的进程前，首先需要通过网络层协议来标识出这些进程运行在哪个网络节点上，即由网络层协议负责寻址到某个具体的节点，然后再由传输层协议寻址到该节点上的某个进程，从而实现端到端的通信。
- 协议转换。当路由器连接几个不同的网络，一个网络的数据包经路由器转发给另一个不同的网络时，路由器要完成协议转换，按照接收节点的协议重新封装数据包并转发给目的网络。

通信时，发送节点的网络层协议接收传输层传送来的协议数据单元，将之加上由目的IP地址、源IP地址等信息组成的首部，形成网络层的协议数据单元(称之为IP数据报或者IP报文)，经过中间节点的转发最终传送给目的节点。目的节点将接收的IP数据报去掉首部，将数据部分传送给传输层。数据从源节点传输到目的节点往往要经过多个中间节点，源节点到目的节点间可能存在多条不同的传输路径(即存在冗余路径)，网络层协议按照一定的准则选择一条最佳路径将数据分组发送给下个节点。显然，无论是源节点还是中间节点在发送或者转发数据时，均要选择下一个节点，所以网络层协议存在于路由器、端主机等各种网络节点上。

下面以IP为主线，依次介绍网络层的具体功能、对应的协议及其实现技术，具体内容包括：

- 路由器：工作于网络层，是实现网络互连的主要设备。
- IP：运行在路由器、端主机等各种网络节点上，根据路由表对IP数据报进行转发。

由于运输层中的 TCP 已经确保了数据传输的可靠性，所以为了提高数据转发的速度，IP 不再考虑数据传输的可靠性，只提供一种不可靠、无连接、尽力而为的传输服务。

- IP 地址：唯一地标识路由器、端主机等网络节点的地址，IP 根据 IP 数据报中的目的 IP 地址进行寻址，最终将 IP 数据报传输到目的节点。
- 路由生成协议：规定网络路由信息交换的标准和准则，路由器按照该协议相互交换路由信息，生成路由表，用于记录到达其他网络的路径。
- Internet 控制报文协议(ICMP)：该协议在网络数据传输出现错误时，提供有限的差错控制和报告功能。
- Internet 组管理协议(IGMP)：该协议对 Internet 中的组进行管理，包括组的创建和撤消、组成员的动态管理、组播数据的转发等。
- 地址解析协议(ARP)。实现 IP 地址到物理地址(即 MAC 地址)的变换，为数据链路层封装数据帧提供下一节点的物理地址。
- 网络地址转换：实现私有 IP 地址到全局 IP 地址的转换，使得用户可以使用相同的私有 IP 地址组建自己的内部网络，而不发生冲突。
- IPv6 协议：现有 IPv4 协议的改进版本，弥补了 IPv4 的不足，具有比 IPv4 更好的性能。

5.1 路由器

正如第 1 章所介绍的，常用的网络互联设备有集线器、网桥、路由器和网关等，这些互联设备的功能和作用存在一定的区别，具体见表 5.1。其中，路由器是最重要的网络互联设备，它将不同的网络连接起来，组成规模更大的网络。它通常位于一个网络到其他网络的出入口，因而有时也称之为网关(gateway)。路由器常分为核心路由器和非核心路由器。核心路由器一般用于主干通信网之间的连接，其作用非常重要，它能否正常、可靠、快速地运行将对网络用户产生重要影响，这种路由器一般由网络控制中心进行管理。非核心路由器一般用于连接用户网络和其他网络，是网络内部用户访问外网资源的出口，由用户进行管理。路由器往往形成了网络间通信的瓶颈，特别是核心路由器，其转发能力直接影响到网络的通信性能。下面将简单介绍路由器的工作原理以及在网络互联中的作用。

表 5.1 常用的网络互联设备

名称	功 能	作 用
集线器	仅实现物理层功能，对物理信号进行再生放大	连接同种网络的不同网段
网桥	实现物理层和数据链路层功能	① 连接两个相同或者不同的网段或局域网，延长网络长度。② 隔离物理网络，分割网络流量，隔离网络故障，使得一个网段内的网络流量或者故障不影响其他网段
路由器	实现物理层、数据链路层和网络层的功能	连接相同或不同的物理网络，完成协议变换、路由选择等功能
网关	一般工作在传输层或应用层，也称为协议变换器	在传输层以上层连接不同的网络，一般完成应用层的协议变换等功能

路由器是具有多个输入/输出端口的专用计算机，它具有路由生成、数据转发、协议转换、流量控制、网络管理等功能。它主要由4个部分组成：输入/输出端口、路由表、路由生成部分和转发控制部分，其组成如图5.1所示。

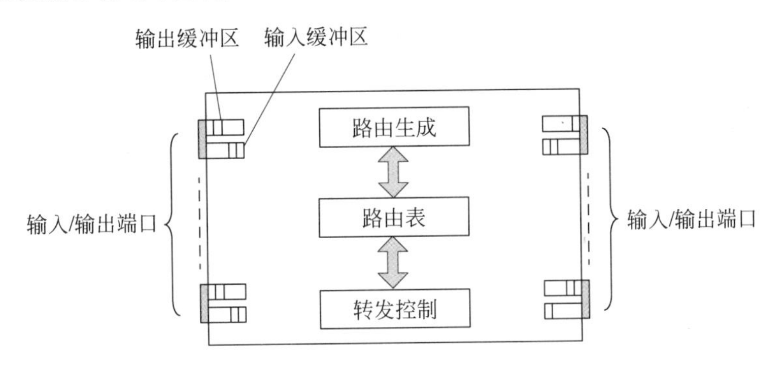

图5.1 路由器的组成示意图

路由表是路由器的重要组成部分，是路由器实现数据转发的依据。路由表中记录了该路由器所能达到的各个目的网络的路由信息(即路径信息)，该路由信息通常包括如下几项内容：

- 所能到达的目的网络的地址标识；
- 所能到达的目的网络的子网掩码；
- 到达目的网络的距离；
- 输出数据分组的端口号；
- 下一个节点的IP地址。

其中，网络的地址标识是后续部分将要介绍的网络号，它与城市的电话区号类似，用于唯一地标识一个网络，所能到达的下一个节点常称之为下一跳，它可能是与该路由器通过网络相连接的另一个路由器，而这个路由器与目的网络相连通。路由生成部分的功能就是根据一定的路由生成算法和路由协议与其他路由器交换信息，生成路由表，并对路由表进行维护更新以保证它能反映网络拓扑的最新变化情况。例如当某个网络上的路由器发生了故障，不能正常工作时，则通过该路由器连接到其他网络的路由器中的相关路由信息均要进行调整。路由表的生成和维护是按照一定的优化算法进行的，这样才能保证到达各个目的节点的路由在一定意义上是最佳的。各个路由器间按照路由协议定期或随机地交换路由信息，使得各个路由器能及时更新、维护路由表。这里所涉及的子网掩码、路由选择算法、路由协议将在后续几节中详细介绍。

转发控制是路由器的另一个重要组成部分。该部分的核心是交换结构，这种交换结构由高速交换开关组成，并在转发控制部分的控制下连接输入端口和输出端口，实现数据从输入端口到输出端口的高速转发。输入/输出端口是一个智能部件，它包括协议处理器以及输入/输出缓存区等；路由器通过它与通信线路相连，通过通信线路接收和转发数据分组，然后进行协议解析，需要完成物理层到网络层的功能。当端口从通信线路上接收一个数据分组时，它首先对数据分组进行判断，若该数据分组是路由器间交换的路由信息，则将该数据分组提交给路由生成部分，进而去生成或者更新路由表中的信息；否则将数据分组交给转发控制部分，然后按照数据分组中的目的地址标识查找路由表，找到去往目的网络的下一跳,并通过相应的端口将数据转发出去。若路由器连接两个不同的网络,则在转发数据分组时还需要进行协议变换,即将一种协议的数据分组转换成另一种协议的数据分组。当有多个数据分组进入路由器时,首先要在输入端口的缓存区(即输入缓存区)中排队,等候处理。同样,当要通过某个端口转发多个数据分组时,这些数据分组也要在相应的输出端口缓存区(即输出缓存区)中排队,等待依次进行转发。显然,IP 数据报经过路由器时会产生一定的延迟。路由器用于连接多个网络,往往形成了不同网络间通信的瓶颈,为了提高路由器的转发速度,常将转发控制功能分散到各个端口,使它们并行地完成转发工作,从而提高路由器的转发速度,这时每个端口中均存有路由表的副本,并由路由生成部分定期进行更新和维护。

5.2 因特网的网络层

因特网是由若干个独立的计算机网络连接而形成的,这些独立的计算机网络一般由专门的机构或部门进行投资建设、维护和管理,称之为自治系统(Anonymous System,AS)。这些自治系统在硬件、软件或者网络协议等方面可能存在很大的差异,但它们为什么能够连接起来进行通信和资源共享呢?这是因为因特网网络层中的网络互联协议,即 IP (Interconnect Protocol)具有很强的互联功能,它通过协议变换等技术能够将各种异构的计算机网络连接起来,进而达到相互通信和资源共享的目的。

除 IP 外,因特网的网络层还包括地址解析协议(ARP)、反向地址解析协议(RARP)、因特网控制报文协议(ICMP)、因特网组管理协议(IGMP)等多个不同的协议。这些协议形成了网络层内部的 3 层结构,如图 5.2 所示;其中 ICMP 和 IGMP 位于 IP 之上,它们传输数据时要使用 IP 进行封装;而 ARP 和 RARP 位于 IP 之下,IP 在传输数据给数据链路层时要使用这两个协议。

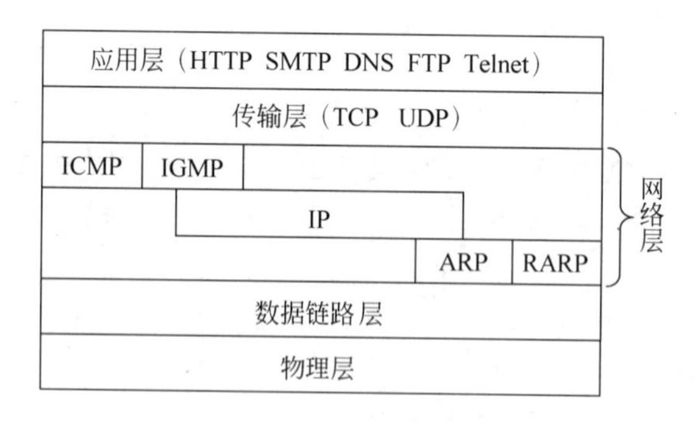

图 5.2 Internet 体系结构的网络层

下面从 IP 开始依次介绍各个协议的具体功能。

5.3 IP

IP 协议是 TCP/IP 簇中最基本、最重要的两个协议之一,因特网具有很强的网络互联能力完全取决于 IP 的互联特性。IP 具有如下功能:

- 定义了 IP 地址。
- 定义了 IP 数据报的格式。
- 实现 IP 数据报的转发。
- 实现 IP 数据报的分段和重组，以满足物理网络的要求。
- 实现了路由功能，即路由的寻找和 IP 报文的转发。

IP 负责将数据报从源节点传送到目的节点，它提供一种尽力而为(best effort)、无连接的不可靠服务，它具有如下特点。

1. 所提供的服务是无连接的

IP 在转发数据报时不与目的节点建立连接，所以目的节点不知道有用户要与它进行通信；目的节点接收到数据报后也不发确认信息给源节点，所以源节点不知道目的节点是否正确接收到数据。可见，IP 提供的是一种不可靠的服务。此外，经过 IP 转发的数据报可能要经过多个路由器，这些路由器也可能选择不同的路径来转发数据。由于不同的传输路径导致数据传输的延迟不同，所以同一个源节点发送的各个数据报文到达目的节点的先后顺序可能与发送时的顺序不一致，即发生乱序现象。

2. 为用户提供尽力而为的服务

各个节点对所接收的数据报尽可能地进行转发，只有当传输的数据报经校验出错或低层通信网络出现问题时才简单地被丢弃，对 IP 数据报的损坏、丢失、乱序和重复等不做任何处理。可见，IP 所提供的服务是不可靠的。

由上面的介绍可见，IP 提供的是一种无连接、无确认、尽力而为的数据传输服务，不能保证数据传输的可靠性。而确保数据传输可靠性的功能已由上一层，即传输层中的 TCP 实现了，有关 TCP 的内容介绍已经全面地说明了这一点。

下面介绍 IP 地址的概念以及 IP 的具体内容。

5.3.1 IP 地址

为了能在规模庞大的因特网中寻找到某个网络节点，因特网采用统一编排的 32 位二进制地址来唯一地标识各个节点，该地址就称为 IP 地址。

IP 地址是由软件产生的逻辑地址，它具有双重语义。一方面 IP 地址代表一个节点的身份，该信息被传输层使用来建立端到端的连接，以标识是哪两个端节点在进行通信；另一方面，IP 地址代表网络节点的位置信息，被用来标识一个节点在网络中的位置，该信息被网络层使用进行寻址或者进行路由；上述作用要求 IP 地址在全网范围内是唯一的。统一编址保证了 IP 地址的唯一性，使因特网以一个单一的抽象系统出现在用户面前。IP 地址由因特网名字与号码指派公司(Internet Corporation for Assigned Names and Numbers，ICANN)负责分配，用户使用时需向相应的网络信息中心(Network Information Centre，NIC)申请。

需要注意的是，IP 地址只用来表示设备与网络的一种连接，随位置的变化而改变。一个网络内有效的 IP 地址(严格说应该是全局 IP 地址)到另一个网络中不一定有效，正如一个城市内的固定电话号码到另一个城市就变得无效一样，这一点使得 IP 很难适用于移动用户。另一方面,一台主机或者网络设备可以分配几个 IP 地址,如路由器至少有两个 IP 地址,它通过每个 IP 地址连接一个网络。具有多个 IP 地址的主机称为多穴主机,如采用普通计算机作路由器,它至少有两个 IP 地址,通过这些 IP 地址来连接不同的网络。

目前,因特网所采用的 IP 为 IPv4(即第 4 版本的 IP),所定义的 IP 地址为一个 32 位的二进制整数,以下将 32 位二进制数的 IP 地址简称为 32 位 IP 地址。为了方便记忆,常采用四位点分十进制方法(dotted-decimal notation)表示 32 位的 IP 地址,其中每位是一个字节,包括 8 位二进制数,取值 0~255;下面是一个 IP 地址的各种表示。

二进制表示　　　11000011 00100000 11011000 00001011

点分十进制表示　　195　.　32　.　216　.　11

为了满足不同规模网络的用户使用 IP 地址的需要,Internet 指导委员会 IAB 将 IP 地址分成 A、B、C、D、E 等 5 类,如图 5.3 所示。对于常用的 A、B、C 类地址,IP 采用两级编址;每个 IP 地址由网络地址和主机地址组成,其中网络地址的前几位用于标识 IP 地址的类型。网络地址也称为网络号或者网络 ID,用于标识节点所在的网络。而主机地址用于标识节点在网络中的具体位置,对于每个自治系统其网络号是唯一的,这样才能保证正确寻址。每类地址中网络地址和主机地址所占的位数各不相同,其中,A、B、C 类 IP 地址的网络地址各占 1、2、3B,而主机地址则分别占 3、2、1B,用户使用时可根据需要申请某类 IP 地址。如一个 A 类地址包含的主机地址位数为 24 位,最多有 2^{24} 个主机地址,可以用于组建一个大规模网络;一个 C 类地址包含的主机地址位数为 8 位,可以最多用于组建一个具有 255 台主机以下的小规模网络;而一个 B 类地址介于两者之间。所以用户申请某类 IP 地址,实际上是申请一个网络地址(即一个网络号);申请到一个网络地址后,主机地址部分完全由用户自己分配。A、B、C 类 IP 地址的表示范围见表 5.2。上述 5 类地址中,A、B、C 类 IP 地址称为单目地址,其中的每个 IP 地址用于唯一地标识一个网络节点。而 D 类 IP 地址称为组播地址,其中的每个 IP 地址可用于标识一组网络节点。E 类 IP 地址为保留地址,留做他用。网络地址和主机地址的各位全为 0 或者全为 1 的 IP 地址具有特殊用途,称为特殊的 IP 地址,具体如下:

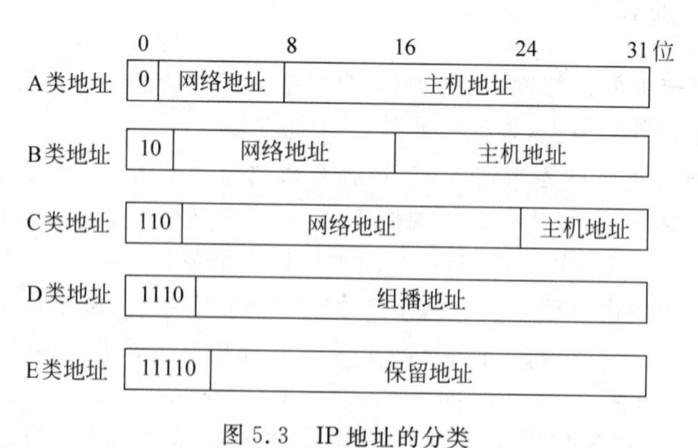

图 5.3　IP 地址的分类

(1) 网络地址各位全为 0 的 IP 地址表示寻找本网络中的某个节点,用于不知本网网络地址的情况,如 A 类 IP 地址 0.0.0.15 表示本网络内的一个网络节点,而 IP 地址为 0.0.0.0 则表示主机本身。

表 5.2 A、B、C 类 IP 地址的表示范围

地址类别	最大网络数	网络地址范围	每个网络中的最大主机数	IP 地址范围
A	126	1～126	16 777 214	1.0.0.1～126.255.255.254
B	16 384	128.0～191.255	65 534	128.0.0.1～191.255.255.254
C	2 097 152	192.0.0～223.255.255	254	192.0.0.1～223.255.255.254

(2) 主机地址各位全为 0,而网络地址不为 0 的 IP 地址表示一个特定网络;如 140.55.0.0 表示一个 B 类网络,其网络地址为 140.55。

(3) 回送地址:网络地址为 127 的 IP 地址是一个保留地址。当一个 IP 数据报的目的 IP 地址的网络地址为 127 时,该 IP 数据报并不往网络上发送,而是经过协议栈的处理直接返回节点本身,因而称之为回送地址。该 IP 地址常用于网络协议软件测试和本地主机内部进程间的通信。

(4) 定向广播地址:若 IP 数据报中的目的 IP 地址的主机地址全为 1,而网络地址是一个有效地址,则表示向该网络地址所标识的网络内的所有主机发送数据,这种传输数据的方式称为定向广播。

(5) 有限广播地址:若 IP 数据报中 32 位的目的 IP 地址全为 1,则表示仅向本网络内的所有主机广播数据。这种广播数据的范围只限于本网络内部,故称为有限广播。若一个主机想要把一个数据报文发送给本网络内的所有其他主机,就将该数据报文的目的 IP 地址全置为 1(即 32 位目的 IP 地址均为 1),本网络内部的主机均接收该报文,但连接本网的路由器接收到该类报文后并不向外网转发。

目前,因特网使用的 IP 大都为 IPv4(正逐渐向 IPv6 过渡),由于 IP 地址仅有 32 位,随着计算机网络规模的不断扩大,IP 地址空间显得越来越为紧张。为了缓解 IP 地址的不足,Internet 将 IP 地址空间划分出一部分可以共同使用的 IP 地址,称之为私有 IP 地址。但这些 IP 地址只能在用户的内部网络(或者称为私有网络,如校园网、企业内网等)中使用,不能在因特网上使用;因而,用户可以同时使用这部分 IP 地址组建自己的内部网络而不发生冲突。除私有地址以外,所有其他 IP 地址均称为全局 IP 地址,这些 IP 地址可以在 Internet 上使用并唯一地标识一个网络节点。Internet 规定的私有 IP 地址的类型及范围为:

A 类 IP 地址:10.0.0.0 ～ 10.255.255.255

B 类 IP 地址:172.16.0.0 ～ 172.31.255.255

C 类 IP 地址:192.168.0.0 ～ 192.168.255.255

当用户使用私有 IP 地址组建私有网络后,可以通过网络地址转换(Network Address Transfer,NAT)技术将私有 IP 地址转换为全局 IP 地址,进而访问 Internet 上的资源;网络地址转换的具体内容请见本章后续部分。

最初将 IP 地址分成 5 类是为了满足用户组建不同规模计算机网络的需要,如此将网络地址和主机地址规定为固定的位数给 IP 地址的灵活使用造成了很大困难。因为随着计算机网络的普及应用,出现了种类繁多、规模各异的网络系统。很多情况下,很难在 A、B、C 3 类地址中确定一个与所建网络规模相当的 IP 地址。而所选择的某类 IP 地址所包括的 IP 地址数要大于所建网络所包含的主机数量,所以多余的 IP 地址常常被浪费,而且有时浪费相当严重。如一个用户想要组建 2000 个节点的网络,显然一个 C 类地址不能满足要求;所

以用户只好申请一个B类地址，而一个B类地址可以包括65 534个IP地址，但只用了2000个，而剩余的45 534个地址又不能分配给其他用户使用，显然造成了IP地址的极大浪费。为了更好地利用有限的32位IP地址空间，陆续出现了子网划分、无分类域间路由等多种改进方法。

1. 子网划分

为了灵活地使用32位的IP地址，进而提出了子网和子网掩码的概念。子网是通过一个或者多个路由器与其他网络分开的物理网络。一个计算机网络中可能存在多个子网，每个子网均有自己的子网地址，这些子网通过路由器连接起来进行通信。子网划分情况下的IP地址分三级编址：网络号、子网号和主机地址。其中子网号是原两级编址中主机地址的高几位。通过子网号把某个网络的主机地址空间分成了几个子空间，各个子空间具有不同的子网号。如要组建2000个节点的网络，需要申请一个B类地址，主机地址仅需要低11位（具有$2^{11}-2=2046$个IP地址，即去掉主机地址为全0和全1的情况），主机地址的高5位可以作为子网号；这样，可以组建$2^5-2=30$个子网（即去掉子网地址为全0和全1的情况），每个子网多达2046个节点，通过子网号就能够区分这些节点；这样一个B类网络地址可以分配给同等规模的30个用户使用，显著提高了IP地址的利用率。显然，这些子网具有相同的网络号和不同的子网号，当向某个子网传送数据分组时，先根据目的IP地址中的网络号找到目的网络，实际上是找到与目的网络具有相同网络号的路由器，再由该路由器根据子网号转发给连接目的子网的路由器，最终由该路由器根据目的IP地址中的主机地址寻址到目的主机。但此时出现一个问题，即路由器怎样知道子网号和主机地址各占几位呢？若不知道各自所占的位数就无法确定子网号和主机地址，进而无法正确寻址到子网和主机。

为了解决上述问题，提出了子网掩码的概念。子网掩码(subnet mask)是一个32位的二进制整数，与主机地址对应的二进位为0，其他位为1，常由若干个连续的1后跟若干个0组成；这样，子网掩码与IP地址相与得到网络号和子网号，取反后与IP地址相与得到主机地址，如图5.4所示。此时，需要子网掩码和IP地址一起使用，以便区分出具体的网络地址、子网地址和主机地址。而网络地址具体由IP地址的高几位指出它是A类、B类，还是C类地址；显然，A、B、C类网络所对应的子网掩码分别为255.0.0.0、255.255.0.0、255.255.255.0。通过子网掩码将上述3类（即A、B、C 3类）地址空间进一步细分成若干个子空间，具体的网络地址（包括网络号和子网号）由子网掩码和IP地址共同决定。子网掩码由用户网络自己内部决定，在配置网络时进行设定，以通知相关路由器登记在路由表上，以便进行路由选择和转发数据时使用。

例：IP地址=130.50.15.6，子网掩码=255.255.252.0，显然，这是一个B类地址，网络号=130.50，网络地址=130.50.15.6 & 255.255.252.0=130.50.12.0。通过子网掩码可以看出，这是将B类地址的16位主机地址的高6位拿出作为子网号，显然可以定义$2^6-2=62$个子网。这样，一个B类地址通过子网划分就可以提供给多个用户使用，从而使得有限的32位IP地址空间得到更充分的利用，以此缓解IP地址的不足。

上述私有IP地址、子网划分等措施的采取虽然某种程度上缓解了IP地址的不足，但并没有从根本上解决IP地址的短缺问题，进而因特网工程任务组(Internet Engineering Task Force，IETF)提出了两种方案。一方面是设计新的IP，采用更多的比特数表示IP地址，即

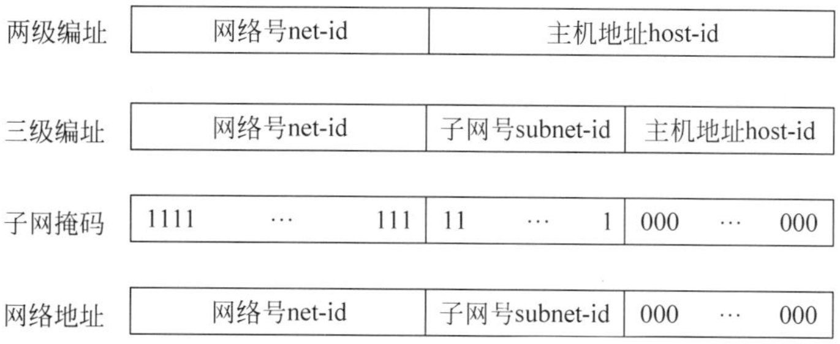

两级编址	网络号net-id	主机地址host-id	
三级编址	网络号net-id	子网号subnet-id	主机地址host-id
子网掩码	1111 … 111	11 … 1	000 … 000
网络地址	网络号net-id	子网号subnet-id	000 … 000

图 5.4　子网掩码及作用

目前采用128位IP地址的IPv6协议。另一方面是充分利用目前32位的IP地址，提出了可变长子网掩码(Variable Length Subnet Masks，VLSM)和无分类IP编址等解决方案。

2. 可变长子网掩码

由子网划分的方法可知，其结果将得到相同规模的若干个子网。例如，将一个B类网络主机地址的高4位作为子网地址，就将原来的网络划分成16－2＝14个大小相同的有效子网。但事实上，每个子网的主机数目很少相同，有时还相差很大；显然，子网划分还是浪费了一部分IP地址资源。可变长子网掩码(VLSM)就是为了克服上述缺点而提出的。VLSM可以在子网的基础上再灵活细分成几个大小不同的子网，使得再次划分的每个子网IP地址的数量与所要连接的实际主机数达到最佳匹配，从而减少未使用的IP地址数，尽量避免IP地址资源的浪费。

VLSM划分子网的过程是一个递推过程，它使用子网划分将已经被子网化的网络ID再进行子网化。这个过程一直持续下去，直到得到多个唯一的子网ID，并且这些子网可以尽可能减少IP地址的浪费。由于所有子网化过程中的网络ID都是唯一的，所以得到的子网可以通过对应的子网掩码相互区分。

下面通过一个实例说明使用VLSM划分子网的过程。设有一个B类网络ID：157.54.0.0，对应的子网掩码为255.255.0.0，需要配置一个最多拥有11500台主机的网络，其中包括5个最多各包含2000台主机的子网和6个最多各包含250台主机的子网。

首先，为了得到带有11500台主机的子网，可以将网络ID：157.54.0.0对应的主机地址最高2位作为子网地址，得到两个有效子网：157.54.64.0和157.54.128.0，对应的子网掩码为255.255.192.0，每个子网最多可带$2^{14}-2=16\ 382$台主机。显然，一个子网即满足要求。选择157.54.128.0作为网络ID，对应的子网掩码为255.255.192.0。

为了划分出各带有2000台主机的5个子网，还需要在157.54.128.0对应主机地址的高位部分再依次拿出3位，这样就产生了8个子网，网络ID分别为157.54.128.0、157.54.136.0～157.54.168.0、157.54.176.0、157.54.184.0，对应的子网掩码为255.255.248.0；每个子网可以带2046台主机，取157.54.136.0～157.54.168.0 5个子网即可达到要求。

最后，利用157.54.176.0/255.255.248.0划分出6个可以各带250台主机的子网。显然，此时还要从主机地址的高位部分再依次拿出3位作为子网号，这样将得到$2^3=8$个子网(157.54.176.0、157.54.177.0～157.54.182.0、157.54.183.0)，每个子网允许有254台主机，取157.54.177.0～157.54.182.0即可组成6个子网，此时的子网掩码为255.255.255.0。

3. 无分类 IP 编址

无分类 IP 编址具体称为无分类域间路由(Classless Inter-Domain Routing,CIDR),这种方法取消了地址分类的概念,规定每个 IP 地址包括两部分:网络前缀和主机地址。其中,网络前缀即对应分类编址下的网络地址或者子网划分下的网络号和子网号,但网络前缀的位数可灵活规定,并不一定是 8 位、16 位或 32 位,从而可以更灵活地使用 32 位的 IP 地址空间;这种 IP 编址方式又使其回归为两级编址。CIDR 采用斜线记法表示 IP 地址,即 IP 地址后跟一个斜线,斜线后是网络前缀所占的二进制位数。如:168.12.232.0/20 表示前 20 位为网络前缀(即网络地址),而后 12 位为主机地址。采用 CIDR 的私有 IP 地址见表 5.3。

表 5.3 CIDR 的私有 IP 地址

IP 地址范围	子网掩码	网络前缀
10.0.0.0 ～ 10.255.255.255	255.0.0.0	10/8
172.16.0.0 ～ 172.31.255.255	255.255.0.0	172.16/12
192.168.0.0 ～ 192.168.255.255	255.255.255.0	192.168/16

CIDR 仍采用掩码的概念,实际上其表示法中斜线后面的数字就代表掩码中“1”的个数,配置网络时也要给出掩码,以便进行路由选择和数据转发。

CIDR 的常用功能是用来构造超网,也称为路由聚集或者路由聚合,即将同一 IP 地址类型的多个连续的网络 ID 组合成一个大地址块。这种路由聚集的过程与子网划分的方法正好相反,下面通过一个实例来说明路由聚集过程以及意义。

假设某个公司的网络上有 2000 台主机,要求它们均可以访问 Internet,有如下几种实现方式:

- 申请单个 B 类网络 ID。每个 B 类网络 ID 的 IP 地址空间可以分配给 65534 台主机,但仅需要 2000 个,显然其他 IP 地址均被浪费。
- 申请 8 个不同的 C 类网络 ID。每个网络 ID 均包括 254 台主机,共 8×254=2032 台主机,显然也满足要求。但是,此时为了能给这 8 个不同的网络转发数据包,在每个路由器的路由表中都要增加 8 个表项(每个网络 ID 对应一个表项)。这样逐渐使得路由表变得越来越庞大,不但占用过多的存储资源,也将影响路由表的查找速度。
- 申请可以容纳 2000 台主机的一个地址块。此时可以申请 8 个连续的 C 类网络 ID,并采用 CIDR 将它们聚集成一个地址块,这样在路由表中仅占一个表项。假设申请的 8 个连续 C 类网络 ID 为 220.78.168.0～220.78.175.0,见表 5.4。显然,各个网络 ID 的前 21 位均相同(下划线部分),此时可以采用 220.78.168.0/21 来表示这 8 个连续的 C 类地址块,在路由表中仅需增加一个表项,即网络 ID 为 220.78.168.0,子网掩码为 255.255.248.0。这样 8 个连续的 C 类网络 ID 就被聚合成一个地址块,8 个子网也被聚合成一个更大规模的网络(也称之为超网),而这个超网由 IP 地址的前 21 位(即该子网的网络前缀)唯一地标识,这个超网的路由信息在路由表中仅占 1 项。

表 5.4 220.78.168.0 和 220.78.175.0 的各种表示

项目名称	网络 ID(点分十进制表示)	网络 ID(二进制表示)
起始网络 ID	220.78.168.0	11011100 01001110 10101000 00000000
终止网络 ID	220.78.175.0	11011100 01001110 10101111 00000000

由上面的分析可知,此时申请的是一个 21 位固定、11 位可变的地址空间。此时,已失去了 IP 地址的分类特性,成为离散的 IP 地址空间,但只有这样才使得 IP 地址的分配更为灵活。

从上述分析可见,路由聚集需要按照网络的拓扑结构,相邻的节点分配相邻连续的地址块,这样才能有效地进行路由聚集,进而缩小路由表的规模,减少路由查找时间,提高数据报文转发的速度。

5.3.2 IP 数据报

IP 数据报是由网络层生成的数据传输单元,它包括首部和数据部分,其中数据部分是来自传输层的 TCP 报文段和用户数据报(UDP),或者 ICMP、IGMP 等协议的数据;IP 数据报生成后由网络层协议传输给数据链路层,如图 5.5 所示。IP 数据报的首部包括 20B 的固定部分和长度可变的选项部分,如图 5.6 所示;IP 的许多功能都是借助其首部的各个字段实现的,下面介绍各个字段的具体内容及含义。

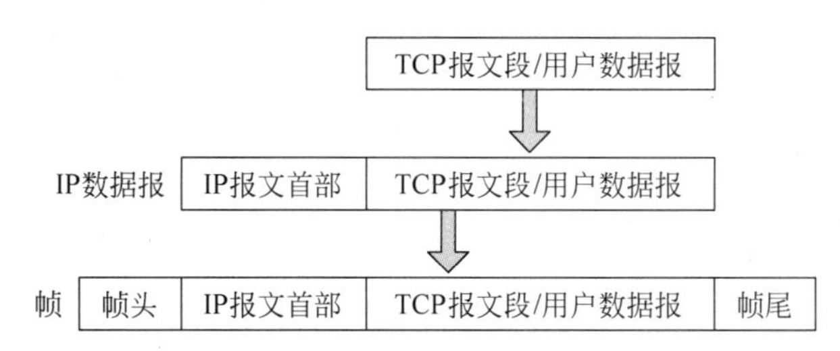

图 5.5 IP 数据报的形成

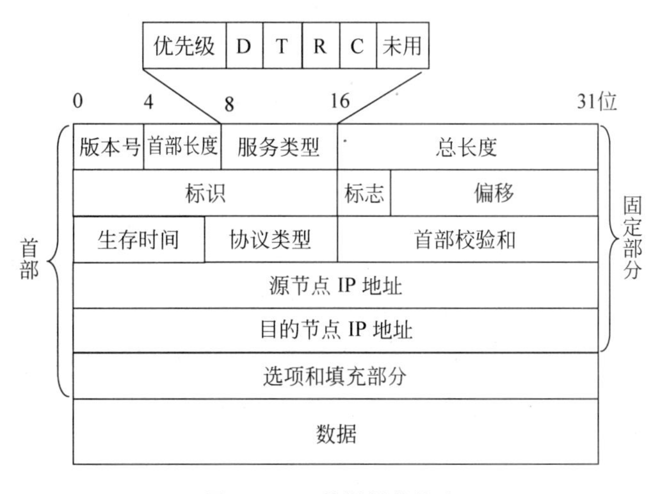

图 5.6 IP 数据报的格式

(1) 首部的固定部分：共有 20B，具体包括如下几个字段：

- 版本号。占 4b，表明当前使用的 IP 版本号，目前的 IP 为 IPv4，即版本号为 4。
- 首部长度。占 4b，以 4B 为单位，表示 IP 数据报首部的长度；因选项和填充字段的存在使得首部的长度可变，所以需要该字段指明首部的长度。首部长度在 20～60B 之间。
- 服务类型。占 8b，具体为：

① 优先级。占 3b，共 8 个优先级，指出本数据报的重要程度，0 为一般，7 为最高。优先级对于确保网络的服务质量具有一定的作用；当路由器检测到网络出现拥塞时，则首先丢弃优先级较低的数据报。

② 延迟位 D。表示请求用最小的延迟处理数据报。

③ 吞吐量 T。表示以最大的吞吐量处理数据报。

④ 可靠性 R。表示数据报在传输过程中，被中间节点丢弃的概率要小。

⑤ 费用 C。表示应选择费用低廉的路由器来转发数据报。

- 总长度。占 16b，表示 IP 数据报的总长度，为首部和数据部分长度之和；显然，IP 数据报的最大长度为 64KB。
- 标识。占 16b，用于标识发送节点发送的多个 IP 数据报是否属于同一个 IP 报文。当 IP 要发送的数据分组超过物理网络所规定的最大长度时，IP 要把该数据分组分成几片，采用相同的标识分别组成 IP 数据报并交给数据链路层进行传输，这个过程称为分片(fragment)。这些 IP 数据报传输到目的节点后，IP 将具有相同标识的 IP 数据报合并成一个大的 IP 报文，此过程称为重组(reassemble)。
- 标志。占 3b，用于表示 IP 报文的分片情况。其最低位 MF＝0(More Fragment，MF)标志该片数据为最后一片；次低位 DF(Don't Fragment)为分片标志，DF＝1 表示该数据报不允许分片，即该数据报为一个完整的 IP 报文。
- 片偏移。占 13b，以 8B 为单位，指出该片数据在原始数据报中的位置，目的节点依此对接收到的、具有相同标识的各片数据进行重组。
- 生存时间 TTL。占 8b，也称为生存周期，单位为秒或跳数，指出 IP 数据报在网络传输过程中的生存时间。当该字段为跳数时，每经过一个路由器该字段减 1；当减为 0 时，路由器认为该数据报已无法找到目的地，然后将该数据报丢掉。
- 协议类型。占 8b，该字段实现对 IP 的复用和分用。有多个协议可以同时调用 IP(如 TCP、UDP、ICMP 等)；当这些协议调用 IP 时，IP 将所封装的 IP 数据报首部的协议字段置成相应的数值，以表示其封装的数据来自于哪一个上层协议，从而实现对 IP 的复用；TCP、UDP、ICMP、IGMP、OSPF 等协议调用 IP 时对应的协议类型字段的值分别为 6、17、1、2 和 89。当 IP 数据报到达目的节点后，IP 通过该协议类型字段就可以判断出将数据部分交给哪个上层协议，从而实现 IP 的分用。
- 首部校验和。占 16b。IP 为了减少数据报的处理时间，提高转发效率(这对路由器是相当重要的)，仅对数据报的首部进行校验。首部校验和形成的方法是将首部校验和字段的各位先置成 0，然后首部按 16 位字按位加，将得到的和取反并填入校验和字段。IP 数据报每经过一个路由节点时均要重新计算该字段，以检查首部在传输过程中是否发生错误；若出现错误，则将该数据报丢弃；IP 数据报首部的校验过程如图 5.7 所示。这种对出错 IP 数据报的校验和处理方式非常简单,从而保证 IP 具有较高的处理和转发效率,这种出错(即丢)而不采取任何补救措施的简单处理方法进一步说明 IP 提供的是一种不可靠的网络传输服务。

- 源节点 IP 地址。占 32b,为源节点的 IP 地址。
- 目的节点 IP 地址。占 32b,为目的节点的 IP 地址。

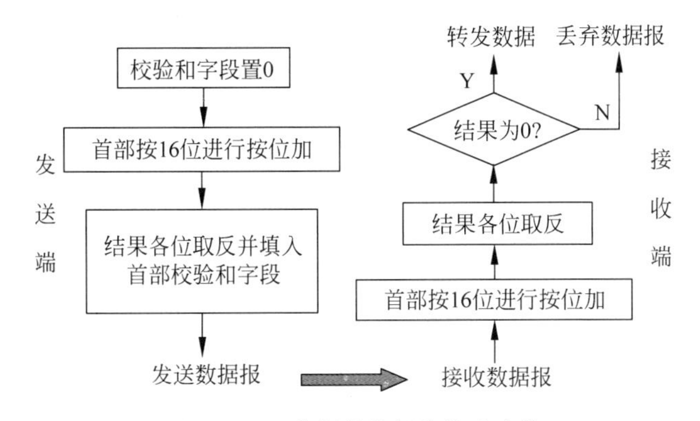

图 5.7 IP 数据报首部的校验过程

(2) IP 数据报首部的可变部分：位于 IP 数据报首部固定部分后面的是可变部分,该部分包括若干字段；这些字段用于支持控制、测量以及安全等用途。可变部分的长度从 1 到 40B,但要保证为 4B 的倍数,不够时需要在尾部填充若干个字节。其中每个选项的第一个字节为选项代码,其具体格式如图 5.8 所示,其中各项的含义如下：

1	2	5 b
复制字段	选项类别	选项编号

图 5.8 IP 数据报首部可变部分中第 1 个字节的格式

- 复制字段。1 个比特。为 1 时,在数据报分片时将选项字段复制到所有数据报分片中；而为 0 时,仅将选项字段复制到第一个数据报分片中。
- 选项类别。2b。为 0 时,表示选项部分是对数据报或网络进行控制；为 2 时,表示选项部分用于排错或测量；其他没用。
- 选项编号。5b,进一步指出可用的具体选项及其作用。

下面根据选项类别来分别说明各种不同选项编号的作用。

1. 选项类别为 0

(1) 选项编号=0。指出这是选项中的最后一个。

(2) 选项编号=1。无操作,仅用于字节对齐时的填充。

(3) 选项编号=2。用于安全。当路由器检测到这一选项时,则为这一数据报选择一个安全的环境进行传输。

(4) 选项编号=7。用于记录数据报传输过程经过的路由信息,选项的长度可变。此时,源节点发出的 IP 数据报首部的可变部分包含一个空白表,数据报传输过程中将所经过的各路由器的 IP 地址记录到该空白表中,该数据报传输到目的节点后,其首部的可变部分

便记录了其所经历的路由信息。此时,数据报首部选项部分的具体格式如图 5.9 所示,各字段的含义为:

① 选项代码。包括复制字段标志、选项类别和选项编号,记录路由器时后两项分别为 0 和 7;

② 长度。为此选项的长度;

③ 指针。指出下一个可填入 IP 地址的空白项的位置;

④ 第 i 个路由器的 IP 地址。用于记录数据报传输过程中所经历的第 i 个路由器的 IP 地址。

0 选项代码	8 长度	16 指针	24 31b
第 1 个路由器的IP 地址			
第 2 个路由器的IP 地址			
⋮			
第 n 个路由器的IP 地址			

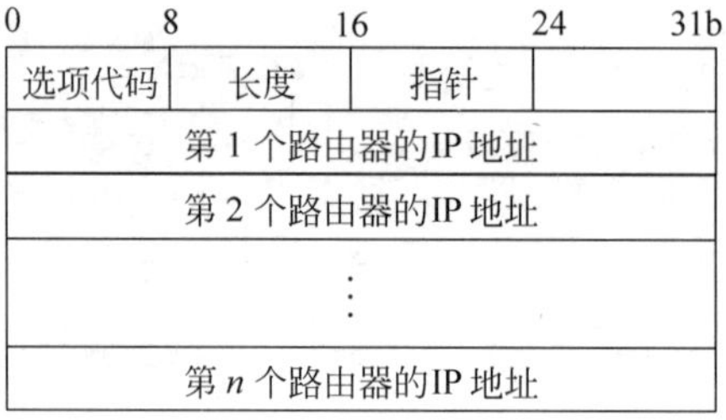

图 5.9 记录路由时数据报首部选项部分的具体格式

⑤ 选项编号=3。为松散源选径(loose source routing),源节点在可变部分中给出了传输数据报必须经过的主要节点的 IP 地址。

⑥ 选项编号=9。为严格源选径(strict source routing),源节点在可变部分中给出了传输数据报经过的每个节点的 IP 地址。

2. 选项类别为 2

选项编号=4。要求记录时间戳,长度可变;其格式和记录路由选项相似,每一项用于记录数据报所经过路由器的 IP 地址及时间;此外还增加了溢出字段和标志字段。溢出字段(占 4b)表示因选项空间太小而不能记录时间戳的路由器的个数;标志字段(占 4b)控制选项的格式,指明路由器应如何提供时间戳,具体为:

0:仅记录时间戳,忽略 IP 地址。

1:在每个时间戳之前记录 IP 地址。

2:由发送节点指定 IP 地址,按该 IP 地址记录时间戳。

增加 IP 数据报首部的可变部分在某种程度上增加了 IP 的功能,但数据报首部长度的变化却增加了路由器转发数据报的时间开销。而实际上可变部分的功能很少用到,因此,IPv6 已取消了首部的可变部分。

5.3.3 IP 数据报的分片与重组

网络层的重要功能之一就是实现 IP 数据报的转发。在转发时要将 IP 数据报传输给物理网络,经物理网络的数据链路层封装成帧(frame)后在物理网络上进行传输。而对于不同的物理网络,它封装成帧的大小是有一定限制的,它所能封装数据的最大长度称为最大传输单元(Maximum Transfer Unit,MTU)。后续内容将陆续介绍以太网等一些常见的物理网络，它们的MTU是各不相同的，如以太网的MTU为1500B，光纤分布式数据接口FDDI的MTU为4352B。理想情况下，IP数据报的长度正好等于它所经过的物理网络的MTU，这样IP数据报正好封装在一个完整的数据帧中进行传输，可以获得最高的传输效率，但实际情况并非如此。因为一个IP数据报常常要经过多个不同的物理网络才能传输到目的地，而这些物理网络的MTU一般是不同的。由于在封装成数据帧时无论被封装的IP数据报的长度为多少，所附加的帧头和帧尾的长度是固定的；当IP数据报的长度远小于其所经过物理网络的MTU时，有效数据净荷在帧中所占的比例就低，因而通信效率就低；当IP数据报的长度接近其所经过物理网络的MTU时，通信效果最佳。

由上面的分析可见，当IP数据报的长度大于其所经过物理网络的MTU时，IP数据报中的数据就要分成长度适中的几片分别组成几个数据报进行传输；而且当IP数据报从较大MTU的物理网络经路由器转发到具有较小MTU的物理网络时，可能还要将传输的IP数据报分成更小的片；显然，分片过程可能要进行多次。IPv4规定一个IP数据报的最大长度为64kB，这显然超过了大多数物理网络的MTU，所以IP数据报的分片是不可避免的。一旦IP数据报被分成几片进行传输，则一定涉及与之相反的过程，即恢复原IP数据报，也就是分片的重组过程。显然无论是分片还是重组，均要消耗内存、CPU等系统资源，对通信效率产生一定影响。因此，在传输过程中，应尽量避免对IP数据报进行分片和重组。所以IP规定应根据源节点所在物理网络的MTU来规定IP数据报的大小；同时还规定重组只在目的节点上进行，在中间路由节点上不进行重组，这样就简化了中间节点的转发过程，提高了效率，也避免了中间节点重组后经由后续某个具有较小MTU的物理网络时再进行分片的可能。

IP协议在IP数据报首部中定义了3个字段用于数据报的分片与重组。这3个字段分别为：标识、标志和片偏移，它们的含义已在介绍IP数据报首部字段时得到了详细陈述。根据上述3个字段，IP就可以完成IP数据报的分片和重组，具体过程如下所述：

对于源节点要发送的每个IP数据报它都要产生一个16位的二进制数作为该数据报的标识，而且要保证该标识在源节点是唯一的，并将之填入首部的标识字段。当发送节点要发送的IP数据报的长度大于物理网络的MTU时，它将要发送的数据部分分成几片(每片数据组成IP数据报的长度要小于MTU)，这些数据片加上首部组成独立的IP数据报然后传递给物理网络；其中各个IP数据报首部中标识字段的内容均相同(即为上面产生的16位二进制数)，以标识这些IP数据报属于同一个大的IP数据报。而片偏移字段填上每片数据的第一个字节在原数据部分中的位置(即偏移量)，注意是以8B为单位。标志字段的次低位为0表示允许分片，为1表示不允许分片(即该次数据传输仅包括一片完整数据)。而标志字段的最低位用于说明所接收的数据是否为最后一片，该位为0则表示是最后一片，这样目的节点就知道已经接收到了该次传输的所有数据；而该位为1则表示不是最后一片，目的节点由此得知还有后续的分片数据要接收。当目的节点接收到IP数据报后，根据其首部中的标志字段的次低位是否为0就可以判断该数据报是否是一个分片；若是分片数据，则将具有相同标识字段内容的各个数据报按照各自的偏移量进行重组，恢复出原来的数据。

下面通过一个例子对分片和重组过程进行简单说明。如IP要转发一个具有4000B的数据段给以太网，以太网所能封装的最大数据长度为1500B；假设IP数据报的首部采用固定长度，即20B；这样将4000B分成不大于1480B的3片，第1、2和3片的长度分别为

1480B、1480B 和 1040B；首部标识字段的内容为 id；标志字段的次低位为 0，表示允许分片；而第 3 个分片首部标志字段的最低位为 0，表示是最后一个分片；3 个分片的偏移量分别为 0、185 和 370(注意是以 8B 为单位)。此时分片前后 IP 数据报的具体情况如图 5.10 所示。

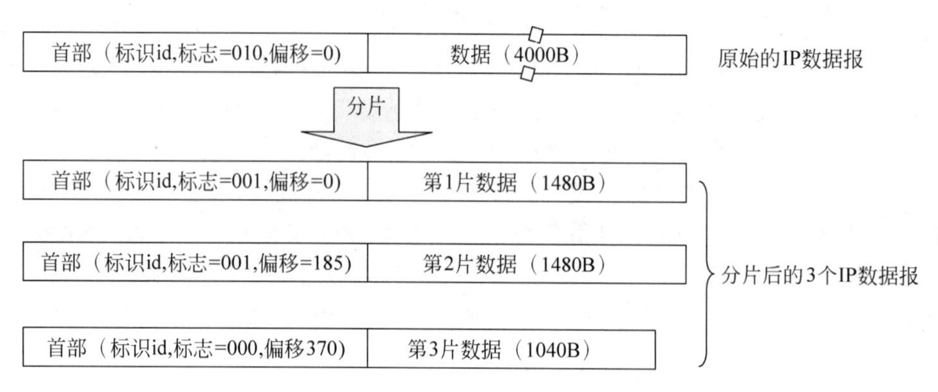

图 5.10 分片前后 IP 数据报的具体情况

5.3.4 IP 数据报的转发

IP 最重要的功能是实现 IP 数据报的转发。此时网络节点从一个网络接口接收到数据报，根据数据报中的目的 IP 地址查找路由表，找到要转发的路由，并从对应的网络接口将数据报发送给下一节点。IP 转发数据报的方式有两种：直接传输和间接传输。

- 直接传输：源节点和目的节点位于同一个物理网络上，由源节点直接将 IP 数据报传输给目的节点；此时源节点和目的节点的网络地址相同，不需要经过路由器的转发。
- 间接传输：源节点和目的节点不在同一物理网络上，必须经过路由器通过路由选择过程进行转发。路由选择的依据为路由器中的路由表，该表记录了通向其他网络的路径信息，一般由目的网络地址、目的网络的(子网)掩码、下一跳路由器(next-hop)的 IP 地址、接口名等部分组成。路由表只记录路由器的地址，而不记录主机的地址。路由器中一般还包括一项缺省路由(或者称为默认路由)；当转发 IP 数据报进行路由选择时，而在路由表上没有找到匹配的项时，即采用缺省路由将数据报转发出去。

此外，路由表中还设有一项指明主机路由，直接指定了数据传输到某一目的主机所要经过的下一个路由器的 IP 地址。该路由常用于网络控制和测试等。

在路由表中，目的网络地址就是目的节点所在网络的网络号(或者网络前缀)。IP 分级编址方式保证每个物理网络的网络号是唯一的，同一物理网络上的所有节点的网络号相同，这样才能保证有效地进行寻址(正如某一个地区或者城市的电话区号是唯一的)。下一跳路由器是指与目前转发数据报的路由节点直接连接的一个路由器，该路由器通过其他接口直接或者间接地与目的网络相连；(子网)掩码是目的节点所在网络的(子网)掩码，通过它与数据报中的目的 IP 地址相与以得到目的网络的网络地址；接口名指出本节点与下一跳网络相连的接口，即通过该接口将数据报转发给下一跳路由器。

当转发 IP 数据报时，一个网络节点如何判断是进行直接传输还是进行间接传输呢？问题很简单，只需将本节点的 IP 地址与 IP 数据报中的目的 IP 地址进行比较，若两者的网络号相同，则进行直接传输；若不同，则进行间接传输。一个 IP 数据报可能要经过多个网络才能传输到目的地。显然，大部分情况下的数据转发均是间接传输，只是到达最后一个路由器时，才把数据报直接传输给与之相连的目的节点。

下面介绍分类编址情况下路由器转发 IP 数据报的过程：

(1) 根据 IP 数据报中的目的 IP 地址 D 判断并得出目的节点所在网络的网络号 N。

(2) N 若与所在物理网络的网络号相同，则进行直接转发，即根据 D 找到目的节点的物理地址，并封装数据帧，然后发送数据；否则进行间接传输，转到第(3)步。

(3) 若路由表中有到目的地址 D 的指明主机路由，则发送该数据报到相应的下一个路由器；否则转(4)。

(4) 若路由表中有到达网络 N 的路由，则发送该数据报到相应的下一个路由器；否则转(5)。

(5) 若路由表中有缺省路由(即默认路由)，则发送该数据报到缺省路由指定的路由器；否则执行(6)。

(6) 丢弃该 IP 数据报，报告路由出错。

通过上述过程就可将数据发送到下一个节点，重复上述过程，最后就可以把数据发送到目的节点所在网络入口处的路由器，由该路由器将数据直接转发给目的节点。

上述过程没有用到路由表中的(子网)掩码项，因为对于分类的 IP 编址方式，从目的 IP 地址的高几位直接可以判定它是 A 类地址、B 类还是 C 类地址，从而可以马上得到它的网络地址。对于子网划分和 CIDR 编址，目的网络地址的计算是通过将路由表中的子网掩码与数据报中的目的 IP 地址相与得到的，然后再进行类似上面的路由选择过程。在 CIDR 编址情况下，路由表中可能存在多个匹配项，此时采用最长网络前缀匹配原则，选择具有最长网络前缀的路由项，这种选择方式使目的网络更为具体，可以加快寻址速度。

还需要特别注意的是，数据报中的 IP 地址始终为源节点和目的节点的 IP 地址，在传输和转发过程中一直保持不变。转发过程寻找到正确路由后，就可以得到下一跳(或者是路由器，或者是目的节点)的 IP 地址，即下一个节点的 IP 地址。但是在数据链路层将讲到，IP 数据报要传递给数据链路层封装成数据帧后，才能通过通信链路传输给下一个节点；为了使下一节点能够接收到该数据帧，要把该节点的物理地址填入帧首部的目的物理地址字段。当一个节点接收到一个数据帧并判断该帧首部的目的物理地址与其本身的物理地址相同，它才接收并处理该数据帧(否则就丢掉)。所以知道下一个节点的 IP 地址还不够，还必须知道它的物理地址。但是为了节约存储空间和提高转发速度，路由表中仅存储了下一节点的 IP 地址，并没有其物理地址，此时就需要根据 IP 地址寻找其对应的物理地址，该功能是通过地址解析协议(即 ARP)来完成的，下一节就详细介绍地址解析协议的具体功能。

5.3.5 地址解析与逆向地址解析

因特网的网络层还有另外两个协议：地址解析协议(Address Resolution Protocol，ARP)和逆向地址解析协议(Reverse Address Resolution Protocol，RARP)。IP 需要与这两个协议协同工作来完成 IP 数据报的转发。

1. ARP

前面已经讲过，为了访问因特网上的资源，为网络上的每个节点分配了一个全球范围内唯一的 IP 地址；该地址定义于网络层，为全局逻辑地址，是 IP 数据报首部的一个字段，在数据传输过程中一直保持不变，用于控制寻找目的节点。在计算机网络传输数据的过程中还定义了另外一个地址：物理地址；该地址定义于数据链路层，存储在网卡中，是数据帧首部的一个字段，用于实现同一物理网络内部两个节点间的寻址，即将数据传输给同一物理网络中的下一个节点（或者下一跳）是通过物理地址来控制的，因而数据传输过程中，每经过一个节点数据帧首部的物理地址都要发生变化。IP 地址与物理地址在数据传输过程中的作用和变化情况如图 5.11 所示。

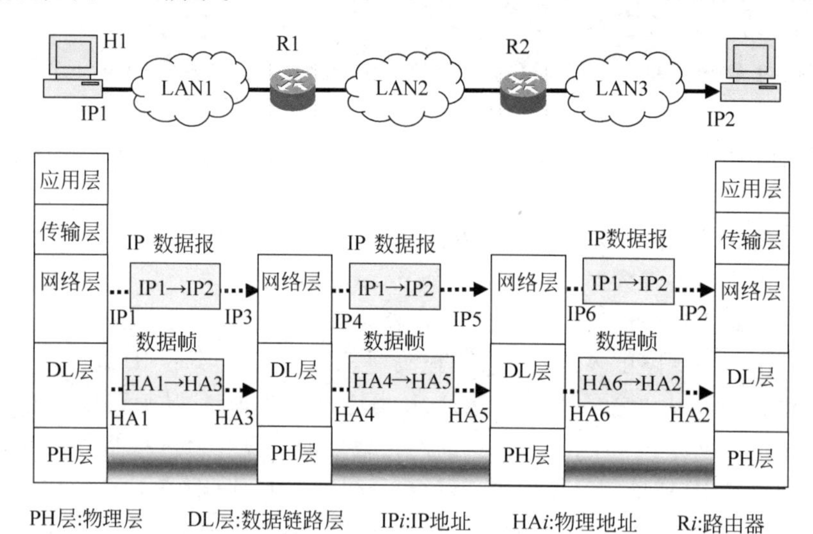

图 5.11 IP 地址与物理地址在数据传输过程中的作用和变化情况

在图 5.11 中，主机 H1 经过物理网络 LAN1、路由器 R1、物理网络 LAN2、路由器 R2 和物理网络 LAN3 传输数据到主机 H2，HAi、IPi($i\in[1,6)$)分别为各个主机和路由器与 3 个物理网络连接的物理地址和 IP 地址。传输过程如下：

(1) 主机 H1 首先用自己与 LAN1 连接接口的物理地址 HA1 作为源物理地址、路由器 R1 与 LAN1 连接接口的物理地址 HA3 作为目的物理地址，封装数据帧，将该数据帧经过 LAN1 发送给路由器 R1；

(2) R1 接收后将数据部分取出，并用与 LAN2 连接接口的物理地址 HA4 作为源物理地址、路由器 R2 与 LAN2 连接接口的物理地址 HA5 作为目的物理地址封装数据帧，将该数据帧经过 LAN2 发送给 R2；

(3) R2 接收后将数据部分取出，并用与 LAN3 连接接口的物理地址 HA6 作为源物理地址、LAN3 与主机 H2 连接接口的物理地址 HA2 作为目的物理地址封装数据帧，将该数据帧经过 LAN3 发送给主机 H2。

显然，上述传输过程是在数据链路层发生的，数据报中的 IP 地址一直保持不变，而数据帧中的物理地址每经过一个节点都要发生变化。

为了简化网络传输过程，提高 IP 数据报的转发速度和增强网络系统的灵活性，在路由表中仅登记了各个网络节点的IP地址,并没有登记其物理地址。显然,IP数据报的转发需要先通过查找路由表找到下一个节点,获取其IP地址,再根据该IP地址确定该节点的物理地址,然后才能封装成数据帧进行传输。这种由IP地址映射为物理地址的过程称为地址解析(address resolution)。因特网在网络层提供了完成地址解析功能的协议,即地址解析协议,简称ARP。

为了实现地址解析功能,在每个节点的内部高速缓存中均存储一个ARP表,该表包括该节点所连接的各个节点的IP地址和对应物理地址的对照表,系统启动时各节点的ARP表为空。下面通过举例来说明具体的地址解析过程。

假设节点H1已经获得下一个节点H2的IP地址,H1欲往H2发送数据,具体过程如下:

(1) 当节点H1封装数据帧时,首先查找其ARP表,看是否存在与节点H2的IP地址对应的物理地址;若存在,则用该物理地址作为目的物理地址直接封装数据帧,并发送数据帧给节点H2。

(2) 若不存在,则调用ARP以广播方式发送一个ARP请求报文,该报文包括节点H1本身的IP地址IP1、物理地址MA1以及节点H2的IP地址IP2和物理地址MA2等字段;因为此时不知道H2的物理地址,故ARP请求报文中的MA2字段为空。

(3) 与节点H1位于同一网络内的所有节点均接收到该ARP请求报文,根据报文类型知道是ARP请求报文,然后取出报文中的IP2,并与自己的IP地址进行比较;若不同,则不做任何响应;若相同,则判断IP1和MA1是否已经在自己的ARP表中登记;若没有登记,则将IP1和MA1填入其ARP表。然后,将自己的物理地址填入到接收的ARP请求报文中,并将报文类别改为响应报文,以点对点方式直接发送给节点H1。

(4) 节点H1接收到该ARP响应报文后,首先将IP2和MA2填入自己的ARP表,然后使用MA2作为目的物理地址封装数据帧,并发送给H2。

为了适应网络的动态变化,ARP表中的每一项均设有生存时间TTL;若某一项的生存时间超过了设定的TTL值,则清除该项。这是因为在网络传输过程中,IP地址与物理地址的对应关系可能发生变化,如某个节点因故障或想提高速度而更换了一块网卡,而每块网卡的物理地址是不同的;此时其IP地址没有变化,但物理地址却变化了;显然,假如不更新ARP表,则导致数据帧仍传输给原物理地址的节点,但该节点已经不存在了,最终将导致数据丢失。Windows Server 2003规定动态ARP缓存项的最大生存时间为10min。

2. RARP

在网络环境或者客户/服务器工作模式下,常常采用无盘工作站作为客户端,采取这种做法非常经济实惠,而且易于维护。这种无盘工作站不具有硬盘,通过网卡与网络相连,启动时由固化在ROM中的自举程序从服务器或者其他节点上下载操作系统和TCP/IP软件到内存中,但其中没有包含IP地址等信息,为了与其他节点进行通信还需要获得IP地址。此时网络中要配有一个RARP服务器,其中存储了网络中各个无盘工作站的物理地址和所对应的IP地址的映射表。无盘工作站下载了系统软件后,就向RARP服务器发送一个RARP请求报文,其中包含其物理地址;RARP服务器接收该RARP请求报文后,根据报文中的物理地址查找映射表,找出对应的IP地址并形成RARP响应报文,发送给无盘工作站；无盘工作站接收RARP响应报文，以其中的IP地址作为自己的IP地址并存于内存中，这样它就可以使用该IP地址与其他节点进行通信了。显然，上述过程与ARP的地址解析过程正好相反，故称为反向地址解析协议。

5.4 路由选择协议

IP的主要功能是实现数据报的转发，但转发前需要确定下一站或者下一跳的IP地址，而下一站IP地址的确定是通过查找路由表来实现的。显然，在网络层功能的实现过程中路由表是非常重要的数据结构。那么路由表是怎么形成的？下面就开始介绍相关的内容。

路由表是各个路由器按照路由选择协议彼此交换路由信息而形成的。路由器按照一定的路由选择算法生成自己的路由表并通报给其他路由器。路由器间按照路由选择协议交换路由信息。路由选择协议规定了采用什么样的算法确定到其他网络的路由（即路径），路由器间什么时间交换路由信息，与哪些路由器交换，以及按照什么样的格式交换。路由选择分静态路由选择和动态路由选择。静态路由选择也称为非自适应路由选择，它是在系统初始化时生成路由表，而且以后不再变化。这种路由占用系统资源少、简单，但不能反映网络的动态变化情况。动态路由选择也称为自适应路由选择，它是在系统启动时生成初始路由表，但路由表中的内容随着网络通信情况以及拓扑结构的变化进行动态调整；这种路由选择策略能够很好地反映网络的动态变化情况，但占用系统资源较多，实现起来开销较大。

5.4.1 路由选择算法

路由选择协议中最重要的是路由选择算法。计算机网络最大特点之一是存在多条到达目的网络的冗余通信线路，路由选择算法就是按照一定准则选择其中一条作为转发数据分组的最佳路由。可见，路由选择实际上是一个优化问题。在日常生活中常常涉及一些类似的优化实例，如到某地出差有多种方案，可以选择航空、铁路或公路出行，考虑的因素（如成本、时间等）不同可以选择不同的出行方案。在计算机网络中，任两个节点间均可能存在多条冗余的通信线路。与日常生活中的例子极为相似，节点要从到达另一节点的多条路由中，按照一定的准则选择一条路由作为两个节点间的通信链路，并将相关信息（下一跳地址、端口号等）存储到路由表中。根据生成路由的准则不同，有两种路由选择算法：距离矢量算法和链路状态算法。这两种算法均采用距离最短等作为度量准则，而这种距离是广义的，它可能表示延迟时间、传输速度、通信费用、可靠性或者网络带宽等；计算的最佳路由可能是源节点到目的节点的距离最近，或者是费用最低，或者是传输时间最短，等等。

1. 距离矢量算法

当进行路由选择时，常将某一节点到达目的节点的距离最短作为度量准则来构造路由表，这种算法称为距离矢量算法。此时路由表中的每项纪录包括到达目的节点的地址、到达目的节点的距离、所对应的下一跳（即路由器）的地址以及对应的端口等；转发数据时通过相应的端口将数据分组转发给下一跳，这样数据分组离目的节点又近了一步。在路由表的形成过程中，路由器周期性地向其相邻的路由器发送含有目的节点及其距离的最新路由信息报文，相邻路由器接收后根据报文中的信息更新自己的路由表；这样经过一定时间后，各个路由表均能反映网络中的最新路由信息。这种算法是一种分布式的异步算法，每个路由器仅与直接相连的邻接路由节点交换路由信息，独立自治地进行路由计算，生成路由表。

下面通过一个例子说明这种算法。图5.12是一个网络的拓扑结构图。其中，图中的节点代表网络节点，边代表节点之间的通信线路，边的权值代表该边所连接的两个节点间的距离。现求节点A到达节点G的最短距离。显然，A要通过节点B、C或D才能到达节点G；而B、C、D到达节点G的最短距离分别为5、7、12，而A与节点B、C、D间的距离为4、5、3；所以A经过节点B、C、D到达G的距离分别为9、12、15，显然，A经过B、E到达G的距离最短；所以A到节点G的最短路径的下一跳为节点B。

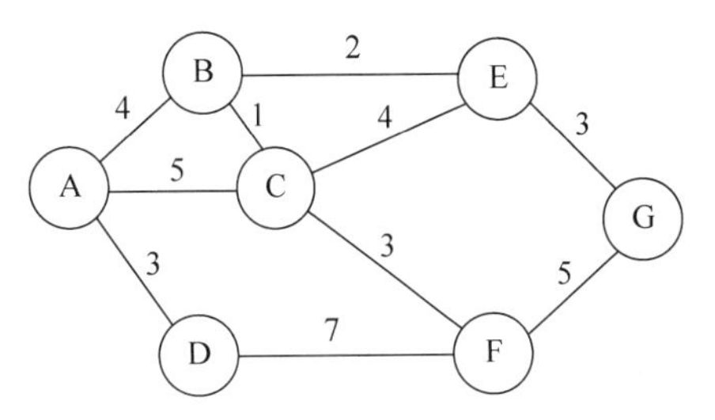

图5.12　网络的拓扑结构图

2. 链路状态算法

这种算法也称为最短路径优先算法(Shortest Path First，SPF)。执行这种算法的路由器要完成两项工作：①检测所有邻接路由器的状态，判断邻接路由器是否处于活跃状态，是否可达(即是否可以通信)。②周期性地向网络系统内的所有其他路由器广播链路状态报文，这样每个路由器就会知道与哪些路由器相连，进而掌握整个网络的拓扑结构。链路状态报文包括与邻接路由器的链路状态信息，具体包括它与哪些路由器邻接以及连接的广义距离是多少。邻接路由器根据接收到的路由信息更新其路由表，生成到达各个目的节点的最短路径树，从而形成到达各个目的网络的最佳路由。

5.4.2　路由选择协议

因特网通过数以万计的路由器将位于不同地理位置的计算机网络连接起来，形成全球性的网络。那么因特网是否采用全局统一的路由选择协议呢？答案是否定的。因为数万个路由器假如采用全局统一的路由选择协议互相交换路由信息，将会产生巨大的网络流量和占用大量的网络资源；此外，网络延迟、拥塞等因素可能导致不能及时或者同步交换网络拓扑的变化信息，致使部分路由器中路由表的内容不一致。所以一般因特网划分成若干个较小的网络，每个网络为一个自治系统AS，它一般由一个行政单位或互联网服务提供商(Internet Service Provider，ISP)所拥有并负责管理和维护，这些自治系统通过路由器或者网关连接起来。每个自治系统采用路由选择协议的种类由拥有者自行决定。这样根据路由选择协议的作用范围不同，将AS之间的路由称为域间路由，而AS内部的路由称为域内路由。与之相对应，路由选择协议分成如下两种：

- 内部网关协议(Interior Gateway Protocol，IGP)：指在AS内部使用的路由协议。该协议由AS的拥有者自己决定，常用的有RIP协议和OSPF协议。运行内部网关协议的网关称为内部网关。
- 外部网关协议(External Gateway Protocol，EGP)：指在AS之间使用的路由协议，

常用的有边界网关协议(Border Gateway Protocol,BGP)。运行外部网关协议的网关称为外部网关。

一个路由器当它仅与本自治系统内部的路由器交换路由信息时,它只运行内部网关协议,但当它还与其他自治系统中的路由器交换路由信息时,它还要运行外部网关协议。所以,一个路由器可能同时运行内部和外部两种网关协议。

下面就介绍几个常见的网关协议。

1. RIP

RIP 为 Routing Information Protocol 三个英文单词首字母的缩写,也称为路由信息协议。它是内部网关协议中最先得到广泛使用的协议,最初在 ARPNET 中就得到了应用,目前已发展成支持 CIDR 的 RIP2 和应用于 IPv6 的 RIPng。RIP 使用传输层的 UDP,端口号为 520 号熟知端口;显然 RIP 属于应用层协议,但因与 IP 的功能密切相关,故在网络层加以介绍。

RIP 是一种基于距离矢量算法的分布式路由选择协议。它将与目的网络的距离定义为到达目的网络所经过的路由器的个数(每经过一个路由器称为一跳,显然,距离就是跳数),并把与相邻网络的距离定义为 1,以后每经过一个路由器就将距离加 1。RIP 采用到达目的网络最短距离的路由作为最佳路由,也许还存在其他高速或者延迟小的路由,但 RIP 无视它们的存在。RIP 规定一条路由最多只能经过 15 个路由器,当跳数超过 15 时就认为不可达,显然它只能应用于小型网络。

RIP 的工作过程是:运行协议的路由器周期性地(典型为 30s)以 RIP 报文形式向相邻的路由器广播其路由表,其中包括所能到达的目的网络地址及其最短距离等信息。邻接路由器根据接收到的 RIP 报文更新其路由表,并向其他路由器转播。这样每个路由器通过其邻接路由器将自己的路由信息定期地向其他路由器传播,最终每个路由器都将生成到达各个网络的最佳路由。

路由器通过 RIP 报文广播其路由信息。每个 RIP 报文由首部和路由部分组成,如图 5.13 所示。RIP 报文的首部为 4B,路由部分包括若干个路由项,每个路由项以 20B 为单位,最多可包括 25 个路由项,所以一个 RIP 报文最大为 4B+25×20B=504B;若路由器的路由表大于 504B 可分成多个 RIP 报文进行广播。

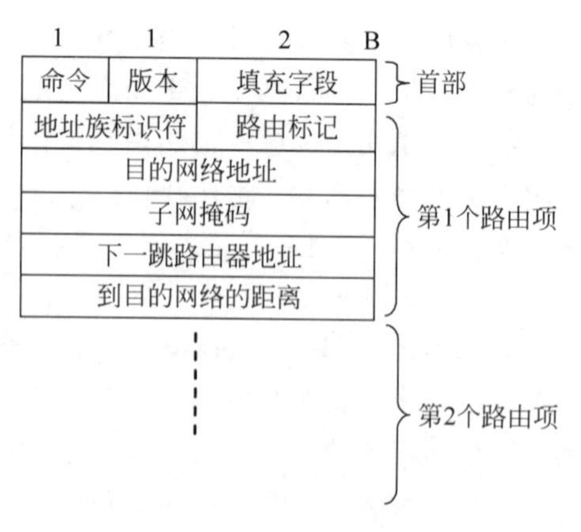

图 5.13 RIP 报文的组成

RIP 报文的首部包括命令、版本和填充字段,分别占 1B、1B 和 2B。命令字段表示 RIP 报文的类型,1 表示是请求路由信息报文,2 表示是路由响应报文或者是主动发出的路由更新报文。版本字段为 2,表示为 RIP2。填充字段全为 0,目的是使首部占 4B。

每个路由项包括 6 个字段。地址簇标识符字段用来标识所使用的地址类型,如使用 IP 地址,则该字段的值为 2。路由标记字段填入自治系统的号码,以区分是本自治系统的路由信息还是来自自治系统外部的路由信息。以后的四个字段分别表示目的网络地址、对应的子网掩码、下一跳路由器地址以及到目的网络的距离。

RIP 的最大优点就是简单，此外它还具有如下特点。

(1) 周期性地向邻接路由器广播其全部路由表，而不管其路由表的内容是否发生变化。显然，当路由表的内容没有发生变化或者变化很小，而广播其全部路由表的内容要占用一定的带宽，造成网络资源的浪费。

(2) 好消息传播得快。当某个路由器发现一条最短距离的新路由时，它会通过邻接路由器将该消息尽快地通知给其他非邻接的路由器。

(3) 坏消息传播得慢。当某个路由器连接的网络出现故障而不可达时，所有原先能到达该网络的路由器只有在到达该网络的最短距离增加到 16 时，才发现该网络是不可达的，而这一过程需要很长时间。

(4) 在路由表中仅登记一条到达目的网络的最佳路由。

2. 开放式最短路径优先协议

开放式最短路径优先(Open Shortest Path First，OSPF)协议于 1990 年提出，新推出的版本为 OSPF2，是性能优于 RIP 的一种内部网关协议。

开放式最短路径优先协议首先是开放的，即该协议是公开发表的，不受任何厂家的控制；同时，它采用了链路状态算法生成路由表，所以该协议称为开放式最短路径优先协议。

由于开放式最短路径优先协议选择了不同的路由选择算法，致使它具有许多与 RIP 不同的特点，这具体体现在：路由器与哪些路由器交换信息，具体交换哪些信息，什么时间交换信息等几个方面。

(1) OSPF 协议是网络层的一个协议，位于 IP 之上，它所形成的数据分组要封装在 IP 数据报中进行传输，此时 IP 数据报首部的协议类型字段为 89。

(2) 路由器使用洪泛法向本自治系统内的所有其他路由器广播链路状态信息，而不是距离信息。链路状态信息包括该路由器与哪些路由器邻接，它们之间链路的度量是多少；度量可以是费用、距离、时延、带宽等；这种度量可以用 1～65 535 范围内的一个无量纲数来表示。

(3) 只有链路状态发生变化时，路由器才向本网内部的所有其他路由器广播该链路状态的变化信息，而不是周期性地定时广播。而且当某个路由器想要得到其他路由器的链路状态信息时，它可以主动提出请求，要求对方将其链路状态信息发送给它。

(4) 每个路由器根据接收到的链路状态信息建立链路状态数据库，用于记录本网络内各个路由器间的连接情况以及链路上的代价；再根据该数据库采用 Dijkstra 算法生成路由表，而且允许费用一致的多条路由同时存在；并允许将网络流量均摊到这几条不同的路由上进行传输，这个过程称为负载均衡。

(5) 各个路由器根据交换的链路状态信息建立全网一致的链路状态数据库，该数据库反映了各个路由器间的连接关系，实际是全网的拓扑结构图。根据这个数据库，路由器就知道全网共有多少个路由器，哪些路由器相邻接，邻接路由器间链路的代价是多少，等等。而 RIP 中的路由器只知道到目的网络的距离和下一跳路由器，并不知道全网的拓扑结构。

(6) OSPF 协议具有安全鉴别功能，保证在可信赖的路由器间安全地交换链路状态信息。

从上面的分析可知，OSPF 协议中的路由器以广播方式向网络上的所有其他路由器发送链路状态信息；当网络规模很大，路由器数量较多时，广播链路状态信息会占用大量的网络资源，同时，也给维护链路状态数据库的一致性造成很大困难。为此，采用层次方法运行 OSPF 协议，即将大规模的自治网络系统划分成若干个较小的区域，每个区域负责维护自己的链路状态数据库，各个区域采用 32 位的二进制标识符来标识（也用四位点分十进制表示法），如图 5.14 所示。该图将自治系统分成三个区域和一个主干区域，每个区域中的路由器仅采用洪泛法与本区域内的路由器交换链路状态信息，使之生成描述本区域拓扑结构的链路状态数据库。这样将广播范围局限于各个区域，使得经过全网交换的链路状态信息量大大减少。在这种层次划分情况下，路由器根据其作用范围的不同分成：内部路由器、区域边界路由器、主干路由器和自治系统边界路由器等。

- 内部路由器：只在一个区域内起连接作用的路由器，在本区域内运行路由算法，掌握本区域的网络拓扑结构，如 R1、R2、R8、R10。
- 区域边界路由器：将区域与主干区域连接起来的路由器，负责不同区域间路由信息的交换，如 R3、R7、R9。
- 主干路由器：位于主干区域内将不同区域连接起来的路由器，包括主干区域内的路由器以及所有区域边界路由器；如 R3 到 R7 以及 R9。
- 自治系统边界路由器：位于主干区域内，负责与其他自治系统通信并产生外部自治系统路由信息的路由器，如 R6。

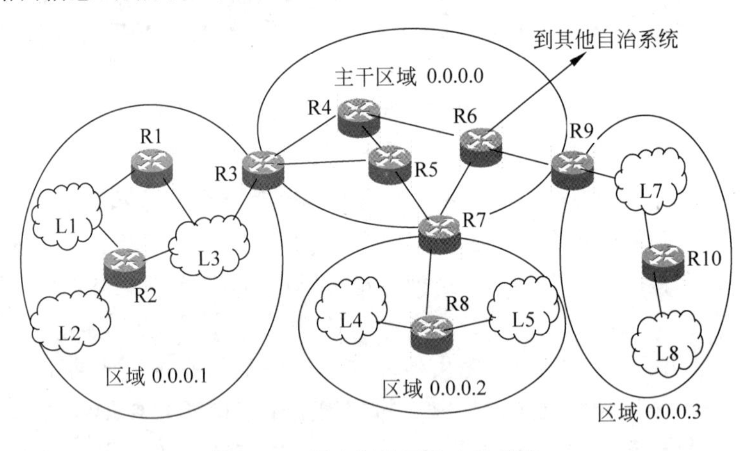

图 5.14　层次划分下的自治系统

各个路由器间以 OSPF 分组交换路由信息，该分组封装成 IP 数据报在区域内进行广播；OSPF 分组分成 5 类：

- 类型 1：问候（Hello）分组，用来发现和维持邻站的可达性。
- 类型 2：数据库描述分组，用于向邻站发送本站链路状态数据库中链路状态的摘要信息。
- 类型 3：链路状态请求分组，用于请求邻站发送指定的链路状态信息。
- 类型 4：链路状态更新分组，用洪泛法广播链路状态信息。
- 类型 5：链路状态确认分组，用于对链路状态更新分组进行确认。

OSPF分组包括首部和数据部分，首部占24B，数据部分可以是5种类型分组中的一种，首部的格式如图5.15所示，其中各个字段的含义如下：

- 版本：为OSPF协议的版本号。
- 类型：表示五种分组类型中的一种。
- 分组长度：包括OSPF分组首部在内的分组长度，以字节为单位。
- 源路由器的IP地址：为发送该分组的路由器的网络接口的IP地址。
- 区域标识符：该分组所属区域的标识符。
- 校验和：用于检验分组差错。
- 认证类型：说明是否需要认证；“0”不需要；“1”需要。
- 认证：认证类型为“0”时，填入0；认证类型为“1”时，填入8个字节的口令。

0　8　16　31b

版本	类型	分组长度
源路由器的IP地址		
区域标识符		
校验和		认证类型
认证		
认证		

OSPF分组首部	OSPF分组数据

IP数据报首部	OSPF分组

图5.15　OSPF分组的格式

当路由器开始工作时，它通过问候(Hello)分组查询处于工作状态的邻站(即邻接路由器)以及它们之间链路的度量。OSPF协议规定邻站每隔10秒要交换一次问候(Hello)分组，若40s内没有收到某个邻站的问候分组，则认为该邻站不可达(即不连通)，并立即修改链路状态数据库，重新计算路由表。

路由器通过数据库描述分组将其链路状态数据库中的链路状态摘要信息通知给邻站，告诉邻站它的链路状态数据库中包括哪些链路。邻站接收到其他路由器的链路状态摘要信息后，看其中是否有自己的链路状态数据库中没有的链路信息；若有，则形成相应的链路状态请求分组，并发送给相应的路由器，要求它提供相应的链路状态信息。这样经过一系列的交换后，各个路由器就形成了同步一致的链路状态数据库。各个路由器根据该数据库采用Dijkstra算法生成以该路由器为根节点的最短路径树，该最短路径树就描述了到达各个目的网络的路由表。

3. BGP

BGP(Border Gateway Protocol)协议也称为边界网关协议，是1989年公布的外部网关协议，它是在不同自治系统的路由器间交换路由信息的协议，目前已经发展成BGP-4。

前面已经介绍过，为了有效地进行数据分组的转发，Internet采用分级方式进行路由选择，自治系统内部采用RIP或者OSPF等协议；那么，自治系统之间是否可以采用同样的内部网关协议呢？答案是否定的。因为Internet的规模非常庞大，想要寻找到类似RIP或者OSPF等协议的最短距离路由是非常困难的。另外，从源节点到目的节点要经过多个自治系统，而每个自治系统内部寻找最佳路由时所采用的度量标准可能不同，这样从源节点到目的节点的最佳路由无法采用具有相同实际意义的统一标准进行评价。同时在不同自治系统之间进行域间的路由选择要比域内的路由选择复杂得多。因为域内的路由选择完全由自治系统的拥有者自行决定，但他无法决定其数据分组通过其他自治系统时的路由策略，此时还要考虑安全、政治、经济等因素。如自治系统A要通过自治系统B与自治系统C进行通信，但B认为A的数据分组不安全，拒绝为A提供转发服务，这样A不得不通过其他途径与C通信。又如B作为提供有偿服务的自治系统，它仅为付费的自治系统的数据分组提供转发服务，而拒绝未付费的自治系统的数据分组通过。可见，域间的路由选择要考虑的因素是比较复杂的，所以自治系统之间的路由选择不像域内的路由选择那样能寻找到一条最佳路由，而是寻找到一条由若干自治系统组成的路径，数据分组经过该条路径能够传输到目的网络，所以自治系统之间使用的是一种路径向量路由选择协议。

边界网关协议BGP是目前Internet上使用的外部网关协议。在配置时，系统管理员至少要选择一个路由器作为该自治系统的“BGP发言人”，作为与其他自治系统交互的代表。“BGP发言人”常常是自治系统的边界路由器，直接交换路由信息的两个“BGP发言人”称为邻站或者对等站。自治系统间BGP的作用范围如图5.16所示。

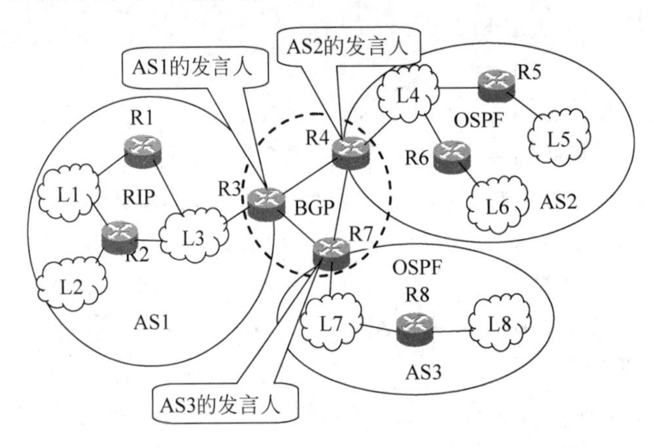

图5.16 自治系统间BGP的作用范围

BGP发言人使用TCP的179号端口与其他BGP发言人交换路由信息，显然，BGP是一个应用层协议。当连接建立后，BGP发言人通过BGP会话与邻站交换BGP报文，以交换路由信息。在BGP开始运行时，BGP发言人与邻站交换整个BGP路由表，此后仅在路由信息发生变化时才将变化的路由信息通知给邻站。

BGP使用四种报文交换路由信息，这四种报文分别为：打开报文Open、保活报文Keepalive、更新报文Update和通知报文Notification。

打开报文用于与另一个BGP发言人建立邻站关系。在双方能够发送路由信息前，每一方都必须给另一方发送打开报文，说明自己的一些参数；接收方若同意建立邻站关系，则给对方发送一个保活报文进行确认，这样双方就建立了邻站关系。

邻站关系建立后，双方还要周期性地交换保活报文，以确认邻站的状态和可达性。每个BGP发言人建立并维护一个数据库，用以记录和存储他所能到达的网络的路由信息。当数据库中的内容发生变化时，它使用更新报文将这一消息传输给所有其他BGP发言人。更新报文不但可以报告新增加的路由信息，也可以报告撤销的路由信息。通知报文用于报告检测到的错误。

在AS内部，BGP网关经过执行BGP得到的路由信息通过内部网关协议向内部路由器传播，使得AS的内部节点知道如何去访问外部网络，从而使得各个自治系统组成一个规模更大、可以相互访问的计算机网络。

5.5 网络地址转换

上面介绍了路由器上运行的一些相关协议，这些协议均与路由相关。我们知道，路由器是内网与外网间的出入口，也称为网关；路由器除了完成常规路由功能以外，还常常要完成一项重要功能：网络地址转换。在介绍 IP 地址时，介绍了私有 IP 地址的概念；这些私有 IP 地址用于构造用户内部网络，也称为私有网络；这些地址只能在网络内部使用，不能用于访问 Internet；所以用户都可以使用这些 IP 地址构建自己的内部网络而不发生冲突，从而达到充分利用 32 位 IP 地址空间的目的。因使用私有 IP 地址的内部节点只能访问内部网络，若想要访问 Internet 上的节点时，其私有 IP 地址必须转换为全局 IP 地址；这种将私有 IP 地址转换为全局 IP 地址的功能是由网络地址转换软件(Network Address Translation, NAT)来实现的，它一般安装在网关上；此处所说的网关可能是路由器，也可能是后续章节中将要介绍的 VPN 网关等网络设备。

图 5.17 为内部私有网络与外网的连接。私有网络内部的各个节点使用私有 IP 地址 192.168.1.X。路由器有两个 IP 地址，一个是私有 IP 地址 192.168.1.110，用于连接内部网络；另一个是全局 IP 地址：202.111.1.1，用于连接外网；所有内网节点共享路由器的全局 IP 地址：202.111.1.1 与外网通信。当内部网络节点 A 想要通过路由器访问外部节点时，位于路由器上的 NAT 软件将发送 IP 报文中的源 IP 地址：192.168.1.111 替换成路由器的全局 IP 地址：202.111.1.1，然后发往外网；来自外网的响应报文首先返回到路由器，NAT 软件将接收报文中的目的 IP 地址由全局地址(即路由器的全局 IP 地址：202.111.1.1)修改为内网节点 A 的私有 IP 地址：192.168.1.111，并发送给节点 A，具体如图 5.18 所示。此时路由器内存储一张 NAT 表，用于记录私有 IP 地址和全局 IP 地址间的对应关系；路由器接收到返回的响应报文时，根据 NAT 表更改报文中的目的 IP 地址，将接收的 IP 报文发送给内部节点。

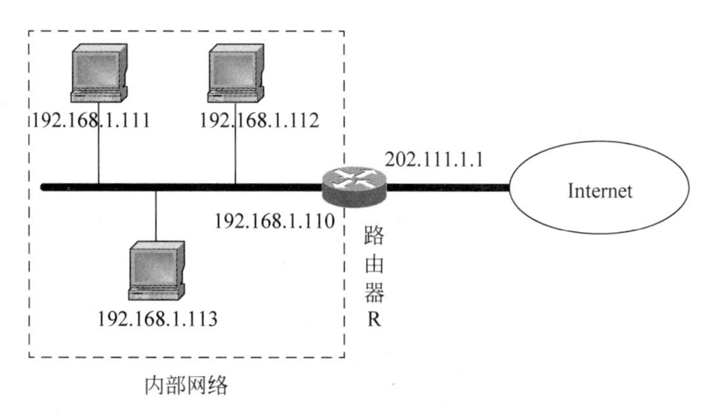

图 5.17 内部私有网络与外网的连接

NAT 有 3 种方式。第一种是静态地址转换。该种转换方式将内部网络的私有 IP 地址转换为全局 IP 地址时，IP 地址对是一对一的，是一成不变的，某个私有 IP 地址只能转换为某个全局 IP 地址。借助于静态转换，可以实现外部网络对内部网络中某些特定设备(如服务器)的访问。

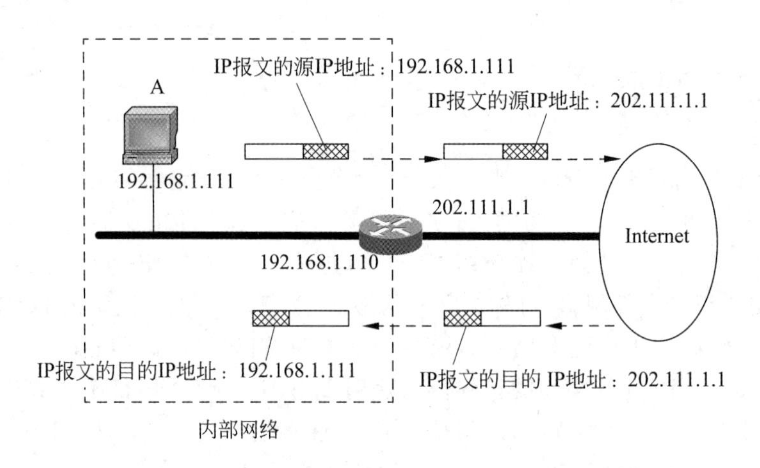

图 5.18 内部私有 IP 地址与全局 IP 地址的转换

第二种是动态地址转换。此时，路由器配置有全局 IP 地址池，不同的内部节点可以随机选择使用不同的全局 IP 地址访问外部节点，即建立内部节点到外部节点间多对多的连接。但当一个内部节点同时启动多个应用进程，想要访问多个外部节点，或者想要访问一个外部节点上的多项不同服务；这种情况下，只通过私有 IP 地址和全局 IP 地址间的对应关系很难进行区分。此时，应用的是第三种地址转换方式：网络端口地址转换（Network Address Port Translation，NAPT）；这种地址转换方式下，NAT 表中登记有多个表项，包括内部节点的私有 IP 地址、应用进程的端口号以及外部节点的 IP 地址、服务器进程的端口号、协议类型等信息；依据这些信息就可以实现内网节点与外网节点间多对多的通信，无论应用进程和服务器进程位于同一个节点，还是位于不同的节点。

NAT 不仅缓解了 IP 地址不足的问题，而且还能够有效地隐藏并保护私有网络内部的计算机，避免来自网络外部的攻击。此时，外网节点只能看到路由器，它无法看到和获取内网的拓扑结构等信息，从而使外网的攻击者无法了解内网的具体情况而发起有效的网络攻击。

5.6 因特网控制报文协议

IP 在转发数据报时提供的是一种尽力而为的不可靠服务，在转发过程中若检测到数据报出错、网络拥塞、目的网络或者目的主机不可达等情况发生时，则简单地将数据报丢弃，但并不将数据报的处理情况通知给源节点；所以源节点并不知道其发送的数据报已被丢弃，当然也不知道被丢弃的原因。为了弥补 IP 的上述缺陷，在网络层设置了因特网控制报文协议，用来对数据报的传输提供一定的差错报告能力，同时还实现对网络的测试和控制。这样，路由器等节点丢弃 IP 数据报后，通过因特网控制报文协议就可以将情况通知给源节点，以便源节点掌握数据的传输情况并采取一定的措施，确保数据能够可靠地进行传输。

因特网控制报文协议（Internet Control Message Protocol，ICMP），如图 5.2 所示。它位于 IP 之上，需要调用 IP 为其服务，形成的 ICMP 报文需要封装在 IP 数据报中进行传输

(此时 IP 数据报首部协议类型字段的值为 1)。ICMP 提供如下功能的几种报文:

- 差错报告报文。IP 数据报在传输过程中可能因线路质量而出错,或者因网络拥塞而被丢弃。检测出错误的路由器或者目的节点通过差错报告报文向源节点报告出现差错的情况,源节点根据出错情况采取相应的处理措施。
- 控制报文。通过控制报文实现流量控制、拥塞控制、路由重定向等网络控制功能。
- 请求/应答报文。通过请求/应答方式获取网络上的某种信息,如子网掩码、节点工作状态、网络连通性等。

ICMP 通过发送和交换 ICMP 报文实现差错报告、网络测试及控制。每种 ICMP 报文均由首部和数据字段两部分组成,如图 5.19 所示。ICMP 报文首部的前 3 个字段对于各种 ICMP 报文都是相同的,这 3 个字段的含义如下:

图 5.19 ICMP 报文的组成及首部格式

- 类型:1B,说明 ICMP 报文的类型,如差错报告报文、ICMP 控制报文等,具体见表 5.5。
- 代码:1B,进一步说明每种类型报文的几种不同情况。
- 校验和:2B,用于整个 ICMP 报文的差错检验,采用与 IP 数据报首部校验和字段相同的校验算法。

表 5.5 ICMP 报文的类型及其含义

类型值	类型的含义	类型值	类型的含义
0	回应应答(echo reply)	11	数据报超时(datagram time exceeded)
3	目的地不可达(destination unreachable)	12	数据报参数错(datagram parameter error)
4	源抑制(source quench)	13	时间戳请求(timestamp request)
5	路由重定向(routing redirect)	14	时间戳应答(timestamp reply)
8	回应请求(echo request)	17	地址掩码请求(subnet mask request)
9	路由器通告(router advertisement)	18	地址掩码应答(subnet mask reply)
10	路由器恳求(router solicitation)		

仅跟上述 3 个字段之后的 4B 的内容与 ICMP 的类型有关,最后面是数据字段,其长度和内容由 ICMP 报文的类型来决定。对于 ICMP 差错报告报文,其形成过程如图 5.20 所示,其数据字段包括出错 IP 报文的首部以及数据部分的前 8B,其中包括源节点和目的节点的 IP 地址、端口号、序列号等,源节点根据 ICMP 报文中的这些信息就可以知道哪个 IP 报文在传输过程中出现了错误。

下面分类介绍各种 ICMP 报文的具体功能。

1. ICMP 差错报告报文

ICMP 定义了目的地不可达、数据报超时、数据报参数错等差错报告报文。

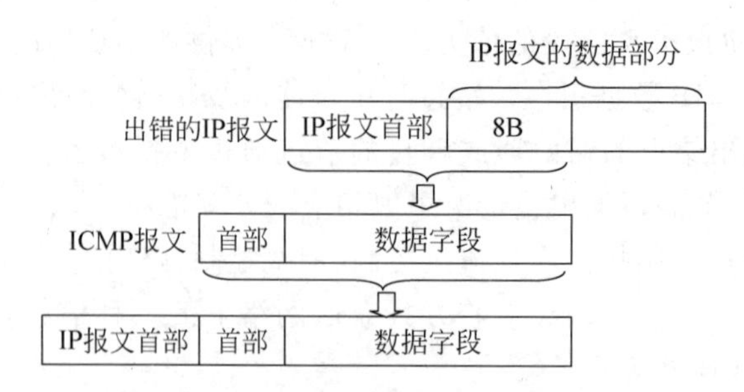

图 5.20 ICMP 差错报告报文的形成过程

1）目的地不可达报文

类型为 3。当报文传输到某个节点而该节点不能为其找到目的节点或者目的端口时，就向源节点发送该报文，说明目的地不可达；具体分为网络不可达、主机不可达、协议不可达、端口不可达、需要分片但 DF 位已置 1、源路由失败等六种情况，代码字段分别对应 0～5。

“网络不可达”说明可能寻找路径错误，找不到目的网络，该差错报告报文由某个中间路由器发出。“主机不可达”是当 IP 数据报传输到最后一个路由器但不能为该数据报找到目的主机，此时主机可能发生故障或者关闭，该差错报告报文由最后一个路由器发出。“协议不可达”和“端口不可达”是当 IP 数据报传输到目的主机但不能找到接收该报文或数据段的协议或端口，该差错报告报文由目的主机发出。无论发生上述哪种情况，都要向源节点发送相应的 ICMP 差错报告报文，通过代码字段的值说明出错的具体情况。

2）数据报超时报文

类型为 11。用来向源节点报告数据报文因生存时间（TTL）为 0 而被丢弃；此说明或存在循环路由，或网络发生拥塞，或 TTL 值过小。另一方面，当目的节点在规定的时间内收不到一个 IP 数据报的全部数据分段时，就将已收到的所有数据分段丢掉，并向源节点发送此报文。上述两种情况通过代码字段来区别，所对应的代码分别为 0 和 1。

3）数据报参数出错报文

类型为 12。当 IP 数据报传输到某个节点经检查报文首部的参数出现错误，该节点则丢弃该报文，并向其源节点发送数据报参数出错报文，以报告出错情况。具体分两种情况，由代码字段进行区分；代码为 0，表示参数出错；而代码为 1，表示首部缺少必要的选项。

2. ICMP 控制报文

ICMP 定义了源抑制、路由重定向等控制报文。

1）源抑制报文

类型为 4。当源节点发送的数据报速度过快而导致目的节点来不及接收，进而导致报文丢失时，目的节点就向源节点发送该报文，要求源节点按一定比例降低发送数据的速率；或者当网络发生拥塞时，路由器等中间节点也向源节点发送该报文，要求源节点放慢发送速度。当源节点在一定时间内没有收到其他节点的源抑制报文后，再按照一定的速率恢复数据发送速率。显然，通过源抑制报文就可以对网络进行拥塞控制。

2）路由重定向报文

类型为 5。一般情况下，一个主机节点的初始路由表是由手工配置的，但为了减轻网络负担，主机节点并不运行路由协议；因而主机节点的初始路由表并不是最优的，往往只有一个默认路由器，即网关。但当源节点发送的 IP 数据报经过某个路由器时，若该路由器发现还有更好的路径，则它向源节点发送一个路由重定向报文，通知源节点到某个目的节点的最优的第一个路由器，并在源节点的路由表上进行登记；这种路由重定向机制能够保证主机节点动态地形成最优的路由表。

3. ICMP 请求/应答报文

ICMP 定义了回送请求及应答、时间戳请求和应答、地址掩码请求和应答等报文，用于检测网络设备的可达性或者查询网络的某些状态参数。

1) 回送(echo)请求及应答报文

对应类型为 8 和 0。该类报文是由主机或路由器向特定的目的节点发出的询问以及对此询问的应答，如测试某个目的节点的可达性等。常用的 ping 命令就属于这种报文，它用于测试两个节点间的连通性。

2) 时间戳(timestamp)请求和应答报文

对应类型为 13 和 14。该类报文用于询问另一个节点当前的日期和时间，被询问的节点对此给出应答。主要用来实现两个节点间的时钟同步，但只能进行近似同步；因为两个节点进行同步时不但要考虑两个节点的时钟，同时还要考虑请求和应答报文在网络上的传输延迟，该延迟时间的确定是以本地时钟为标准的，而且受网络工作状态的制约。

3) 地址掩码请求和应答报文

对应类型为 17 和 18。当某个节点想要获取某个节点的子网掩码时，便向该节点发送一个地址掩码请求报文，目的节点接收后发送地址掩码应答报文给请求方，告诉它自己的子网掩码。

4) 路由器恳求和通告报文

对应类型为 10 和 9。这两种报文用于支持路由发现功能，使得主机能够在自举时，至少发现本地网络上一台路由器的地址。一般情况下，主机启动后以广播或多播方式发送一个路由器恳求报文，本地网络上的路由器接收到恳求报文后，发送路由器通告报文进行响应，通告其 IP 地址。另外，路由器也定期地以广播或多播方式发送路由器通告报文，通告其 IP 地址。多播方式将在下一节中介绍。

注意，ICMP 报文要封装在 IP 数据报中进行传输，但 IP 不能保证数据传输的可靠性，因而 ICMP 报文在传输过程中可能出错或被丢弃；一旦发生上述情况，TCP/IP 规定不再产生新的 ICMP 差错报告信息。

5.7 因特网组管理协议

在计算机网络的各种应用中，常常会发生从一个节点向多个节点同时发送相同数据报的情况，如新闻和股市行情的发布、视频会议、软件更新等。这种由一个节点向多个其他节点同时发送相同数据报的通信方式称为多播(multicast)，也称为组播。能够同时接收相同数据报的这些节点组成了一个组(group)，并由一个 D 类 IP 地址唯一地标识。那么，在多播过程中一个网络节点如何加入到一个多播组中？多播结束后一个组如何撤销？路由器如何知道要以多播方式转发 IP 数据报呢？这些功能是通过因特网组管理协议（Internet Group Management Protocol，IGMP）来完成的。在实现多播的过程中，路由器起到了关键作用。但并不是所有的路由器都支持多播方式，能够运行多播协议，进而实现多播功能的路由器称为多播路由器。

在因特网上进行多播也叫作 IP 多播。IP 多播具有以下特点。

1. 使用组地址进行多播

IP 使用 D 类 IP 地址支持多播。D 类地址的前缀为 1110，每个 D 类地址唯一地标识一个多播组。当某个进程向某个 D 类地址标识的多播组发送数据报时，就向该组的每个主机发送同样的数据报。

2. 组地址分成永久组地址和临时组地址

永久组地址是由因特网编号管理局（IANA）所规定的几个组地址，这些组地址具有特定的含义，如：

224.0.0.1：指本子网上所有参加多播的主机和路由器。

224.0.0.2：指本子网上所有参加多播的路由器。

临时组地址是动态分配的 D 类 IP 地址。当由其标识的多播组中没有成员时，该多播组就不存在了，这个组地址就可以分配给新创建的组使用。

3. 动态的组成员

多播主机组的成员是动态的。一个主机可以随时加入或退出多播组，想要加入多播组的成员使用多播地址向本网广播申请，本地多播路由器收到申请后进行登记并通知其他多播路由器。此外，本地多播路由器周期地轮流询问本地网络的主机，以确定各个组是否还有成员，若无，则撤销相应的组，释放其 IP 地址。

因特网使用组管理协议 IGMP 来实现本地物理网络内部的多播功能。与 ICMP 一样，IGMP 位于 IP 之上，形成的 IGMP 报文要封装在 IP 数据报中进行传输；主机采用该协议加入或退出多播组，多播路由器也使用该协议识别加入多播组的主机。

主机和多播路由器间通过 IGMP 报文交换多播信息。IGMP 报文长度固定，为 8B，图 5.21 指出了 IGMP 报文的格式以及封装成 IP 数据报的过程。IGMP 报文包括 4 个字段，各个字段的名称及含义如下：

- 类型。说明 IGMP 报文的类型。类型字段的各种取值及其含义见表 5.6。
- 响应时间。指定主机对查询报文响应的最大时间，默认值为 10s，间隔为 0.1s；主机

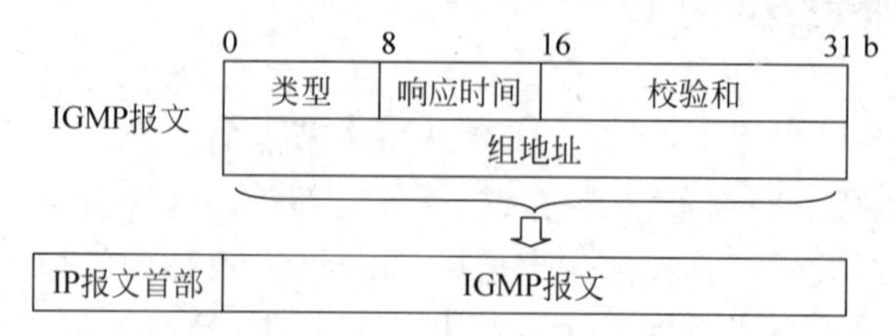

图 5.21　IGMP 报文的格式以及封装成 IP 数据报的过程

可能在10s当中的某个0.1s发出组成员关系报告报文。

- 校验和。用于对IGMP报文进行校验,形成校验和的方法与ICMP报文中的校验和字段相同。
- 组地址。为一个D类IP地址,在一般组成员查询报文中设定为0;当查询某个特定的组时,多播路由器将标识该组的IP地址填入该字段。在报告报文中,该字段的值为欲加入或者已加入的多播组的IP地址。

表5.6 IGMP报文类型字段的取值及其含义

类型值	组地址字段	发送者	IGMP报文的含义
0x11	全为0	路由器	一般组成员关系查询,对所有的组进行查询
0x11	非0	路由器	特定组成员关系查询,仅查询由组地址指定的组
0x16	非0	主机	组成员关系报告,主机向路由器报告它是由组地址字段所标识的多播组中的成员
0x17	非0	主机	主机退出组地址所标识的多播组
0x12	非0	主机	组成员关系报告(IGMPv1使用),主机向路由器报告它是由组地址所标识的多播组中的成员

下面详细讲解多播过程。我们知道,多播路由器具有多个端口,每个端口连接一个物理网络。为了实现多播功能,每个端口均存有一张动态的组地址表,用于记录该端口所连接物理网络上的多播组。当多播路由器接收到一个多播数据报时,它根据数据报中的组地址查找组地址表,根据查找结果将数据报从相应的端口转发出去。

上述的组地址表与路由表非常类似,也是由路由器动态建立和维护的。运行时,多播路由器使用永久组地址224.0.0.1作为IP数据报的目的IP地址,形成一般组成员关系查询报文,周期性地轮流查询本地网络上的各个主机,以便确定各个多播组是否还有成员存在。实现该查询功能的IP数据报首部的TTL值设置为1,所封装的IGMP报文中的组地址字段设置为0。多播路由器的每个端口均采取周期性的查询方式检测该端口所连接的物理网络是否还存在多播组。当多播路由器想要查询某个特定的多播组时,就将IGMP报文中组地址字段设置成所要查询的组地址。

主机接收到组成员关系查询报文后,形成IGMP组成员关系报告报文,其中的组地址字段指出了它所加入的多播组。该报告报文用该主机所在多播组的组地址作为目的IP地址、自己的IP地址作为源IP地址,TTL置为1,封装成IP数据报,并发送给路由器。一个进程可能同时加入多个多播组,或者位于同一主机内的多个进程可能同时加入了多个多播组,此时,它们要分别向路由器报告其组成员关系。

多播组是动态的。每个组成员可以随时使用IGMP加入或者退出多播组。多播路由器周期性地探询本地网络上的主机,对组成员进行监视,直到没有主机响应,便撤销该组,即从组地址表中删去。

由上面的分析可见,IGMP实现了本地物理网络内的多播功能,那么如何实现因特网上的多播功能呢?Internet还提供了距离矢量多播路由协议等来支持因特网上的多播功能,感兴趣的读者可以参阅相应的参考资料。

5.8 下一代网际协议 IPv6

目前 Internet 使用的 IP 为 IPv4，是 20 世纪 70 年代开发使用的网络层协议。因为当时计算机网络的应用范围有限，所以，IPv4 能够很好地满足用户对计算机网络的要求。但是，随着 Internet 的普及应用，网络上的用户数量急剧增多，网络的应用范围越来越广，网络所提供服务的种类越来越多，对网络性能的要求也越来越高，IPv4 在许多方面已难以适应用户对计算机网络的要求。因而 Internet 工程任务组（IETF）于 1992 年就提出研制下一代 Internet，并开发相应的网络互联协议，即 IPv6，也称为 IPng（next generation IP），用来在 IP 地址及分配、IP 的安全性等诸多方面弥补 IPv4 的不足。

与 IPv4 一样，IPv6 仍采用无连接的工作方式，虽然与 IPv4 互不兼容，但上层仍使用 TCP 和 UDP。与 IPv4 相比，IPv6 具有如下特点：

- IPv6 采用 128 位的 IP 地址，使地址空间增大了 2^{96} 倍，扩大了地址空间的范围，以满足日益增多的网络用户的需求。
- 简化了 IP 数据报的首部，由 IPv4 的 13 个字段减少到了 8 个，使用了固定长度的首部和扩展首部，使数据报的首部更加简洁，便于数据报的转发。同时路由器不处理首部的扩展部分，节约时间，提高转发效率。
- 简化了协议功能，加快了数据报的转发速度。如首部取消了校验和字段，省去了校验过程；同时，改进了分片机制，只允许在源节点对数据进行分片，而中间节点不再进行分片。
- 增强了安全性。在扩展首部中增加了数据加密和身份认证等措施，增强了数据传输的安全性。
- 除单播、多播工作方式外，IPv6 还提供任播（anycast）功能。任播是指源节点将数据发送给一组节点，但只有其中的一个节点接收数据，而其他节点不接收数据，通常这个节点离源节点的距离最近。
- 支持即插即用（plug&play），计算机接入网络时可自动获取 IP 地址，特别适合移动通信。
- 不需要进行地址解析，只要知道 IP 地址即可得到对应节点的物理地址。在节点自动获取 IP 地址时，是将所连接网络的网络前缀及其网卡的物理地址组合在一起来形成它的 IP 地址。对于以太网而言，是将其 48 位物理地址的中间插入 16 位的 0xFFFE，然后写入对应 IPv6 地址的后 64 位。

1. IPv6 地址及其表示

IPv6 的地址为 128b，即占 16B，共包括 3.5×10^{38} 个 IP 地址，允许地球表面每平方米有 7×10^{23} 个 IP 地址，可以让地球上的每粒沙子均拥有一个 IP 地址。如此巨大的地址空间应如何进行表示呢？当然可以采用 IPv4 的点分十进制表示法，但因为位数过多而难以记忆。为了增强可读性，IPv6 采用冒分十六进制记法（colon hexadecimal notation），它将 128 比特的 IP 地址以 16 个比特为单位进行划分，每个单位用十六进制来表示，各个单位之间用冒号分开。例如：

3246：AE01：0：FF2B：CED0：BE12：32AC：21

其中，0 和 21 为 0000 和 0021 的简写。为了表示和记忆方便，IPv6 对冒分十六进制记法进行了如下简化：

- 允许零压缩，即连续的多个零允许用一对冒号来表示。如：

  68E6：FF05：0：0：0：0：0：B3

  简化为：

  68E6：FF05：：B3

  而且 IPv6 规定，一个 IP 地址中只能使用一次零压缩。

- 冒分十六进制记法与 IPv4 的点分十进制表示法联合使用。这是一种混合用法，特别适合于 IPv4 到 IPv6 的过渡阶段。如：

  0：0：0：0：0：0：192.10.19.21

  其中，前六部分是冒分十六进制记法，每部分占 16b，即 2B；而后四部分为点分十进制表示法，每个部分占 8b，即 1B。经过零压缩，上述 IP 地址也可简化成：

  ：：192.10.19.21

- 使用 CIDR 斜线表示法。下面 IP 地址表示网络前缀占 64 位：

  3246：AE01：BE12：FF2B：：/64

2. IPv6 数据报

IPv6 数据报包括基本首部、扩展首部和数据等部分。其中扩展首部可选，IPv6 数据报可以有 0 个或者多个扩展首部。

IPv6 数据报基本首部的长度为 40B，其格式如图 5.22 所示，各字段的含义如下：

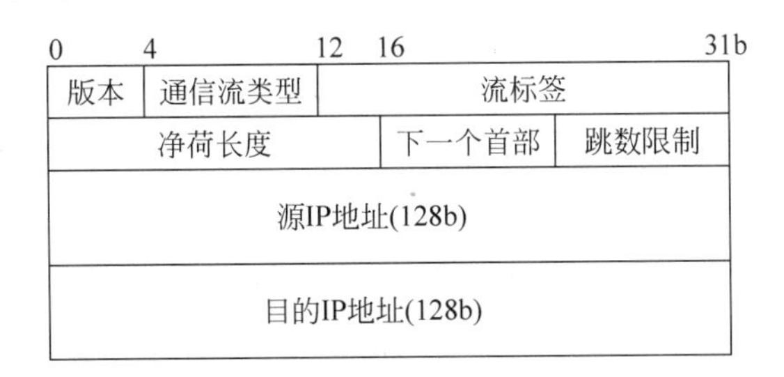

图 5.22 IPv6 数据报基本首部的格式

- 版本：占 4b，指明 IP 的版本号，对于 IPv6 该字段的值为 6。
- 通信流类型：占 8b，用来区分不同的 IPv6 数据报的类型或者优先级，为视频、音频等数据的传输提供支持。
- 流标签：占 20b。流是指从一个源节点传送到某个目的节点、以某种方式相关联的数据报序列，如视频流、音频流等多媒体数据。对于属于同一个流的数据具有相同的流标签，当路由器接收到具有相同流标签的数据报时，采用相同的方式进行转发；这样，对于多媒体数据来讲，可以保证数据平稳地进行传输。
- 净荷长度：占 16 个比特，指明除基本首部以外数据报的长度，包括扩展首部和数据部分，最大长度为 64KB。

- 下一个首部：占 8b，在存在扩展首部的情况下，指出下一个扩展首部的类型；当没有扩展首部时，与 IPv4 数据报首部的“协议类型”字段的含义相同，指出数据部分中的数据来自于哪个上层协议，如 TCP 为 6，UDP 为 17 等。
- 跳数限制：占 8b，相当于 IPv4 数据报首部的 TTL 字段，即指明 IP 报文的生存周期，用来避免 IP 报文在网络上无休止地进行传输。该字段的值由源节点设置，每经过一个路由器便减 1，减到 0 时便被丢弃；显然，IPv6 数据报最多能经过 254 个路由器。
- 源 IP 地址：占 128b，为发送数据的源节点的 IP 地址。
- 目的 IP 地址：占 128b，为最终接收数据的目的节点的 IP 地址。

3. IPv6 数据报的扩展首部

为了提高数据报的转发速度，IPv6 将 IPv4 数据报首部的部分选项内容放在了扩展首部，而且这些内容仅由源节点和目的节点进行处理，路由器等中间节点不处理这些信息，这样就减少了中间节点的处理时间，大幅度提高了 IP 数据报的转发速度。

扩展首部包括逐跳选项、路由选择、分片、身份认证、载荷安全封装等多种信息。每种扩展首部由若干个字段组成，但第一个字段为“下一个首部”字段，占 8b，它指出该扩展首部后面的内容是什么。当有多个扩展首部时，各个首部要按照次序出现；图 5.23(a)、(b)分别给出了无扩展首部和有路由选项、身份认证选项等扩展首部的 IP 数据报。

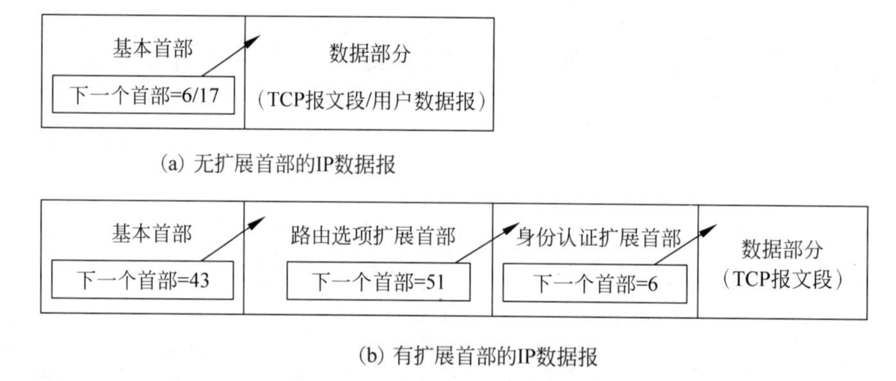

图 5.23 IPv6 数据报扩展首部的例子

4. IPv4 向 IPv6 的过渡

由于目前因特网已广泛采用 IPv4，尽管 IPv6 已经出现，但不可能立即替代 IPv4，所以近期将是 IPv4 和 IPv6 共存的局面。这样，目前的因特网上就存在 3 种节点：仅运行 IPv4 或者 IPv6 的节点以及同时运行 IPv4 和 IPv6 的节点。虽然 IPv6 与 IPv4 不兼容，但 IPv6 向上与 TCP 和 UDP 兼容，而向下可以使用 IPv4 所用的物理网络；所以 IPv6 替代 IPv4 后高层的应用不受影响，底层的物理通信网络也无须变更，这样为 IPv6 协议的顺利使用创造了便利条件。

通过 IP 的介绍我们知道，目前因特网是在网络层通过 IP 连接不同的计算机网络，而 IP 的不兼容将给连接运行不同网络层协议的网络造成很大困难。那么，如何连接具有不同网络层协议的计算机网络以实现由 IPv4 到 IPv6 的平滑过渡呢？目前，有两种方法能够达到上述目标：双协议栈和隧道技术。

1）双协议栈

双协议栈(dual protocol stack)技术是指网络上的某些节点(如路由器等)要同时运行 IPv4 和 IPv6 两个协议，它既能与 IPv4 网络进行通信，又能与 IPv6 网络进行通信。当它接收到一个 IP 数据报时，根据 IP 数据报首部的版本号字段就可以判断应采用哪个协议进行解析，然后根据下一跳所在网络的 IP 协议类型决定采用 IPv4 还是 IPv6 封装数据报。图 5.24 为实现双协议栈技术的一个例子。例中，运行 IPv6 协议的两个节点 A、B 要进行通信，途中经由若干个运行 IPv4 协议的节点 C、D、E、F；其中 C、F 两个节点工作于双协议栈状态，A 到 C 以及 F 到 B 运行 IPv6，而 C、D、E 和 F 节点间运行 IPv4；节点 C 实现了 IPv6 数据报到 IPv4 数据报的转换，而节点 F 实现了 IPv4 数据报到 IPv6 数据报的转换；由于不同版本 IP 数据报的首部存在一定的差异，在这个转换过程中。IPv6 数据报首部的流标签等一些信息被丢失而且无法恢复。

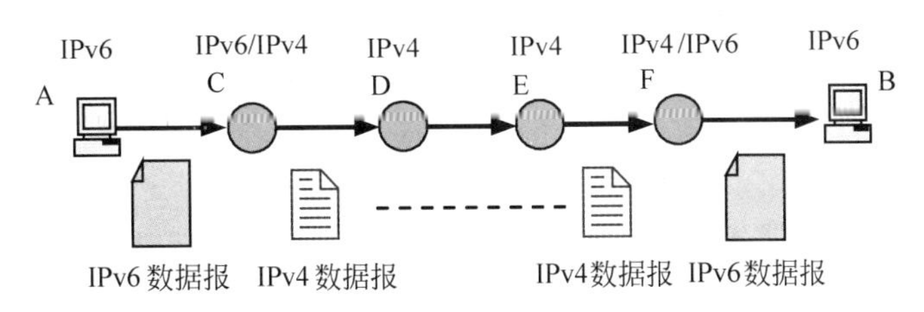

图 5.24　实现双协议栈技术的一个例子

2）隧道技术(tunneling)

当 IPvx 的数据报在运行 IPvy 的网络上进行传输时，IPvy 将 IPvx 的数据报看作为无意义的数据加上首部封装成 IPvy 的数据报进行传输；IPvx 的数据报进入和离开 IPvy 网络的两个节点具有双协议栈功能。IPvx 和 IPvy 可能选择 IPv4 或 IPv6 之一，显然可以分成以下两种情况：

- IPv6 的数据报在 IPv4 的网络上传输。此时，将 IPv6 的数据报作为 IPv4 的数据部分并加上 IPv4 的报文首部，形成 IPv4 数据报，然后在 IPv4 网络上传输。在离开 IPv4 网络进入 IPv6 网络时，再将 IPv4 的首部去掉，取出 IPv6 数据报，再在 IPv6 网络上传输。这种方式称为 6to4。
- IPv4 的数据报在 IPv6 的网络上传输。这种方式称为 4to6，工作过程与 6to4 正好相反。

图 5.25 为实现隧道技术的一个例子，节点 C 和节点 D 分别为入口节点和出口节点。在 IPv4 网络的入口处，节点 C 将接收的 IPv6 数据报作为数据净荷封装成 IPv4 数据报，并将首部的“协议类型”字段置成 41 以说明封装的为 IPv6 数据。该数据报经过 IPv4 网络传输到出口 D 节点，D 节点根据数据报首部的“协议类型”字段=41 知道传输的是 IPv6 数据，取出数据部分作为 IPv6 数据报然后进行转发。

显然，无论是 4to6 还是 6to4，原 IP 数据报作为一个完整的数据进行传输，其中的任何信息均没有被改变或丢失，所以这种方式较为理想。

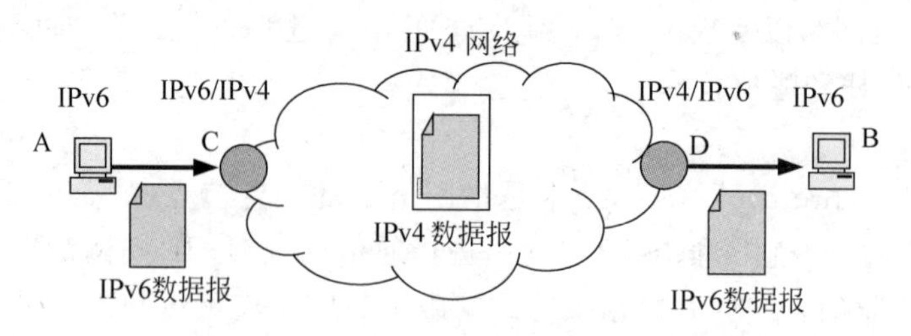

图 5.25 实现隧道技术的一个例子

习题

(1) 网络层具有哪些功能？它要解决的主要问题是什么？

(2) 实现网络互联的设备有哪些？它们的主要区别是什么？

(3) 集线器、网桥、路由器和网关分别是哪一层的设备？

(4) 因特网的网络层包括哪些协议？它们之间的关系是什么？

(5) IP 的功能和特点是什么？

(6) 下列说法正确的是(　　)。

A. IP 提供的是一种面向连接的可靠服务。

B. IP 提供的是一种面向连接的不可靠服务。

C. IP 提供的是一种无连接的可靠服务。

D. IP 提供的是一种无连接的不可靠服务。

(7) IP 数据报的格式以及首部各个字段的作用是什么？

(8) IP 协议如何进行数据校验？数据报出错后又如何处理？

(9) 在网络层为什么要进行数据分片？IP 如何进行数据的分片和重组？

(10) 若经过以太网传输长度为 3500b 的数据段，如何进行分片？分片后形成的 IP 数据报首部中各相关字段的内容是多少？

(11) IP 数据报的最大长度是多少？最短的 IP 报文包括多少个字节？

(12) 什么是 IP 地址？其作用是什么？IP 地址如何表示？

(13) 请从缓解 IP 地址空间紧缺问题出发，说明 IP 地址的演变过程。

(14) 私有 IP 地址的范围是什么？它有什么作用？

(15) 通过对比物理地址和 IP 地址，请详细说明两者的区别和作用。

(16) 当一台主机从一个网络移到另一个网络时，以下说法正确的是(　　)。

A. IP 地址和 MAC 地址均变化　　B. IP 地址变化，MAC 地址不变

C. MAC 地址变化，IP 地址不变　　D. MAC 地址、IP 地址均不变

(17) 请辨认下列 IP 地址的类别。

(1) 112.10.235.178　　(2) 224.167.32.81

(3) 167.231.167.12　　(4) 192.168.172.11

(5) 221.234.56.172　　(6) 172.124.78.167

(18) 某路由器接收到一个 IP 报文，经校验发现该报文出现错误。则路由器采取的动

作是(　　)。

A. 丢弃该报文　　　　B. 抑制源节点

C. 继续转发该报文　　　　D. 纠正报文中的错误

(19) 什么是子网掩码？子网划分情况下，如何得到子网的网络号和主机地址？

(20) 子网掩码的作用是(　　)。

A. 确定网络号　　B. 获取物理地址　　C. 寻找 IP 地址　　D. 确定端口

(21) 路由器接收到一个 IP 报文，该报文的源 IP 地址和目的 IP 地址中的网络号一样，则路由器(　　)。

A. 向其他端口转发　　　　B. 向其他子网转发

C. 向目的子网转发　　　　D. 不向任何子网转发

(22) 如何判断两台主机是否处于同一个子网？

(23) 请写出下列子网掩码所对应的网络前缀的位数。

(1) 192.0.0.0　　　　(2) 255.128.0.0

(3) 255.192.0.0　　　　(4) 255.255.252.0

(24) 对于 IP 地址 184.24.37.163 和子网掩码 255.255.192.0，试问子网地址为(　　)。

A. 184.0.0.0　　B. 184.24.0.0　　C. 184.24.37.0　　D. 184.24.8.0

(25) IP 地址为 140.111.0.0 的 B 类网络，若要切割为 9 个子网，而且都要连上 Internet，请问子网掩码设为(　　)。

A. 255.0.0.0　　　　B. 255.255.0.0

C. 255.255.128.0　　　　D. 255.255.240.0

(26) 如果一个 C 类网络地址用掩码 255.255.255.192 划分子网，那么会有(　　)个可用的子网。

A. 2　　B. 4　　C. 6　　D. 8

(27) 对于无分类的 IP 地址 167.189.173.65/27，其网络地址为(　　)。

A. 167.189.0.0　　　　B. 167.189.173.0

C. 167.189.173.64　　　　D. 167.189.173.65

(28) 某网络内的 IP 地址为 202.100.192.0/18，若要分成 30 个子网，则子网掩码为(　　)。

A. 255.255.200.0　　　　B. 255.255.224.0

C. 255.255.254.0　　　　D. 255.255.255.0

(29) IP 数据报首部的长度是(　　)。

A. 20 至 60B　　B. 20B　　C. 60B　　D. 取决于 MTU

(30) 什么是路由表？路由表包括哪些主要项目？各项的含义和作用是什么？

(31) IP 报文的传输可能要经过多个网络和路由器。传输过程中，IP 报文首部中的(　　)。

A. 源 IP 地址变化，目的 IP 地址不变　　B. 源 IP 地址不变，目的 IP 地址变化

C. 源 IP 地址和目的 IP 地址都不变　　D. 源 IP 地址和目的 IP 地址都变

(32) 请写出 CIDR 情况下的路由转发算法。

(33) 某局域网中一台主机的 IP 地址为 172.16.1.12/20，该局域网的子网掩码为(　　)。

A. 255.255.255.0　　　　B. 255.255.254.0

C. 255.255.252.0　　　　D. 255.255.240.0

(34) 上题中,每个子网最多连接的主机数为(　　)。

A. 4094　　B. 2046　　C. 1024　　D. 4096

(35) 假设有下面4条路由:172.18.129.0/24、172.18.130.0/24、172.18.132.0/24、172.18.133.0/24,若进行路由聚合,则能覆盖这4条路由的地址为(　　)。

A. 172.18.128.0/21　　B. 172.18.128.0/22

C. 172.18.130.0/22　　D. 172.18.132.0/23

(36) 某个路由器的路由表如下表所示,现有5个IP报文,其目的IP地址如下:128.96.39.10、128.96.40.12、128.96.40.151、192.4.153.17、192.4.153.90,分别计算各IP报文的下一跳。

目的网络地址	子网掩码	下一跳
128.96.39.0	255.255.255.128	接口1
128.96.39.128	255.255.255.128	接口2
128.96.40.0	255.255.255.128	R2
192.4.153.0	255.255.255.192	R3
默认		R4

(37) 什么是ARP？其作用是什么？请举例说明地址解析过程。

(38) 请说明路由选择协议的主要功能。

(39) 什么是路由选择算法？有几种？各自的特点是什么？

(40) 什么是自治系统？路由选择协议分成几类？各类路由选择协议的应用范围是什么？

(41) RIP工作在哪一协议层？简述RIP的工作过程和特点。

(42) RIP规定的最大跳数为(　　)。

A. 32　　B. 16　　C. 8　　D. 64

(43) OSPF协议工作在哪一协议层？简述OSPF协议的工作过程和特点。

(44) 下列网络协议中,(　　)用于自治系统之间的路由选择。

A. RIP　　B. OSPF　　C. BGP　　D. ICMP

(45) ICMP协议包括哪些类型的报文？其作用是什么？

(46) ping命令属于哪类ICMP报文？其功能是什么？

(47) 解释为什么ICMP时间戳请求和响应报文不能实现精确时钟同步？

(48) 当数据报传输到某个路由器,生存时间字段(即TTL字段,或者跳数字段)变到零而尚未到达目的端时,路由器就要发出(　　)差错报文通知源端。

A. 目的地不可达　　B. 超时　　C. 参数出错　　D. 改变路由

(49) 当目的节点在规定时间内没有接收到一个数据报文的所有分段时,它就发出(　　)差错报文通知源端。

A. 源抑制　　B. 超时　　C. 参数出错　　D. 路由重定向

(50) ICMP的差错报告报文中包括IP首部和数据报数据前8个字节的目的是什么？

(51) 什么是多播？与广播的区别是什么？

(52) 多播路由器中的组地址表与路由表的区别是什么？多播路由器如何生成组地

址表？

(53) IP 多播具有哪些特点？

(54) IGMP 的基本功能是什么？

(55) IETF 是如何解决 IP 地址不足问题的？

(56) IPv6 的地址长度是多少？如何表示 IPv6 的地址？

(57) IPv6 与 IPv4 相比具有哪些特点？

(58) 请解释 IPv6 的任播功能。

(59) 如何实现 IPv6 到 IPv4 的平滑过渡？有哪些具体的实现技术？

第3篇 物理网络与因特网接入

- 第6章 数据链路层
- 第7章 物理层
- 第8章 局域网
- 第9章 广域网
- 第10章 Internet接入技术

按照简化的5层网络体系结构模型，下面将介绍数据链路层和物理层，这两层组成了实现数据通信功能的物理网络。具体的物理网络有以以太网为代表的局域网以及以帧中继、ISDN、ATM等为代表的广域网，这些物理网络提供底层的数据传输功能，一般仅实现数据链路层和物理层的功能，但广域网中的个别网络可能还要实现网络层的部分功能。本书将接入网也归入物理网络部分，详细介绍了用户系统或者用户网络接入因特网的具体方法。

局域网和广域网作为两种重要的物理网络，是计算机网络技术的具体体现，它们的形成和发展代表了计算机网络技术的演变过程。这两种网络因其覆盖范围等方面的差异而具有不同的作用，广域网常用来将分散在不同地理位置上的局域网或者单机系统连接起来，加上高层的TCP/IP就形成了目前广泛使用的Internet；所以说局域网和广域网是实现Internet的通信基础。

本篇共包括5章，分别介绍了数据链路层、物理层、局域网、广域网、Internet接入技术，主要内容如下：

- 从共性角度出发介绍了数据链路层和物理层的基本功能，重点介绍了数据链路层的流量控制、差错控制以及HDLC、PPP等典型的数据链路层协议。
- 以以太网为实例，通过传统以太网到吉比特以太网的发展历程来全面介绍局域网的各种概念和实现技术，重点介绍传统以太网的网络体系结构和介质访问控制方式，最后介绍虚拟局域网和无线局域网的相关标准及实现技术。
- 以X.25、帧中继、ISDN、ATM等为实例，介绍了各种广域网的协议参考模型及其特点，并就广域网中的流量控制和拥塞控制等问题进行了全面剖析。
- 分类介绍了常见的Internet接入技术。

第6章 数据链路层

数据链路层位于网络层和物理层之间，它形成的协议数据单元称为帧(frame)，它负责将形成的数据帧传输给相邻的下一个节点。在节点内部，数据链路层一方面接收网络层的数据，加上自己的帧头和帧尾，形成数据帧，然后传输给物理层；另一方面，它接收来自物理层的数据帧，去掉帧头和帧尾，将取出的数据部分传输给网络层。此外，数据链路层还实现寻址、链路管理、流量控制、差错控制等功能。

6.1 引言

在计算机网络的通信过程中，数据最终要转变成信号在通信线路上进行传输。在数据链路层，将一条点到点的物理线路称之为物理链路(简称为链路)。数据链路层首先管理的对象是链路。而计算机网络中的数据是以串行方式进行传输的，这些串行数据要通过物理链路从一个节点正确无误地传输到另一个节点，就要保证通信双方能够同步地发送和接收数据，而且还要能够正确地识别对方发送来的数据。所以要实现通信功能，仅有物理链路尚且不够，还需要规定数据传输的格式，并对整个通信过程进行控制；而这些有关数据传输格式的规定以及对整个通信过程进行控制的规程就是通信协议，在数据链路层称之为通信规程。物理链路加上通信规程或者协议就形成了数据链路。显然，数据链路是逻辑链路，它不但包括物理链路，还包括对物理链路上数据传输过程进行控制的相关规程。

对于计算机网络，我们希望数据能够正确无误、快速地进行传输，这种理想的计算机网络应满足如下两个条件：

(1) 接收端能够接收发送端以任何速率发送来的数据，即接收端接收数据的速率足够快，无论发送端以多快的速率发送数据，它都能够及时地接收。

(2) 通信线路质量非常高，能够保证数据正确无误地传输。

但实际情况并非如此，而且网络通信是一个动态过程，情况非常复杂。对于条件(1)，可能接收端接收数据的速率小于发送端发送数据的速率；此时为了保证接收端能够及时地接收数据，就要控制发送端发送数据的速率，否则可能导致数据丢失，这就是所谓的流量控制。对于条件(2)，尽管随着通信技术的发展，通信线路的传输质量非常高，但还是存在误码率(虽然很低)，而且电磁辐射等外界干扰也可能改变通信线路上传输的数据；所以网络系统应该能够发现数据在传输过程中是否发生了变化，并能保证数据正确地进行传输，这就是差错控制。

数据链路层所要完成的主要功能就是对网络传输数据的流量和差错进行控制，此外还要完成链路管理、相邻节点寻址等功能。数据链路层所要完成的功能具体如下：

(1) 链路管理。在两个节点进行通信前，需要彼此了解对方是否准备好接收或发送数据，因而它们必须交换一定的信息（如设备是否准备好、封装数据帧的最大长度等），把这个过程称为链路管理，具体包括链路的建立、维持和释放。

(2) 规定传输数据的格式，进行帧的封装及拆封。将高层送给它的数据加上帧头和帧尾组成帧，送给物理层转换成比特流进行传输；或者将从物理层获得的帧去掉帧头和帧尾，提取出数据部分并传输给上层协议。数据链路层传输的可能是数据，也可能是控制信息，该层协议给出了区分传输对象性质的方法。

(3) 帧定界。网络通信时在物理链路上传输的为串行比特流，是一帧接着一帧的数据，如何将串行比特流所包含的帧区别开，即要找出哪是一帧的开始，哪是一帧的结束，就称之为帧定界，也叫帧同步。数据链路层要给出帧定界的具体方法。

(4) 流量控制。通过流量控制避免出现发送端发送数据的速率超过接收端的最大接收能力而导致数据丢失现象的发生，保证发送端和接收端协调一致地交换数据。计算机网络中常采用通过接收端控制发送端的发送速率来达到流量控制的目的，即接收端通过一定的机制将自己的接收能力通知给发送端，发送端以此确定发送数据的速率，以保证其发送数据的速率与接收端的接收能力相适应。传输层中的 TCP 就是采用类似的机制来控制流量。

(5) 差错控制。计算机网络通信要求具有极低的差错率，若数据通信出现错误要能够发现和纠正错误，这通常通过编码技术来实现。通常有两类实现差错控制的方法。一种是前向纠错，即通过编码使接收端接收到有差错的数据帧后，能够自动地将差错改正过来；但自动纠错功能的实现将增大系统的开销，目前网络通信中已很少使用。另一种方法是差错检测，即通过编码使接收端能够检测出接收的数据帧是否出错；发现出错后即简单地丢弃该数据帧，然后采取两种方式进行事后处理；其一是不做任何处理（可能需要高层协议来处理，如超时重传），其二是接收端给发送端发送通告信息，告知发送端发送的数据出现错误，要求发送端重新发送。

(6) 寻址功能。在数据链路层，为每个节点定义了一个唯一的物理地址，用它来区分各个节点，并实现相邻节点间的寻址和通信。在封装数据帧时将发送端和接收端的物理地址作为数据帧首部的一部分，并与数据帧一起传输；通过接收端的物理地址就能够使数据帧正确地传输到目的地，接收端从数据帧首部也可以知道数据帧来自哪个发送节点。

下面就开始介绍数据链路层实现流量控制和差错控制的原理和方法，同时介绍几个典型的数据链路层协议，而数据链路层的其他功能将在介绍具体的物理网络时再详细介绍。

6.2 流量控制

6.2.1 停止等待协议

停止等待协议是数据链路层实现流量控制的一种最简单的协议。该协议也是通过接收端来控制发送端的数据发送速率，从而达到流量控制的目的。

停止等待协议要求发送端每发送完一个数据帧后，就停下来等待接收端的回答，接收端正确接收到数据后，就发送一个确认信息ACK(ACKnowledgement)给发送端，发送端接收到这个确认信息后，知道所发出的数据帧已被接收端正确接收，然后就发送下一个数据帧。在数据传输过程中，上述过程是自动进行的，所以停止等待协议也称为ARQ(Automatic Repeat reQuest)协议。

但使用ARQ协议进行数据传输时，可能存在如图6.1所示的几个问题。

(1) 数据帧在传输过程中丢失了，接收端没有接收到该数据帧。显然，接收端不可能给发送端发送确认帧，发送端将永远等待下去，即发生死锁。

(2) 接收端正确地接收到了数据，但给发送端发送的确认帧ACK在传输途中丢失了，则发送端也无法知道接收端的接收情况，所以只好继续等待接收端的确认信息，这也将导致发生死锁。

(3) 数据帧在传输过程中出现了错误，虽然接收端接收到了该数据帧，但数据帧因出错而失去价值。

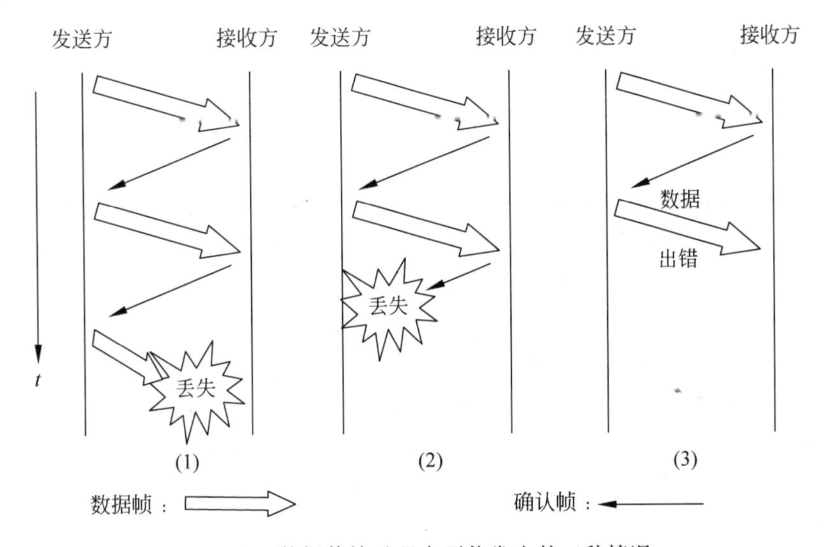

图6.1 数据传输过程中可能发生的三种情况

为了解决第(1)、(2)两个问题，采用TCP中所采用的超时重传技术。在发送端发送数据的同时，启动一个定时时钟；当定时时钟已经超时但还没有收到接收端的ACK确认信息，则再将该数据帧重新发送一次。为了实现上述功能，要在内存中开辟一块缓冲区，以保留刚发送出去的数据帧；这些临时保留的数据帧待收到对应的确认信息后，再从缓冲区中清除。

在数据链路层上，超时重传的超时时间也是很难准确确定的。超时时间一般是一个动态数值，确定起来非常复杂，随网络的实际工作状态而改变；而网络的通信过程是动态变化的，超时时间常确定为略大于“从发送完数据帧到接收到确认帧的平均时间间隔”。

通过超时重传功能可以很好地解决第(1)个问题，但对于第(2)个问题可能会出现如下情况，即在没有接收到接收端的ACK帧的情况下，发送端多次发送同一个数据帧，导致接收端接收到多个重复的数据帧(简称为重复帧)。发送端长时间没有接收到接收端的ACK帧可能是因为ACK帧在传输中丢失，也可能是因为在超时重传过程中，超时时间定得过短而引起发送端多次重复发送同一个数据帧。为了使接收端能够识别出重复帧，在发送数据帧时,对每个帧进行编号(称为发送序号),这个编号作为数据帧的一部分与数据帧一起传输。接收端根据接收到的数据帧中的发送序号就可以判断是否为重复帧,若是重复帧,则将它丢弃;但此时接收端要给发送端发送一个确认帧,以避免发送端再次重发。

对于帧的发送序号,因为它要与数据一起传输,所以它所占用的位数要合理,否则将占用太多的通信资源;对于停止等待协议仅需1位(0/1)即可。

当数据传输过程中出现第(3)个问题时,接收端有两种处理方法。其一是接收端接收到了错误的数据帧后就简单地将之丢弃,等待发送端的超时重传。其二是接收端发现接收的数据帧有错误后,马上给发送端发送一个否认帧NAK(Negative AcKnowledgement),通知发送端数据传输出现了错误,要求它重新发送。第二种方法能够使发送端及早发现问题,尽快重传,减少空闲等待时间。

上面介绍的这种停止等待协议很好地实现了流量控制功能,但发送端每次只能发送一个数据帧,而且因长时间等待接收端的确认信息而处于空闲状态,通信效率很低。下面介绍连续ARQ协议来对上述问题进行改进。

6.2.2 连续ARQ协议

为了解决停止等待协议通信效率较低的问题,现要求发送端发送一个数据帧后,不是停下来等待接收端的确认,而是继续发送后续的几个数据帧;如果这时收到了接收端发来的确认帧,那么还可以继续发送后续的数据帧;这就是连续ARQ协议。由于发送端减少了等待时间,从而提高了通信的吞吐量。使用连续ARQ协议时,除涉及停止等待协议中的类似问题外,还涉及一些其他问题;具体问题及解决方法如下:

(1) 超时重发。此时因连续发送多个数据帧,所以每发送一个数据帧都要启动一个相应的定时器,这样系统中就需要设置多个定时器。发送端接收到相应的确认帧而对应的定时器未超时,则将之清零,否则就重传相应的数据帧。发送端发送每个数据帧后都要保存以待重发,所以连续ARQ协议需要设置一个缓冲队列(称之为重传队列),用于按序存储已经发送的但还没有接收到确认的数据帧的副本。当发送端接收到所发送数据帧的确认信息,而对应的定时器还没有超时,便将对应的定时器清零,并从缓冲队列中删除该数据帧的副本。

(2) 流量控制。连续ARQ协议可以连续发送多个数据帧,显然同时发送数据帧的数量要受接收端接收能力的控制。与TCP类似,为了进行流量控制定义了两个窗口:发送窗口和接收窗口。发送窗口W_T定义于发送端,是允许发送端同时发送的数据帧的数目,只有落在发送窗口内的数据帧才可以发送。显然停止等待协议的发送窗口为1。系统启动时,为发送窗口的大小设置一个初始值,在通信过程中,其大小将根据接收端的确认信息进行调整。

接收窗口W_R定义于接收端,用于控制接收端对数据帧的接收,允许接收端仅接收发送序号落在接收窗口内的数据帧。

确定发送窗口的大小是一项非常复杂的工作。若发送窗口过大,会导致很多问题。首先,因同时可以发送较多的数据帧,其重传队列要占用过多的内存资源。其次,当未被确认的数据帧数目太多时,只要有一帧数据出错,在按序接收的情况下,就可能要有很多的数据帧需要重传,这将导致浪费带宽资源,增加通信开销。此外,还需要足够大的发送序号,而发送序号要在数据帧中占用若干个比特，占的位数越多，则系统通信的开销就越大。

为了解决上述问题，要合理地设置同时发送的数据帧数以及数据帧中发送序号所占的比特数。

下面假设发送帧的序号采用3个比特进行编码，即发送序号为0～7；假设发送窗口大小 $W_T=5$，即发送端最多可以同时发送5帧数据，如图6.2所示。

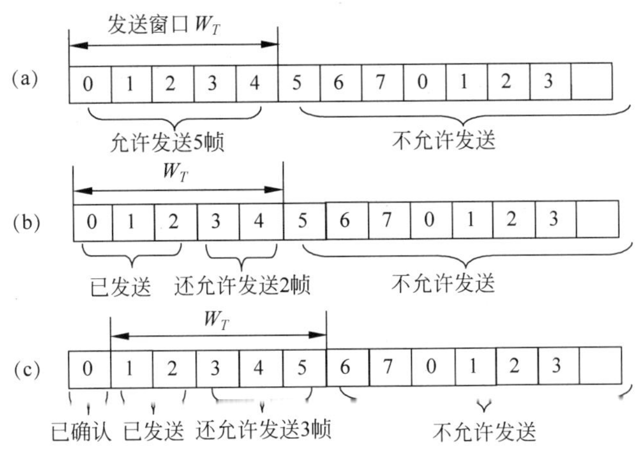

图6.2 发送过程中发送窗口的变化情况

(1) 位于发送窗口内的帧为允许发送的数据，而窗口右侧的为不允许发送的数据帧，如图6.2(a)所示。

(2) 当发送窗口内的数据帧发送出去后，在没有收到接收端的确认信息前，发送窗口保持不变，如图6.2(b)所示。发送端已发送0、1、2共3个数据帧，但均没有得到确认，此时发送窗口不变，但还可以发送3、4号数据帧。

(3) 只有接收到接收端的确认信息后，发送窗口才向右侧滑动，如图6.2(c)所示。此时发送端接收到了0号数据帧的确认，说明0号数据帧已被接收端正确接收，发送窗口向右移动，将5号数据帧移入发送窗口；此时可以发送3、4、5号数据帧。这样随着确认帧的接收，发送窗口将逐渐向右滑动。

(4) 为了提高通信效率，连续ARQ协议规定接收端不必每接收到一个数据帧后就发确认，可以连续接收到几个数据帧后，仅发送一个确认帧一同进行确认。用确认号ACKn表示接收端已正确接收到$n-1$号及以前的所有数据帧，希望发送端下次从n号数据帧开始发送。如ACK3号确认帧表示已正确接收了3号以前的各个数据帧，接收端希望发送端下次从3号数据帧开始发送。

与TCP类似，接收端发送确认帧的方式有两种。一是用确认序号形成单独的确认帧，发送给发送端。二是采用捎带技术，将确认序号放在接收端要发送给发送端的数据帧中进行传输，这样可以减轻网络负载。

对于接收端，接收窗口W_R用来控制对数据帧的接收。对于连续ARQ协议，接收窗口W_R的大小设置为1，如图6.3所示。图中，图6.3(a)表示目前仅允许接收0号数据帧。图6.3(b)表示已接收到了0号数据帧并发送了确认帧给发送端，然后接收窗口W_R向右移动，说明下一个仅接收发送序号为1的数据帧。图6.3(c)表示已接收到0～4号数据帧，下一个要接收的是5号数据帧。注意,当接收端接收到发送序号不在接收窗口内的数据帧时,则将它放入接收缓存区或者简单地将其丢掉。

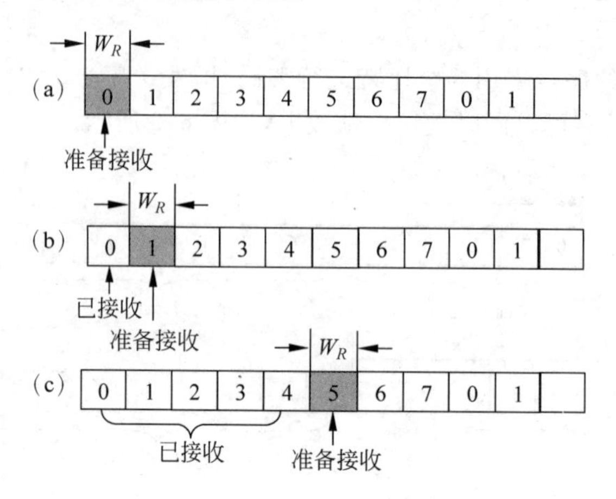

图 6.3 接收过程中接收窗口的变化

从图6.2和图6.3可以看出,发送窗口受接收窗口的控制。接收端每收到一个正确的数据帧,接收窗口就向前(右侧)滑动一个帧的位置,同时向发送端发送该帧的确认,并引起发送窗口发生相应的滑动。

正是由于发送和接收窗口按照上述规律不断地向前滑动,因此连续ARQ协议又称为滑动窗口协议。

连续ARQ协议可以连续发送多个数据帧,若连续发送的数据帧中中间发送序号的数据帧出错,接收端在按序接收的情况下是如何进行处理的呢?如四个数据帧1、2、3、4已连续发送;接收端正确地接收了1、3、4号数据帧,但没有正确接收2号数据帧(可能是因为2号数据帧在传输过程中丢失,或者2号数据帧到达了接收端但在传输过程中出现了错误)。有两种方法来解决上述问题。其一称为回退N机制,即接收端丢掉需要重传数据帧后面的所有数据帧,尽管其中许多数据帧是正确的。此时,要求发送端将出错的数据帧之后的所有数据帧再重新发送一次,这样就要回退N个数据帧,这时的ARQ协议也称为回退N-ARQ协议。采用这种方法时,那些正确到达接收端的后续数据帧,也要与前面发生错误的数据帧一起进行重传,显然占用了额外带宽,浪费了通信资源。方法二是先暂存正确到达接收端的后续数据帧,并给发送端发送NAK否认帧,通知其发生错误的数据帧的序号,要求发送端仅重传出现错误的数据帧;这种方法因选择性重新传输出现错误的数据帧,故称为选择重传ARQ协议。这种方法要求增加接收窗口W_R的大小,以便可以同时接收多个数据帧;并在接收端的内存中开辟一块缓存区,以容纳和存储后续到来的数据帧,待前面出错的数据帧正确传到目的地后再一起传输给上层协议,故需要额外占用一部分系统资源。

显然,上面所介绍的超时重传和流量控制方法在TCP中也得到了应用。

6.3 差错控制

上述流量控制协议中的重传措施保证数据可以可靠地传输到接收端。但是当接收端接收到一个数据帧后,它怎样才能知道这个数据帧是正确的还是错误的呢?这就是本节所要讲述的内容。

为了使网络节点能够识别所接收的数据是否发生错误，通常采用在发送的数据中增加冗余信息的方法。在发送端采用一定的方法处理待发送的数据，生成一段冗余码，该冗余码与数据一起组成数据帧进行传输；接收端接收到该数据帧后，根据其中的冗余码就可以判断出数据在传输过程中是否发生了改变，该冗余码也称为校验码。生成校验码的常用方法有奇偶校验、校验和、CRC 校验等。

6.3.1　奇偶校验

奇偶校验是在待发送的二进制数据后面再增加一位校验位“0”或者“1”，保证要传输的数据和校验位中的“1”的个数分别为奇数或偶数(分别对应奇校验和偶校验)。网络节点根据接收数据中“1”的个数以及规定的校验方法(奇校验/偶校验)，就可以判断数据在传输过程中是否发生了错误。

奇偶校验方法的使用具有一定的局限性，它仅能发现奇数个错而不能检验出偶数个错。因为当被校验的数据中有偶数个“1”同时变为“0”或者发生相反的变化时，其奇偶特性并不改变。

这种校验方法非常简单，易于实现，经常采用在传输数据位数有限的情况下。

6.3.2　校验和

校验和(checksum)也是一种简单、易于实现的校验方式，在 Internet 的 TCP、UDP、IP 等协议中采用的就是这种校验方法，感兴趣的读者可以参阅相应章节的内容，本节不再介绍。

6.3.3　循环冗余校验

循环冗余校验(Cyclic Redundancy Check，CRC)是计算机中广泛使用的校验方法，如存储器中的数据校验。它是在数据后面附加上用于差错校验的冗余码，常称之为 CRC 码。这种校验码一般占 12、16 或者 32b，显然所占的位数越多，校验能力就越强，但是通信的开销也就越大。

循环冗余校验中校验码的生成是基于模 2 运算，即两个不同二进制位的和或差为 1，而两个相同二进制位的和或差为 0。设待传输的数据 D 为 n 位二进制数 $D_{n-1}D_{n-2}\cdots D_1D_0$，它可用多项式 $M(x)$ 来表示：

$$M(x) = D_{n-1}x^{n-1} + D_{n-2}x^{n-2} + \cdots + D_1x^1 + D_0x^0$$

将待传输的数据 D 左移 k 位，得到多项式 $M(x)\cdot x^k$，即对应一个 $n+k$ 位二进制数：

$$D_{n-1}D_{n-2}\cdots D_1D_0 0000\cdots 0$$

该数据的后面为连续 k 个 0，用来存放将要得到的 k 位校验码。

CRC 码就是用多项式 $M(x)\cdot x^k$ 除以生成多项式 $G(x)$，所得的余数作为校验码。显然，为了得到 k 位余数(即校验码)，$G(x)$ 必须是 $k+1$ 位，即 $G(x)$ 为 k 次多项式。

设多项式 $M(x)\cdot x^k$ 除以生成多项式 $G(x)$ 得到的商为 $Q(x)$，余数为 $R(x)$，即：

$$M(x)\cdot x^k = Q(x)\cdot G(x) + R(x)$$

将多项式 $R(x)$代表的二进制数替代数据 D 左移的 k 位信息就构成了 CRC 码。此时，组成的具有校验码的数据可表示为：

$$\begin{aligned} M(x) \cdot x^k + R(x) &= [Q(x) \cdot G(x) + R(x)] + R(x) \\ &= Q(x) \cdot G(x) + [R(x) + R(x)] \\ &= Q(x) \cdot G(x) \end{aligned}$$

所以，得到的是一个可以被生成多项式 $G(x)$整除的二进制数。如果该数据在传输过程中不出现错误，其余数必定为 0；如果出现错误，其余数必定不为 0。

下面通过一个例子说明 CRC 码的生成过程。设待传输数据的二进制编码为 1100，生成多项式 $G(x)=1011$，$G(x)$为 4 位，所以 $k+1=4$，即 $k=3$。那么有：

$$M(x) = 1100 = x^3 + x^2$$
$$G(x) = 1011 = x^3 + x + 1$$
$$M(x) \cdot x^k = M(x) \cdot x^3 = 1100000 = x^6 + x^5$$
$$R(x) = M(x) \cdot x^k / G(x) = 010 = x$$

所以，$M(x) \cdot x^3 + R(x) = 1100000 + 010 = 1100010$ 为最终要传输的 CRC 码。

在接收端进行差错校验时，将收到的 CRC 码用约定的生成多项式 $G(x)$去除，如果无错，则余数为 0；如果有错，则余数不为 0。而且出错的位数不同，所得的余数也不同；这样根据余数就可以判断是哪些位出错，只要将出错的位取反就可以对数据进行纠错。

需要特别注意的是，并不是所有的多项式都可以作为生成多项式。生成多项式 $G(x)$必须满足一定的条件才能实现检错和纠错功能。通常生成多项式 $G(x)$应满足如下条件：

(1) CRC 码在传输过程中有一位出错，则除以生成多项式后所得的余数就不为 0。

(2) 不同的数位发生错误则余数不同。

(3) 对余数继续做模 2 除，应使余数循环。

生成多项式的选择比较复杂，感兴趣的读者可以参考相应的参考文献。

6.4 高级数据链路控制 DHLC 协议

6.4.1 概述

物理链路只有加上控制规程形成数据链路后通信双方才能相互识别数据，并保证能够正确地传输数据。最初的通信规程是面向字符的 IMP-IMP 和 BSC 规程，这两个协议分别由 ARPANET 和 IBM 公司开发。因为上述协议是面向字符的，所以它们传输的数据必须是规定字符集中的字符，控制字符也必须是控制字符集中的字符；这就导致这两个协议兼容性差，不易扩展，而且通信线路的利用率也比较低。

1974 年，IBM 推出了著名的网络体系结构 SNA，采用了面向比特的数据链路层规程(Synchronous Data Link Control，SDLC)，后经 ISO 修改为高级数据链路控制(High-level Data Link Control，HDLC)规程；国际电报电话咨询委员会(CCITT)又将之修改为链路接入规程 LAP(Link Access Protocol)，进而又修改成为 LAPB(Link Access Protocol-Balanced)，即平衡型的 LAP，这些协议分别被许多网络的数据链路层所采用。

为了满足各种类型的应用,HDLC 定义了 3 种站点、两种链路结构和 3 种数据传输方式。

1. 3 种类型的站点

- 主站：负责链路的控制。主站向从站发送命令帧,并接收来自从站的响应帧。
- 从站：只能在主站的控制下进行工作。从站接收主站的命令,然后发送响应帧给主站；从站对链路无控制权,从站之间不能直接进行通信。
- 复合站：具有主站和从站的双重功能,可以发送命令帧和响应帧。

2. 两种链路结构

- 非平衡结构：由一个主站和多个从站组成,主站负责链路的控制,发出命令帧,而从站只能根据主站的命令发响应帧。
- 平衡结构：链路两端的站为复合站,两个站点的地位是平等的,均具有主站和从站的双重功能。

3. 3 种数据传输方式

- 正常响应方式(Normal Response Mode,NRM)：应用于非平衡链路结构。在这种方式下由主站来启动数据传输,从站在接收到主站的询问命令后才能发送数据。
- 异步响应方式(Asynchronous Response Mode,ARM)：应用于非平衡链路结构。在这种方式下,主站负责链路管理,如链路的建立和释放等；但允许从站在没有接收到主站询问命令的情况下就可以启动数据传输。
- 异步平衡方式(Asynchronous Balanced Mode,ABM)：应用于平衡链路结构。在该方式下,任何一个站点不必得到其他站点的允许就可以启动数据传输。该方式的传输效率较高。

6.4.2 HDLC 的帧结构

HDLC 以及一些其他面向比特的数据链路控制协议均采用同步传输方式。HDLC 的同步是帧同步。通过帧同步,在传输数据帧的过程中就能够区分出数据帧的首部和尾部,以便能够正确地接收数据。在实现帧同步时,HDLC 在数据帧的头部和尾部分别放一个特殊的标记字符来标识帧的开头和结尾,这个标记字符叫作标志字段 F(Flag),即二进制数 01111110。在接收端只要找到这样的标志字符就可以确定一个数据帧的开始和结束。

但是,当两个标志字段之间的数据字段中出现与标志字段 F 一样的字符时,将会引起混乱,以致无法区分帧的首部和尾部。为了保证标志字段 F 在数据帧中的唯一性,HDLC 采用零比特填充法：即在发送数据前,先由硬件扫描数据,若发现有 5 个连续的“1”,则在后面填上 1 个“0”,处理后再将数据封装成帧。接收端接收到数据帧后,首先去掉帧头、帧尾,再对其中的数据做相反处理,即可恢复原来的数据。

HDLC 的帧结构如图 6.4 所示,除了标志字段 F 以外,还有地址、控制、信息和帧校验等字段,这些字段都将作为无意义的通信净荷封装在数据帧中进行透明传输；HDLC 帧中各个字段的具体含义如下：

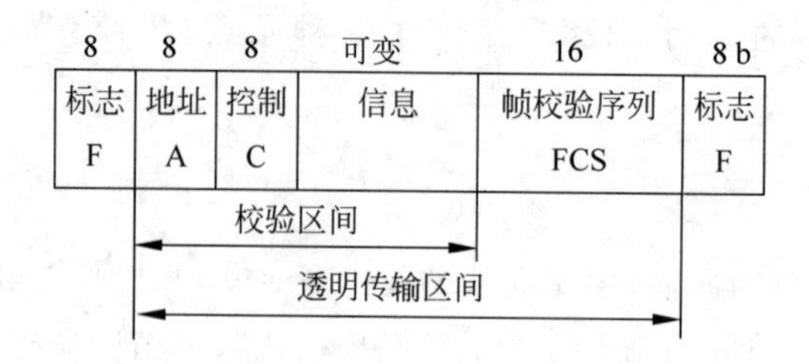

图 6.4 HDLC 的帧结构

(1) 地址字段 A：占 8b，用于给出站点地址。对于非平衡结构，为从站的地址；对于平衡结构，为应答站的地址。A 为全 1 时是广播方式，为全 0 时是无效地址。显然，共有 254 个有效地址，但可以进行地址扩展，即地址字段的第 1b 为 0 时，表示下个字段仍为地址字段，每个地址字段的其他 7b 作为地址；当扩展地址字段的第 1b 为 1 时表示这是最后一个地址字段。

(2) 信息字段：不定长，表示要传输的数据。

(3) 帧校验序列 FCS：共 16b，采用 CRC 校验；校验对象包括地址、控制和信息 3 个字段。

(4) 控制字段 C：占 8b，用于完成 HDLC 协议的控制功能。HDLC 有 3 种帧：信息帧 I、监督帧 S 和无编号帧 U，具体由控制字段的最前 2 位决定，如图 6.5 所示。

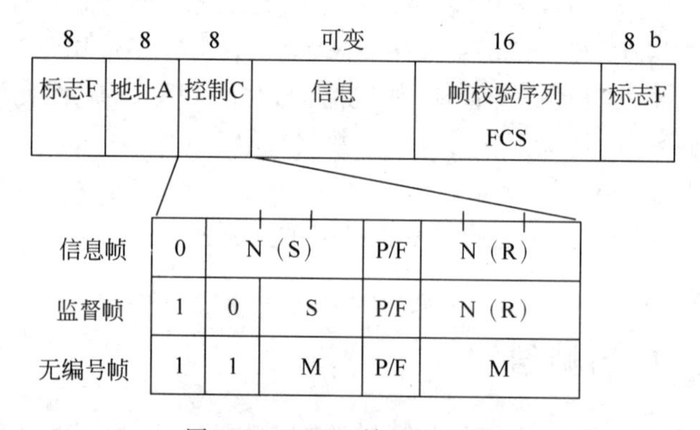

图 6.5 HDLC 帧的控制字段

① 信息帧：控制字段的第 1b 为 0。N(S)为发送序号，表示当前发送的信息帧的序号；N(R)为接收序号，表示本站所希望接收的下一信息帧的序号。P/F(Poll/Final)为查询/终止标志位；P 位设置成有效时，要求对方立即发送响应，F 设置成有效时，表示数据已发送完毕。

注意，由于信息帧中分别设置有发送序号和接收序号字段，所以，N(R)可以采用捎带技术进行传输，不需要形成单独的确认帧，从而减轻通信开销。

② 监督帧：控制字段的第 1、2b 为 10。共 4 种监督帧，取决于字段 S(占 2 比特)，各种监督帧以及对应 S 字段的各种取值和具体功能如下：

RR 帧(Receive Ready)：S=00，表示接收准备就绪；确认序号为 N(R)−1 及其以前的各个数据帧，准备接收下一帧。通常作为确认帧。

RNR 帧(Receive Not Ready)：S=10，表示接收未就绪；确认序号为 N(R)−1 及其以

前的帧，暂停接收下一帧。通过发送该帧可以使发送端暂停发送数据。

REJ 帧(Reject)：S=01，表示拒绝；确认序号为 N(R)−1 及其以前的帧，从 N(R)起所有的帧被否认。通常作为否定确认帧。

SREJ 帧(Selective Reject)：S=11，表示选择拒绝；确认 N(R)−1 及其以前的帧，但仅否认序号为 N(R)的帧；在选择重传方式下可以通过该帧要求发送端重传序号为 N(R)的帧。

各种监督帧中，前 3 种使用在连续 ARQ 协议中，仅第 4 种使用于选择重传 ARQ 协议。所有的监督帧均不包括信息字段，仅 48b。从上面的分析可见，监督帧相当于确认帧，不需要发送序号 N(S)，但接收序号 N(R)却相当重要。显然，RR 帧和 RNR 帧具有流量控制作用。

③ 无编号帧：控制字段的第 1、2b 为 11。该帧本身不带编号字段，即无 N(S)和 N(R)字段；其作用由 M 字段来标识，M 字段共占 5b，有 32 种组合，但只定义了 15 种，主要起控制作用，如设置响应方式、建立数据链路、拆除数据链路等。

6.4.3 HDLC 的信息交换过程

采用 HDLC 协议进行数据传输分成 3 个阶段：建立数据链路、传输数据和释放数据链路。通常 HDLC 协议工作于正常响应方式和异步平衡方式。

1. 建立和释放数据链路

根据建立数据链路的站点种类不同，有两种方式来建立数据链路。

- 通信在主站和从站之间进行。建立数据链路时，首先由主站发送“置正常响应方式”帧，在地址字段中给出从站的地址，将查询位 P 置为 1，询问从站是否有数据要发送；从站给出一个无编号帧作为响应，该帧的终止位 F 置成 1；这样就以正常响应方式建立了两个站点间的数据链路。数据传输结束，也是由主站先发出拆除数据链路命令给从站，从站接到命令后返回一个无编号帧作为响应，从而拆除了链路。
- 通信在复合站之间进行。此时通信双方均为复合站，每个站均可首先提出建立和拆除数据链路以及传输数据的请求。

2. 传输数据

在数据链路建立以后就可以进行数据传输。当数据链路以正常响应方式进行数据传输时，主站使用查询位 P=1 的帧先查询从站是否有数据要发送。如果从站没有数据要发送，则返回终止位 F=1 的 RNR 帧进行响应，表示没有数据要发送；如果从站有数据要发送，则按序发送信息帧，并把最后一帧的 F 位置成“1”。

6.5 SLIP/PPP

因特网目前已广泛使用，但用户使用网络资源前需要事先接入因特网。目前有两种常用的因特网接入方式：专线接入和电话线接入。专线接入是指用户计算机通过租用线路或者专用线路接入因特网的路由器上。而电话线接入是指用户通过普通电话线连接到 ISP

(Internet Service Provider)的路由器上,而该路由器与因特网相连。这样,用户将作为因特网上的一台临时主机来使用因特网上的各种资源。从用户的角度看,这两种因特网的接入方式均属于点对点的连接方式。无论是哪种接入方式,均需要使用数据链路层协议。下面介绍 Internet 上广泛使用的数据链路层协议:SLIP/PPP。

6.5.1 SLIP

串行线路网际协议(Series Line Internet Protocol,SLIP)是 Internet 上较早使用的一种面向字符的数据链路层协议,该协议面向低速串行线路,可以用于专用线路,也可以用于拨号线路。从 1984 年起,因特网就开始使用这种协议,但是随着 Internet 的发展,SLIP 逐渐暴露出许多缺点使它难以满足用户的需求。第一,SLIP 不具备差错检测和控制功能,若出错仅能通过高层协议来处理,增加了高层协议的负担。第二,SLIP 不能动态指定 IP 地址,通信双方必须事先知道对方的 IP 地址。第三,SLIP 仅支持 IP,不支持其他网络层协议,这样就妨碍了运行其他网络层协议的网络接入 Internet。第四,SLIP 不支持用户身份认证,不能保证通信的安全性。而且 SLIP 最终也未能成为因特网的标准协议,存在多个互不兼容版本,影响了网络互连。

6.5.2 PPP

为了克服 SLIP 的缺点,Internet 工程任务组 IETF 于 1992 年制定了 PPP(Point to Point Protocol)协议,即点到点协议,用来通过拨号或专线方式建立点对点连接。该协议具有差错检测功能,支持多种网络层协议和用户身份认证,允许在建立连接时动态协商链路选项和网络层协议,它在许多方面对 SLIP 进行了改进。目前,Internet 一般采用 PPP 作为它的数据链路层协议。PPP 主要包括 3 个方面的功能:

(1) 定义了封装 IP 数据报等网络层协议数据单元的方法,即规定了所采用的帧格式。

(2) 定义了数据链路控制协议(Link Control Protocol,LCP),用来建立、释放、配置、测试和维护数据链路。

(3) 定义了网络控制协议(Network Control Protocol,NCP),用于协商网络层选项,使 PPP 支持不同的网络层协议,如 IP、DECnet、Apple Talk 等。

1. PPP 的帧格式

与 HDLC 的帧格式相似,PPP 的帧格式如图 6.6 所示,帧中所包括的各个字段及含义如下:

1	1	1	1~2	可变	2~4	1B
标志域	地址域	控制域	协议域	信息域	校验域	标志域
01111110						01111110

图 6.6 PPP 的帧格式

- 标志域:占 1B,值为 01111110,标志帧的开始和结束,用于帧同步。
- 地址域:占 1B,值为 11111111,表示所有站均接收(即广播方式);但因为实际上是点对点链路,所以地址域实际上不起作用。

- 控制域：占1B，值为00000011，与HDLC帧中的控制域相同，用来定义帧的类型。默认时表示PPP采用无编号帧。
- 协议域：占1到2B，用于说明数据帧中所封装数据的来源（是NCP、LCP还是IP数据报等数据）；值为0x0021时，说明信息域中的内容为IP数据报；值为0xC021时，说明信息域中的内容为PPP链路控制数据；值为0x8021时，说明信息域中的内容为网络控制数据。
- 信息域：长度可变，默认时的最大长度为1500B，为要传输的数据或者控制信息（如NCP分组）。
- 校验域：占2～4B，通常为2B，存校验码。

此外，需要特别注意的还有如下几点：

(1) 当封装的信息域中含有与帧头、帧尾标志F(0X7E)一样的比特组合时，应采取的措施如下：

① 同步通信方式下，采用硬件来完成比特填充，填充方法与HDLC一样。

② 异步通信方式下，采用特殊的比特填充法：将信息域中的0X7E变为2B(0X7D,0X5E)；若信息字段中出现0X7D，则将之转换为(0X7D,0X5D)。

(2) PPP不使用序号和确认机制，原因如下：

① 若要实现可靠的数据链路层协议，开销就要增大；在数据链路层出现差错不大的情况下，使用简单的PPP较为合理。

② 因特网环境下，封装传输的为IP数据报，即使数据链路层能够可靠传输，但网络层仍不能保证传输的可靠性（因IP提供的是尽力而为服务），所以数据链路层即便提供了可靠传输功能也可能是多余的。

③ PPP帧有校验域。PPP根据校验域进行校验，若发现数据帧有错则丢弃，可以保证无差错传输。

2. 链路控制协议（LCP）

LCP用于建立、测试、拆除数据链路和协商链路选项。LCP提供3种帧：

- 链路建立帧：用来建立和配置链路。
- 链路终止帧：用来撤销和释放链路。
- 链路维护帧：用来管理和维护链路。

通过上述3种帧LCP就可以实现上面所述的各种功能。

3. 网络控制协议（NCP）

NCP用于配置所要使用的网络层协议。不同的网络层协议对应不同的NCP，如完成IP配置的NCP为IPCP，它可以为IP主机动态分配一个IP地址。注意只有PPP链路建立之后才能使用NCP协商网络层的参数。

4. PPP的认证

在使用网络之前，要对用户的身份进行认证，以确定其合法性。PPP有两个认证协议：口令授权协议（Password Authentication Protocol，PAP）和握手授权协议（Challenge-

Handshake Authentication Protocol,CHAP)。系统经过认证确认安全后,才建立连接;否则终止连接。PPP的认证过程如图6.7所示。

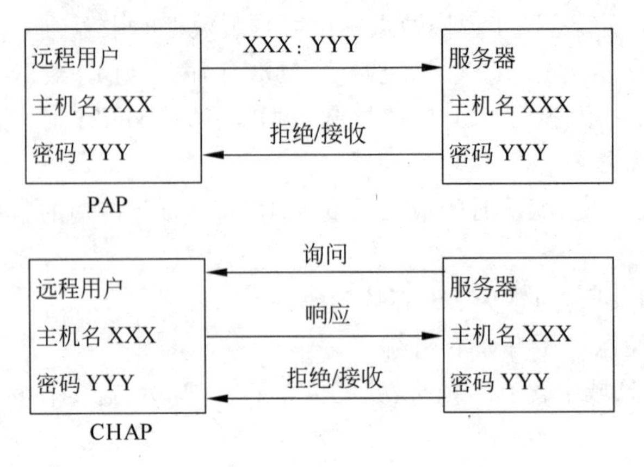

图6.7 PPP的认证过程

(1) PAP:客户和服务器在数据链路建立时通过一次握手信号确认用户身份,以后不再确认,而且以明文形式传输用户名和口令,所以PAP不安全。

(2) CHAP:通过三次握手信号确认用户身份,这一过程在使用过程中随时进行,而且以加密形式传输用户名和口令,所以非常安全。PPP建立连接后,服务器向远程结点发送询问消息,远程结点返回一个值;服务器将该值与自己的值相比较,匹配则建立连接;否则中断连接。

5. PPP的工作过程

下面以PC机通过普通电话线连接Internet为例介绍PPP的工作过程,具体如下:

(1) 用户端通过拨号连接ISP的调制解调器,ISP的路由器确认后建立一条到用户端的物理连接。

(2) 用户端和路由器相互发送LCP分组来协商配置和测试数据链路,包括协商最大帧长度、使用的认证协议等。

(3) 配置网络协议。连接建立后,双方通过发送NCP分组来选择和配置网络层协议,可以选择多个网络层协议,同时给用户机分配一个临时的IP地址,使用户机成为Internet上的一台主机。

(4) 完成网络协议配置后,双方就可以进行通信。

(5) PC用户传输数据结束后,使用NCP来断开网络层的连接,释放IP地址。

(6) PC用户发出终止请求LCP分组,请求终止链路;当接收到对方发来的终止确认LCP分组后,就结束该次通信,释放物理层连接。

习题

(1) 物理网络一般实现哪几个协议层的功能?

(2) 数据链路层实现的主要功能是什么?

(3) 论述停止等待协议的原理及其缺点。

(4) 数据(包括数据帧和确认帧)在传输过程中会发生哪些情况?

(5) 什么是超时重传?超时重传额外需要哪些系统资源?其作用是什么?

(6) 接收端如何区分重复帧?当接收到重复帧后它如何处理?

(7) 流量控制的作用是(　　)。

A. 减少误码率　　B. 防止发送方溢出

C. 防止接收方丢失数据　　D. 提高发送效率

(8) 简述滑动窗口协议的工作原理。

(9) 什么是回退 N-ARQ 协议和选择重传 ARQ 协议?两者有什么区别?

(10) 滑动窗口协议中,若窗口大小为 7,则 ack=5 意味着接收方期待接收的下一帧是第(　　)帧。

A. 7　　B. 6　　C. 5　　D. 4

(11) 数据链路层一般采用几种差错校验方式?请说明各种校验方法的原理。

(12) 已知 CRC 生成多项式 $G(x)=x^4+x+1$,要传输的比特信息为 10111,则校验码为(　　)。

A. 0000　　B. 0100　　C. 0010　　D. 1100

(13) 设某一通信系统使用 CRC 校验,且生成多项式 G(x)对应的比特序列为 11001,目的节点接收到了比特序列 110111001,请判断传输过程中是否发生了错误。

(14) 叙述 HDLC 协议实现帧同步的原理。

(15) 请叙述 HDLC 定义的 3 种站点、两种链路结构和 3 种数据传输方式的具体内容。

(16) 请叙述 HDLC 的帧结构,并说明地址如何进行扩展。

(17) HDLC 协议中,(　　)功能具有流量控制和差错控制。

A. 信息帧　　B. 无编号帧　　C. 监督帧　　D. 确认帧

(18) 请说明 SLIP 的缺点。

(19) 请论述 PPP 在哪些方面对 SLIP 进行了改进。

(20) 试以通过专线连接 Internet 为例介绍 PPP 的工作过程。

(21) 请说明 PPP 所使用的两个认证协议的特点。

第7章 物理层

7.1 物理层的基本概念

数据通信最终要通过信号在通信介质上的传输来实现。计算机中所存储的为二进制数据,即所谓的信息;而通信介质上所传输的为信号(电信号或者光信号)。显然要将通信设备内部的数据信息经过传输介质进行传输,首先要将数据信息转变为信号。计算机网络通常由通信设备和传输介质组成。目前使用的有多种传输介质,如第2章介绍的双绞线、光纤、同轴电缆等。而通信设备的种类也很繁多,假如没有一个统一的标准和规范就很难通过传输介质将它们连接起来进行通信。所以,为了达到信息交换的目的就要对各种通信设备之间以及通信设备与传输介质之间的电气和机械接口进行约定,以使得各种通信设备都能够非常方便、规范地通过传输介质连接起来进行信息交换,这些约定的集合就是物理层协议。

由上面的分析可见,物理层定义了各种通信设备之间以及与传输介质之间的接口规范,它将从数据链路层接收的数据帧转换成串行比特流信号,然后在一条由物理传输介质所组成的链路上进行透明地传输。物理层协议对组成计算机网络的各种物理设备与传输介质接口的机械特性、电气特性、功能特性和规程特性等进行描述,具体为:

- 机械特性:指明通信接口所使用连接器的形状、几何尺寸、引线数目和排列方式、固定和锁定机构等。如双绞线的RJ45连接器、RS232串行接口的连接器等。
- 电气特性:规定信号线的连接方式、发送器和接收器的电气参数,包括信号源输出阻抗、负载输入阻抗、信号编码方法、信号电压的变化范围、传输速率和传输距离等。
- 功能特性:规定每条连接线的具体功能。如哪根连接线为信号线、地线、电源线等。
- 规程特性:规定了连接线实现数据传输的操作过程,即物理连接的建立、维持和释放等。

7.2 典型的物理层协议

我们知道计算机具有一定的数据处理能力和有限的通信能力,不能将两台计算机直接相连进行远程通信。那么在使用普通电话线接入Internet的情况下,要使用计算机访问远程的Internet资源时,就要通过电话线与调制解调器相连。我们将像计算机这样具有一定数据处理能力和有限通信能力的设备称为数据终端设备(Data Terminal Equipment, DTE);而专门负责通信的设备称为数据电路端接设备(Data Circuit-terminating Equipment, DCE),DCE 的功能就是在 DTE 和传输介质之间提供信号变换和编码功能,并且负责建立、保持和释放数据链路。DTE 通过 DCE 进行远程通信如图 7.1 所示。DTE 和 DCE 之间可以采用并行或者串行通信方式,而 DCE 与 DCE 之间只能采用串行通信方式以进行远程通信。下面介绍的物理层标准均是 DTE 和 DCE 之间的通信标准,而 DCE 之间的通信要采用信号编码和调制解调等技术以保证信号有足够的能量传输到远程节点,具体涉及许多与数字信号通信的相关技术,详细内容请参阅第 2 章和其他的相关书籍。下面介绍几个具体的物理层通信标准。

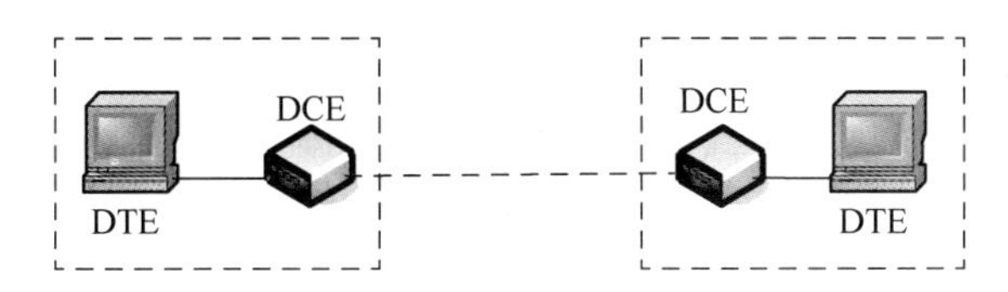

图 7.1　DTE 通过 DCE 进行远程通信

1. RS-232-C 串行接口标准

RS-232-C 是美国电子工业协会(Electronic Industries Association, EIA)制定的串行通信标准,在国际上被普遍采用。RS(Recommanded Standard)的含义为推荐标准,它规定的电平标准是:

－5～－15V: 对应逻辑 1

＋5～＋15V: 对应逻辑 0

这个标准与 TTL 逻辑电平不兼容;因此,在串行通信中,应把 TTL 电平转换成 RS-232-C 标准电平,这种转换可以非常方便地使用 MC1488(SN75150)、MC1489(SN75154)等硬件芯片来实现。

RS-232-C 通过 D 型插座与其他设备相连接。RS-232-C 定义两种连接标准的 D 型插座: DB-25 型连接器和 DB-9 型连接器。DB-25 型连接器有 25 个引脚,引脚信号及其功能见表 7.1;除未定义的引脚外,这些信号分两组:辅助信道组(9、10、12、13、14、16、19 引脚)和主信道组(其余引脚),常用的主信道信号有: 2、3、4、5、6、7、8、20、22 等引脚。

而 DB-9 型连接器仅有 9 个引脚,引脚信号及其功能见表 7.2。在实际使用过程中,有时需要连接不同设备上的两种不同型号的 D 型插座,此时两种插座引脚的对应关系见表 7.2。

表 7.1　RS-232-C 标准 25 芯插头引脚定义

引脚号	名　称	名称缩写	信号方向	说　明
1	Frame Ground	FG	—	屏蔽地线
2	Transmitted Data	TxD	从 DTE 到 DCE	发送数据线
3	Received Data	RxD	从 DCE 到 DTE	接收数据线
4	Request to Send	RTS	从 DTE 到 DCE	请求发送
5	Clear to Send	CTS	从 DCE 到 DTE	允许发送

续表

引脚号	名　称	名称缩写	信号方向	说　明
6	Data Set Ready	DSR	从 DCE 到 DTE	数据设备(DCE)准备好
7	Signal Ground	SG	—	信号逻辑地线
8	Data Carrier Detect	DCD	从 DCE 到 DTE	数据载波检测
9	Reserved	—		备用
10	Reserved	—		备用
11	Unassigned			未定义
12	Secondary Data Carrier Detect	DCD	从 DCE 到 DTE	数据载波检测(次通道)
13	Secondary Clear to Send	CTS	从 DCE 到 DTE	允许发送(次通道)
14	Secondary Transmitted Data	TxD	从 DTE 到 DCE	发送数据线(次通道)
15	Transmit Clock	TxC	从 DCE 到 DTE	发送时钟
16	Secondary Received Data	RxD	从 DCE 到 DTE	接收数据线(次通道)
17	Received Clock	RxC	从 DTE 到 DCE	接收时钟
18	Unassigned	—	—	未定义
19	Secondary Request to Send	RTS	从 DTE 到 DCE	请求发送(次通道)
20	Data Terminal Ready	DTR	从 DTE 到 DCE	数据终端准备好
21	Signal Qualify Detect	SQD	从 DCE 到 DTE	信号质量检测
22	Ring Indicator	RI	从 DCE 到 DTE	振铃指示
23	Data Rate Select	DRS	从 DTE 到 DCE	数据率选择，是对 21 引脚改变的应答
24	External Transmit Clock		从 DTE 到 DCE	外部发送时钟
25	Unassigned	—	—	未定义

表 7.2　RS-232-C 标准 9 芯插头引脚定义以及与 DB-25 型插头连接时的对应关系

DB-9 型插头引脚定义				DB-25 型插头引脚号
引脚号	引脚名称	引脚英文名称	名称缩写	
1	载波检测	Data Carrier Detect	DCD	8
2	接收数据	Received Data	RxD	3
3	发送数据	Transmitted Data	TxD	2
4	数据终端就绪	Data Terminal Ready	DTR	20
5	信号地线	Ground	GND	7
6	数据设备就绪	Data Set Ready	DSR	6
7	请求发送	Request to Send	RTS	4
8	清除发送	Clear to Send	CTS	5
9	振铃指示	Ring Indicator	RI	22

2. RS-422、RS-423 和 RS 485 接口标准

RS-232-C 是串行通信的早期标准，性能有限。为了增强串行通信的性能，EIA 在 RS-232-C 标准的基础上又陆续制定了 RS-422、RS-423 和 RS-485 等接口标准。这些串行通信标准在工作模式、最大传输速率、最远传输距离等方面存在一定的差异，它们的各项性能指标的对比情况请见表 7.3。由于目前上述各种串行通信标准产品并存于市场，实际使用过程中常常涉及不同协议间的相互转换，市场上已存在许多产品，如 RS232/485 协议转换

器等。

表 7.3　RS-232-C、RS-423、RS-422 和 RS-485 串行通信接口标准的主要性能对比

串行通信接口标准 性能参数	RS-232-C	RS-423A	RS-422A	RS-485
最远传输距离	15m	1200m(1kb/s)	1200m(90kb/s)	1200m(100kb/s)
最大传输速率	20kb/s	100kb/s	10Mb/s(12m)	10Mb/s(15m)
驱动器输出(最大电压)	±25V	±6V	±6V	−7～+12V

习题

(1) 物理层实现的主要功能是什么?

(2) 物理层的接口包括哪几方面的特性? 具体内容是什么?

(3) DTE 和 DCE 各是什么设备? 各完成什么功能?

(4) DTE 与 DCE 之间以及 DCE 之间采用什么样的方式进行通信?

(5) 请论述 RS-232-C 串行接口标准的基本内容。

(6) RS-422、RS-423 和 RS-485 接口标准对 RS232 接口标准进行了哪些改进?

第8章 局域网

局域网是目前技术最成熟、应用最广泛的一种计算机通信网络,而以太网是局域网的典型代表。本章以以太网为例,重点介绍局域网以及相关的介质访问控制等技术,通过传统的10Mb/s以太网到吉比特以太网的演变过程展现出局域网技术的发展历程和变革,最后对虚拟局域网和无线局域网技术进行简单介绍。

8.1 局域网概述

在计算机网络发展历史上,局域网起到了至关重要的作用,它是组成计算机网络的细胞,Internet就是由大小不同、各具特色的局域网经过广域网连接而成的。局域网通常为一个单位所拥有,地理范围和节点数目有限,具有性能可靠、数据传输率高、延迟小、误码率低等特点。

IEEE于1980年就成立了IEEE 802委员会,专门研究制定有关局域网的参考模型和标准,并陆续推出了一系列标准:IEEE 802.X,其中X对应不同的局域网或者不同的协议层,具体见表8.1。

表8.1 IEEE 802标准

序号	标准	描述内容	序号	标准	描述内容
1	IEEE 802.1(A)	综述及网络体系结构	8	IEEE 802.7	宽带技术
2	IEEE 802.1(B)	寻址、网际互联和网络管理	9	IEEE 802.8	光纤技术
3	IEEE 802.2	逻辑链路控制层	10	IEEE 802.9	语音数字综合局域网
4	IEEE 802.3	以太网	11	IEEE 802.11	无线局域网
5	IEEE 802.4	令牌总线网	12	IEEE 802.14	交互式电视网
6	IEEE 802.5	令牌环网	13	IEEE 802.15	无线个人区域网
7	IEEE 802.6	城域网	14	IEEE 802.16	宽带无线网

局域网用于实现OSI/RM中最低两层:数据链路层和物理层的功能,所以IEEE制定的局域网标准也是针对这两层。在制定局域网标准时,IEEE进一步将数据链路层分成逻辑链路控制(Logic Link Control,LLC)子层和介质访问控制(Medium Access Control,MAC)子层,MAC层又细分成帧封装与解封装以及介质访问控制等两个功能层,物理层又分成物理信令子层(Physical Layer Signaling,PLS)和介质连接单元(Medium Attachment Unit,MAU)两部分,如图8.1所示。

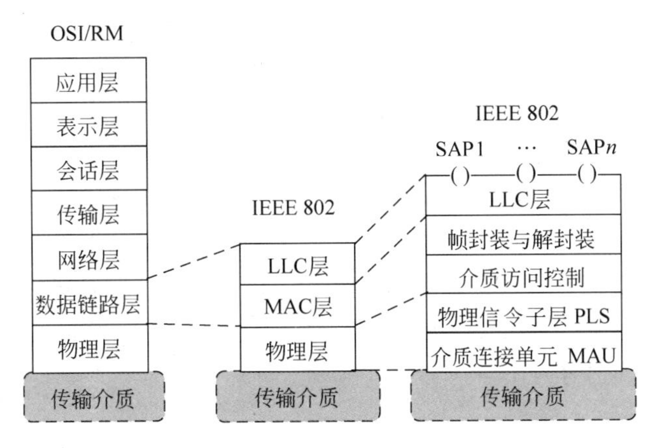

图 8.1 IEEE 802 局域网体系结构

LLC 层用于实现数据链路层中与传输介质无关的功能，并负责与网络层接口。这样 LLC 层实现的都是逻辑功能，与具体的物理网络无关，从而对于高层协议屏蔽了低层协议（与底层硬件相关的部分）实现的具体细节，向网络层提供统一的帧格式和接口。LLC 层提供面向连接和无连接的服务，并完成差错控制和流量控制等功能。

MAC 层位于 LLC 层之下，定义了节点的物理地址以实现相邻节点间的寻址功能，同时它还实现封装/解封装数据帧、介质访问控制和 CRC 差错校验等。

下面简单介绍 IEEE 802 标准下数据的发送和接收过程：

- 数据的发送过程：LLC 层接收网络层的数据并形成 LLC 层协议数据单元，然后送给 MAC 子层，由帧封装功能子层封装成数据帧，经介质访问控制子层获得传输介质的使用权后，将数据帧发给物理信号 PLS 子层，该子层对帧进行编码，编码后的信号经介质连接单元（也称为收发器）发送到传输介质上。
- 数据的接收过程：由介质传输来的比特流信号被介质连接单元接收后，由 PLS 子层对信号进行解码，再经过介质访问控制子层接收后，交给帧解封功能子层恢复出 LLC 协议数据单元，然后交给 LLC 层；最后 LLC 层去掉自己的首部，取出数据部分并转交给网络层。

局域网常用的传输介质有双绞线、同轴电缆、光纤和无线电等。为了减少投资和提高信道的利用率，不可能任意两个节点间均铺设单独的通信线路，所以组成网络的各个节点一般是通过共用的通信线路连接在一起，这样由共用通信线路形成的信道被局域网中的多个节点所共享。对于这种共享信道，某一时刻只能有一个节点使用信道，若多个节点同时使用则会导致它们所发送的信号在共享信道上混杂在一起，以至于无法区分，即信号产生碰撞或者冲突。所以必须对共享信道的使用进行控制，这种控制称为介质的访问控制或者媒体的接入控制；一个节点只有获得传输介质的访问权或者接入权后，它才能使用信道传输数据；没有获得介质访问权的节点不能向信道上发送数据，从而避免冲突的发生；避免信道冲突的功能由 MAC 层来实现。共享信道的访问控制方式主要有如下两种方式：

- 随机接入。用户随机获得通信介质的使用权，随机发送数据。这种随机性接入方式就可能导致不同的用户同时获得共享信道的使用权，同时发送数据，即产生碰撞或冲突，因此必须有方法或协议控制各个用户对共享信道的使用，以避免冲突；以太网采用 CSMA/CD 协议来控制各节点对共享信道的接入和使用，从而避免冲突的发生。

- 受控接入。用户不是随机而是受控地使用共享信道进行通信。如在令牌环网中，有一个称为令牌的数据帧在环型共享总线上进行移动，每个节点若想发送数据必须事先获得和持有令牌，然后发送数据，发送完数据后再释放令牌；显然令牌就控制了环上各个节点对共享信道的使用。

下面通过以太网的演变过程详细介绍局域网的各种实现技术及其变革历程。

8.2 传统以太网

传统以太网是指传输速率为 10Mb/s 的局域网，它于 1975 年由美国 Xerox 公司的 ALTO 研究中心和 Stanford 大学合作研制，并以历史上用于表示传播电磁波的物质以太(Ether)来命名。1980 年 9 月，DEC、Intel 和 Xerox 3 个公司联合制定了有关以太网的工业标准，提出 Ethernet 规范 V1.0；1982 年，又公布了规范 DIX Ethernet V2.0。由于以太网标准由上述 3 个公司制定，所以上述标准又被称为 DIX 规范。IEEE 802 委员会于 1983 年制定了 IEEE 的以太网标准，即 IEEE 802.3，仅对 DIX Ethernet V2.0 标准的帧格式作了微小改动。1982 年年底，3Com 公司率先将以太网产品投放市场；随后，DIX 规范为工业界广泛接受，成为事实上的工业标准。因为 DIX 规范仅涉及 OSI/RM 的低两层，因此，凡是低两层设计遵循 DIX 规范的局域网都被称为以太网。20 世纪 90 年代以后，以太网垄断了局域网市场，所以凡提到局域网基本就是指以太网，Internet 体系结构下的局域网标准也是 DIX Ethernet V2.0。

传统以太网采用总线型拓扑结构，以无源的同轴电缆作为传输介质，采用基带传输方式。但是随着网络技术的发展，以太网已从总线型发展成总线型与星型结构相结合，传输速度由 10M 发展到 1000M 甚至 10Gbit。

8.2.1 逻辑链路控制层

1. 逻辑链路控制层与网络层的接口以及所提供的服务类型

以太网数据链路层的 LLC 层采用 IEEE 802.2 协议，用于实现与网络通信的物理特性无关的功能。数据链路层的上层为网络层，一个网络节点内部可能同时运行多个网络层协议进程，而这些网络层进程在发送数据时均要调用 LLC 层，要求 LLC 层创建相应的进程为其提供服务。那么，如何区分同时对 LLC 层服务的这些调用呢？IEEE 802.2 协议规定在 LLC 层采用服务访问点(Service Access Point，SAP)来进行区分，如图 8.1 所示。网络层协议进程对 LLC 层的不同调用将创建不同的 LLC 层协议进程，每个 LLC 层协议进程将被赋予不同的 SAP 进行标识和区分。如 IP 进程对 LLC 层协议的调用采用 SAP＝0x06 来标识，而 Novell 网的 IPX 协议对 LLC 层协议的调用采用 SAP＝0xE0 来标识。这些 SAP 标识与 LLC 层形成的协议数据单元一起传输，并随着接收节点的响应数据一起返回。发送节点根据响应数据中的 SAP 标识将返回的数据交给相应的网络层协议进程。显然，LLC 层通过 SAP 标识为网络层提供了复用和分用功能。

在介绍网络的高层协议时，曾介绍传输层为应用层提供了面向连接的和无连接的两种服务。同样，LLC 层为网络层也提供多种类型的服务，以满足不同类型服务的特殊需求，具体如下：

(1) 类型 1：不确认的无连接服务。这种服务相当于传输层的数据报服务。这种类型的服务在传输数据前不要求建立连接，也不要求接收端接收到数据后发送确认信息给发送端，因而它提供的是一种不可靠的服务。但是这种服务方式因通信时无须建立连接，所以实现简单，速度快。这种服务类型适用于单播、组播和广播方式。

以太网采用的就是这种服务方式。因为目前局域网的通信质量相当高，误码率很低，通信过程中的差错控制等功能完全可以由高层协议(如 TCP)来完成，而且并不会给高层协议带来太大的负担。

(2) 类型 2：可靠的面向连接的服务。这种服务类型要求数据传输过程必须经历三个阶段：建立连接、传输数据和释放连接，而且要求接收端接收到数据后必须发送确认信息给发送端。此外，该服务类型还提供流量控制和差错控制等功能。所以该服务类型类似于传输层的 TCP，所提供的是一种可靠的传输服务。该服务类型因为通信前需要建立点到点的连接，故仅适合于单播方式。

(3) 类型 3：带确认的无连接服务。这种服务类型在通信时不要求建立连接，但是要求接收端在接收到数据后必须发送确认信息给发送端。显然这种服务类型的速度快，而且可靠，常应用于某些对实时性要求高而且重要数据的传输，如网络控制环境下监控系统中的数据传输。使用 IEEE 802.4 标准的令牌总线网就采用这种服务方式。

2. LLC 层的帧格式

IEEE 802.2 协议采用与 HDLC 类似的帧格式，如图 8.2 所示。LLC 帧共包括四个字段，各个字段具体含义如下：

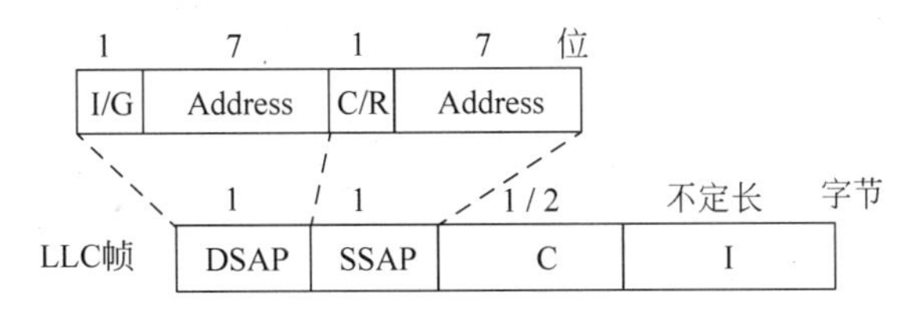

图 8.2　LLC 帧格式

- DSAP(Destination SAP)：目的服务访问点，占 1 个字节。DSAP 的最低位为 I/G 标识位，I(Individual)表示单一 SAP，而 G(Group)标识一组 SAP。当 I/G 位=0 时，DSAP 后面 7 位标识目的节点内的一个 SAP(即一个 LLC 进程)。当 I/G 位=1 时，DSAP 表示组地址，此时数据要发给某个节点内的一组 SAP(即一组 LLC 进程)；显然，此时只适用于无连接服务。当 DSAP 全为“1”时，则表示是广播地址，该帧发往某个节点内的所有 SAP(即节点内的所有 LLC 进程)。
- SSAP(Source SAP)：源服务访问点，占 1 个字节。SSAP 中的 C/R 位为标识位，C (Command)表示命令，而 R(Response)表示响应。当 C/R=0 时，表示 LLC 帧为命令帧；而当 C/R=1 时，表示 LLC 帧为响应帧。SSAP 的后 7 个比特为源 SAP。

- C(Command)字段：控制字段，占 1 至 2 个字节。与 HDLC 的帧一样，通过控制字段说明该帧是信息帧 I、监督帧 S 还是无编号帧 U。对于信息帧和监督帧，该字段为 2 个字节；而对于无编号帧，该字段为 1 个字节。各种帧的具体格式请参考 HDLC 帧格式一节。
- I(Information)字段：信息字段，是来自网络层的 IP 数据报，长度可变，但其长度受到 MAC 帧长度的限制。

8.2.2 介质访问控制层

由图 8.1 可知，介质访问控制层(MAC 层)又分成帧封装与解封装、介质访问控制等两个子层，主要完成相邻节点间的寻址、封装或者解封数据帧、介质访问控制等功能。下面先介绍网络接口卡和 MAC 层的物理地址的概念，然后介绍 MAC 层的功能。

1. 网络接口卡

网络接口卡(Network Interface Card，MIC)简称为网卡或者网络适配器，它是一块智能接口卡，卡上有自己的处理器和存储器，目前有专门用来处理网络数据包的专用处理器：网络处理器(Network Processor，NP)。网卡可以是一块独立插件板，插在计算机总线上的扩展槽内，也可以集成在系统主板内，它实现物理层和 MAC 层的功能。其功能具体如下：

- 完成串/并转换和并/串转换。网卡与计算机间采用并行通信方式，而与局域网间采用串行通信方式。所以发送数据时网卡要将计算机内的并行数据转换成串行的比特流并通过通信介质进行传输，接收数据时网卡要将通信线路上的串行信号转变为并行数据，然后送给计算机。
- 进行数据缓存。网卡内设有发送缓冲区和接收缓冲区，分别用于暂存待发送的数据或者接收到的数据。
- 和驱动程序一起实现网络通信的初始化工作，如设置缓冲区的起始地址。
- 是无源的半自治单元，由计算机供电，能进行差错检测，发现数据帧有错误即丢弃，同时还要完成介质访问控制、信号编码/解码等工作。

2. MAC 层的物理地址

第 1 章中介绍了两种地址，即 IP 地址和物理地址，IP 地址定义于网络层，而物理地址定义于 MAC 层。在局域网中，物理地址也称为硬件地址，或者 MAC 地址，一般是指固化在网卡 ROM 中的地址。MAC 地址仅与网卡有关，而与站点的物理位置无关，所以当计算机更换网卡时，其物理地址也随之改变。

以太网中的物理地址占 6 个字节，共 48 位，由 IEEE 的注册授权委员会(Registration Authority Committee，RAC)进行管理。当用户要申请物理地址时需要向 RAC 申请，RAC 负责分配物理地址 6 个字节中的前 3 个字节。世界上网卡的生产厂家均需要向 RAC 购买由前 3 个字节构成的一个号码(称为地址块)，并作为公司的唯一标识(Organizationally Unique Identifier，OUI)，后面的 3 个字节由公司自己规定，称为扩展标识符，并保证固化在各个网卡中的物理地址互不重复。如：3COM 公司生产的网卡其物理地址的前 3 个字节为 0x02608C。若多个公司生产的网卡规模较少，它们可以合起来购买一个 OUI，以减少开销，降低成本。

对于物理地址，IEEE规定第一个字节的最低位为I/G标识位(Individual/Group)；I/G位为“0”时，表示为单个节点的地址；而I/G位为“1”时，表示组地址，用来进行多播。需要注意的是IEEE 802.5、802.6与IEEE 802.3、IEEE 802.4等几个协议所规定的字节的最高位、最低位的顺序是不同的。

- IEEE 802.5、IEEE 802.6：左面对应最高位，右面为最低位，最高位先发送。
- IEEE 802.3、IEEE 802.4：左面为最低位，右面对应最高位，最低位先发送。

此外，对于仅想在内部使用而不愿购买OUI的用户，IEEE规定物理地址第1个字节的第2个最低位为G/L(Global/Local)比特。当G/L比特为“1”时，用户向IEEE购买的OUI属于全球范围内的物理地址；当G/L比特为“0”时，属于本地范围的物理地址，仅供用户在内部网络中使用，但不能在外部网络中使用；目前以太网几乎不使用这个标识位。

这样，除上述两个最低位外，每个节点的物理地址可用46位二进制来表示，组成了超过70万亿的地址空间，可以保证世界上每个网络节点均具有唯一的物理地址。

借助于物理地址，网络接口卡有两种工作模式：单向接收模式和杂收模式。单向接收模式下，网卡仅接收数据包中的目的物理地址与本网卡物理地址一样的包；而在杂收模式下，网卡接收到达的每个数据包。一般网卡工作于单向接收模式，此时网卡检查它所接收的每个数据帧的目的物理地址，如果与本网卡的物理地址一致就接收，否则就丢弃，这样就实现了广播信道上的点对点通信。网卡的工作模式可以在系统初始化时设定或由人为编程设定。

3. MAC帧格式

发送数据时，MAC层首先要将LLC帧等上层协议的数据封装成MAC帧，具体的MAC帧格式如图8.3所示。虽然存在IEEE 802.3和DIX Ethernet V2两种标准，但不同标准的MAC帧格式仅在L/T字段上略有差别。MAC帧中各个字段的具体含义如下：

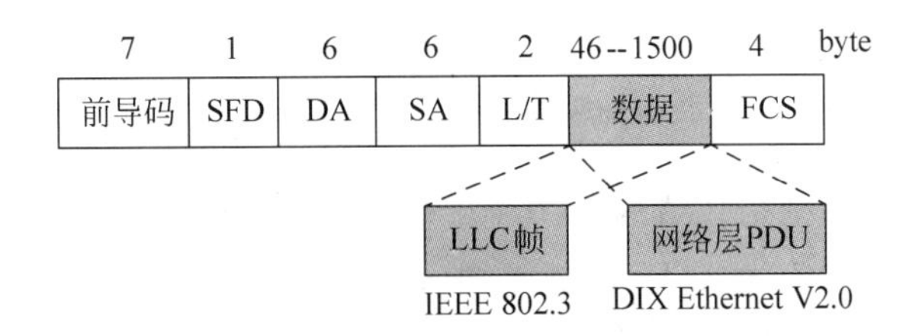

图8.3 MAC帧格式

(1) 前导码字段：7个字节10101010的比特流，用作物理层恢复数据的位同步时钟。

(2) SFD字段：帧起始定界符，标志一帧的开始，为二进制10101011。当节点接收到7个字节的前导码加上101010后紧跟11时，就知道下面是一个数据帧的开始，然后节点就开始接收后面的数据，直到网卡检测不到总线上的信号，则表示一帧数据接收结束。

(3) DA字段：目的节点的物理地址，占6个字节。目的物理地址有三种：

- 单播地址(unicast)：唯一地标识一个目的节点，即该数据帧仅发送给物理地址与数据帧中的目的物理地址相同的节点。
- 广播地址(broadcast)：一般为全“1”，具有这种目的物理地址的数据帧将发送给所有节点。

- 组播地址(multicast)：具有这种目的物理地址的数据帧将发送给一组节点。

(4) SA 字段：源节点的物理地址，占 6 个字节，为发送节点的物理地址。

(5) L/T 字段：长度/类型字段，占 2 个字节，因采用的协议标准不同而异。

- DIX Ethernet V2.0 标准：为类型字段，说明上一层使用的是什么协议，使得数据链路层可以为多种网络层协议提供服务。施乐公司负责管理各种类型网络层协议所对应的代码，如类型字段为 0x0800 表示上层协议为 IP，封装的为 IP 数据报；而为 0x8137 时，表示上层协议为 Novell IPX/SPX 协议。在该标准下 MAC 层封装的数据不是 LLC 帧，而是网络层的协议数据单元。
- IEEE 802.3 标准：为长度/类型字段。根据其数字大小，即可以表示 MAC 帧中数据字段的长度，又可以等同于 DIX Ethernet V2.0 中的类型。

① 若长度/类型字段的数值小于 MAC 帧的数据字段最大长度 1500 时，则该字段表示 MAC 帧中数据字段的长度。此时 MAC 帧封装的是由 IEEE 802.2 定义的 LLC 帧，上层协议类型由 LLC 层的 SAP 来标识。

② 若长度/类型字段的数值大于 0x0600(相当于十进制数 1536)，显然，该字段此时不在表示数据字段的长度，而是表示类型。此时，上述两种标准对该字段的定义是一样的。

(6) 数据字段：长度可变，要求为 46～1500B；对于 IEEE 802.3 标准封装的为 LLC 帧，而对于 DIX Ethernet V2.0 标准封装的为网络层的协议数据单元。

(7) FCS 字段：帧校验序列，占 4 个字节，对前 4 个字段进行校验。

以太网标准规定数据字段的长度不能小于 46B(具体原因见下面介绍的总线介质访问控制方式)。若数据字段的长度小于 46 个字节，则需要进行填充，使之达到 46 个字节。在这种情况下，接收节点接收到一个 MAC 帧后，其 MAC 层协议去掉 MAC 帧的帧头和帧尾，将剩余的数据部分(包含填充部分)送给上层协议，由上层协议去掉填充的数据。

8.2.3 以太网的介质访问控制方式

传统以太网采用总线型拓扑结构，各个网络节点通过总线连接起来进行通信，总线形成了各个节点的共享信道。作为共享信道的总线不允许两个以上节点同时使用，否则多个节点同时向共享总线上发送数据，导致信道上信号重叠，无法识别，这种现象称为冲突或碰撞(collision)。显然传统以太网只能工作于半双工方式，即某一时刻只能由一个节点向总线上发送数据。传统以太网采用随机接入方式使用总线。一个节点在使用总线传输数据之前，首先要确认当前是否有其他节点在使用总线，这可以通过检测总线上有无载波信号来实现。若总线上无载波信号，则说明总线当前处于空闲状态，没有用户使用；若总线上有载波信号，则说明有用户正在使用总线。将通过监听总线上有无载波信号来确定总线是否在使用的过程称为载波监听。节点只有在总线处于空闲状态时才允许占有总线并向总线上发送数据。显然，使用总线的过程也就是访问总线的过程，正如读写内存称为访问内存一样，将节点获得通信介质使用权的方法称为介质访问控制方法。下面就介绍一下传统以太网所采用的介质访问控制方法。

1. 载波监听多路访问

载波监听多路访问(Carrier Sensing Multiple Access,CSMA)是最初的介质访问控制方式,它以多点接入(Multiple Access,MA)为基础,所以也称为载波监听多点接入。多点接入就是多台计算机同时接入到同一条总线上,使用共享的总线进行通信。CSMA 采用"先听后说"的方法,即在往总线介质上发送数据前要先监听总线是否在用,若信道空闲则发送数据,否则继续监听。该种方式分为如下几种类型:

- 非坚持型 CSMA:节点欲发送数据前先监听信道,若信道空闲则发送数据;若信道忙则随机延迟一段时间后,再重新监听信道。使用这种方法时,当节点监听到信道忙时必须延迟一个随机时间,但可能刚延迟时,信道就已经空了下来,而该节点还要延迟一个随机时间后才能返过来重新监听信道,从而导致不能及时监听已处于空闲状态的信道,造成信道的浪费。
- 1-坚持型 CSMA:节点欲发送数据前先监听信道,若信道空闲则发送数据;若信道忙则继续监听,直到发现信道空闲。这种方式保证信道一空下来就能够被及时检测到。显然可以提高信道的利用率。但是多个节点同时监听到信道空闲,并同时发送数据的几率比非坚持型要大得多,所以发生冲突的可能性增加了。
- P-坚持型 CSMA:节点欲发送数据前先监听信道,若信道空闲则以 P 概率发送数据,以 1-P 的概率延迟一个时隙后再监听信道;若信道忙则等待一个时隙后再重复上述过程。这种方式可以根据不同节点的实际情况设置不同的发送概率,从而减少冲突发生的机会,达到提高信道利用率的目的。

由上面的介绍可知,无论使用哪种 CSMA 方法,均可能导致总线冲突。发生冲突的主要原因是信号延迟。当一个节点监听到信道空闲的同时,另一个节点也可能监听到信道空闲,最终它们可能同时往共享总线上发送数据,因而引发冲突。显然,冲突是有害的,应该有检测总线冲突的措施和处理方法,以提高信道的利用率和通信效率,下面就介绍与此相关的技术。

2. 带冲突检测的载波监听多路访问

显然,冲突导致了无效的数据传输,降低了信道的利用率,特别是长数据帧的传输更为突出。所以应增加冲突检测的措施,力求能及早地检测到总线冲突和采取相应的措施。传统以太网采用带冲突检测的载波监听多路访问(Carrier Sensing Multiple Access/Collision Detection,CSMA/CD)方法来使用共享总线。

CSMA/CD 采用先听后发、边发边听、冲突即停、随机延迟后重发的方式对总线介质进行访问控制;即要先监听总线后发送数据,在发送数据的同时要检测是否产生总线冲突,一旦检测到冲突则立即停止发送数据,而且接着还要发送几个字节(通常称为强化冲突帧)的强化冲突信号,以通知总线上的其他节点已发生冲突,应延迟一段时间后再重新开始监听和竞争信道。使用 CSMA/CD 发送数据的过程如图 8.4 所示。

那么,如何检测冲突呢?显然,当冲突发生时,由于几个节点同时往信道上发送数据,则信道上的信号会发生明显变化,如信号幅度显著增大或者波形发生变化等。检测冲突的方法通常有如下几种:

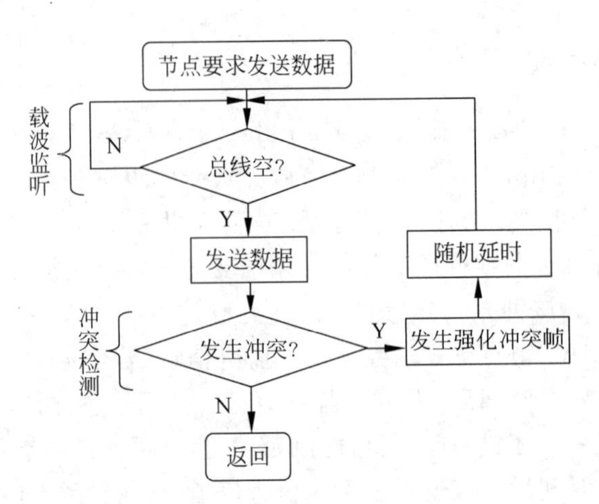

图 8.4 使用 CSMA/CD 发送数据的过程

- 比较法 1：当节点检测到信道上信号的幅度高于某一门限值时，就表明此时有多个站点在往总线上发送数据，即发生了冲突。
- 比较法 2：节点发送数据到信道上的同时，马上读回信道上的数据，然后比较这两个数据，若不一致，则发生冲突。
- 编码违例判决法：通过检测从总线上接收到的信号波形是否符合规定的编码规则，从而判断是否发生冲突。

节点一旦检测到信道上发生冲突，要立即停止发送数据，并延迟一段时间后，等信道上的冲突信号消失后再监听信道，以免浪费信道资源。

3. 冲突的分析与处理

假如一个节点已监听到总线空闲，然后将数据发送到总线上；此时，若有其他节点想发送数据，但监听到总线此时正处于忙状态，它只好返回到监听状态继续等待，这时发生总线冲突的概率较低。显然，冲突只能发生在共享信道的争用期间。此时，要发送数据的多个节点在很短的时间内都监听到总线处于空闲状态，然后它们将数据几乎同时发送到共享总线上，从而导致产生冲突。所以每个节点仅在自己发送数据后的一小段时间内存在发生冲突的可能性，但这小段时间是不确定的。下面就分析一下冲突发生的过程以及相应的事后处理方法。

设有两个节点 A 和 B 共享同一信道，信号从 A 到 B 的单程传播时间为 τ，如图 8.5 所示。A 首先监听到信道空闲，然后发送数据到信道上。经过 $\tau-\delta$ 时间后 B 也要发送数据，但此时 A 发送的数据信号还没有传输到 B，B 监听到的信道仍处于空闲状态，所以 B 也将数据发送到共享信道上。经过 $\delta/2$ 时间后两个节点发送的数据信号相遇，即发生了碰撞。发送数据后，节点 A、B 检测到碰撞的最长时间如下：

① A 最多需要 2τ 时间才能检测到冲突信号。此时，A 发送的信号传输接近 B，却与 B 刚发出的信号发生碰撞，碰撞后的信号再经过 τ 后才能返回到 A，故 A 最多需要 2τ 时间就可以检测到碰撞。

② B 最多需要 τ 时间就可以检测到冲突。B 发送数据后，经过 $\delta/2$ 与 A 发出的信号发生碰撞，再经过 $\delta/2$ 发生碰撞的信号到达 B。显然，B 从发出数据到检测到碰撞的时间为 δ，

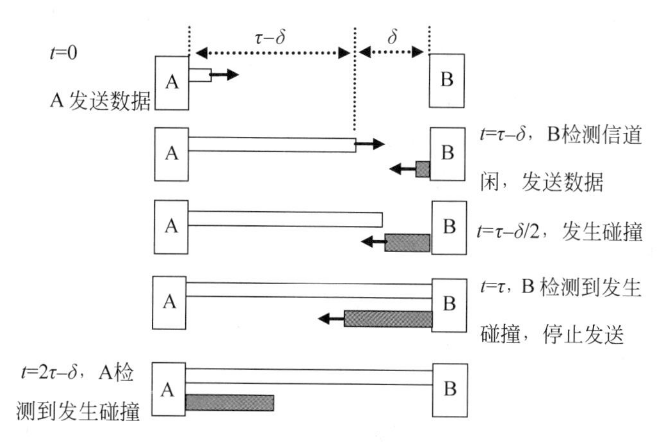

图 8.5 节点 A 和节点 B 发生冲突的情况

而 $\delta \leqslant \tau$，故 B 最多需要 τ 时间就可以检测到碰撞。

显然，A、B 检测到碰撞的最长时间为 2τ。假如 A 或者 B 在发送数据后的 2τ 时间内没有检测到冲突，则说明数据发送节点已将数据发送到接收节点，这次数据发送不会发生冲突。所以将 A 端到 B 端的往返时间 2τ 称为争用期，也称为碰撞窗口或冲突窗口。显然，对于不同的节点因距离不同其争用期也不同。对于以太网，将物理上相距最远的两个节点之间信号往返一次需要的时间规定为该网络的争用期，处于争用期内相连的各个节点组成一个冲突域，同一冲突域内相距最远的两个节点间的距离称为网络直径或者网络跨度。显然，处于同一冲突域中的两个或者多个节点若同时发送数据就会导致冲突，当节点检测到冲突后又要重新监听总线和发送数据；若多次发生冲突，则要反复多次发送数据。检测到冲突后如何进行有效处理才能避免再次冲突和提高发送效率呢？即检测到碰撞后应延长多长时间再监听总线才合适呢？

常采用截断二进制指数退避算法来处理冲突。当节点检测到冲突后，不立即监听总线，而是延迟一个随机时间后（称作退避），再重新监听总线，合理地选择延迟时间可以减少再次重传时发生冲突的概率。具体算法为：

- 确定基本争用时间，一般取争用期 2τ；
- 定义参数 k，$k=\min$[重传次数，10]，即 k 不超过 10；
- 退避时间 $=2\times\tau\times r$；r 为区间 $[0,1,\cdots,(2^k-1)]$ 内的一个随机数；
- 当重传到一定次数仍不能成功时，则丢弃该帧，并向高层协议报告。

从上述算法可以看出，连续重传次数越多，则表明有更多的节点参与信道争用，各节点应在更大的整数集合中随机选择自己的退避时间（即冲突越多，退避时间应越长），以减少再次冲突的概率。

对于传统以太网，当使用粗同轴电缆时，最大网络跨度为 2500m（具体见第 8.2.5 节），电磁波传输 1km 的时间约 5μs，考虑到网络连接设备上的信号延迟等其他因素，对于带宽为 10Mb/s 的传统以太网，常取 51.2μs 作为争用期。显然，带宽为 10Mb/s 的传统以太网在争用期内可以发送 512 比特，即 64 个字节的数据。若在这 64 个字节数据的发送期间没有冲突发生，则后续数据的发送肯定不会产生冲突。故规定以太网最小的数据帧长度为 512 位，即 64 个字节，凡长度小于 64 个字节的数据帧均为无效帧，而以太网数据帧的首部和尾部共占 18 个字节，这就是为什么 MAC 帧封装的数据长度不应小于 46 个字节的原因。

上面所提的以太网所允许的最小数据帧长度也称为时间槽(slot time)，它是以太网的一个重要参数，与网络的带宽密切相关。此外，传统以太网为了保证发送质量，还规定发送相邻帧的时间间隔(亦称为帧间隙)最小为 9.6μs，即相当于发送 96 位的数据，以避免相邻两帧的数据因信号展宽等原因相互影响。

4. 以太网数据帧的接收过程

前面详尽论述了以太网的数据发送过程以及相关技术，与之相反的是以太网的数据接收过程，该接收过程的处理流程如下：

(1) 网卡检测到前导码字段和帧起始定界符，然后开始接收后面的数据帧。

(2) 判断帧的长度，若小于 64B 则认为是强化冲突帧，将其丢弃，再重新监听总线，开始新的接收过程；否则转下一步。

(3) 判断是否接收该帧。满足下列条件之一时就接收该帧，然后转下一步；否则将该数据帧丢弃，不接收该帧。

- 数据帧中的目的物理地址与本节点的物理地址相同；
- 数据帧中的目的物理地址为广播地址；
- 数据帧中的目的物理地址为组播地址，而该节点为该组的成员。

(4) 进行差错检验。若校验有错则丢弃该帧，无错则转下一步。

(5) 判断数据帧的类型。根据 MAC 帧中长度/类型字段，判断是 IEEE 802.3 数据帧还是 DIX 数据帧。

(6) 解封装 MAC 帧。当为 DIX 数据帧时，则将数据净荷部分交给相应的网络层协议进程；当为 IEEE 802.3 数据帧时，则将数据净荷部分首先交给 LLC 层，LLC 层再根据其目的 SAP 将封装的数据交给相应的网络层协议进程。

8.2.4 传统以太网的物理层

以太网协议的最底层为物理层，IEEE 802.3 规定了 10Mb/s 以太网的物理层结构，具体如图 8.6 所示，主要包括 3 部分：物理信令子层 PLS、连接单元接口 AUI 和媒体连接单元 MAU，媒体连接单元也称为收发器，各部分的功能如下：

1. 物理信令子层

物理信令子层(Physical Layer Signaling，PLS)位于物理层的最顶部，直接与 MAC 层相连，它主要完成的功能为：

- 编码与解码：在发送和接收过程中完成数据的编码和解码。在发送数据时，接收 MAC 层的串行数据，采用曼彻斯特编码对其进行编码，然后通过 AUI 中的电缆将之送给收发器。在接收数据时，接收 AUI 送来的曼彻斯特编码信号并进行解码，将结果以串行方式送给 MAC 层。

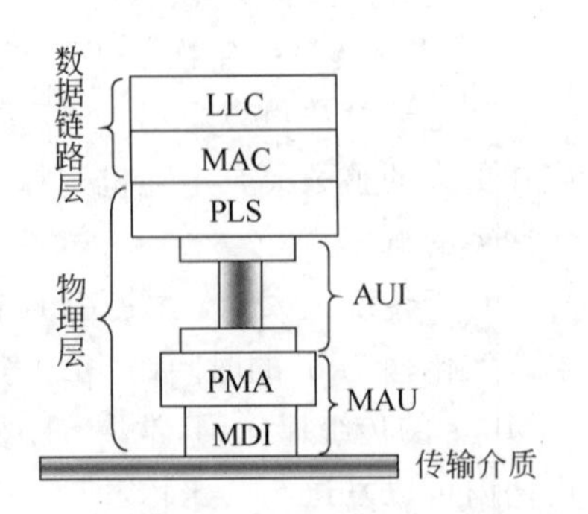

图 8.6 IEEE 802.3 规定的物理层结构

- 载波监听：确定信道是否空闲，将监听到的载波信号送给 MAC 层。

2. 连接单元接口

连接单元接口(Attachment Unit Interface,AUI)定义了 PLS 和 MAU 之间的接口标准，通过收发器电缆将 PLS 和 MAU 连接起来。该电缆传输的信号有：收发数据的曼彻斯特编码信号、冲突信号和电源信号。

3. 媒体连接单元

媒体连接单元(Medium Attachment Unit,MAU)位于物理层的最底部，它规定了与物理媒体(传输介质)相关的所有机械和电气接口标准，网络协议中只有该部分与传输介质有关，该部分又被分成物理媒体连接子层(Physical Medium Attachment,PMA)和媒体相关接口子层(Medium Dependent Interface,MDI)。MAU 完成的功能如下：

- 媒体相关接口子层 MDI 规定了与各种传输介质的连接标准。如细同轴电缆的 BNC 连接器，双绞线的 RJ-45 连接器等。
- 发送时，经收发器电缆接收来自 PLS 层的曼彻斯特编码信号，经过电气驱动后发送给传输介质。接收时，从传输介质上接收曼彻斯特编码信号，并经收发器电缆送给 PLS。
- 进行冲突检测。检测传输介质上是否发生数据帧冲突。
- 进行超长控制。当计算机出现故障时可能不停地向传输介质上发送无规律的数据，使总线上的其他站点不能正常工作。因而收发器应能检测出是否存在这样的站点，若存在则自动禁止它继续向总线上发送数据。该功能通过设置数据帧的最大长度来实现，若发现某个站点发送数据帧的长度超过了最大长度，则自动禁止它向总线上发送数据。

8.2.5 传统以太网的连接方法

传统以太网共使用 4 种传输介质：粗同轴电缆、细同轴电缆、双绞线、光纤，每种传输介质对应于不同的连接方法。这 4 种传输介质分别对应 4 种不同的物理层标准：10Base-5、10Base-2、10Base-T、10Base-F，其中 10 表示数据传输速率为 10Mb/s，Base 表示采用基带传输和曼彻斯特编码，5 或 2 表示单段最大传输距离为 500m 或 200m，T 代表双绞线，F 代表光纤。下面分别介绍采用不同传输介质的传统以太网的连接方法。

1. 粗同轴电缆

1983 年，IEEE 802.3 推出了使用直径为 10mm 的粗同轴电缆作为传输介质的以太网标准 10Base-5，这是最早的以太网标准。使用粗同轴电缆组网时，需要有网卡、收发器、收发器电缆和 DB-15 型连接器。位于计算机内的网卡连接到 DB-15 型连接器上，该 DB-15 型连接器通过收发器电缆与收发器相连，收发器直接连接到粗同轴电缆上。收发器内有插入装置，可以直接插入电缆取出信号而不用将电缆剪断。同轴电缆的两端需要安装终端器，用于吸收端点的电信号，防止信号在电缆的端点发生反射而产生干扰。计算机使用收发器与粗同轴电缆的连接情况如图 8.7 所示。

通过粗同轴电缆连成网络时，收发器具有非常重要的作用，其主要功能如下：

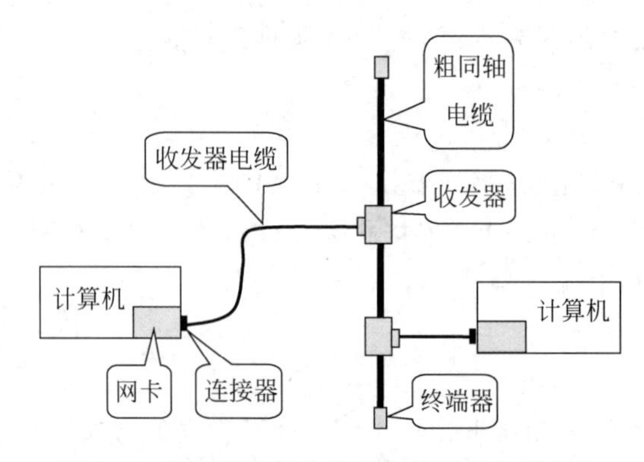

图 8.7 计算机使用收发器与粗同轴电缆连接

- 收发器经收发器电缆接收来自网卡的数据并发送给同轴电缆；或反之，从同轴电缆接收数据经收发器电缆传输给网卡。
- 进行冲突检测。
- 在同轴电缆和与电缆接口的电子设备之间进行电气隔离。当计算机或收发器出现故障时，不影响同轴电缆的正常传输。
- 进行超长控制。

由上面的介绍可知，收发器完成了物理层以及部分 MAC 层的功能，显然分担了网卡的一些工作，此时网卡主要用来实现地址确认和差错检测等功能。

粗同轴电缆因信号衰减等因素将其单段最大长度限制在 500m，最多可连接 100 个站点，站点之间的最小距离为 2.5m，收发器电缆的最大长度为 50m。若需要连接更长的距离则要使用中继器(也称为转发器)将各电缆段连接起来，以将从一段电缆上收到的信号放大整形后再转发到另一段电缆上，从而达到延长信号有效传输距离的目的。但扩展网络时要遵循“5-4-3-2-1”规则，即最多 5 个网段，使用 4 个中继器进行连接，而且最多只能在 3 个网段上连接站点，其他 2 个网段只用于通信，所有节点均位于同一个冲突域，所以这种以太网的最大网络跨度为 2500 米。粗同轴电缆传输性能好，可靠性高，但是价格贵，不易布线和安装。

2. 细同轴电缆

细同轴电缆对应的以太网标准为 10Base-2，是 1986 年推出的，所使用的同轴电缆直径为 5mm。组成以太网时每个网段的最大长度为 185m，最多可连接 30 个站点，站点之间的最小距离为 0.5m。当组网的长度超过单段电缆的最大长度时，需要使用中继器将不同的网段连接起来，但同样受“5-4-3-2-1”规则约束，所以最大总线长度不能超过 925m。组网时，要用标准的 BNC T 形接头直接连接网卡和电缆。BNC T 形接头为一个三通接头，其中一个接头与网卡相连，另两个直通的接头与细同轴电缆相连；所以细同轴电缆组网时需要切断，并分别连接到 BNC T 形接头的直通的两个接头上；同轴电缆的两端需要安装终端器，防止信号在电缆的端点发生反射而产生干扰。计算机使用 BNC T 形接头与细同轴电缆相连如图 8.8 所示。

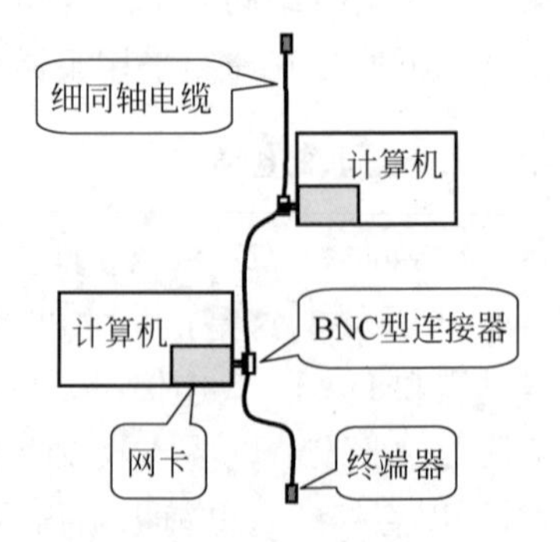

图 8.8 计算机使用 BNC T 形接头与细同轴电缆相连

相对于使用粗同轴电缆，使用细同轴电缆时没有了收发器，所以网卡要实现的功能与在8.2.2节中介绍的类似。

使用细同轴电缆组网时，由于细同轴电缆弯曲较粗缆容易，所以布线方便；但因连接时需要切断同轴电缆，若某一处接触不好则可能导致整个电缆断路，使整个网络无法正常工作，所以网络的可靠性差。

为了提高网络的可靠性，使之易于维护和管理，借鉴了电话网的星形网络拓扑结构，采用无屏蔽双绞线，用可靠性非常高的集线器连接各个站点；当网上某个站点出现故障时可通过集线器自动隔离，不影响整个网络正常工作。因而IEEE制定了10Base-T的标准802.3i，该标准使用双绞线和集线器组成局域网。

3. 双绞线

1990年IEEE推出了以无屏蔽双绞线（Unshield Twisted Pair，UTP）为传输介质的以太网标准10Base-T，它可以运行在普通的电话双绞线上。支持10Base-T的集线器和交换机的普及使用，使得该标准迅速得到推广。其中，集线器是最初使用的网络连接设备，是一个具有多个端口的智能连接装置，每个端口通过双绞线与站点相连，逻辑上形成了星形网络。但实际上集线器相当于一根智能化的共享总线，所以由集线器连接成的网络仍属于总线型。集线器的智能特性体现在当某个节点接触不好时不影响其他节点间的通信，这就很好地解决了由于细同轴电缆连接接触不好导致网络可靠性差的问题。每段无屏蔽双绞线的最大长度为100m，但实际上由于制造质量和干扰等因素，使实际的最大使用长度有所缩短。使用无屏蔽双绞线组网时，只需将两头装有RJ-45插头的双绞线一端连接网卡，另一端连接集线器的某个端口即可，具体连接情况如图8.9所示。

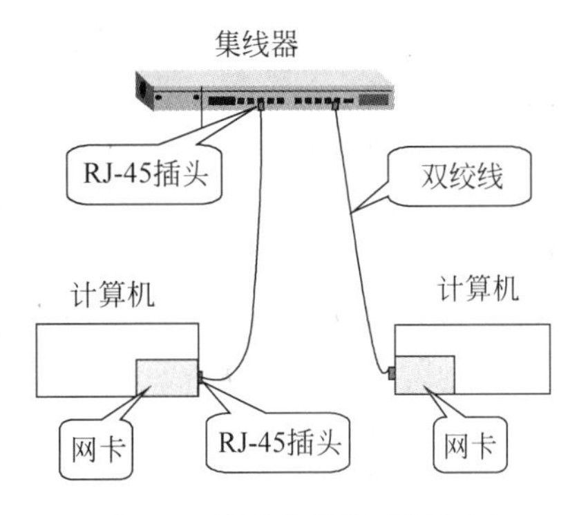

图8.9　使用集线器进行组网

4. 光纤

10Base-F是1993年推出的以光纤为传输介质的10Mb/s以太网标准，具体包括10Base-FL、10Base-FB和10Base-FP 3种互不兼容的标准。

- 10Base-FL：FL是“光纤链路”英文的缩写。10Base-FL支持双芯光缆10Mb/s以太网网段，用于计算机间、中继器间或计算机与中继器间点对点光纤链路的连接。10Base-FL标准接口允许连接的光纤网段长度达2km，质量较好的多模光纤可达5km。因此，10Base-FL标准接口可用于两个建筑物之间的光缆链路。
- 10Base-FB：FB是“光纤骨干”英文的缩写。10Base-FB标准接口支持在中继器间互连，它是在中继器间可采用的最佳专用同步信号链路的10Mb/s以太网技术。同步信号协议允许一定数量的中继器用于10Mb/s以太网系统的拓扑拓展。10Base-FB标准限于中继器间的点对点通信，不能用于中继器与计算机之间的链接，也不能用于10Base-FL和10Base-FB两种端口的链接。
- 10Base-FP：FP是“光纤无源”的英文缩写。10Base-FP标准支持具有星形拓扑结构、采用“无源光缆”的10Mb/s以太网技术。10Base-FP网段长度达500m，一个星形网络可链接多达33台计算机。10Base-FP星形结构由一个无源星形光耦合器和机械密封光连接器组成。

10Base-FL是3种标准中目前得到广泛应用的一种，而其他两种很少使用。

8.3 全双工以太网

传统的以太网工作于半双工模式，通信信道由连接在信道上的众多站点所共享，各个站点不能同时使用信道发送信息，即在每一时刻只能有一个站点执行单向的发送操作，为了防止和检测总线冲突，它采用CSMA/CD对共享介质的访问进行控制。为了提高网络传输带宽和通信效率，IEEE 802委员会制定了IEEE 802.3x标准，提出了以太网的第二种工作模式：全双工模式(full-duplex Ethernet)。这种工作模式下的以太网具有如下特点：

- 要求采用支持全双工工作模式的物理传输介质。目前，支持全双工工作模式的物理介质规范有10Base-T、10Base-FL、100Base-TX、100Base-T2、100Base-FX、1000Base-T、1000Base-CX、1000Base-SX、1000Base-LX 9种，而10Base-5、10Base-2、10Base-FP等几种物理介质规范不支持全双工工作模式。这里提到的诸多标准将在后续章节中陆续介绍。
- 站点之间提供独立发送与接收信息的点对点链路，所以全双工模式不存在共享介质的竞争和帧碰撞等问题，故不需要采用半双工模式下的介质访问控制方法。但在发送相邻帧时，要保持一定的时间间隔(即帧间隙)，该时间间隔与工作于相同带宽半双工模式下的以太网一致。
- 全双工模式在不同站点之间提供独立发送与接收信息的点对点链路，因而站点间可以同时发送和接收信息，从而网络带宽增加为半双工模式的两倍；而且由于没有碰撞，通信效率也得到了提高。
- 使用与半双工模式以太网一样的帧格式、最大/最小帧长和CRC校验等。
- 由于不存在共享介质的竞争和帧碰撞，在网络规模上也不再受时间槽的约束。例如，在100Base-FX介质规范中规定：数据速率为100Mb/s，传输介质采用两芯光缆，在采用半双工工作模式时最大网段长度为412m，而采用全双工工作模式时最大网段长度可达2000m。

除上述特点外，工作于全双工模式下的以太网还采取了一些其他技术以确保发挥全双工通信方式的优势。对于一个具体的计算机网络来讲，各个站点间的通信能力可能存在很大差异，为了保证它们之间能够正常通信和交换信息，必须考虑流量控制问题。对于工作于半双工模式下的以太网，由于采用了CSMA/CD来控制站点向信道上发送数据，实际上在避免数据冲突的同时也实现了流量控制。而对于采用全双工工作模式的以太网，由于不需要对介质的访问进行控制，所以不能采用类似的方法进行流量控制。因此，它对数据链路层进行了改进，在LLC子层和MAC子层之间增加了一个MAC控制子层，定义了一个称为暂停帧的控制帧来实现流量控制功能。当一个站点来不及接收数据或者发现网络出现拥塞时，就发送暂停帧给发送站点要求它暂时停止发送数据，并给出停止时间的具体长短；经过该段时间后，发送站点才可以恢复发送数据。暂停帧由以太网数据帧中的“长度/类型”字段来标识，其值为 0x8808。“长度/类型”字段后面依次是 2 个字节的“暂停标志”字段、2 个字节的“MAC 控制参数”字段和 42 个字节的填充字段。“暂停标志”字段的值为 0x0001，表示该控制帧是暂停帧；“MAC 控制参数”字段的值表示请求发送方暂时停止发送数据的时间长度，该时间长度以时间槽为单位；填充字段是为了保证控制帧为 64 个字节。在实际工作过程中，可以通过自动协商原理来对站点是否支持暂停帧协议进行配置。一方面，可以让链路两端站点都支持暂停帧协议，即发送和接收双方都可以通过发送暂停帧来控制对方的发送速率。另一方面，也可以只让一端站点支持暂停帧协议，即实现流量的单向控制。

全双工模式下的以太网采用了另一种称为链路聚合(link aggregation)的技术。该技术是将多条独立的物理链路组合在一起作为单条逻辑链路使用，用以增大以太网站点之间链路的带宽，提高通信效率。传统以太网不允许站点间存在环形链路，否则会引起数据帧沿着环形链路无休止地传输。全双工模式下的以太网允许多条并联物理链路的存在，为了同时利用这些链路来快速传输数据，它在 MAC 控制子层中定义了一个会话帧(conversation frame)，采用链路聚合算法(link aggregation algorithm)将具有相同源地址和目的地址的多条物理链路聚集成一条逻辑链路，提供给一对站点交换信息时使用，并能保证沿着多条物理链路传输的数据帧能够按照发送的顺序依次到达接收端。这样不但可以成倍地增加网络带宽，还可以利用“负载平衡算法”将网络流量均衡地分配到比较集中的几条链路上，保证信息的优质传输，以及将一条或几条链路分配给固定站点，承担重要信息的传输以保证传输质量。由于站点之间有多条链路，若某条链路发生故障则可切换到其他备用链路，由备用链路继续承担数据传输任务，因而来提供网络系统的可靠性。

8.4 高速以太网

传统以太网的最大带宽为 10Mb/s，能够很好地满足以太网应用初期的需求。但是随着网络用户的激增、网络站点处理能力的增强、客户机/服务器计算模式的逐步采用以及网络服务内容的不断丰富和多样化，使得用户对带宽的需求急剧增加，传统以太网的带宽已远远满足不了社会的实际需求。不仅如此，诸如视频会议这类的多媒体应用还对网络传输的实时性能提出了更高要求。这些需求极大地刺激和促使了高速以太网技术的研究和发展。通常将传输速率达到 100Mb/s 以上的以太网称为高速以太网。目前已成功应用的高速以太网有百兆以太网、千兆以太网(也称为吉比特以太网)和万兆以太网(也称为 10 吉比特以太网)；这些以太网的区别主要体现在物理层，但仍具有很好的兼容性，能够很好地保护用户已有的投资。

8.4.1 100Base-T 以太网

100Base-T 以太网是最初出现的高速以太网，又称为快速以太网，对应的标准为 IEEE 802.3u，通过交换机采用双绞线相连，构成了采用基带传输的星形拓扑结构，介质访问控制仍采用 IEEE 802.3 的 CSMA/CD 协议，10Mb/s 的以太网仅需更换 100M 或 100/10M 自适应网卡即可升级为百兆以太网。

100Base-T 以太网在帧格式、介质访问控制等方面仍采用 IEEE 802.3 标准，它也是实现数据链路层和物理层两个协议层的功能。在 MAC 子层，100Base-T 保留了与 10Base-T 以太网一样的 MAC 子层，具有同样的最大、最小帧长度；但因传输速率提高了 10 倍，所以发送帧的时间间隔由 9.6μs 减少到 0.96μs，即缩小为原来的十分之一。另外，10Base-T 下发送 64 个字节的最小帧需要 51.2μs，而 100Base-T 下仅需要 5.12μs，即 100Base-T 的争用期也缩小为 10Base-T 争用期的十分之一，这样导致该争用期内电磁波传输的距离也缩小为 10Base-T 的十分之一，所以此时 100Base-T 的最大网络跨度约为 250m。而在物理层上两者的差异较大，100Base-T 和 10Base-T 两种以太网的物理层结构对比如图 8.10 所示。100Base-T 的物理层共包括 6 部分，各部分的具体功能如下：

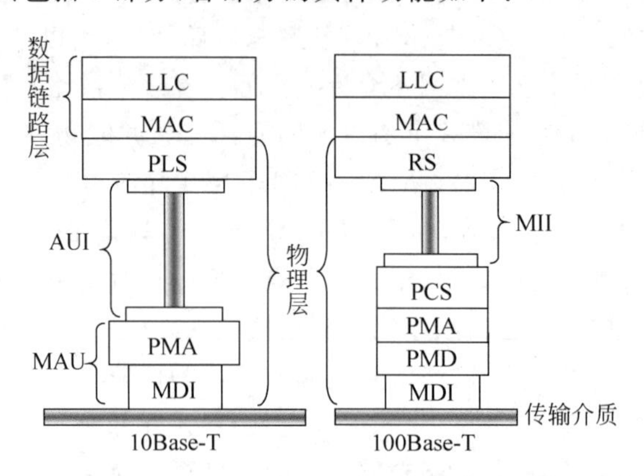

图 8.10　10Base-T 和 100Base-T 两种以太网的物理层结构对比

- 协调子层(Reconciliation Sub-layer，RS)：位于物理层的最顶部，直接与 MAC 层相邻，它将 MAC 层的串行数据转换为 MII 层需要的 4 位宽的半字长数据，或者完成相反的过程。
- 介质无关接口(Medium Independent Interface，MII)：以 4 位的半字长宽度发送或者接收数据，使得发送和接收时钟只需数据传输速率的 1/4，即 25MHz。

上述两部分与具体的物理传输介质无关，但下面几个子层对于不同的传输介质有不同的标准，它们的功能具体如下：

- 物理编码子层(Physical Coding Sub-layer，PCS)：提供数据编码和解码功能，依据不同的传输介质而异。
- 物理介质连接子层(Physical Medium Attachment，PMA)：提供相邻两层之间的串行化服务接口，接收相邻两层的数据，进行并/串和串/并转换；此外，还从接收的数据中提取出用于对接收数据进行正确对位的同步时钟。
- 物理介质相关子层(Physical Medium Dependent，PMD)：负责向传输介质发送信号或者从传输介质上接收信号。发送信号时，该子层要将从 PMA 接收的信号转换为适合在某种介质上传输的形式。该子层与传输介质密切相关。
- 介质相关接口(Medium Dependent Interface，MDI)：规定 PMD 与具体传输介质之间的连接标准。

100Base-T 支持 4 种不同的传输介质，故存在 4 种不同的物理层标准，如图 8.11 所示；这 4 种物理层标准的具体情况为：

(1) 100Base-TX：该标准使用 2 对 UTP5 类双绞线或者屏蔽双绞线，分别用于发送和

图 8.11 4种不同的 100Base-T 物理层标准

接收数据，每个网段的最大长度仍为 100m，连接仍采用 10Base-T 的 RJ-45 连接器。100Base-T 不再采用 10Base-T 的曼彻斯特编码而是采用了 4B/5B-MLT3 编码，即发送时，首先按照编码规则将 4 个比特转换为 5 个比特，经过 MLT3 编码后再进行发送，而接收时要进行相反的过程。MLT3 编码的过程是对每个 1 都有一次信号转变，而对 0 则保持信号不变；其目的是为了减少高低电平间的转换次数，从而大大降低信号变化的频率，这样在 5 类线上就可以达到 100Mb/s 的传输速率。

(2) 100Base-T4：该标准使用 4 对 UTP3 类或 5 类双绞线，同时使用 3 对线来传输数据，1 对线进行碰撞检测，每个最大网段长度仍为 100m，连接仍采用 10Base-T 的 RJ-45 连接器。100Base-T4 采用了 8B/6T 编码，即 8 位二进制/6 位三进制编码；这种编码方式更为复杂，感兴趣的读者可以参阅相应的参考文献。

(3) 100Base-T2：该标准使用语音级 2 对 3 类或更好的 UTP 双绞线，同时使用这 2 对线传输数据，每个网段的最大长度仍为 100m，连接仍采用 10Base-T 的 RJ-45 连接器。100Base-T2 采用了更为复杂、称为 PAM5×5 的编码方式。

(4) 100Base-FX：该标准采用一对 62.5/125μm 的多模光纤，其传输距离远于 UTP 类双绞线。100Base-FX 采用 4B/5B-NRZI 编码和光纤介质接口连接器。

100Base-T 标准的物理层还有一个很重要的功能，就是 10/100Mb/s 自动协商功能。因为在 100Base-T 以太网推出初期，10M 和 100M 以太网并存，在传输速率、编码方式等方面都不相同，当不同标准的站点进行通信时，其物理层要能感知所存在的差异并调整到两个站点均能接受的模式进行工作；只有两个站点均工作在 100Base-T 标准下，它们才工作于百兆模式下，否则要以 10Mb/s 的速率进行通信。但是 100Base-FX 的物理层不支持这种自动协商功能，而下面将要介绍的千兆以太网技术仍保持支持这种自动协商功能，以保证 10Base-T 和 100Base-T 标准的向后兼容性。

8.4.2 千兆以太网

最初出现的千兆传输网是后面将要介绍的 ATM，但 1996 年千兆以太网问世，并于 1997 年被确认为 IEEE 802.3z 标准。千兆以太网的传输速率为 1000Mb/s(1Gb/s)，又称吉比特以太网(gigabit Ethernet)，使用 CSMA/CD 协议，与传统的以太网兼容，使得传统的以太网很容易升级为吉比特以太网，而且还能继续升级为 10 吉比特以太网。

IEEE 802.3z 任务组在实现千兆以太网标准时，首先考虑到与现有的 10M 和 100M 以太网标准的兼容性。在以不同速率运行的网段之间、在网络分段和交换式网络之间以及诸如此类的情况下，为了实现转发数据帧时的无缝操作，千兆以太网必须保留原来的帧格式、最大/最小帧长，以及二进制指数后退算法；但与 100M 以太网标准不同的是 IEEE 802.3z 对 IEEE 802.3 的 MAC 层也做了部分修改。IEEE 802.3z 标准主要考虑如下几点：

(1) 允许在 1Gb/s 下以全双工和半双工方式工作，大部分情况下采用全双工方式。

(2) 使用 802.3 协议规定的帧格式。

(3) 半双工方式下使用 CSMA/CD 协议(全双工下不用)。

(4) 与 10Base-T 和 100Base-T 向后兼容。

与 10M 和 100M 以太网标准相比,由于带宽的提高,IEEE 802.3z 在如下几方面进行了改进:

- 采用载波延伸(carrier extension)的方法解决碰撞检测。千兆以太网沿用了传统以太网中 MAC 层的 CSMA/CD 机制,并规定了与传统以太网相同的最小帧长度为 64B;这一措施保证了它与传统以太网的兼容性,但却将总线的争用期缩小到 10Base-T 的百分之一,即 0.512μs,致使最大网络传输距离也相应地缩小为 10Base-T 的百分之一,变为 25m 左右;这样就限制了每个网段的最大长度,直接影响到千兆以太网的应用。IEEE 802.3z 采用载波延伸的方法来解决上述问题,即最短数据帧长度仍保持在 64B,但将争用期扩大到 512 个字节(即时间槽为 4096 位),不足 512B 的数据帧在发送时需要在后面填充一些字符,以使 MAC 帧的发送长度增大到 512 个字节。将争用期扩大到 512B,相当于 64 个字节的 8 倍,可以保证千兆以太网的最大网段长度约为 25m×8=200m。
- 增加分组突发功能。当要发送多个短数据帧时,仅第 1 个帧采用载波延伸的方法,随后的短数据帧可连续发送,但要保证帧之间的最小时间间隔不小于 0.096μs(即相当于连续发送 96 比特所占用的时间),以避免信号展宽等因素引起相邻两个数据帧的重叠。
- 当采用全双工方式时,不再使用载波延伸和分组突发。
- 采用 8B/10B 编码。这种编码是 IBM 为在光缆上传输高速信号而开发的,它将 8 位净载荷编码为 10 位,增加的两位用于错误检查。因而其传输速率可达 1.25Gb/s(其中包括 20%的数据编码开销)。基于光纤的采用 8B/10B 编码的千兆以太网物理层规范被称为 1000Base-X。
- 在自动协商协议中加入了对光纤介质 8B/10B 编码的支持。原来的自动协商协议是为 UTP 设计的,不支持光纤介质和 8B/10B 编码。修改后的自动协商协议将在数据传输之前与目的端交换配置信息,主要是做半双工或全双工模式的协商。
- 与铜介质相比,优先采用光纤。因为 10M 和 100M 以太网主要用于办公电脑互联,通信介质应廉价、简单、易于布线。但千兆以太网主要用于主干网互联,对于通信介质的传输速度有更高要求,光纤是比较好的选择。

千兆以太网的物理层标准有如下几种:

(1) 1000Base-X(802.3z 标准)

- 1000Base-SX:SX 表示使用短波,采用波长为 770~860nm 的光纤激光传输器,可使用 62.5/125μm 和 50/125μm 的多模光纤。
- 1000Base-LX:LX 表示使用长波,采用波长为 1270~1355nm 的光纤激光传输器,可使用 62.5/125μm、50/125μm 的多模光纤和 10μm 纤芯的单模光纤。
- 1000Base-CX:CX 表示使用铜线,即两对屏蔽双绞线电缆。

(2) 1000Base-T(IEEE 802.3ab 标准):使用 4 对 5 类 UTP,传输距离为 100m。

千兆以太网工作于全双工方式时,网段长度可以达到数千米。故千兆以太网目前已广泛应用于各种园区网的高速主干网；此外，也可应用于高带宽的场合，如连接工作站和服务器。

8.4.3 万兆以太网

2002年6月IEEE特别工作组制定了万兆以太网的标准IEEE 802.3ae。正如1000Base-X和1000Base-T都属于以太网一样，从速度和连接距离上来说，万兆以太网是以太网技术自然发展过程中的一个重要阶段，但是万兆以太网在MAC层以及物理层与其他以太网具有一定的差别，其协议层次的具体划分如图8.12所示。

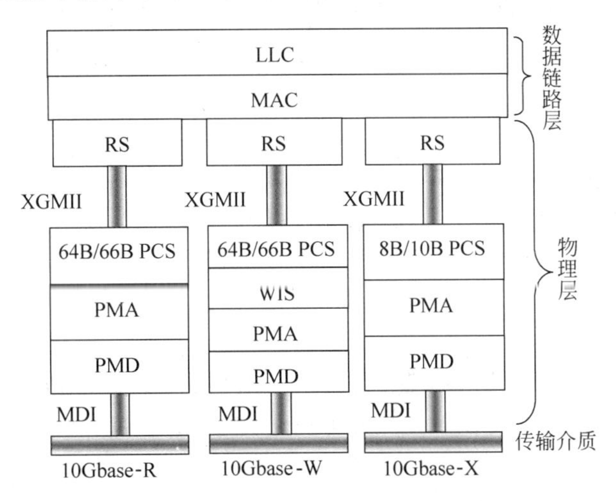

图8.12 万兆以太网的协议层次划分

在数据链路层，万兆以太网使用了IEEE 802.3的以太网介质访问控制协议、帧格式以及最小和最大帧长度，可以向下兼容1000Base-T和100Base-T。但是，万兆以太网的传输速率是100M以太网的100倍，如果继续采用CSMA/CD技术，将导致网络"直径"(即网络最大传输距离)成比例地缩小。所以万兆以太网是一种只适用于全双工模式且只能使用光纤的网络技术，它不再使用CSMA/CD协议。除此之外，万兆以太网与原来的以太网模型完全相同。

IEEE 802.3ae的物理层定义了3种标准：10Gbase-X、10Gbase-R和10Gbase-W，前两种为局域网标准，后一种为广域网标准。物理层被分成如图8.12所示的几个子层：

- 协调子层(Reconciliation Sub-layer，RS)：其功能是将XGMII的信号传送给MAC层，提供物理层与MAC层间的逻辑接口。RS和XGMII使MAC层可以连接到各种不同种类的物理介质上。
- 与介质无关的万兆接口(XGMII)：XGMII英文全称为10Gigabit Medium Independent Interface。XGMII是一个新的与物理介质无关的逻辑接口，共74位数据宽度(发送与接收用的数据通路各占32位，其他为时钟和控制信号)，它可实现MAC层与不同物理介质的连接。在万兆以太网特别工作组的诸多创新中，有一个被称作XAUI的接口，其中的"AUI"指的是以太网连接单元接口(Ethernet Attachment Unit Interface)；"X"代表罗马数字10，它意味着每秒万兆位(10 Gb/s)。XAUI被设计成一个接口扩展器，它扩展的接口就是XGMII；扩展的目的是为了延长XGMII接口中信号的传输距离，因为XGMII接口所规定的信号传输距离仅为7cm。

- 物理编码子层(Physical Coding Sub-layer，PCS)：该子层用于完成数据编码和解码功能。10Gbase-X采用了1000Base-X中的8B/10B编码，而10Gbase-R和10Gbase-W均采用64B/66B编码；后一种编码使得编码的开销由8B/10B编码的25%((10－8)/8)降低到3.125%((66－64)/64)，带宽的利用率显著提高。
- 物理介质连接子层(Physical Medium Attachment，PMA)：该子层主要是在传送数据时对数据包进行编号并排序，在接收数据时根据编号把这些数据还原为原来的形式，以确保数据能正确地传输；并提供发送时的并/串转换以及接收时的串/并转换功能，还负责从接收的位流中分离出用于对接收到的数据进行正确对位的同步时钟。
- 物理介质相关子层(Physical Medium Dependent，PMD)：该子层是物理层的最低子层，负责通过介质相关接口MDI与传输介质(光纤)相连，主要负责比特流的发送和接收。该子层将电信号转换为适合于在某种特定介质(如光纤)上传输的形式，从传输介质上接收和发送信号。IEEE 802.3ae所提供的物理层仅支持光纤传输介质，为了满足对各种传输距离的需要，特别工作组提供了4种PMD供选择，这4种PMD具体为：

① 1310nm串行PMD：使用单模光纤可以实现2km到10km范围内的连接。

② 1550nm串行PMD：使用单模光纤可以实现(或者超过)40km范围内的连接，已成功地应用在城域网和局域网的远距离通信中。

③ 850nm串行PMD：使用多模光纤实现65m范围内目标的连接。

④ 另外，特别工作组选择了两种宽波分复用(CWDM)的PMD，其中一种是1310nm的单模光纤，用于10km范围内的应用；另一种1310nm的PMD用于在多模光纤上实现300m范围内传输目标的连接。

- 物理介质相关接口子层(Medium Dependent Interface，MDI)：该子层规定了PMD与各种传输介质连接的物理规范。
- 广域网接口子层(WAN Interface Sub-layer，WIS)：该子层用于实现以太网与广域网协议间数据帧格式和信息传输速率的转换和适配。

万兆以太网开发的初衷是为了满足城域主干网连接的需求，因为当时许多城域主干网的带宽不超过2.4G，而且万兆以太网的传输距离可以达到40km，完全可以满足城域主干网连接的需要。万兆以太网也可应用于中心交换机与服务器之间，解决数据流量拥挤的问题，或者应用于网络存储器(Network-Attached Storages，NAS)和存储域网络(Storage Area-Networks，SAN)，以解决大数据量的快速传输。

8.5 其他高速局域网

1. 100VG-AnyLAN

100VG-AnyLAN是由HP公司开发的一种带宽为100Mb/s的高速局域网，其标准为

IEEE 802.12，其中 VG(Voice Grade)代表语音级，Any 表示可以使用多种传输介质。组成该网络的中心设备是集线器，它是一个具有多个端口的智能设备，多台集线器可以级联在一起，与连接在各个端口的计算机一起组成具有星形拓扑结构的计算机网络。它是一种无碰撞网络，在 MAC 层使用称为“请求优先级”的新协议(demand priority protocol)，该协议由中央集线器对传输介质的访问(或者说是分配和使用)进行集中控制；按照这种协议，各站发送数据前需先向集线器发出请求，每个请求均标有优先级，如多媒体传输可标为高优先级，一般数据传输可标为一般优先级；集线器根据请求的优先级来总裁为谁提供通信服务。这种网络可使用的传输介质有 4 对 3、4、5 类 UTP、2 对 STP 或者光纤，连接最大长度分别可以达到 100m、150m 和 2000m。

100VG-AnyLAN 提供了与 802.3 以太网和 802.5 令牌环网兼容的信息帧，通过网桥能够很方便地与以太网和令牌环网相连。但是 100VG 是 HP 公司的专有技术，与以太网不兼容，而主要网络设备厂商都支持以太网。所以，这些不利因素导致了 100VG 的应用受到了很大限制。

2. 光纤分布式数据接口

光纤分布式数据接口(Fiber Distributed Data Interface，FDDI)是使用光纤作为传输介质的令牌环形网，常被作为校园环境的主干网，其主要特点如下：

- 使用基于 IEEE 802.5 令牌环标准的 MAC 协议，分组最大长度为 4500B。
- 使用多模光纤连接各个站点组成了具有容错能力的双环结构；使用时一个作为主环，另一作为备用环。
- 数据传输率为 100Mb/s，但因使用 4B/5B 编码(将欲发送的数据流每 4bit 作为一个分组，然后按照 4B/5B 编码规则将其转换成相应的 5bit 编码)，故其实际数据传输速率为 125Mb/s。
- 可以安装 1000 个物理连接，最大站间距离为 2km，环路长为 100km，总长达 200km。
- 具有动态分配带宽能力。
- FDDI 的双环按相反方向传输数据，当主环出现故障时，可以利用备用环自动进行重构，形成新的环路，提高了网络系统的可靠性。

FDDI 的物理层被分为 2 个子层：物理协议子层(PHY)和物理介质相关子层(PMD)，如图 8.13 所示。PMD 负责定义传送和接收的信号、提供适当的功率电平以及定义了与光纤连接的相关规范。PHY 不受传输介质限制，它定义了编/解码方法、时钟要求、线路状态以及数据帧结构。数据链路层被分为传统的 IEEE 802.2 逻辑链路控制(LLC)层和介质访问控制(MAC)层。MAC 层定义了帧格式、差错检验、令牌处理、数据链路管理与寻址等。

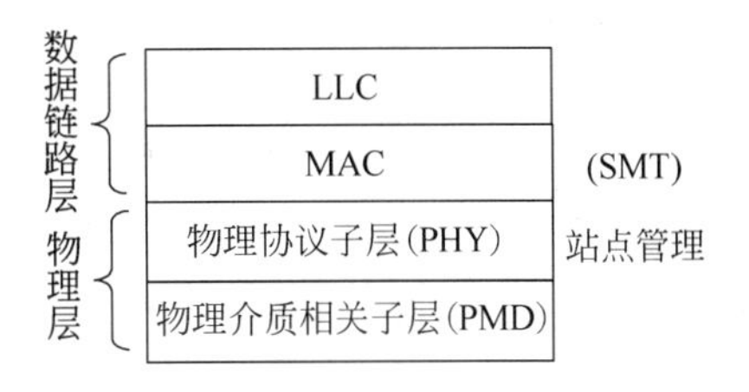

图 8.13　FDDI 的协议层次划分

另外，FDDI 还有一个站点管理(SMT)功能。站点管理标准定义了如何管理与 FDDI 相连接的站点。它定义了站点配置、环初始化、差错统计、差错检测和恢复以及连接管理等。

在实际运行过程中，FDDI 令牌环网上传输一个称为令牌的控制帧，该令牌控制各个站点对通信环路的使用。若某个站点想要发送信息，它首先必须俘获令牌。待发送信息的站点一旦俘获了令牌，它就把数据以帧的形式发送到环路上；其他站点收到环路上的信息帧，首先判断数据帧中的目的站地址是否是本站地址；如不是，则转发该数据帧给下一站点；若是，则复制此信息帧并在接收的同时，还要把该数据帧转发给下一站点；当该帧经过环路返回到发送站时，由发送站撤销，然后发送站释放令牌；令牌沿着环路又传输到其他站点。一个站从俘获令牌到释放令牌的时间为该站占用环路的时间，这个时间还受到令牌保持定时器的限制；若定时器到时，发送站必须停止发送，释放令牌；这就是令牌的定时传送，它使网上各个站点实时地截取令牌，均等地获得使用环路和发送信息的机会。

FDDI 问世初期因速度快、可靠性高而得到重视，主要用于组成网络干线，能实现大范围的局域网之间、局域网与主干计算机之间的高速互连；但随着高速以太网的流行，FDDI 已很少使用。

8.6 局域网中的网络连接设备

由于信号衰减和外界干扰等因素使得每段物理介质(即网段)的有效传输长度受到了限制。当组成的网络超过了一个网段的范围时就要使用网络连接设备将不同的网段连接起来，从而扩大局域网的连接范围。

常用于扩大局域网连接范围的网络设备有中继器、集线器、网桥、交换机和路由器，这些设备因实现了不同网络协议层次的功能而作用各不相同。第 1 章曾简单介绍了上述设备，下面详细介绍各种网络连接设备的原理以及在扩大局域网连接范围中的作用。

8.6.1 中继器

中继器(repeater)也称为转发器，是最简单的网络连接设备，它仅实现物理层的功能，它对接收到的信号进行再生转发，以延长信号的传输距离。

电信号在线路上传输会产生一定的损耗，加上噪声干扰等因素使得信号传输一定距离后会衰减和畸变，进而引起失真。设计中继器的目的就是为了解决信号的衰减问题。

一般采用中继器连接由相同传输介质组成的两个网段。中继器从一个网段接收信号，然后进行放大再传输给另一个网段。使用中继器进行网络扩展时，其使用数量有一定的限制；在以太网中曾介绍了“5-4-3-2-1”规则，也称为黄金规则(即 5 个网段，4 个中继器，3 个网络段，2 个链路段，1 个冲突域)，即一个以太网上最多允许出现 5 个网段，最多使用 4 个中继器，其中 3 个网段可以连接站点，另 2 个网段除了做中继器间的链路外，不能连接任何站点，所有站点均处于同一个冲突域中。

8.6.2 集线器

集线器(也称为 Hub)是一种具有多个端口的中继器，它可以同时连接多个网段；而且集线器的端口还可以连接其他集线器，进而组成多级星形结构的局域网，如图 8.14 所示。但是集线器仍是一个共享式的总线结构，连接到集线器上的各个站点仍位于同一个冲突域中，带宽不能增大。其优点是扩大了局域网的地理覆盖范围，使更多的站点可以相互通信。但是对于不同的局域网，不能用集线器将它们连接起来。集线器基本上是一个多端口的转发器，不具有帧缓存功能，所以集线器只能连接具有相同传输速率的站点。

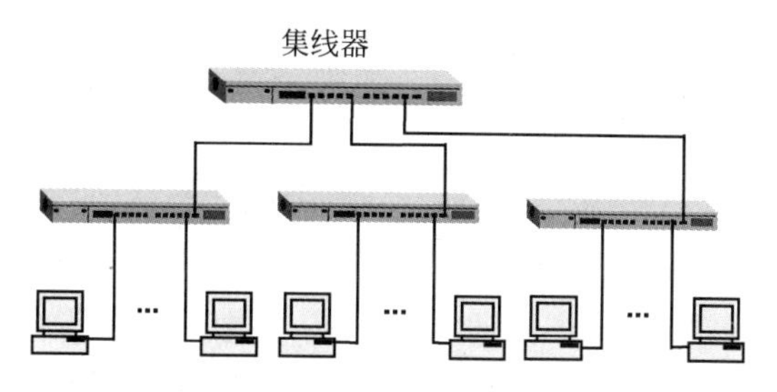

图 8.14　使用集线器组成多级星形结构的局域网

8.6.3　网桥

网桥是一种工作在数据链路层的网络连接设备，它具有两个或多个端口，能够实现物理网段隔离、流量分割和速率缓冲等功能，可以连接具有不同协议、不同传输介质或者不同传输速率的两个物理网络或者网段，有利于改善网络的性能及其安全性和可靠性。它根据MAC帧的目的地址将收到的数据帧向目的端口进行转发。

1. 网桥的工作原理

最简单的网桥具有两个端口，每个端口连接一个网段或者物理网络，如图 8.15 所示。每个网桥内部均有一个转发表，用于记录各个站点以及所连端口的对照表，每个表项包括：各站点的 MAC 地址、协议类型和端口号等字段。网桥接收数据帧并进行缓存，然后根据数据帧中的目的 MAC 地址查找转发表中具有相同 MAC 地址的项，并根据协议类型决定是否需要进行协议转换；若需要协议转换则根据协议类型重新封装数据帧，然后将数据帧通过端口号所指定的端口发送出去；若发现接收数据帧的目的地址与源地址处于同一网段，网桥则丢弃该帧，并不向其他网段转发；从而将某个网段内传输的数据帧局限于本网段内部，并不对其他网段造成影响，进而实现了流量隔离功能。

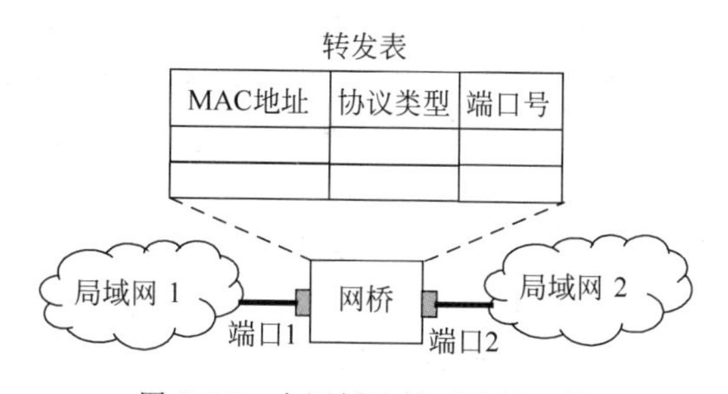

图 8.15　由网桥连接而成的网络

通过网桥的工作原理可以看出，网桥不但扩大了物理网络的连接范围，可连接不同物理层、不同 MAC 子层和不同速率的局域网；而且具有隔离功能，能够隔离不同的物理网段，过滤通信量，限定数据在一定范围内流动，使得一个网段出现故障不影响另一网段，从而增强了网络系统的安全性和可靠性。同时也可以看到，由于网桥对接收的数据帧要缓存、查表、转发，当连接不同类型的局域网时，还要进行协议类型转换，这些操作增加了时延；而且由于 MAC 子层不具有流量控制功能，当网上负荷较重时，网桥因缓存空间不足可能导致溢出而丢失数据帧。

网桥有两种类型：透明网桥和源路由网桥，它们的工作机理略有差别，下面就介绍一下这两种网桥的工作原理和过程。

2. 透明网桥

透明网桥是指站点不知道待发送的数据帧所要经过的具体路径，当网桥接收到一个数据帧后都要根据其转发表进行转发。透明网桥是一种即插即用设备，当它最初连接到局域网上时，其转发表为空；安装时，其转发表不需要人工配置，而是由网桥在运行过程中自动生成。

下面介绍透明网桥转发数据帧的过程。此时网桥的转发表中增加了定时器一项，用于控制各个表项的定时刷新，以保证转发表中的信息能够及时反映网络拓扑的最新变化情况（例如，某个站点更换了网卡，或者某个站点出现了故障）。假设透明网桥连接两个相同类型的局域网，其转发数据帧的过程如下：

（1）从端口 X 接收一个数据帧，判断有无差错；若有错则丢弃，然后转(8)；若无错，则根据数据帧中的目的 MAC 地址查找转发表。

（2）如转发表中有相应的表项，其中的端口号为 D，转到(3)；否则转到(5)。

（3）若 D=X，则丢弃该帧；否则发送帧到端口 D。

（4）转到(6)。

（5）向除了源端口 X 外的所有端口转发此帧(此称为扩散法转发)。

（6）如源站不在转发表中，则将源站 MAC 地址和端口号 X 加入转发表，设置定时器，然后转到(8)；如源站在转发表中，则执行(7)。

（7）更新该表项的定时器。

（8）查看转发表中各个表项的定时器，删除所有过时的表项。

（9）等待新的数据帧，有新的数据帧到达后，则转(1)。

上面的第(6)步是网桥对其转发表中没有的项进行登记。此时，从源端口 X 接收到一个数据帧，说明发送该数据帧的源站点与端口 X 是连通的，但目前转发表中没有该源站点的地址信息，所以应该添加到转发表中。这样经过一定的工作时间，网桥的转发表将逐渐得到完善。第(8)步清除所有过时的表项，以保证网络中站点的变化能及时地在网桥的转发表中反映出来。

通过上面的介绍可以看出，透明网桥具有容易安装、不需要配置、即插即用、能够及时反映网络拓扑的动态变化等优点；但是因为最初为空的转发表要在以后运行过程中逐渐生成，因而需要较长的配置时间，而且在动态生成转发表时要采取一定的措施避免环形路由的生成。

3. 源路由网桥

源路由网桥是另一种类型的网桥，它的工作原理与透明网桥正好相反。它是由源站点确定路由，并将路由信息放在数据帧的首部；数据帧每经过一个网桥，网桥就按照该路由信息对其进行转发。

使用源路由网桥进行传输时，源站必须知道到达目的站点的详尽路由信息。因而，网络站点必须具有发现合适路由的能力。当源站想要发送数据帧时，先以广播方式向目的站发送一个发现帧；该帧经过各种可能的路径进行传输，在传输过程中该帧要记录所经过的路径信息；发现帧到达目的站点后就沿各自的路径返回源站；源站从返回的发现帧中得知这些路由后，按照一定的准则，选择一条最佳路由，以后就按照这条路径传输数据帧到它的目的站点。

显然，源路由网桥不是透明的，源站点必须知道传输数据帧时所要经过的每个网桥以及最佳路由。此外，若存在多条不同的路径到达目的站点，则可以通过这些路径分别传输数据，从而实现通信负载的均衡功能。

4. 环路避免

在生成转发表和获取路由信息时，其前提是假设由网段、局域网和网桥构成的是一个无环路的拓扑结构，但实际上恰恰相反。根据以前介绍的知识知道，为了提高网络传输的可靠性，节点间常存在冗余的通信链路，而这些链路很可能就形成环路。当网络中存在环路时，可能会导致数据帧沿着环路无休止地传输，不但永远达不到终点，而且浪费了网络带宽，降低了通信效率。为了解决环路问题，IEEE 802 委员会在制定的 802.1d 网桥标准中定义了生成树协议(Spanning Tree Protocol,STP)，通过该协议可以生成无环路的最佳路由。该协议在生成路由的过程中，若发现有环路存在，则将相应的端口置为阻塞状态，从而维护一条无环路的路由，保证整个网络在逻辑上是一棵生成树。

8.6.4 以太网交换机

随着局域网应用范围的逐步扩大，1990 年诞生了一种显著提高网络性能的新型网络连接设备：交换式集线器(switching Hub)。它与网桥一样实现了 OSI/RM 模型中最低两个协议层的功能，所以也称之为二层交换机；后来又出现了实现 OSI/RM 模型中最低 3 个协议层功能的 3 层交换机，即具有路由功能的交换机。与网桥不同的是交换机一般具有多个端口，但两层交换机仅限于局域网内部使用，不能连接两个不同的局域网，实际上交换机相当于一台高性能的智能型多端口网桥。虽然交换机也称为交换式集线器，但它与前面介绍的共享式集线器存在本质区别。由交换机连接而成的局域网称为交换式局域网。以太网中使用的交换机称为以太网交换机。

1. 以太网交换机的组成及交换方式

下面以二层以太网交换机为例介绍交换机的组成及工作原理。以太网交换机一般由输入/输出端口、缓冲区、交换机构及交换控制逻辑等部分组成，如图 8.16 所示。其中端口也称为接口处理器或者接口卡，它具有输入/输出功能，并允许以不同的速率输入/输出数据，交换机通过端口与其他网络设备相连。缓冲区用于暂存输入/输出的数据帧，每个端口均有对应的输入/输出缓冲区，每个缓冲区实际上

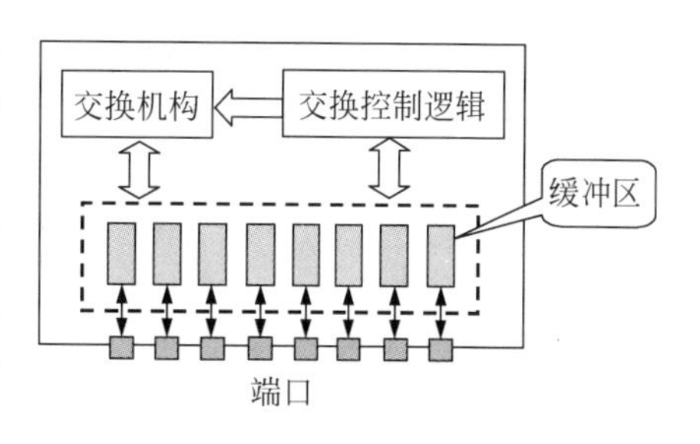

图 8.16 以太网交换机的组成示意图

是一个缓冲队列。交换控制逻辑是交换机的核心，它根据接收数据帧中的源、目的物理地址决定输入端口和输出端口间的对应关系，并控制交换机构建立这两个端口间的临时链路，完成数据帧的高速转发。交换控制逻辑包括一个称为转发表的重要组成部分，它记录了交换机的各个端口与其所连接的各个站点的 MAC 地址的对照表。

与网桥一样，以太网交换机通过转发表将交换机的端口和与端口相连接的站点关联起来。转发表是在以太网交换机运行过程中逐渐完善和建立起来的。最初转发表为空，交换机每转发一个数据帧都会查看其转发表上是否有相应的登记项；若没有登记，则将源站点的 MAC 地址、该帧进入交换机的端口号等信息记录在其转发表中，这样经过一段运行时间，交换机转发表中的内容将逐渐得到充实。以后交换机就依转发表对接收的数据帧进行转发，将从一个端口接收的数据帧从对应的另一个端口发送出去，从而实现数据帧从一个端口到另一个端口的快速交换。

交换机构使用的交换方式有 3 种：直通式、无碎片直通式和存储转发式。

① 直通式(cut through)。当数据帧传送到交换机的端口时，交换机一经读出帧首部中目的站点的 MAC 地址，就查找转发表，如果查到与该 MAC 地址相一致的表项，就把处于接收状态的数据帧直接从对应的端口发送出去。这种交换方式不需要等到接收完整的数据帧后才进行转发，而是只要接收到数据帧的首部就进行转发，所以延迟短、转发速度快、吞吐率高。但直通式因将接收的数据帧直接转发出去，无法进行差错校验，所以对于出现错误的数据帧仍进行转发，导致在网络上传输一些无用的数据帧，可能要浪费一定的网络带宽资源。此外，使用这种方式时，端口不能缓存数据，所以不能连接不同传输速率的链路，否则当高速链路向低速链路传输数据时会引起数据的丢失。这种转发方式因无法对转发的数据包进行校验，因此适合应用于通信链路质量较高的网络环境。

② 无碎片直通式(fragment-free cut through)。这种交换方式也称为准直通式，或者分段过滤式。以太网中规定有效数据帧的长度至少是 64 个字节，对于长度小于 64 个字节的帧可能是在介质访问控制部分中曾讲到的强化冲突帧，而这些帧是不需要转发的。为了利用直通式交换方式的优点，又能检测出无用的数据帧，避免浪费带宽资源，所以提出了无碎片直通式交换方式。这种交换方式要求交换机必须接收数据帧的前 64 个字节，以判断该数据帧是否为碎片帧；若帧的长度小于 64 个字节，则丢掉该帧，否则采用直通式进行转发。这种方式在不显著增加延迟时间的前提下能够降低转发错误数据帧的概率。

③ 存储转发式(store and forward)。该种方式与上述两种方式相反，它需要接收每个完整的数据帧，然后才进行转发。工作于这种方式的交换机依次接收每个数据帧，并放到自己的输入缓冲队列中，然后从输入缓冲队列中分别取出进行校验；若校验出错误，则将之丢掉；若经校验没有发现错误才根据其中的目的 MAC 地址查找转发表，确定目的端口，并将该数据帧放入目的端口所对应的输出缓冲队列中等待转发。这种方式因要对数据帧的输入/输出进行缓存，所以延迟较大；但是正因为对数据帧进行缓存才使得交换机可以对完整的数据帧进行校验；此外，由于引入了接收/发送数据的缓冲机制，使得交换机的端口可以连接不同传输速率的通信链路和站点。这种转发方式适合应用于普通质量链路的网络环境。

交换机构作为交换机的重要组成部分，它采用交叉开关、共享存储器、总线 3 种结构来建立输入端口与输出端口间的逻辑或者物理链路，实现数据帧的转发。

① 交叉开关型：这种结构的交换方式也称为 crossbar switch，它采用交叉开关式的硬件互联网络实现数据帧的交换，具有速度快、延迟小等优点。这种交换机构包括一系列的交叉开关，用于建立各对端口间的物理链接，交换控制逻辑负责控制这些物理链接的建立和拆除。

② 共享存储器型：这种结构的交换机包括一个共享存储区，每个端口均设有接收缓冲区和发送缓冲区，用于暂存已经接收或者等待发送的数据帧。转发数据时，在交换控制逻辑的控制下将数据帧从某个端口的接收缓冲区中取出，然后发送到发送端口的发送缓冲区中等待发送。

③ 总线型：这种交换结构通过高速的背板数据总线和信息传输协议，实现各对端口间的动态链接和数据帧的高速转发。背板数据总线的带宽简称为背板带宽，也叫交换带宽，是交换机的一项重要性能指标，它代表交换机总的数据交换能力，单位为 Gb/s，一般从几 Gb/s 到上百 Gb/s 不等。一般来讲，交换机应该实现线速交换（wire speed），即交换速度达到传输介质上的数据传输速度，从而最大限度地消除交换瓶颈，实现网络的无阻塞传输。

2. 交换机的分类

交换机有多种分类方式。从组成结构上交换机可分为模块式交换机和固定配置交换机。固定配置交换机一般指交换机具有固定的接口配置，硬件上不可以升级。而模块式交换机又称为机箱式交换机，它由多个功能模块和插槽组成，各个模块可以灵活地进行组合和配置，具有很好的可扩展性，使用起来非常方便。该类交换机价格较贵，一般用于大型企业。

按照应用规模，交换机分为企业级交换机、部门级交换机和工作组级交换机。工作组级交换机是指支持 100 个以下站点的交换机，该类交换机一般具有 12～24 个端口，支持 10Mb/s 或者 100Mb/s 的传输速率。部门级交换机是指支持 300 个以下站点的中型企业的交换机；该类交换机具有端口管理功能，可对流量进行控制，支持基于端口的 VLAN（虚拟局域网）；同时具有网络管理功能，可通过 PC 的串口或经过网络对交换机进行配置、监控和测试；每个端口支持 10Mb/s 或者 100Mb/s 的传输速率，可任意采用全双工或半双工传输模式。此外，还有一个支持高速速率的上连端口，用于连接系统服务器或者高速干线。企业级交换机是指支持 500 个以上站点的大型企业应用的交换机，属于高端交换机，一般采用模块化的结构，通常用于企业网络的最顶层。

从所起的作用上交换机可分为核心交换机、汇集层交换机和接入层交换机。接入层交换机是指直接连接用户站点的交换机，常为 10M 或者百兆交换机，这类交换机较为经济。汇集层交换机将不同的接入层交换机连接起来，组成更大范围的局域网；这类交换机常为百兆或者千兆交换机，价格较贵，通过高速的上连端口与核心交换机相连。核心交换机具有更高的性能和配置，其带宽可高达 10Gb，用于将位于不同区域的局域网连接起来。核心交换机和汇集层交换机一般为模块式交换机。

3. 交换机的级联和堆叠

当采用交换机进行组网时，一台交换机的端口数常常满足不了用户的需要。此时就要对交换机的端口数进行扩展，常用的方法是将多台交换机连接在一起，从而形成更大范围的计算机网络。交换机之间相互连接的方式有级联和堆叠两种。

交换机的级联是将一台交换机作为主交换机，其他交换机作为二级交换机，将二级交换机直接连接到主交换机的某个端口上，如图 8.17 所示，交换机之间的连接可以选用多种传输介质，具体可以根据实际工作的需要进行选择。同样，二级交换机还可以连接三级交换机，三级交换机还可以继续级联下去，从而组成了具有层次树形结构的计算机网络。

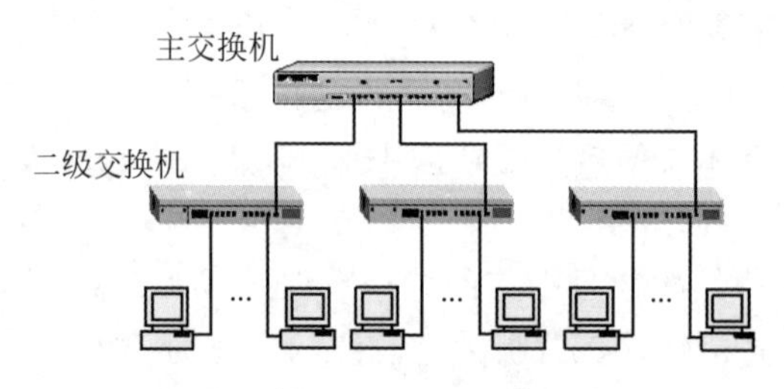

图 8.17 交换机的级联

交换机的堆叠要采用支持堆叠功能的交换机。这种交换机具有堆叠接口，其带宽往往是交换机普通端口带宽的几十倍，通过专用的堆叠线将各个交换机的堆叠接口连接起来就可以扩充交换机端口的数量。

4. 交换技术的优点

交换技术的发展极大地促进了局域网的推广和广泛应用，交换技术具有如下优点：

- 网段微化。交换技术可以将局域网划分为越来越多的网段(称为网段微化)，隔离冲突域，使整个网络的冲突碰撞减少。通过网段微化使得各个网段互不影响，有效地增加了每个网段的带宽和吞吐量。
- 时延短。交换机中引进了一种专用集成电路(Application Specific Integrated Circuits，ASIC)，用硬件来实现交换功能，因此数据交换速度非常快，第二层交换机能够保证交换达到线速(wire speed)要求。
- 允许并行交换。交换机允许不同端口之间同时进行信息交换，拓展了网络的有效带宽。

8.7 虚拟局域网

8.7.1 虚拟局域网的概念

随着局域网的普及应用，局域网的规模越来越大，接入的站点越来越多，用户的组成越来越为复杂，这些因素给局域网的有效管理带来了很大困难。对于传统以太网，其物理网络与逻辑子网是一一对应的。通常一个子网属于同一个广播域，这样以广播方式传播的数据是在整个物理网络上进行传播的。当广播的数据流量达到一定时会占用大量的带宽，耗费大量的网络资源，严重恶化了网络性能，即导致了广播风暴问题，而这些广播数据并不一定是每个站点都需要的。另一方面，每个站点若不采取措施，它将暴露在同一物理网络中的每个用户面前，从而对它造成了极大的安全威胁。这样就需要采取有效的措施来隔离、管理网络和用户。显然，可以采用路由器和网桥对网络进行隔离，但是这些设备昂贵，使用起来不灵活,效率低。能否利用组成局域网的主要设备——交换机来完成上述功能呢?答案是肯定的,从而引出了虚拟局域网(Virtual LAN,VLAN)的概念。

VLAN 技术诞生于交换式网络广泛应用的基础之上。VLAN 是传统 LAN 概念的延伸,但与传统的 LAN 又存在一定的区别,它使网络结构、功能与管理提高到一个新的层次。概括地说,VLAN 是指通过软件策略将一组物理上彼此分开的站点按性质或者需要分成若干个"逻辑工作组",每个"逻辑工作组"内的站点位于同一个广播域,它们之间的通信就好像它们在同一个网段中一样,故称之为虚拟局域网,这样的逻辑划分与具体的物理位置无关。下面描述一下 VLAN 的具体特征和作用。

1. VLAN 的特征

- 位于同一个 VLAN 内部的各个节点可以相互通信,位于不同 VLAN 的站点之间的通信需经过路由器来进行。
- VLAN 的站点可以位于同一局域网中,也可以位于不同的局域网,但它们的需求是一样的。
- VLAN 内传输的每个数据帧均具有明确的标识,说明该帧属于哪个 VLAN。
- VLAN 不是一种新型的 LAN,只是 LAN 的一种运行方式,它是通过 LAN 加上软件技术来实现的。通过支持 VLAN 的以太网交换机可以很方便地实现 VLAN 的划分。

2. VLAN 的作用

- 有效控制广播风暴的发生。VLAN 自动地形成广播域,所有广播都只能在本 VLAN 中进行,大大减少了广播对网络带宽的占用,有效避免了因广播风暴而引起网络性能的恶化,提高了网络带宽的利用率。
- 增强网络的安全性。VLAN 形成若干个逻辑上相互独立的工作组,各个工作组内部可以直接通信,但是不同的工作组间不能直接访问,从而实现了安全上的相互隔离。
- 增强网络连接的灵活性。借助 VLAN 技术,将不同地点、不同网络、不同用户组合在一起,形成一个虚拟的局域网环境,在不改动物理连接的前提下可以将工作站在任意子网间移动,变更工作组成员,无须从物理连接上重新布线。
- 方便网络管理。网络管理员通过网管软件进行 VLAN 划分,监测 VLAN 间和 VLAN 内的通信情况,可以为确定最佳路由和优化系统配置提供基础数据。通过合理划分 VLAN,使网络管理变得更简单、高效和智能化。

8.7.2　VLAN 的标准及帧格式

为了规范 VLAN 技术和促进 VLAN 技术的健康发展,IEEE 于 1996 年就开始制定 VLAN 互操作性标准,即 IEEE 802.1Q。该标准不仅规定 VLAN 中 MAC 帧的格式,而且还制定了帧发送及校验、回路检测、对服务质量(QoS)参数的支持以及对网络管理系统的支持等方面的规范。由于 VLAN 的 MAC 帧要携带 VLAN 标识信息,所以要对 IEEE 802.3 中定义的帧格式进行修改,在源 MAC 地址和长度/类型字段间增加了 4 个字节的 VLAN 标识字段,从而将最大帧长从 1518 个字节增加到 1522 个字节,以此推出了 IEEE 802.3ac

标准。

IEEE 802.3ac 标准下 VLAN 的帧格式如图 8.18 所示。其中插入的 4 个字节标识符 VLANID 称为 VLAN 标记,它指明发送该数据帧的工作站属于哪个 VLAN。VLANID 的前 2 个字节为 0X8100,即二进制 1000000100000000,(因为大于 0x0600,所以不代表长度),称为 IEEE 802.1Q 标记类型。当站点检测到帧格式中源地址后面的两个字节为 0X8100,就知道数据帧中插入了 4 个字节的 VLAN 标识,于是就检查后两个字节的内容。后 2 个字节中前 3 位表示用户优先级,以支持以太网的优先服务功能,其中 0 代表优先级别最高;接着 1 位是规范格式指示符 CFI,置为"1"时,表示以太网封装的为令牌环帧,置为"0"时,为以太网帧;最后 12 位 VID 为 VLAN 标识符,指明该帧属于哪个 VLAN。

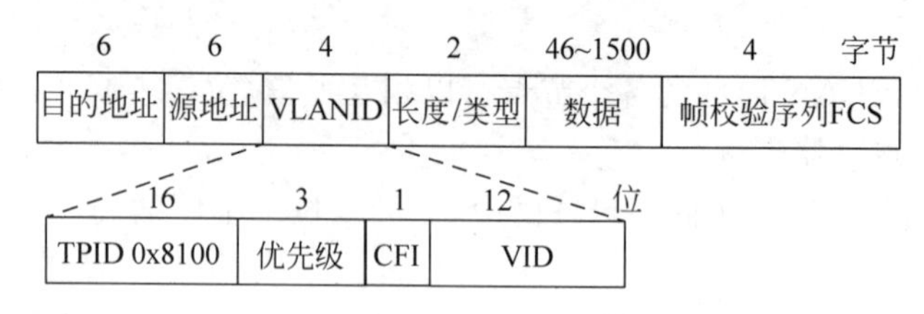

图 8.18 VLAN 的帧格式

8.7.3 VLAN 的划分方法

划分 VLAN 时,通常使用的方法有如下几种:

(1) 基于交换机端口的方法。这种方式是把局域网交换机的端口划分为若干个集合,每个集合组成一个 VLAN。这些集合的成员可以只位于单台交换机上,也可以跨越多台交换机。VLAN 的管理程序根据交换机端口的标识 ID,将不同的端口分配到对应的 VLAN 中。分配到同一个 VLAN 的所有站点可以相互通信,不同 VLAN 站点之间的通信需经过路由器来进行。这种 VLAN 划分方法简单,容易实现。缺点是需要对各端口的连接情况非常清楚,初始设置时工作量较大;当某一用户需要从一个端口所在的 VLAN 移动到另一个端口所在的 VALN 时,网管人员需要重新进行设置,这对于频繁移动大量用户的网络来说不太合适。

使用基于端口的划分方法时,除了将交换机的不同端口划分到同一 VLAN 外,许多交换机还支持将同一端口划分至多个 VLAN。这种被设置到多个 VLAN 中的端口称为公共端口,主要用于连接服务器、网络打印机等共享资源。第二代端口 VLAN 技术允许跨交换机划分 VLAN,即将不同交换机的端口划分至同一 VLAN,从而完全摆脱了物理位置的限制,给 VLAN 划分带来了更大的灵活性。

(2) 基于 MAC 地址的方法。这种方式是根据各个站点的 MAC 地址划分 VLAN。VLAN 对站点的 MAC 地址和交换机端口进行跟踪,入网时,根据需要将新站点划归至某一个 VLAN。这种划分方式下,不论站点在网络中怎样移动,由于其 MAC 地址保持不变,因此用户不需对网络进行重新配置。然而,所有的用户必须明确地分配给一个 VLAN;在这种初始化工作完成以后,对用户的自动跟踪才成为可能。但在大型网络中,要求网络管理人员将每个用户一一划分到某一个 VLAN 的工作量十分庞大,有些厂商便开发了网络管理工具来完成这项工作。这些网管工具可以根据当前网络的使用情况,在 MAC 地址的基础上自动划分虚拟网。

(3) 基于网络层的方法。这种方法按照网络层的协议类型(如 TCP/IP、IPX 等)或者网络地址来定义 VLAN 的成员。定义时需要将子网地址映射到 VLAN,交换设备则根据子网地址将各节点的 MAC 地址同一个 VLAN 联系起来,从而决定各个节点属于哪一个 VLAN。

这种方法可以在一个端口上配置多个 VLAN,有利于组成基于服务或基于应用的 VLAN。但是,由于对 IP 地址进行检查要比对 MAC 地址进行操作所花费的时间要多,这种方法导致交换设备的效率较低。

(4) 基于策略的方法。按特定的管理模式、应用系统等方面分成若干组,每组构成一个 VLAN。这种 VLAN 技术不仅可使广播域跨越多个交换机,而且能在包含多个交换机的网络中简化用户的分布,但需网络设计、管理人员对管理模式、应用系统等方面有深入的了解。

8.7.4 VLAN 交换机及应用

VLAN 的核心设备为 VLAN 交换机,但并不是所有的交换机都支持 VLAN 功能。我们将具有 VLAN 划分能力的交换机称为 VLAN 交换机,目前普遍使用的有两类：一类是第二层 VLAN 交换机,它建立在 OSI/RM 7 层模型的第二层协议基础之上,能够基于端口或 MAC 地址进行 VLAN 的划分,它创建基于第二层协议的 VLAN。另一类是第三层 VLAN 交换机,它是在第二层交换机的基础上引入第 3 层即网络层的功能,同时具备第二层的交换功能和第 3 层的路由选择功能,能够基于协议来划分 VLAN,可以创建基于第 3 层协议的 VLAN,这种交换机常作为核心交换机。

IEEE 802.1Q 将 VLAN 交换机的端口分成两类：标记端口(tagged port)和非标记端口(untagged port),标记端口也称为中继端口和干线端口(trunk port)。相对应的以太网中传输的数据帧也分成携带 VLAN 标记的标记帧(tagged frame)和不携带 VLAN 标记的非标记帧(untagged frame)。当非标记帧从标记端口转发时,必须加上标记信息,重新封装数据帧；同样,标记帧从非标记端口转发时,必须去掉标记信息,重新封装数据帧。

当 VLAN 跨越多个交换机时,必须使用交换机的标记端口来传输数据帧,以区分该数据帧所属的 VLAN。交换机之间的链路称为中继链路或者干线(trunk)。它用来在交换机之间交换标记帧,并不属于特定的 VLAN,具有不同 VLAN 标记的数据帧均可通过该链路进行传输,而普通的 VLAN 链路仅允许传输具有某个特定 VLAN 标记的数据帧。

在构建 VLAN 时,常根据作用的不同选择不同种类的交换机,如核心交换机、一级交换机和二级交换机以及普通交换机等。这些交换机实现的功能各不相同,例如核心交换机需要选择具有路由功能的三层交换机,以实现不同 VLAN 间的数据交换,而普通交换机不需要支持 VLAN 功能。下面假设一个公司的局域网包括人事部、财务部、生产部和信息部等部门,通过 VLAN 实现各个部门间的有效隔离,具体如图 8.19 所示。图中交换机 A 为具有路由功能的核心交换机；交换机 B1 和 B2 为一级交换机,它们通过核心交换机 A 相连,它们之间的链路为中继链路；交换机 C1、C2、C3 和 C4 为普通交换机；公司的四个部门分别拥有各自的 VLAN,其中包括服务器和若干台主机,它们分别占用一级交换机的两个端口；每个部门经过一级交换机就可访问自己的内部站点,而要访问其他部门的站点则要经过交换机 A、B1 和 B2 的转发。这样很好地实现了各个部门的网络隔离和流量分割,有利于网络安全、高效地工作。

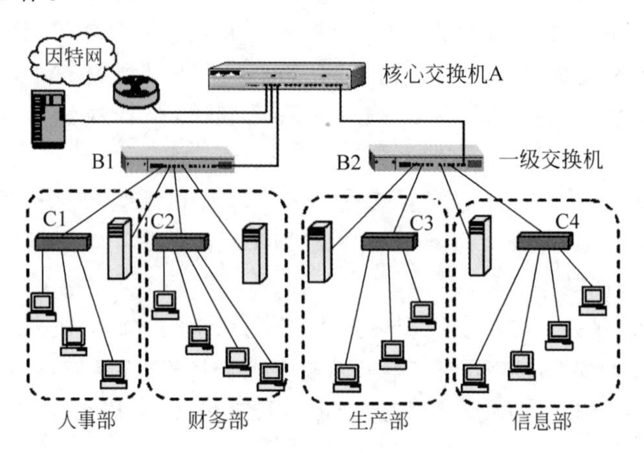

图 8.19 某公司局域网 VLAN 的划分

8.8 无线局域网

前面介绍的以太网采用同轴电缆、双绞线、光纤等作为传输介质，通常称之为有线局域网。目前，这种网络已在各行各业得到了广泛应用。但是，这种网络建设时由于需要铺设电缆等传输介质，而有时有些地方铺设传输线路非常困难，而且传输线路一旦固定就不易改变，缺乏灵活性；有的时候需要临时搭建局域网，如会展。有线局域网很难适应上述情况。能否利用无线电来连接网络，进而克服有线局域网的缺陷呢？在这种背景下诞生了无线局域网。

无线局域网简称 WLAN(Wireless LAN)。目前市场上占主导地位的是无线以太网。WLAN 最早出现于 20 世纪 50 年代，70 年代在美国夏威夷大学建成了第一个 WLAN 校园网。WLAN 虽然出现较早，但由于其技术、市场等原因发展一直比较缓慢，出现之初并没有得到人们的广泛关注。近几年来，计算机网络的应用已渗透到各个领域，特别是随着普适计算时代的到来，笔记本电脑、PDA、智能手机和移动终端等各种移动设备不断涌现，促使无线上网需求的急剧增加。IEEE 802 标准委员会于 1990 年成立了 IEEE 802.11 无线局域网工作组，已相继制定出 IEEE 802.11a、IEEE 802.11b 和 IEEE 802.11g 等 IEEE 802.11 系列标准，分别对无线以太网的传输频段、网络管理、服务质量、介质接入、发送功率以及网络安全保密性能等方面进行了规范。目前，在建设与运行成本方面，无线以太网组网已低于有线以太网。

8.8.1 无线局域网的组成与分类

无线局域网通常分成两大类：有固定基础设施的无线局域网和无固定基础设施的无线局域网。固定基础设施主要是指事先建立起来的固定基站，该基站的收发信号能够覆盖一定的地理范围，其功能是为位于该范围内的移动站提供信号转发。

对于有固定基础设施的无线局域网，其最小的组成部分称为基本服务集(Basic Service Set，BSS)，如图 8.20 所示。每个 BSS 包括一个固定基站和若干个移动站。BSS 内的所有站点可以直接通信，但与其他 BSS 内的站点通信时必须经过基站的转发。IEEE 802.11 标准将 BSS 内的基站称为接入点(Access Point，AP)，其作用类似于网桥。

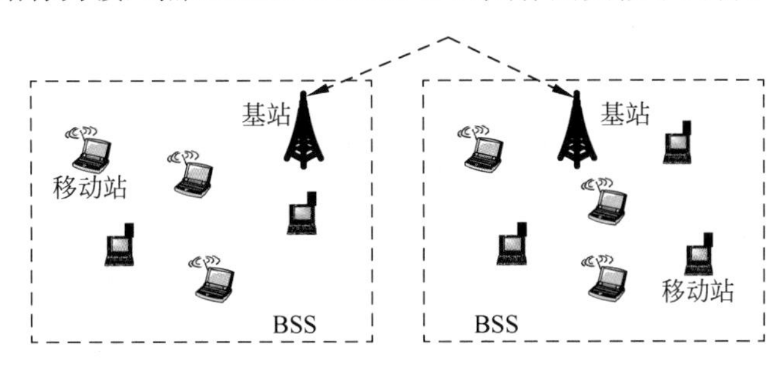

图 8.20 有固定基础设施的无线局域网的组成

对于无固定基础设施的无线局域网没有固定的基站，网络中各个站点的地位是平等的，每个移动站有时要作为基站为其他移动站间的通信提供转发功能。这种网络因为每个站均为独立自治的实体，所以也称为自组网(ad hoc network)。这种无线局域网因抗毁性强，在军事等许多领域得到了应用，感兴趣的读者可以参阅后续的相关章节。

8.8.2 无线局域网的体系结构

无线局域网既然属于局域网范畴，它同样遵守 IEEE 802 规范，实现数据链路层和物理层的功能。下面就介绍无线以太网的数据链路层和物理层规范。

1. 数据链路层

无线以太网的数据链路层分为逻辑链路控制子层和介质访问控制子层，具体完成封装/解封数据帧、自动纠错、收发同步以及流量控制等功能，实现点对点或者点对多点的数据传输与控制。

逻辑链路控制子层(LLC)涉及帧信息在两个以上站之间的传输，规定了无线以太网的各种功能帧和信息帧的结构。在发送站，LLC 子层将用户要发送的信息、信息源地址与目的地址、差错控制信息等封装成 LLC 帧，通过介质访问控制子层 MAC 传送到终点用户。接收站则接收帧信息，并进行自动纠错。

介质访问控制子层(MAC)控制网络中各个站点访问传输介质的过程。在发送站点，MAC 子层将信息封装入 MAC 帧，通过物理层实现在物理介质上的传输。在接收站点，MAC 子层接收来自物理层的比特流，识别出 MAC 帧并取出数据部分送给上层协议。

因为无线环境下信号的动态范围很宽，发送站点不能有效识别无线信道上的是噪声信号还是正常的传输信号，不便于进行碰撞检测，所以 IEEE 802.11 系列无线以太网的 MAC 子层并没有使用有线以太网中的 CSMA/CD 介质访问控制方式，而是使用了带碰撞避免的载波侦听多路访问控制方法(Carrier Sense Multiple Access with Collision Avoidance，CSMA/CA)。这种方法要求发送数据的站点检测到信道空闲时，首先确定自己需要使用无线信道的时间，并将该时间通过广播方式通知给其他站点，以避免其他站点在此期间发送数据，从而使各无线站点以特定的组织方式共享无线传输信道。

2. 物理层

物理层为链路层实体之间进行比特传输提供物理连接所需的机械、电气和规程特性，主要功能是建立、维持和拆除物理链路，实现物理层比特流的透明传输，并且使 MAC 层与网络所使用的传输介质无关。与有线以太网的物理层类似，物理层又细分为物理编码子层(PCS)、物理介质连接子层(PMA)和物理介质相关子层(PMD)。

无线以太网物理层的功能特性主要包括网络的拓扑结构与最大网络直径长度、网络使用频段与带宽、每个频段可安排的信道个数、每个信道允许的最大数据率、采用的无线传输介质和无线传输接口技术、编码复用与调制方式以及天线配置技术等。

习题

(1) 什么是局域网？局域网的特点是什么？

(2) 局域网用于实现 OSI/RM 模型中的哪些协议层的功能？

(3) 简述 IEEE 802 标准的协议层次划分以及各个协议层的主要功能。

(4) 什么是共享信道的访问控制方式？共有几种？具体内容是什么？

(5) 传统以太网有几种标准？其差别是什么？

(6) 传统以太网采用什么样的拓扑结构和信号传输方式？

(7) 以太网的 LLC 层提供了几种服务方式？各有什么特点？

(8) 网卡的功能是什么？它实现了 OSI/RM 模型的哪几个协议层的功能？

(9) 网卡有几种工作模式？在各种工作模式下，网卡是如何工作的？

(10) 什么是物理地址？物理地址是如何管理的？

(11) 简述以太网的 MAC 帧格式以及两种不同标准下的区别。

(12) 数据链路层传输的基本数据单元为(　　)。

A. 比特　　B. 帧　　C. 数据报　　D. 字节

(13) MAC 地址通常存储在计算机的(　　)中。

A. 内存　　B. 高速缓冲区　　C. 硬盘　　D. 网卡

(14) 简述数据帧传输过程中目的物理地址的几种类型。

(15) 以太网的数据链路层如何区分不同网络层协议的调用？

(16) 什么是共享信道的冲突或者碰撞？

(17) 什么是载波监听和冲突检测？冲突检测的方法有几种？

(18) 简述 3 种不同类型的 CSMA 以及 CSMA/CD 的工作原理。

(19) 以太网的 MAC 层协议提供的是(　　)。

A. 无连接不可靠服务　　B. 有连接不可靠服务

C. 无连接可靠服务　　D. 有连接可靠服务

(20) 以太网共享信道产生冲突的原因是(　　)。

A. 电缆上信号噪声过大　　B. 信号传输错误

C. 网络管理员失误　　D. 信号延迟

(21) 在以太网的 CSMA/CD 方法中，与其他算法相比，1-坚持型算法的特点是(　　)。

A. 传输介质的利用率低，冲突概率高

B. 传输介质的利用率低，冲突概率也低

C. 能及时抢占信道，但冲突概率高

D. 能及时抢占信道，但冲突概率低

(22) 简述二进制冲突退避算法。

(23) 什么是强化冲突帧？它有什么作用？

(24) 说明以太网如何在共享总线上实现点对点的通信功能？

(25) 简述以太网数据帧的发送和接收过程。

(26) 使用 CSMA/CD 协议的传统以太网中，主机间的通信方式为(　　)。

A. 全双工　　B. 单工　　C. 半双工　　D. 不确定

(27) 以太网所封装帧的最大、最小数据长度是多少。

(28) 试分析共享式传输介质的冲突过程。

(29) 传统以太网使用了几种传输介质？如何使用它们进行组网？

(30) 10Base-5 中的(　　)和(　　)。

A. 10 表示传输速率为 10Mb/s　　B. 10 表示最大传输距离为 10km

C. 5 表示传输速率为 5Mb/s　　D. 5 表示最大传输距离为 500m

(31) 一个具有 16 个端口的 2 层以太网交换机，冲突域和广播域的个数分别为(　　)。

A. 16,16　　B. 1,1　　C. 1,16　　D. 16,1

(32) 一个具有 12 个 10Mb/s 端口的半双工以太网交换机互联的局域网，每个站点的平均带宽是(　　)。

A. 0.83Mb/s　　B. 0.083Mb/s　　C. 8.3Mb/s　　D. 10Mb/s

(33) 实现全双工以太网的基本条件是什么？

(34) 全双工以太网对数据链路层进行了哪些改进？它是如何实现流量控制的？

(35) 请叙述全双工以太网中链路聚合的概念，并简述它的作用。

(36) 100Mb/s 全双工以太网中，端口的带宽为(　　)。

A. 100Mb/s　　B. 200Mb/s　　C. 300Mb/s　　D. 400Mb/s

(37) 100Base-T 以太网在哪些方面对 10Base-T 进行了改进？

(38) 10Base-T、100Base-T、1000Base-T 和万兆以太网存在哪些主要区别？

(39) 千兆以太网每秒钟可以传输的数据帧的范围是多少？

(40) FDDI 采用(　　)拓扑结构。

A. 星形　　B. 总线型　　C. 环形　　D. 网形

(41) 简述网桥的种类和工作原理。

(42) 交换机有几种交换方式？各种交换方式的原理是什么？

(43) 交换机如何进行分类？不同类型交换机的区别是什么？

(44) 交换机与集线器的区别是什么？

(45) 扩展交换机的端口数有几种方式？

(46) 在以太网中，集线器的级联(　　)。

A. 必须使用直通 UTP 电缆　　B. 必须使用交叉 UTP 电缆

C. 必须使用同一种速率的集线器　　D. 可以使用不同速率的集线器

(47) 用集线器连接的众多站点(　　)。

A. 属于同一个冲突域,也属于同一个广播域

B. 属于同一个冲突域,但不属于同一个广播域

C. 不属于同一个冲突域,但属于同一个广播域

D. 不属于同一个冲突域,也不属于同一个广播域

(48) 用网桥连接的位于不同网段上的站点(　　)。

A. 属于同一个冲突域,也属于同一个广播域

B. 属于同一个冲突域,但不属于同一个广播域

C. 不属于同一个冲突域,但属于同一个广播域

D. 不属于同一个冲突域,也不属于同一个广播域

(49) 下列网络设备中,(　　)产生的网络传输延迟最大。

A. 集线器　　B. 2层交换机　　C. 路由器　　D. 网桥

(50) 以太网交换机根据(　　)转发数据包。

A. IP地址　　B. MAC地址　　C. LLC地址　　D. 端口地址

(51) 什么是VLAN? 产生VLAN的背景是什么?

(52) 简述VLAN的作用。

(53) VLAN有几种划分方法?

(54) VLAN交换机与普通交换机有什么区别?

(55) 无线局域网是如何分类的?

(56) 简述无线局域网中基本服务集(BSS)的组成以及各个组成部分的作用。

(57) 开发软件对以太网卡的工作模式进行设置,要求具有友好的图形界面。

(58) 以所在学校的校园网为例,根据自己对学校业务和管理部门的理解设计一个VLAN,能有效地实现用户的安全隔离和数据信息的共享。

第9章 广域网

9.1 广域网概述

当计算机等设备要进行远程通信时，就要使用广域网技术。广域网通常实现 OSI/RM 模型中低 3 层或者低两层协议的功能，仅为用户提供数据传输服务，即通信功能。除了覆盖的地理范围不同外，广域网与局域网还存在许多差别。局域网往往是由政府、企事业单位等根据自己的需要构建，并由自己进行管理和维护。但广域网因覆盖范围广，其建设往往要借助公共传输网络来实现。公共传输网络通常由电信部门来建设、管理和维护，并向用户开放，公共电话网就是最常见的公共传输网络。公共传输网络为用户提供的是一种透明的数据传输服务。当用户通过公共传输网络与远程用户通信时，他并不关心公共传输网络的内部结构和工作机理，他只需要知道如何接入公共传输网络即可，即知道与公共传输网络的接口。

公共传输网络基本可以分成两类。一类是电话交换网络，主要包括公共电话网(Public Switched Telephone Network，PSTN)和综合业务数字网(Integrated Services Digital Network，ISDN)；另一类是分组交换网，主要包括 X.25、帧中继等。电话交换和分组交换的概念将在后续内容中详细介绍。下面先介绍广域网中采用的交换和分组转发技术，然后介绍 X.25、帧中继和 ISDN 等广域网技术以及与用户的接口标准。

9.2 广域网的组成及数据交换技术

广域网用来实现计算机、局域网等对象的远程连接和相互通信，这些被连接的对象统称为端节点，广域网通常借助于某种公共传输网络将这些端节点连接起来。这些公共传输网络一般由交换节点和连接交换节点的通信线路组成，其中交换节点是具有多个输入/输出端口的通信设备，如交换机等；交换节点通过输入端口从上一个节点接收数据，然后通过输出端口将接收到的数据发送给下一个节点，最终传输给目的端节点，从而完成数据的传输任务。

在第 1 章曾讲过，计算机网络的产生是由电路交换发展到分组交换的结果，这种电路交换和分组交换均是广域网中采用的数据交换技术；此外，还有电报交换技术，下面就详细介绍一下这 3 种交换技术。

1. 电路交换技术

电路交换(Circuit Switching,CS)也称为线路交换,是最早出现的一种交换方式,使用这种技术的典型例子就是日常生活中使用的公共电话网(PSTN)。当使用电路交换方式进行通信时,先由发送信息的端节点(称为主呼叫端)向目的端节点(称为被呼叫端)发起呼叫,被呼叫端接收呼叫并给出响应,从而在主呼叫端与被呼叫端之间建立了一条专用的物理线路,然后双方占用这条物理线路交换数据,直到数据传输结束后才被释放。这条线路可能与其他通信过程一起复用某些通信资源(如通过时分复用方式轮流使用某一段通信线路),但是在物理线路建立时,所分配的通信资源在整个数据交换过程中一直被通信双方所独占,尽管空闲,其他通信过程也不能使用,因而造成了通信资源的浪费。

显然,电路交换技术相当于面向连接的通信方式。在进行数据交换前需要建立物理意义上的连接,占有固定的通信资源,传输完数据后才释放连接,导致通信过程额外花费的时间较长。但是,一旦建立好连接,数据沿固定线路传输,延迟时间小,而且数据是按序发送和接收,所以电路交换技术非常适合电话、文件传输、高速传真等业务。此外,电路交换技术还具有如下特点:

- 电路交换方式下,建立好的线路若在数据传输过程中断开则导致通信中断,通信双方不得不重新进行呼叫,然后再建立新的连接,才能继续通信,所以可靠性不高。
- 通信双方建立连接时,所分配的带宽等资源是固定的,而且没有差错控制措施,所以电路交换不适合应用于突发性业务和对差错敏感的数据业务。
- 在电路交换网络中,为连接提供的数据通信速率是固定的,因而连接起来进行通信的两台设备必须采用相同的速率发送和接收数据,这就限制了网络上能够进行相互通信的设备种类。

2. 报文交换技术

报文交换(message switching)是以报文为单位进行信息交换的一种通信方式,一个报文是源端想要发送的整个信息块,通常为一个文件。各交换节点采用存储转发(store and forward)的方式传输数据。存储转发就是交换节点从一个端口接收数据,暂时存储在缓冲区中,然后等待为其选择一个端口并发送出去。这样,每一个节点依次将报文转发给下一个节点,最终传输给目的端。

与电路交换技术相比,报文交换具有如下特点:

- 在传输数据前,无须建立到目的端的固定传输线路,而是到达每个节点之后的传输路径由该节点负责选择;这样,中间节点可以根据网络的实际工作情况灵活地选择传输路径,充分利用网络资源。
- 不像电路交换使用固定的线路传输数据,报文交换只要存在到达目的端的路径就可以进行传输,所以可靠性高;而且不需要预先分配带宽,非常适合突发性数据的传输。
- 中间节点对数据进行缓存后可以对数据进行校验,以尽早地发现错误,避免继续传输无意义的数据而浪费网络资源。由于中间节点对数据的缓存作用,使得具有不同传输速率的节点可以相互交换信息。

- 中间节点接收数据后可以同时向多个端口发送，所以报文交换可以实现点对多点的数据传输。
- 由于报文交换将所有要传输的数据作为一个完整报文进行一次性发送，若传输过程中出现错误，无论错误多么轻微都将导致此次传输完全失败。
- 由于传输的报文大小不一，很难确定中间节点接收缓冲区的大小。
- 由于各交换节点均要对数据进行缓存，导致产生较大的延迟。而且由于数据是一次性发送，可能要长时间占用物理线路。

3. 分组交换技术

为了充分利用报文交换技术的优点，克服其缺点，在报文交换技术的基础上提出了分组交换技术。分组交换也称为包交换(packet switching)，它也是采用存储转发技术对数据进行转发。但与报文交换方式不同，数据在发送前被分成若干个较小的分组(packet)，这些数据分组(也称为净荷)加上目的地址等控制信息形成包，然后各个节点以包为单位进行发送和转发，最终将数据传输到目的节点。由于采用了存储转发技术，分组交换具有存储转发技术的所有优点。此外，若某个分组在传输过程中发生错误，仅需重新传输该分组，而不影响其他分组的正确接收；而且分组的大小可以固定，容易确定交换节点缓冲区的大小。

除了吸取报文交换技术的优点外，分组交换也借鉴了电路交换技术的优点，它提供了两种交换方式：数据报方式和虚电路方式。

1) 数据报方式

数据报方式类似于传输层中的UDP，它所提供的是一种无连接的数据传输方式。使用这种方式传输数据不需要事先建立连接，有数据就可以发送，而且同一次通信的各个数据分组可以经过不同的路径进行传输，这样显著提高了通信系统的可靠性和资源的利用率；因为只要存在到达目的端的路径，分组就可以传输到目的地；但是可能导致同一次通信的各个分组的传输时间和到达顺序不一样，先发送的分组若经过的路径较长或者经过较为拥挤的路径就可能后到达，而后发送的分组也可能先到达；所以这种方式不能保证分组数据的按序到达，它必须提供恢复分组正确顺序的措施(如Internet中通过高层协议，即TCP恢复分组的正确顺序)。

2) 虚电路方式

虚电路方式类似于电路交换。使用这种方式源端在发送数据前需要进行呼叫，首先建立到目的端的连接，然后才能进行通信，通信结束后还要释放连接。但是这种连接与电路交换的物理连接存在本质区别。虚电路方式建立的连接为动态连接，某条连接上的交换节点在建立连接时只是记录了输入端口和输出端口间的对应关系，以后接收到分组时就按照这种关系进行转发，建立的连接线路称为虚电路(Virtual Circuit，VC)。而且它是动态地逐段占用各个交换节点间的通信线路，当某条虚电路在某段线路(如两个相邻中间交换节点间的通信线路)上没有数据传输时，其他虚电路就可以使用该段线路传输数据。一旦建立虚电路后，同一次通信的各个分组就按照固定的路径传输，所以传输延迟小，并保证各个分组的按序到达；而且每次仅发送一个分组，对物理线路的占用时间短，有利于物理线路的共享使用，提高了通信资源的利用率。

一般存在两种虚电路服务：永久虚电路(Perpetual Virtual Circuit，PVC)和交换虚电路

(Switching Virtual Circuit,SVC)。永久虚电路是事先已由网络经营者或者电信部门建立好的虚电路,用户使用时只需申请;申请好后在传输数据时可直接使用,而不需要建立连接。交换虚电路是动态建立的虚电路,传输数据前需要建立连接,数据传输结束后需要释放连接。

数据报和虚电路这两种分组交换技术经过多年的发展,体现出了各自的优缺点,有各自的适用场合。如对于大量的数据传输采用虚电路方式,而对于实时性要求较高的短数据传输可以采用数据报方式。目前的计算机网络是两种服务方式并存。

9.3 广域网中的物理地址与分组转发

分组转发是指当分组传输到某个交换结点时,交换结点根据分组的目的地址找到下一个节点所对应的端口,并从该端口将分组发送给下一个节点。在分组转发过程中,为了寻找下个节点就要对节点进行寻址,那么广域网中如何对节点进行编址呢?下面就介绍相应的概念。

广域网中采用层次的地址结构对端节点进行编址,每个地址均分成两部分,分别表示所连接的交换机以及端口;这样在分组转发时先确定该分组要发送给哪个交换机,传输到交换机后,再确定发往该交换机的哪个端口;这与电话号码的编码方式非常相似,地址查找的目标性强,查找速度快,效率高。

图 9.1 为广域网中编址的一个例子。其中的交换机有两种端口,一种是用于和其他交换机相连的高速端口,另一种是用于连接端节点(如计算机)的低速端口。每个端节点的物理地址由两部分[s,p]组成,表示该端节点连接在 s 号交换机的 p 号端口上。

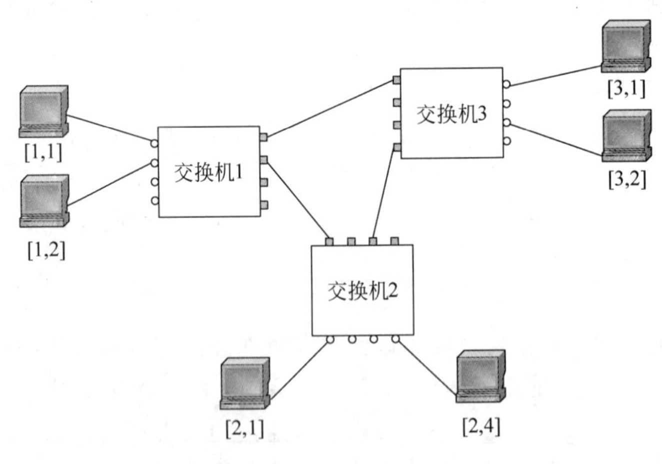

图 9.1 广域网中的编址

有了节点地址的概念后,下面介绍分组转发过程。与路由器转发 IP 报文的过程类似,每个节点交换机上都有一个路由表,每个端节点在路由表中均占一项,每项包括所能到达的目的节点地址和所要经过的下一站,交换机 1 的路由表见表 9.1(a)。显然,路由表中只有目的地址,没有源端地址,这是因为分组的转发只与目的地址有关,而与源端无关。当交换节点接收一个分组后,它根据分组中的目的地址到其路由表中查找,找出一致的项,然后选择相应的端口,将分组发送出去。当网络上连接的端节点较多时,各个交换机的路由表将非常庞大，这样不但会占用过多的存储资源，而且在查找时也将花费更长的时间，影响分组的转发速度。通过观察表 9.1(a)可以看到，下一站的选择只与目的地址的第 1 项有关，所以可以把目的地址的第 2 项省略，从而得到表 9.1(b)；进一步观察发现，只要目的地址相同，下一站也一定相同，所以可以进一步压缩表项，进而得到表 9.1(c)；显然，这时的路由表非常简洁，有利于加快分组的转发。当交换机查找路由表发现下一站为其自己时，就根据分组中目的地址的第 2 部分内容将该分组通过相应的端口送给目的端。交换机查找路由表时可能没有找到对应的匹配项，此时路由表中应设置一个默认路由；当没有找到对应的匹配项时，交换机就采用默认路由转发分组。

表 9.1　交换机 1 的路由表

(a)			(b)			(c)	
目的地址	下一站		目的地址	下一站		目的地址	下一站
[1,1]	本地		1	本地		1	本地
[1,2]	本地		1	本地		2	交换机 2
[2,1]	交换机 2	→	2	交换机 2	→	3	交换机 3
[2,4]	交换机 2		2	交换机 2			
[3,1]	交换机 3		3	交换机 3			
[3,3]	交换机 3		3	交换机 3			

与路由器中路由表的生成方法一样，交换机中路由表的生成方法也有静态和动态之分。静态生成方法是在交换机启动时由人工完成其路由表的设置，而且以后不再改变，显然这种方法生成的路由表不能反映网络的动态变化情况。而动态生成方法是在系统启动时设置初始路由，以后随着系统的运行，路由表按照一定的路由选择算法进行动态更新。各种路由选择算法在与路由器相关的章节中已做介绍，本节不再累述。

9.4　广域网中的拥塞控制

正如日常生活中经常遇到的交通堵塞一样，计算机网络在数据传输过程中，当传输的数据量超过其最大传输能力的时候，就要发生拥塞。拥塞的结果轻者导致分组数据传输延迟过大，重者导致分组数据的丢失(因为拥塞时常采用的处理方法就是丢弃数据包)。所以，拥塞控制也是广域网所必须考虑的问题之一。下面就介绍拥塞的定义、广域网中发生拥塞的原因以及如何对拥塞进行控制。

在广域网的分组转发过程中，常涉及的网络资源有带宽、交换结点的处理机以及缓存等，而这些网络资源通常是有限的。当网络的通信量非常大，导致某些网络资源匮乏，将发生什么情况呢？例如，随着某个中间结点处理分组数的增多，因其处理能力有限，来不及处理的分组将逐渐占用越来越多的缓存，最后导致缓存资源的匮乏，继续接收的分组因没有缓存而丢失，结果使网络的吞吐量随着输入负载的增大而减少，网络的传输性能大幅度下降，甚至导致网络不可用(与拒绝服务攻击的效果类似)，严重影响了网络的服务质量。

一旦网络发生拥塞，将导致大量分组的丢失，而丢失的分组一般通过源端的重发来补救。在拥塞严重的情况下，重发的分组可能再次丢失，一旦丢失又要引起重发，而重发又将加剧网络的拥塞程度，进而影响网络的有效传输速率，导致网络吞吐量的严重下降。

显然，解决网络拥塞的一条有效途径是增加节点的交换能力，即增加交换节点的缓存和提高其处理能力；但是无论增加到什么程度，交换节点的缓存数量以及其处理机的处理能力毕竟是有限的，并不能从根本上解决网络拥塞，只能从某种程度上减少网络拥塞发生的可能，或者减轻网络拥塞的程度。

常采用的有效控制网络拥塞的方法是流量控制。由前面的讲解知道，拥塞描述的是网络整体性能的变化，涉及网络内的交换机、路由器以及与降低网络传输性能有关的所有因素。既然拥塞发生时网络的处理能力下降，那么可以通过减少注入网络的数据量来缓解或者预防拥塞的发生。所以，流量控制是解决拥塞控制的一种有效方法。后面将陆续介绍的帧中继、ATM 等网络在转发的分组中设置一些标志位，用来记录和标识网络的拥塞情况；当转发分组的中间节点发现网络拥塞发生或者有发生的迹象时，就对分组中的这些标志进行设置，当这些分组到达端节点(可能是目的端，也可能是源端)，就通过端到端的流量控制来调整源端的数据发送速率，从而改变网络的数据注入量，达到拥塞控制的目的。

但是，一旦发生了网络拥塞，特别是发生严重网络拥塞时，将导致流量控制方法失效。因为此时带有拥塞标记的分组可能没有传输到端节点就因网络拥塞而被中间节点丢掉，或者是传输到了端节点，但因网络拥塞导致的严重滞后而失去了意义；此时，端节点不能及时判断网络是否发生了拥塞，所以无法采用流量控制来进行拥塞控制。这样，就要求网络节点(包括中间节点和端节点)能够对网络的拥塞情况进行预测，以便能够及时发现拥塞或者拥塞发生的迹象，进而采取控制措施。那么，如何对网络拥塞情况进行预测？常采用的方法是通过观察网络运行参数的变化情况来实现的。用于预测网络拥塞情况的主要参数有：

(1) 由于缺少缓冲区而引起丢失的分组的百分数。

(2) 接收和发送队列的平均长度。

(3) 平均分组延时。

(4) 超时重传的分组数。

这些参数指标的上升将标志着拥塞发生可能性的增加，应适当设置各项拥塞检测指标的门限，以便及时采取措施灵活地对拥塞进行控制。其中，前 3 项指标常用于中间交换节点，而第 4 项指标常用于发送端。当中间节点发现前 3 项指标中的某项指标超过了规定门限，则将转发分组的拥塞标志置位，以通知端节点将要发生拥塞，端节点将采取流量控制等措施以预防拥塞的发生。而源端若发现超时重传的分组数超过了一定门限，则主动降低数据的发送速率；若在很长一段时间内，其超时重传的分组数维持在较低水平，则按照一定的比例增大数据的发送速率。

显然，拥塞控制是一个动态问题，解决的方法应随网络的运行情况而变化，措施采取不当将严重影响网络的性能和服务质量。

9.5 X.25 网

9.5.1 X.25 网概述

X.25 网是指基于 X.25 协议所建立的网络，而 X.25 协议是于 1976 年由国际电话电报咨询委员会(CCITT)制定的一个对公共分组交换网(Public Switching Network,PSN)的接口标准,它是最初推出和应用的分组交换网技术,对推动分组交换网的应用和发展做出了巨大贡献。

X.25协议定义了分组工作方式下数据终端设备(Data Terminal Equipment,DTE)与数据电路终端设备(Data Circuit-Terminal Equipment,DCE)间的接口标准,为公用数据网提供在分组交换方式下的接入服务,它不涉及通信子网的内部结构和工作机理,如图9.2所示;其中,DTE是指用户端设备,如计算机;而DCE是指网络通信设备,如调制解调器等;DTE通过DCE接入到通信网络,DCE是用户与通信网络的接口。X.25网的DTE和通信子网(DCE)的接口遵循X.25标准,从而X.25可以看作是广域网上使用的分组交换协议。X.25标准以面向连接的虚电路服务为基础,描述了建立、保持、终止连接所必需的一切过程,包括连接的建立、数据的交换、状态的确认以及控制等。

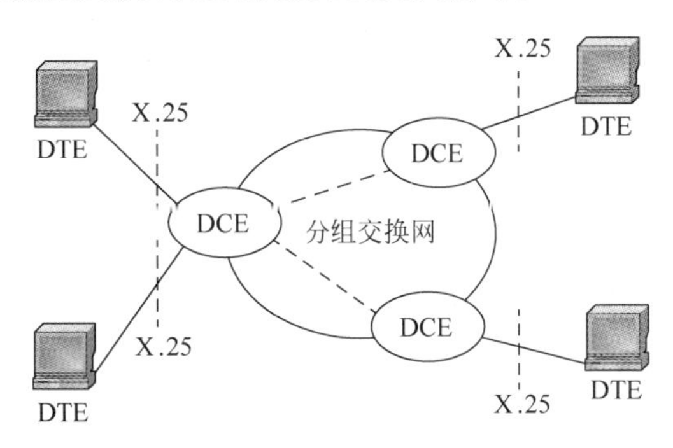

图9.2 X.25网的组成

9.5.2 X.25网络协议

从OSI/RM参考模型看,X.25协议定义了3个协议层次:物理层、帧层和分组层,分别对应OSI/RM模型的低3层,各协议层传输数据的基本单位分别为:比特、帧和分组。

1. 分组层

分组层相当于OSI/RM参考模型中的网络层,它接收上层协议进程发送来的协议数据单元,形成分组,管理DTE之间的连接,负责将这些分组无差错地传输到目的节点,同时还要完成DTE之间的流量控制和差错控制。该层允许用户建立虚电路,并采用统计时分复用技术,把一条物理信道复用成多条逻辑信道(即虚电路),提供给各个用户使用,它在一条物理链路上最多可复用4096条逻辑信道;此外,它还提供永久虚电路(PVC)服务。

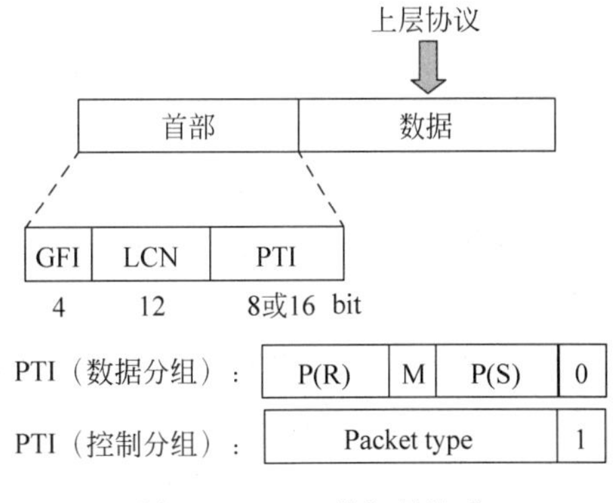

图9.3 X.25分组的格式

X.25规定其分组长度不能超过128个字节,其格式如图9.3所示,它由3个或者4个字节的首部和可变长度的信息字段组成,其中首部所包括的各字段含义如下:

• 通用格式标识符(GFI)：占 4 个比特。第 1 个比特为 Q 位(Qualifier：限定符)，通常取值为 0；但有时用户希望能够区分两种分组，如具有两种不同优先级的分组，则可令 Q=0 或者 1 以表示不同的优先级。第 2 位为 D 位(Delivery Confirmation：传输证实)，表示由哪个设备来确认分组；D=0 表示由本地 DCE 确认；而 D=1 表示由远端 DTE 确认。GFI 最后两位表示序号字段的位数，为 01 时表示序号字段 P(S)和 P(R)各有 3 位；为 10 时表示序号字段各有 7 位。
• 逻辑信道号(LCN)：占 12 个比特，其中包括 4 位组号和 8 位信道号，用于标识该分组传输所使用的虚电路号。
• 分组类型标识符(PTI)：占 8 个或者 16 个比特，用于定义分组的类型，这个字段对于每类分组是不同的。分组层传输的分组分成两大类：数据分组和控制分组。数据分组用于传输用户数据，其 PTI 字段包括 4 个部分，其中的 P(S)和 P(R)部分分别表示发送分组和希望接收分组的序号，用于流量控制和差错控制。此外，还有一个 M 位，用于标识是否接收到同一个报文多个分组的最后一个；当不是最后一个分组时，M=1；否则 M=0。控制分组又分成两类：一类是 RR 分组、RNR 分组和 REJ 分组，另一类是其他控制分组。RR、RNR 和 REJ 3 个分组仅由一个首部组成，分别表示接收就绪、接收未就绪和拒绝接收，用于进行流量控制和差错控制。其他控制分组用于实现链路的建立、释放等操作。

2. 帧层

帧层相当于 OSI/RM 参考模型中的数据链路层，其基本功能是实现分组在 DTE 和与之直接相连的 DCE 之间的无差错传输，并对其间的流量进行控制，它采用 HDLC 的子集 LAPB 协议封装数据帧，其帧格式如图 9.4 所示。帧中各个字段的具体含义如下：

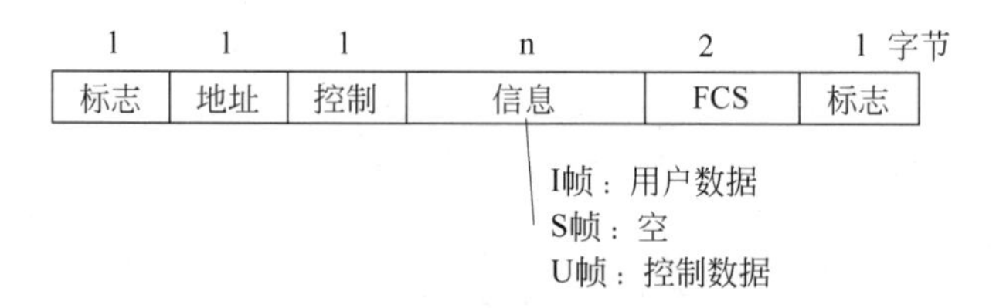

图 9.4　X.25 帧格式

• 标志字段：值为 01111110，用来区分帧的开始和结束。若帧的其他部分存在 5 个连续的 1 则采用添加一个 0 的方法保证标志字段的唯一性。
• 地址字段：用于区分不同的站，值为 00000001 表示为 DTE；为 00000011 时表示为 DCE。
• 控制字段：用于区分帧的类型和进行流量控制。共分为 3 种类型的帧：信息帧(I 帧)、监督帧(S 帧)和无编号帧(U 帧)，对应各种帧的含义以及其他字段的具体含义请见 6.4 节。

需要特别指出，帧层所进行的流量控制是 DTE 和 DCE 间的流量控制，而分组层进行的则是源端和目的端间的流量控制，如图 9.5 所示。

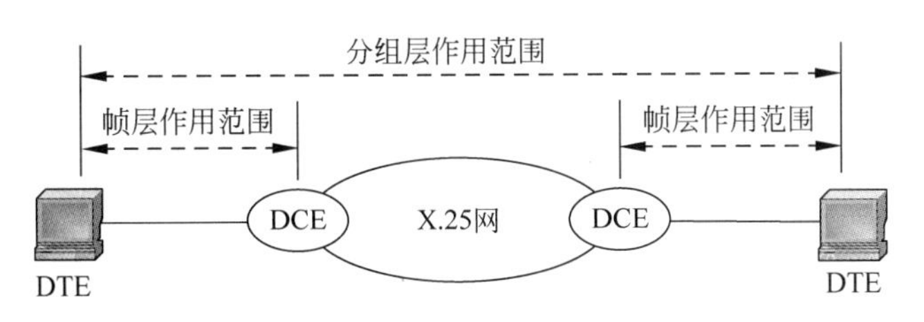

图 9.5 帧层和分组层流量控制的范围

3. 物理层

物理层采用两种接口标准：CCITT 的 X.21 或者 X.21bis；前者用于数字传输信道，该接口功能齐全，接口线少，是较理想的接口标准；后者主要采用 V.24 或者 RS-232 接口，用于模拟传输信道。物理层的功能是建立、保持和拆除 DTE 和 DCE 之间的物理连接，提供同步的、全双工的、点到点的串行比特流传输。

9.5.3 X.25 网的接入

X.25 分组交换网由分组交换机、用户接入设备以及传输线路组成。分组交换机按其所在的位置分成中转交换机和本地交换机。中转交换机用于分组交换网的内部，主要功能是转发分组，是分组交换网的枢纽；本地交换机用来连接用户和分组交换网。当用户终端设备接入分组交换网时，依据用户终端设备类型的不同要采取不同的策略。通常，用户终端设备有两种类型：分组型和非分组型。分组型用户终端设备具有符合 X.25 规范的分组交换网络接口，通过该接口直接接入分组交换网；但实际上许多用户终端设备不具有这种接口，所以它们不能直接接入分组交换网。为了解决上述问题，CCITT 定义了一个称为分组拆装器(Packet Assembly/Disassembly，PAD)的设备，它将用户终端设备和分组交换网连接起来，起到规范转换的作用，将用户终端设备的非 X.25 标准的数据流转换成 X.25 标准的分组，或者完成相反的功能，从而将非分组型用户终端设备转变成分组型，以实现与分组交换网的接入。

分组交换网的中继传输线路主要有模拟和数字两种形式；模拟信道可以利用调制解调器转换成数字信道，速率有 9600b/s、48kb/s 和 64kb/s；而数字信道的速率为 64kb/s、128kb/s 和 2Mb/s。用户线路也有两种形式：数字信道和利用电话线加调制解调器的模拟信道，速率为 1200b/s 和 64kb/s，X.25 网用户可以选择一种线路接入 X.25 网。

9.5.4 X.25 网的特点及应用

X.25 出现之初非常受欢迎，当时计算机较为昂贵，连接在网络上的设备大多为哑终端，功能简单，处理能力有限。在这种情况下，确保可靠通信的大部分功能均由通信设备来承担，通信子网的处理任务十分繁重。此外，由于通信线路(模拟线路)的质量不高，为了进行可靠通信，对于从源端经过通信子网中若干个中间节点向目的端发送的数据分组，各节点间必须逐段(hop-by-hop)地对分组的传送进行确认，这样造成较大的传输时延和较低的传输速率。由于 X.25 是面向连接的，每个中间节点都必须为它所建立的每条虚电路维持一个状态表,以完成连接管理、流量控制、差错控制等任务,这些功能给分组交换机带来了繁重的处理负担。对于传统的通信网来说这种代价是合理的,因为 X.25 网诞生于 20 世纪 70 年代末期,当时通信线路的质量和可靠性都较低,需要靠复杂的协议来保证数据传输的可靠性。通过上述分析可以看出,X.25 非常适合于以数据传输为主,传输可靠性要求高,平均负荷不高的场合。因 X.25 网的传输速率较低,目前已被帧中继、ATM 等网络所取代。

9.6 帧中继

随着通信技术的发展,光纤等通信介质迅速取代了传统的铜质传输线,新一代的传输系统具有更宽的带宽和更高的传输质量,误码率可达 10^{-9} 以下。所以现代通信网的纠错能力不再是评价网络性能的主要指标,这样可以把 X.25 分组网中通过节点间的重发、流量控制来恢复差错和防止拥塞的功能,移到通信子网外的端节点上实现,从而显著减轻了中间交换节点的处理负荷,大幅度减少转发数据的处理时间,提高传输速率。而且随着计算机技术的飞速发展,网络端节点的智能化和处理能力不断提高,它完全有能力完成原先由中间交换节点所承担的差错控制等功能,进而使中间交换节点致力于分组交换,从而提高数据分组的转发效率。由于通信子网功能的简化使得通信子网的数据吞吐量大幅度提高,这样就诞生了新型的快速分组交换网。这种交换网络按照所传输的分组长度固定与否分成两种:帧中继(frame relay)和信元中继(cell relay)。帧中继所处理的分组长度可变,而信元中继所处理的分组长度固定;本节仅介绍帧中继,而信元中继(如 ATM 网)将在后续章节中介绍。

9.6.1 帧中继的概念及特点

帧中继在 OSI/RM 模型的第 2 层以简化的方式来传送数据,仅完成物理层和数据链路层的核心功能,它以数据链路层的帧为基本单位进行处理和转发,所以称之为帧中继。此时,通信子网不再进行纠错、重发和流量控制,而这些功能完全由端节点承担。帧中继技术及其特点具体可归纳为:

(1) 帧中继仍采用虚电路技术,可以提供交换虚电路(SVC)业务和永久虚电路(PVC)业务,但目前大部分帧中继只提供 PVC 服务。帧中继网络传送信息所使用的传输链路是逻辑链路,不是物理链路;而且在一个物理链路上可以复用多条逻辑链路,使用这种机制,可以实现带宽的复用和动态分配。

(2) 帧中继协议简化了 X.25 网的协议功能,使网络交换节点的处理功能大大简化,提高了网络对信息处理的效率。采用物理层和数据链路层的两级结构,在数据链路层也仅保留了其核心子集部分。

(3) 在数据链路层完成信道的统计复用、帧透明传输和差错检测,但不提供发现错误后的重传操作。省去了帧编号、流量控制、应答等机制,大大节省了中间交换节点的开销,提高了网络吞吐量,降低了通信时延。帧中继用户的接入速率从最初 64kb/s～2Mb/s,已提高到 45Mb/s。

(4) 交换单元所转发帧的长度远大于分组,帧长度至少为 1600B,适合封装局域网的数据单元,特别是以太网。

(5) 提供一套合理的带宽管理和防止拥塞的机制，用户能有效地利用预先约定的带宽，即约定的信息速率(Committed Information Rate，CIR)，而且还允许用户的突发数据占用未预定的带宽，以提高整个网络资源的利用率。

(6) 使用了国际标准，增强了互操作性，可以对 IP、IPX、SNA 等多种高层协议数据进行封装和传输。

(7) 为了提高通信的可靠性，X.25 在相邻两个节点间均需要进行确认。此外，目的端接收到数据后还要向源端发送另外的确认信息。与 X.25 不同，帧中继无网络层，它仅在目的端和源端之间进行确认，如图 9.6 所示；其数据链路层没有流量控制功能，流量控制和差错控制由高层协议来实现。

(8) X.25 在第 3 层实现信道复用，而帧中继在数据链路层实现；X.25 的控制分组和数据分组在同一条虚电路上传输，而帧中继是分开传输。

由于上述技术的采用保证帧中继能充分利用网络资源，使其具有吞吐量高、时延低、适合传输突发性业务等特点。

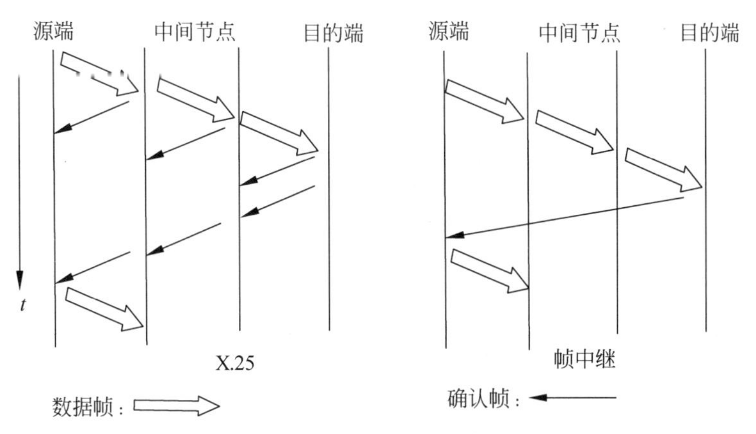

图 9.6　X.25 和帧中继的确认机制

9.6.2　帧中继的协议层次及帧格式

为了改善网络传输性能，帧中继对 X.25 协议进行了简化，仅定义了对应于 OSI/RM 模型的最低两层：物理层和帧中继层。

帧中继层使用了 HDLC 的一个简化版本，称为 DL-core，该层处理的基本数据单元是帧，其格式与 HDLC 类似，主要区别是没有控制字段，这是因为帧中继只携带用户数据，不进行流量控制和差错控制，因而不需要在数据帧中携带控制信息。帧中继的帧格式如图 9.7 所示，各个字段的含义如下：

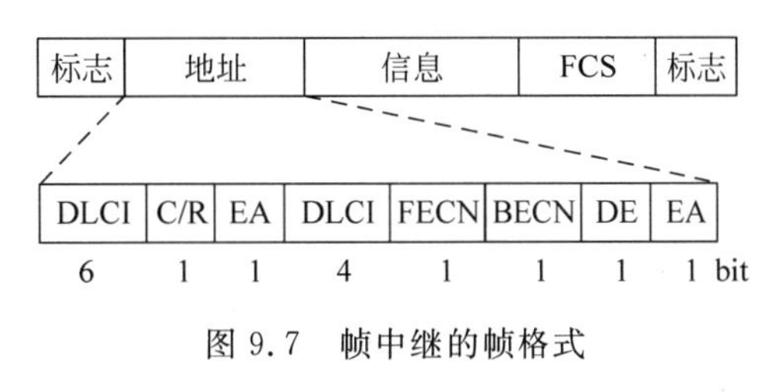

图 9.7　帧中继的帧格式

(1) 标志字段：表示每个帧的开始和结束，各占 1 个字节，其值为 01111110；

(2) 地址字段：一般为 2 个字节，可扩充为 3～4 个字节，由如下几部分构成：

- DLCI：数据链路标识符，长度为 10 位，可扩展为 16 位或 23 位，为虚电路号，用来标识永久虚电路PVC。对于不同的连接其DLCI是不同的，多条连接（即逻辑连接）可能共用同一个物理线路，数据链路层通过DLCI实现物理信道的时分统计复用。

- C/R：命令/响应，与高层应用有关，使高层能够识别是命令还是响应，帧中继本身不用。
- EA：地址扩展标识，表示当前字节是否为地址的最后一个字节；为0表示下一个字节仍为地址；为1表示该字节为地址的最后一个字节。对于2B地址，前一个EA为0，后一个EA为1。
- FECN：前向拥塞通知指示，用来表示在帧传输的方向上出现拥塞，可由帧所经过的任何一个节点来设置；目的节点接收到带有FECN有效标识的数据包后，得知网络上发生了拥塞。
- BECN：后向拥塞通知指示，表示在帧传输相反的方向上出现拥塞；它通知源节点，指示源节点降低数据发送速率；如果源节点接收到该标识有效的数据包，则源节点按25%的比例降低数据发送速率，从而通过流量控制来对网络的拥塞进行控制。
- DE：丢弃指示位，指明帧的优先级。当网络发生拥塞时，为了维持网络的服务水平，节点可能需要丢弃一些数据包；此时，优先丢弃DE=1的数据包。

（3）信息字段：长度可变，一般长为1600～2048B，是上层协议让其传输的数据，如IP数据报等。

（4）FCS：帧校验序列，采用CRC校验。

在物理层，帧中继没有定义任何具体的协议，它可以使用任何类型的物理层协议，如ITU-T的X系列、V系列等。

9.6.3 帧中继的工作过程

帧中继网络中使用的交换机称为帧中继交换机。每个交换机都有一张路由表，用于记录输入端口与所连链路的DLCI和输出端口与所连链路的DLCI之间的关系，如图9.8所示。表中说明从1号端口输入的DLCI为121的帧从4号端口输出，输出链路对应的DCLI为041；同样，从1号端口输入的DLCI为123的帧从3号端口输出，输出链路对应的DCLI为111。注意，DLCI只具有本地效应，是在建立各条连接时，由本地交换机分配并记录在其路由表中。对于SVC，规定DTE入口时DLCI为0的数据帧作为连接的呼叫信令；在呼叫建立连接的过程中，各个交换机负责为该连接分配出口的DLCI，并将其与呼叫进入的DLCI一起记录在其路由表中；而对于PVC，则是由电信管理部门负责确定并分配DLCI给申请PVC的用户。

下面假设用户的LAN通过路由器上的帧中继接口卡接入帧中继网，通过帧中继网的PVC进行传输，具体传输过程如下：LAN的帧传输到路由器，该路由器剥去MAC帧的首部和尾部，将IP数据报交给路由器的网络层协议；网络层协议再将IP数据报交给帧中继接口卡；帧中继接口卡使用申请到PVC的DLCI按照帧中继协议封装成数据帧，并发送给所连接的帧中继交换机，然后经过帧中继网络中的各个帧中继交换机进行转发，最终传输该分组到目的路由器；目的路由器剥去帧中继数据帧的首部和尾部，交给网络层协议，网络层协议再加上LAN的首部和尾部，交付给目的主机；目的主机若发现分组出错，则要求上层TCP进行处理。

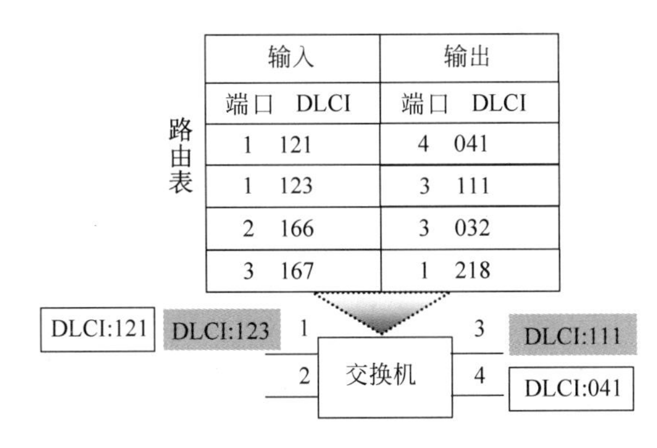

图 9.8 帧中继交换机的路由表

9.6.4 帧中继的拥塞控制

与所有分组交换网一样,帧中继网也存在着拥塞与拥塞控制问题。拥塞的产生是由于分组注入网中的速度超过了网络中有关节点的处理速度,或注入速度大于将分组从网络中移出的速度,从而造成网络中的缓冲区资源被耗尽而不得不丢弃接收到的后续分组。被丢弃的分组以及排队等待时间过长的分组都将被重传,而重传的分组又将加重拥塞,这种恶性循环将使网络的性能(如吞吐量等)大幅度下降,甚至造成整个网络的崩溃。因此,必须采取拥塞控制机制来防止拥塞的出现以确保网络的服务质量。

为讨论拥塞控制问题可将注入网络的负载与吞吐量的关系分为 3 个阶段,如图 9.9 所示。当注入网络的负载(网络的输入)增加而网络的吞吐量(网络的输出)也随之增加时,网络没有拥塞;如果继续增加注入负载,吞吐量的增加将减慢,这时说明出现了轻度拥塞;此时,如再增加注入负载,网络将丢弃分组并引起发送端重传分组,而重传的分组又会被再次丢弃,进而又会引起分组再次重发,从而造成网络的吞吐量急剧下降,即发生了严重拥塞。

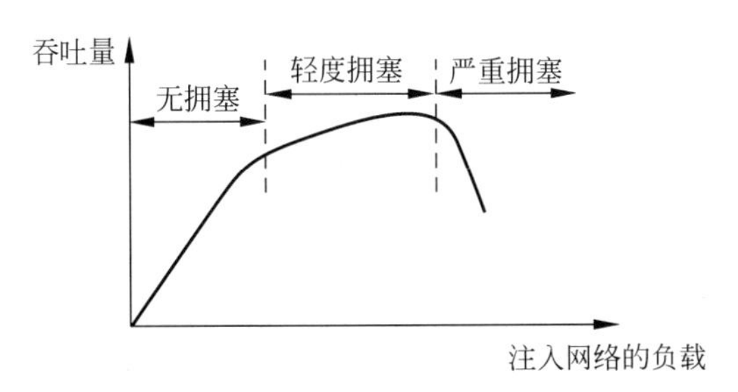

图 9.9 注入网络的负载与吞吐量的关系

拥塞控制对帧中继网来说是一个比较突出的问题,因为帧中继不具备滑动窗口式的流量控制机制,所以它本身无法采用流量控制来实现拥塞控制。为了解决这个问题,在帧中继的地址字段中定义了 3 个用于拥塞控制的信号位(图 9.7),即:

- BECN:后向拥塞通知指示。当网络中某个节点出现轻度拥塞时,该节点向到达帧的发来方向即帧的发送者传送一个 BECN 位有效的帧,以通知发送者其发送数据的方向上要发生拥塞,要求它降低发送速度来避免拥塞,这时这个节点将继续向前转发所收到的帧。

- FECN：前向拥塞通知指示。发生轻度拥塞的节点将到达帧中的FECN位置位后继续发往目的节点，以通知接收端此帧在途中遇到了拥塞，必须采取某种措施消除之。具体采取什么措施，帧中继中并没有明确定义，一般是通过上层协议（如TCP）的流量控制机制来限制发送端的发送速率，从而缓解拥塞。
- DE：丢弃指示位。发生拥塞的节点可以优先丢弃DE位置位的帧；但如果可能，它将仍然传送这种帧。这个特点使节点在出现了拥塞的情况下仍可发送少量的数据帧，这有利于在网络负载波动较大的情况下提高带宽的利用率。

为了进行拥塞控制，网络中的帧中继节点必须通过某种方法来检测网络是否发生了拥塞，或者发现拥塞即将发生的迹象，常用的方法请参阅第9.4节。此外，还有一种重要的拥塞监视方法，即为帧中继网的每条虚连接设置一个承诺的信息速率CIR，并监视该条虚连接的实际数据传输速率，若发现超过限定的CIR，在网络发生拥塞时则优先丢弃其数据帧。具体的实施过程如下：

(1) 若某条虚连接上的数据传输率小于对应的CIR，则将该连接所传输数据帧的DE位置为0，一般情况下这类帧的传输是有保证的。

(2) 若某条虚连接上的数据传输率仅在不太长的时间间隔内大于对应的CIR，则网络节点将该条连接所传输数据帧的DE位置为1。在以后的传输过程中，中间交换节点一旦发现拥塞，则优先丢弃DE位为1的数据帧。

(3) 若某条虚连接上的数据传输率长时间超过CIR，以至于注入到网络的数据量超过了所设定的最高门限值，则立即丢弃该条连接上所传输的数据帧。

9.6.5 帧中继网的接入

用户与网络的接口称为用户网络接口（Users to Network Interface，UNI）。在用户网络接口的用户侧是帧中继接入设备，其作用是将本地用户设备接入帧中继网。它包括两部分：用户接入端口和网络接入端口，分别连接用户设备和帧中继网络设备（如帧中继交换机）。

帧中继接入设备可以是标准的帧中继终端、帧中继装/拆设备，也可以是提供LAN接入的网桥或路由器等；这些设备具有符合帧中继规范的接口，直接可以接入帧中继网络。此外，还有一些不具备帧中继规范接口的用户设备，这些设备接入帧中继网时，必须经过帧中继装/拆设备将非帧中继标准的接口规程转换为帧中继标准的接口规程后才能接入帧中继网。帧中继装/拆设备具有协议变换、拥塞控制等功能，并能进行集中控制，同时可以接入多个用户。LAN接入帧中继网的主要设备是网桥和路由器，使用的路由器可以单独设置，也可以内置于帧中继交换设备内部。

在用户接入电路方面，用户设备可以通过专线（PVC）、拨号交换电路（SVC）、数字线路（如PCM）或者数字环路（如ADSL）等方式接入帧中继网络，供选择的数据传输速率有32kb/s、64kb/s、2048kb/s等多种。

9.6.6 帧中继的应用

帧中继自问世以来在国内外得到了迅速发展。美国1991年年末，首次投入运行了第一个帧中继网，1992 年，美国各大电信公司先后宣布提供帧中继业务，并形成了跨国范围的帧中继网，例如 AT&T 的 INTERSPAN 网覆盖了美国等 20 多个国家。欧洲的一些国家也建立了覆盖北欧的帧中继网 NORDFRAME。亚洲的日本、新加坡、韩国等也相继提供了帧中继业务。

中国公用帧中继业务是在公用数字数据网(DDN)上配备帧中继模块来实现的。1996 年年底，邮电部开始进行中国公用帧中继宽带多业务网(CHINAFRN)的建设，这标志着中国公用数据通信由中低速网络向高速网络迈进。CHINAFRN 骨干工程于 1997 年建设完成，覆盖全国的 21 个省会城市，其中北京、上海、广州、沈阳、武汉、南京、成都和西安八个节点为骨干枢纽节点，在北京、上海和广州设国际出入口。CHINAFRN 采用全网状连接，所有节点还配备了 ATM 模块，可以同时提供 ATM 信元方式的业务和帧中继业务。用户入网速率在 64Kb/s 至 34Mb/s 之间。北京市数据通信局于 1997 年 4 月率先开通了 64K—1.544Mb/s PVC 方式公共帧中继服务。可以说，中国帧中继业务的发展是相当迅速的。

帧中继因其技术上的优势而得到了广泛应用，具体包括如下几方面：

(1) 实现 LAN 的互联。利用帧中继实现 LAN 的互联是帧中继业务中最典型的一种业务，这种业务已达到帧中继业务总量的 90%以上。这种业务之所以普遍主要是因为帧中继非常适合为 LAN 用户传输大量的突发性数据。

(2) 进行图像传输。帧中继可提供图像、图表等业务的传输。这些信息的传输一般要占用很大的网络带宽，而且具有一定的突发性；而帧中继具有高速、低时延、动态分配带宽、低成本等优势，非常适合传输图像这类信息，如在远程医疗诊断过程中传输医学影像图片等。

(3) 组成虚拟专用网(Virtual Private Network，VPN)。大型企事业单位往往由位于不同地理位置的许多部门(或者分公司)组成，这些部门均建有自己独立的 LAN。为了实现资源共享，需要将这些 LAN 连接起来，但是有些 LAN 可能位于不同的城市甚至不同的国家，它们的连接存在一定的难度。此时，可以采用 VPN 设备通过帧中继将不同地理位置的 LAN 连接起来，因帧中继为公用网络，但是用户使用时感觉不到在使用公用网络，就好像在使用自己的专用网络一样，所以称之为虚拟专用网。这种技术不但实现了位于不同地域的 LAN 的互联，而且通过数据加密、身份认证等技术实现了其私有数据在公用网络上的保密传输，很好地保护了用户的利益。

9.7 ISDN

ISDN(Integrated Service Digital Network)为综合业务数字网的简称，俗称“一线通”，它是由电话综合数字网(Integrated Digital Network，IDN)演变而来。因 ISDN 所提供的带宽有限，最高为 2.048Mb/s，所以也称为窄带 ISDN(Narrow-width-ISDN，N-ISDN)。与传统的电话拨号服务相比，它同样使用现有的电话线系统，但 ISDN 所提供的是一种综合性的数字化传输服务，传输的对象包括语音、图像、数据、图形等。由于 ISDN 提供的为数字化传输，所以比传统电话系统的模拟传输具有更强的抗干扰能力和更低的误码率，能够提供更快的传输速率和更高的服务质量。因此 ISDN 不但能够提供电话系统的语音传输功能，而且还提供了非语音的传输业务，是一个综合业务数字网。

9.7.1 ISDN 的定义与特点

1984 年，CCITT 提交了 ISDN 的推荐标准，其中给出了 ISDN 的定义，即：ISDN 是由综合数字电话网发展而来的一种网络，它支持端到端的数字连接并支持广泛的服务，这些服务包括语音和非语音的，并为用户提供一组统一、多用途的标准接口。

ISDN 的核心技术是将带宽划分成几个独立的基本信道，这些信道均是数字信道，而且带宽和速度各不相同，但多条基本信道可以灵活组合成不同速率的信道，以满足不同类型业务的需要，从而对综合性业务提供支持。ISDN 具有如下特点：

(1) 提供端到端的数字连接。ISDN 提供的是一种拨号服务，通信之前需要进行呼叫，呼叫成功后就建立好通信双方端到端的数字通路。ISDN 所提供的信道是全程化的数字信道，即一个用户端到另一个用户端间的信道均是数字化的；在呼叫以及信息交换过程中，无论是语音、图像、图形，还是普通数据均需要转变为数字信号，然后才能在网络上进行传输。

(2) 提供多用途的标准入网接口供用户选择，方便各种类型用户终端的接入。ISDN 使用现有电话系统的普通用户线(双绞线)为用户提供标准的入网接口。ISDN 提供的主要信道有：

- B 信道：速率为 64kb/s，用于传输封装在数据帧中的语音信息或者数据净荷；
- D 信道：速率为 16kb/s 或 64kb/s，用于传输连接呼叫、维护和终止等控制信息；
- H 信道：速率为 384kb/s、1536kb/s 或 1920kb/s，用于连接主干网络等高带宽应用；
- 同步信道：负责载荷的同步和生成 ISDN 帧。

其中，前 3 种为用户可以选择使用的信道。在这些信道的基础上，ISDN 面向用户提供两种标准的入网接口供其选择：

① 基本速率接口(Basic Rate Interface，BRI)。该接口的速率为 192kb/s，它由 2 条 64kb/s 的 B 信道、1 条 16kb/s 的 D 信道和一条 48kb/s 的同步信道组成，简称为 2B+D；其中 B 信道用于传输用户信息，而 D 信道既可以用于传输信令等控制信息，也可以作为传输数据的低速信道；同步信道用于组帧和同步。该接口传输速率较低，一般面向普通用户。

② 主速率接口(Primary Rate Interface，PRI)。也称为一次群速率接口或者基群速率接口。在北美和日本，PRI 包括 23 条 64Kb/s 的 B 信道、1 条 64kb/s 的 D 信道和一条 8kb/s 的同步信道，简称为 23B+D，其传输速率达 1.544Mb/s。而在欧洲、澳大利亚和其他地方，PRI 包括 30 条 64kb/s 的 B 信道、1 条 64kb/s 的 D 信道和一条 64kb/s 的同步信道，简称为 30B+D，其传输速率为 2.048Mb/s。各种信道的作用与基本速率接口相同。该接口传输速率较高，一般面向企业等大容量要求的用户。

上述两种接口中的 B 信道均是相互独立的，每一个都可应用于不同的用途。例如，使用一个 B 信道连接网络，同时用另一个 B 信道打电话。此外，ISDN 所提供的上述入网接口是多用途的标准接口，任何类型的用户终端设备或者说任何类型的终端业务均可以通过同一个接口接入 ISDN。

(3) 提供综合的业务服务。ISDN 的提出就是为了克服传统的各种网络系统服务单一的缺陷，能够在同一个网络系统上传输语音、传真、数据、可视图文、可视电话、电子信箱、语音信箱等各种类型的通信业务，而这些业务原来是由一系列独立的专用网络来分别提供的。

9.7.2　ISDN 协议和基本结构

ISDN 是由 CCITT 和各国标准化组织开发的标准，该标准决定了用户设备到全局网络的连接，使之能够方便地采用数字形式处理语音、数据和图像的通信过程。ISDN 协议包括用户-网络接口协议和网络内部通信协议，一般只提供对应 OSI/RM 模型中低 3 层的协议功能。由于 ISDN 的用户数据信息和控制信息是使用不同的信道分开进行传输的，因此，控制信息和用户信息将遵守不同的协议。与控制信息相关的协议规定了控制信息（如信令）的交换规则，用于建立和结束呼叫、监控连接和故障诊断等，而用户数据信息的交换则由与之相对应的协议来控制。ISDN 协议在数据链路层采用 PPP、HDLC 等协议封装数据帧，其中 HDLC 是 ISDN 的默认封装协议。

ISDN 的基本结构如图 9.10 所示。图中的 ISDN 交换机是综合业务数字网的交换设备，是在原有数字程控交换机的基础上改进而成的。ISDN 采用 R、S、T、U 4 个参考点来描述各设备间的连接接口。其中参考点 T 用于标识用户设备和 ISDN 网络设备之间的接口，用户设备和 ISDN 网络设备分别位于参考点 T 的两侧。用户设备经过参考点 T 所标识的接口连接到网络终端设备 NT1 上。对于 BRI，T 接口也称为 S/T 接口。NT1 称为一类网络终端，它属于 ISDN 网络，是 ISDN 网络的终结设备，通常由网络服务商提供和管理，但一般安装在用户所在地，用户设备通过 NT1 上的连接器接入 ISDN 网。NT1 实现了 OSI/RM 模型中物理层的全部功能。NT2 是另一类网络终端设备，也称为智能网络终端设备，它实现了 OSI/RM 模型中的第一层到第 3 层的全部功能，它可以插在用户设备和 NT1 之间，实现多路复用等功能，使得仅使用一个 NT1 连接器就可以将多台用户设备同时连接到 ISDN 上，典型的 NT2 设备是 ISDN 用户交换机（ISPBX）。用户设备也分成两类：TE1 类设备和 TE2 类设备。TE1 是标准的 ISDN 终端设备，它具有 ISDN 的标准接口，可以直接通过网络终端设备 NT1 或者 NT2 接入 ISDN；而 TE2 是非标准的 ISDN 终端设备，它不具有 ISDN 的标准接口，必须经过 ISDN 适配器（TA）才能接入 ISDN，TA 将非标准 ISDN 终端设备的信号转变为与 ISDN 相兼容的格式。在另外的几个参考点中，参考点 S 对应于单个 ISDN 终端的入网接口，它将用户终端设备和与网络通信有关的功能分开；参考点 R 是非标准 ISDN 终端设备的入网接口；参考点 U 是网络接口，它定义了 NT1 与 ISDN 交换机之间的接口，两者之间一般通过两芯的铜质电话线相连。

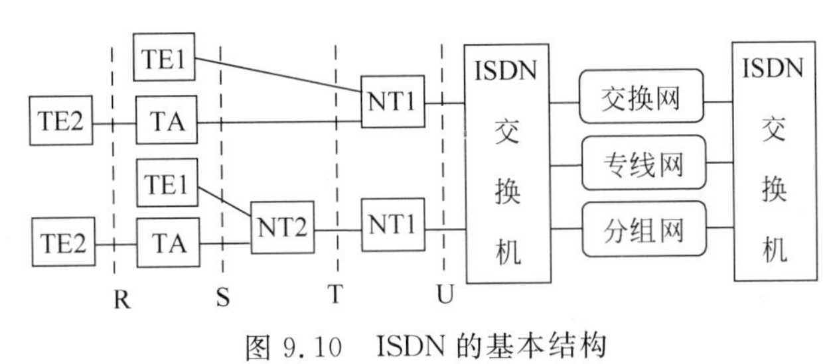

图 9.10　ISDN 的基本结构

9.7.3　ISDN 的接入

用户接入 ISDN 有多种方式，但是具体还要看用户终端设备的类型。对于具有 ISDN

标准接口的终端设备可以经过 NT1 的 T 接口直接接入 ISDN，对于非标准 ISDN 的终端设备有两种方式接入 ISDN：

- 通过 ISDN 适配器 TA 接入 ISDN。TA 具有数据传输和语音信号数/模转换能力，可以通过两个通道同时传输数据和语音信息而互不影响。它具有 RS-232 串行接口，可以直接与计算机相连，并通过标准的 RJ-11 插头与电话机和传真机相连。
- 通过 NT1 PLUS 接入 ISDN。NT1 PLUS 是另外扩展了两个模拟接口的 NT1，电话机等模拟设备通过这些接口可以经 NT1 与 ISDN 相连。

此外，用户终端设备还有另外两种方式接入 ISDN：

- 使用 ISDN 网卡接入 ISDN。ISDN 网卡的功能与以太网卡类似，安装方法也大致相同，但需要直接连接到 NT1 的 S/T 接口上。
- 使用 ISDN 路由器接入 ISDN。ISDN 路由器集成了 TA、Hub、路由器等设备的功能，局域网通过 ISDN 路由器可以非常方便地接入 ISDN。

用户通过改造电话线路经 ISDN 接入 Internet 的具体实现方式请见 Internet 接入一章。

9.7.4 ISDN 的应用

ISDN 通过基本速率接口和主速率接口为不同类型的用户提供服务，这些服务包括话音业务、传真业务、电视图像传输、可视图文、远程控制、永久虚电路等；用户通过 ISDN 可以接入 Internet，ISDN 也可以作为用户租用专线的备份线路，或者分担一部分网络流量，完成负载平衡功能。ISDN 的应用包括如下几个主要方面：

- 基本网络连接。ISDN 经常用来作为家庭和小型公司的基本联网手段，用户可以使用电话线通过公共交换网络将计算机或者局域网连接到其他网络上。
- 远程网络连接。远程 ISDN 连接使远程用户可以通过使用 ISDN 调制解调器/路由器的拨号连接来访问公司 LAN 或者其他服务器。
- 网络冗余与负载平衡。高可靠性是评价计算机网络系统工作性能的一项重要指标，而冗余是提高网络系统可靠性的有效手段。例如，许多公司使用租用线路作为广域网的主连接，以确保能够连续获得一条固定的数据通路，同时又租用另外一条线路作为备份。但是这种方案非常昂贵，因为备份线路仅在主线路失灵或者出现故障时才使用，所以利用率很低，但无论使用与否都要支付固定的费用。ISDN 的拨号连接功能为主线路备份提供了一条更为合理的解决方案。采用这种方案，用户申请专线主线路的同时，采用 ISDN 作为备份线路，当主线路失灵或者出现故障时，由中心互联网络设备自动激活 ISDN 拨号线路，使备份线路自动接替主线路的工作。另一方面，当主线路上的负载增加到一定容量时，网桥或者路由器检测到带宽瓶颈，为了避免网络拥塞，自动拨通 1 条或者多条 ISDN 线路，分担主线路上的一部分通信负荷，从而实现负载平衡功能。

由上面的介绍可见，ISDN 在许多方面得到了一定程度的应用，但是并没有取得预期效果。主要是因为：

(1) ISDN 以 IDN 为基础，而 IDN 支持的是 64kb/s 的电路交换业务，而这种业务对技术发展或者新业务的适应性很差。

(2) 信息传输速率有限，用户-网络接口速率局限于 2048kb/s 或 1544kb/s 以内，无法实现电视业务和高速数据传输业务。

(3) ISDN 的综合是不完全的，虽然它综合了分组交换业务，但是这种综合只是实现于用户入网接口，在网络内部仍由分开的电路交换和分组交换实体来提供不同的业务。

(4) N-ISDN 由于带宽的限制，只能支持低速语音业务，不能支持不同传输要求的多媒体业务；同时，整个网络的管理和控制是基于电路交换的，使得其功能简单，无法适应宽带业务的要求。

鉴于 ISDN 的缺点，就需要一种以高速、高质量支持各种业务，不由现有网络演变而成，采用崭新的传输方式、交换方式、用户接入方式以及网络协议的宽带通信网络，就是下面将要介绍的宽带综合业务数字网(Broad-width-ISDN，B-ISDN)，即 ATM。

9.8 异步传输模式

前面介绍了两种网络传输技术：电路交换和分组交换。对于这两种网络传输技术，电路交换技术具有实时性好、服务质量高等优点，但带宽不能充分利用，只能提供固定传输速率的通信业务，不适合突发性数据的传输。而分组交换技术的传输延迟不能确定，一般延迟较长，实时性较差，服务质量得不到保证，但因分组传输的灵活性使其非常适合于突发性数据的传输。

20 世纪 80 年代末期，随着人们对电子邮件、可视图文、图像传输等通信业务需求的迅速增加，迫切要求通信网络能高速、同步地传输各种语音、图像和数据等综合性信息，即通信网络应能提供综合性业务的高速传输，但已有的电路交换和分组交换技术都存在不同程度的缺陷，不能被直接应用到综合性的业务环境中。为了满足综合性业务的需要，业界充分借鉴了电路交换技术和分组交换技术的优点，提出了宽带综合业务数字网(B-ISBN)，即异步传输模式(Asynchronous Transfer Mode，ATM)网络来满足日益增长的综合业务需求。

9.8.1 ATM 的基本概念及特点

ATM 是一种面向连接的快速分组交换技术，它传输和交换的基本单位称为信元(Cell)；信元的长度固定，共包括 53 个字节，其中首部为 5 个字节，数据净荷部分为 48 个字节。在 ATM 传输过程中，信元被随机(异步)地插入到长度固定的时间帧中进行传输。ATM 具有如下优点：

(1) 采用异步统计时分复用技术，信道的利用率高。在这种信道复用方式下，信元传输所占的时隙并不固定，只要信道空闲就可以发送；而且用户在一个发送周期内所占的时隙数也不固定，可能占用 1 个或多个时隙，这完全取决于当时信道的使用情况。这种信道复用方式具体体现了异步传输模式中“异步”的概念。

(2) 支持端到端的解决方案，支持从局域网到广域网。

(3) 传输速率高，高达 25～2488Mb/s。

(4) 支持多媒体等多种不同传输速率的各种业务。

(5) 具有网络负载平衡和拥塞控制功能。

(6) 信元短,长度固定,转发处理容易。定长信元交换简单,可以通过硬件实现,延迟小,转发速度快,能够满足多媒体数据传输的要求。

(7) 使用 ATM 交换机,采用面向连接的工作方式,保留了电路交换在实时性和服务质量等方面的优势。

(8) 使用光纤传输,误码率极低,容量大,没有逐段链路的差错控制和流量控制(这些功能由端节点的高层协议来处理),显著提高了传输速率。

ATM 唯一明显的缺点是仅 53 个字节的信元中竟有 5 个字节的首部,开销太大。但是,通过上面的分析可见,ATM 既有分组交换技术的灵活性,又有电路交换技术简捷、快速等特点,是一种理想的综合业务传输解决方案。

9.8.2 ATM 的工作原理

ATM 提供的是一种面向连接的端到端服务,它由 ATM 端节点、中间交换节点(即 ATM 交换机)和连接这些节点的物理线路所组成。ATM 端节点又称为 ATM 端系统,是能够产生或接收信元的源站或目的站,各 ATM 端节点通过点到点的链路与 ATM 交换机相连。ATM 交换机为快速分组交换机,传输速率达 Gb/s,主要由交换结构、若干个输入/输出端口、缓存等组成,各输入端口和输出端口在交换结构的控制下通过缓存交换信元。当两个端节点要进行通信时,首先要通过连接建立两个端节点间的物理链路。该物理链路实际上由位于各个交换机间的一段一段的物理线路所组成。为了充分利用这些物理线路并实现其复用功能,ATM 将各段物理线路分成若干个虚通路(Virtual Path,VP),每个虚通路又分成若干个虚通道(Virtual Channel,VC),每个虚通路和虚通道均用相应的标识符:VPI 和 VCI 进行标识,如图 9.11 所示。在建立连接时为每个连接逐段分配 VPI/VCI,并在各个 ATM 交换机的路由表上登记,由此形成一条源端到目的端的虚链路。信元首部中携带链路所对应的 VPI/VCI 信息,信元在这些 VPI/VCI 信息的控制下通过固定链路从源端传输到目的端。

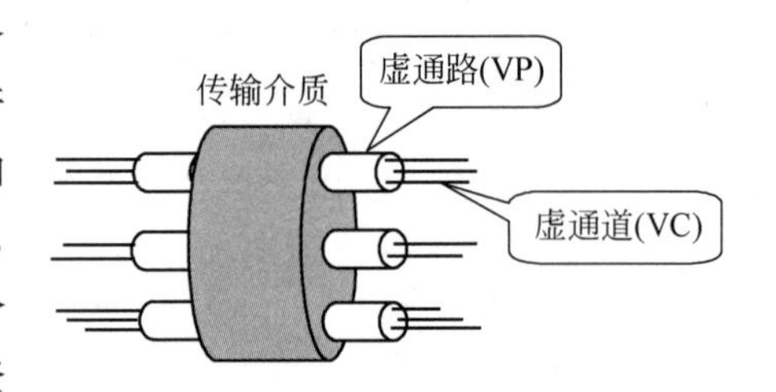

图 9.11 ATM 连接的虚通路和虚通道

ATM 还规定了一些具有特殊用途的 VPI 和 VCI,如带有 VPI=0、VCI=5 的信元是用于建立 SVC 的信令;而携带 VPI=0、VCI=2 的信元是通用广播信令,等等。

ATM 信元的交换由 ATM 交换机完成。每个 ATM 交换机内均有一个路由表,如图 9.12 所示,它包括入口 VPI/VCI、入端口号、出口 VPI/VCI、出端口号 4 项;当建立连接时,每个连接在位于该链路上的每个交换机的路由表中进行登记,记录上述四项信息,从而确定了通过这条链路传输的每个信元经过各个交换节点时的输入与输出间的对应关系。图 9.13 给出了两个端主机间所建立的一条连接,该条连接依次经过 A、B、C 3 个交换机,在每个交换机上所分配的输入、输出的端口号、VPI/VCI 值如图中的阴影部分所示。建立连接后,交换机在数据传输过程中每接收到一个信元,就根据信元首部中的 VPI/VCI 值以及入端口查找路由表,找到相匹配的表项,用对应出口的 VPI/VCI 值替换信元首部中原有的 VPI/VCI 值,并将修改后的信元通过相应的出端口发送出去。这样,信元经过各个 ATM

交换机的转发，最终传输到目的端。

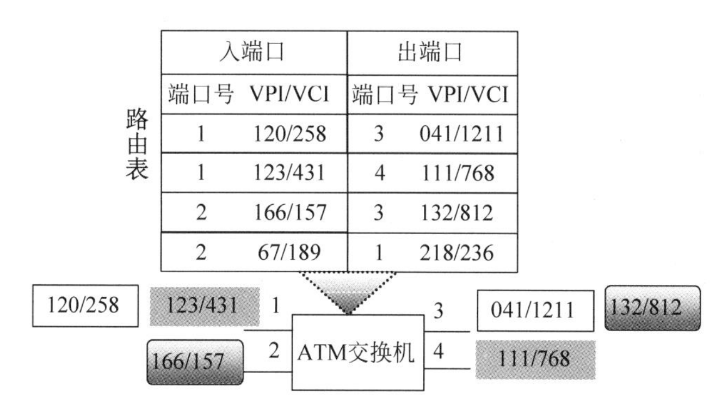

图 9.12　ATM 交换机的路由表

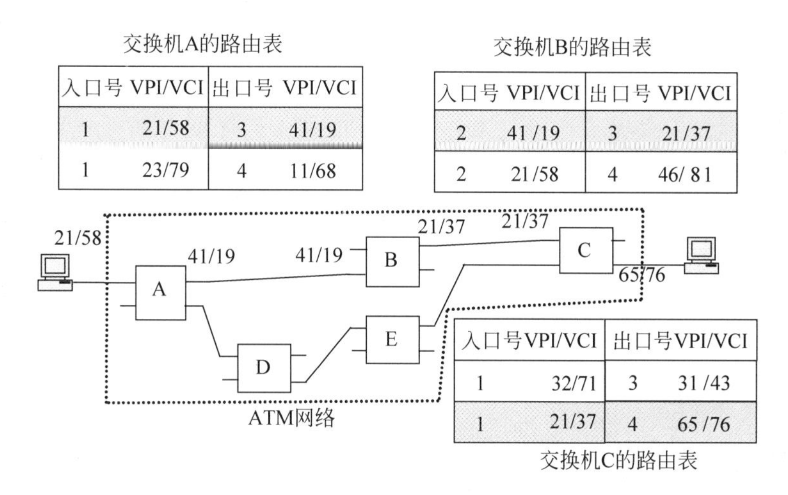

图 9.13　一条 ATM 连接上 VPI/VCI 的分配情况

9.8.3　ATM 的协议参考模型和信元结构

1. 协议参考模型

ATM 技术的标准化工作是在国际电信联盟（ITU-T）的组织下进行的，此外一些其他国际标准化组织（如 IETF）或者民间组织（如 ATM Forum）等对制定 ATM 标准也起到了一定的促进作用。标准化的 ATM 协议参考模型包括 3 个层次：物理层、ATM 层、ATM 适配层（AAL），如图 9.14 所示。各层协议的具体功能如下：

(1) ATM 适配层（ATM Adaptation Layer，AAL）。仅运行于 ATM 的端节点上，其基本功能是将来自其上层的非 ATM 信元数据（如 IP 数据报）转换成 ATM 的信元格式，或者完成相反的操作，以使各种网络层协议可以使用 ATM 来传输数据。ATM 适配层又分成两个子层：分段和重组子层（Segmentation And Reassembly sub-layer，SAR）及汇聚子层（Convergence Sub-layer，CS）。汇聚子层 CS 的功能是差错检验、识别消息、定时和时钟恢复，它也采用服务访问点 SAP 的概念识别上层协议进程。分段和重组子层 SAR 的功能是在发送端将高层协议送来的数据分解成 48 个字节的 ATM 净荷，而在接收端将多个 48B 的

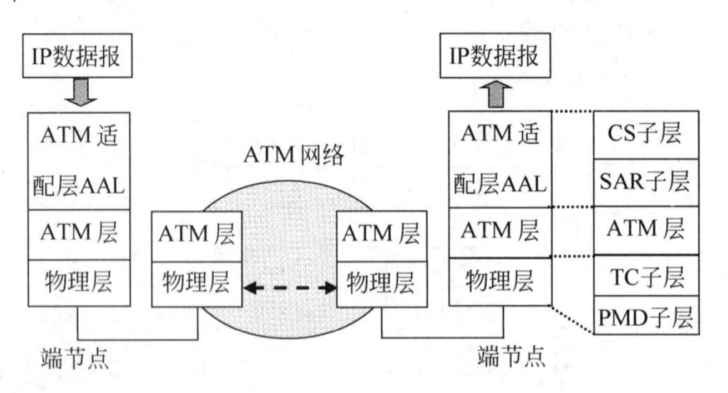

图 9.14 ATM 协议参考模型

ATM 净荷进行重组，恢复高层协议数据。

最初，推出 ATM 的目的是为语音、视频、图像等综合性业务的高速传输提供服务，为此 ITU-T 定义了一系列 AAL 协议来为不同类型的业务提供支持。ITU-T 根据源-目的端的定时要求、比特率和连接方式将服务分为 A、B、C、D 4 类，并定义了 4 种适配层协议 AAL1、AAL2、AAL3 和 AAL4 来满足这些服务的要求。但后来的实践证明这样分配的效果并不好，就把 AAL3 和 AAL4 合并为一：AAL3/4，并引入了另一个简化的适配层协议 AAL5。

在上述各种适配层协议中，AAL1 支持实时的、面向连接的恒定比特率通信业务，如非压缩的音频和视频数据传输，常见业务为 64kb/s 的话音业务。AAL2 支持可变比特率的数据传输，主要是为短分组业务（小于 48B）提供高效的 ATM 传输。AAL3/4 支持面向连接或者无连接的可变比特率业务，适用于文件传输和数据网业务，并提供顺序控制和差错控制功能。AAL5 支持面向连接的业务，它按顺序传递属于单个消息的所有信元，不提供寻址和顺序控制等功能。由于 AAL3/4 协议的开销大，控制过于复杂，在许多情况下已逐渐被 AAL5 所取代。

（2）ATM 层。为物理层和 ATM 适配层（AAL）之间的接口，是 ATM 协议的核心，工作于端节点和中间交换节点。它负责拆/装信元，并向相邻两层传输。该层完成的主要功能如下：

- 连接的建立和维护。发送端向 ATM 网发送连接请求，给出通信类型、带宽、信号序列长度以及服务质量（QoS）级别等协商参数，要求 ATM 网建立到达目的端的虚连接，逐段分配 VPI/VCI，并登记在路由表中，同时负责虚连接的维护和释放。ATM 提供永久虚电路和交换式虚电路服务。
- 交换功能和路由选择。在发送端，要完成信元的封装，即将上层送来的 48 个字节的净荷加上 5 个字节的首部形成信元，然后送给物理层。而在接收端，要完成信元的解封，即将从物理层接收的信元去掉首部，将净荷部分送给上层。ATM 网的中间节点也要完成上述所有功能。此外，转发信元时，还要完成首部 VPI/VCI 值的修改，因而信元到达每个中间节点，其首部均要重新生成。
- 多路复用。在建立连接时，通过 VPI/VCI 实现信道复用功能。
- 通信量整形与控制。当拥塞发生时，提供传输管制、传输整形和拥塞控制等机制使网络恢复正常状态。传输管制是 ATM 在建立连接时就协商好传输速率、缓冲区大小等参数，在通信过程中若检测到某项参数超过规定值，就对该条连接进行传输管制；如将其信元首部的 CLP 标志置位，表示一旦发生拥塞可以优先丢弃这些信元。传输整形的原理与传输管制类似。拥塞控制是通过许可证控制、资源预约、基于速率的拥塞控制等措施来实现的。许可证控制是在建立一条新连接时必须给出所希望的通信类型和服务等参数，网络然后检查线路，确定是否有满足要求的线路；若有，则还要确定该条线路的分配是否对现有的通信链路造成影响；若没有影响，则建立该条新连接，否则予以拒绝。与许可证控制密切相关的是资源预约。资源预约通常在连接建立时进行，在连接呼叫时，源端给出了通信量等信息的相关描述，网络按此要求沿该条链路留出足够的带宽、缓冲区等资源，以此避免拥塞，确保服务质量。基于速率的拥塞控制是通过控制发送端的发送速率来缓解或者避免拥塞。

(3) 物理层：该层描述了 ATM 网络的物理特性，它并没有给出明确的物理层定义，这样就可以借助于其他物理层协议，即可以借用已有的传输系统。ATM 可以使用双绞线、同轴电缆、光纤等作为传输介质。

物理层又细分成传送汇聚子层（Transmission Convergence，TC）和物理介质相关子层（Physical Medium Dependent，PMD），各子层的功能如下：

- 传送汇聚子层 TC：为 ATM 层提供统一接口，使 ATM 层不依赖具体的传输介质。实现信息流/比特流间的转换、信元的定界与同步、传输帧的产生/恢复、信元速率调整以及信元首部的差错控制等。
- 物理介质相关子层 PMD：在某种物理介质上正确地发送和接收比特流，并完成线路编码/解码、比特定时、光电转换等。其作用类似于 OSI/RM 的物理层，对于不同的传输介质定义不同。

2. 信元结构

ATM 所传输信元的长度为 53 个字节，包括首部和净荷两部分，其中首部为 5 个字节，净荷为 48 个字节，信元首部主要用来提供路由功能。ATM 支持两种接口：用户-网络接口（User to Network Interface，UNI）和网络-网络接口（Network to Network Interface，NNI）。这两种接口分别对应两种不同的信元首部格式，具体如图 9.15 所示；也就是说信元在 ATM 网络中间节点传输时的首部格式不同于端节点提交给 ATM 网络时的格式。信元首部各个字段的具体功能如下：

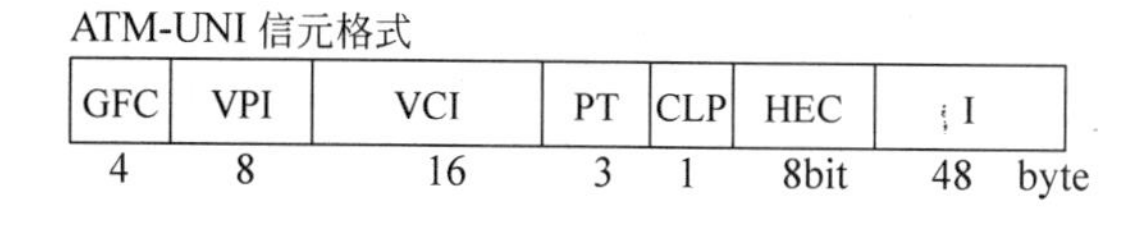

图 9.15　ATM 两种不同的信元格式

- GFC：通用流量控制，此处不用，设置为 0。
- VPI：虚通路标识，用于表示虚通路号，P 指的是 PATH。
- VCI：虚通道标识，用于表示虚通道号，C 指的是 CHANNEL。

- PT：负荷类型，用于表示信息字段 I 是用户信息，还是网络信息。
- CLP：信元丢失优先级。CLP＝1 表示低优先级信元，发生拥塞时可优先丢掉；CLP＝0 为高优先级信元，为保证一定的通信质量，网络不可以抛弃这类信元。
- HEC：信元首部差错控制，对首部的前 4 个字节进行 CRC 校验，对信元首部做多比特的差错校验和 1 个比特的纠错，防止因 VPI、VCI 出错而将信元输出到错误的端口。另一个作用为信元定界，利用它和前 4 个字节的相关性识别出信元首部的位置，该项功能在物理层，而不是在 ATM 层实现。由于在不同的链路段 VPI/VCI 不同，所以 HEC 的值在各个交换节点上均需要重新计算。

9.8.4 ATM 的流量控制与拥塞控制

在计算机网络中，流量控制与拥塞控制是密不可分的。拥塞在概念上是指由于交换节点中的资源不够而使网络传输性能下降的现象；无论对于无连接的网络，还是对于采用虚电路方式提供连接服务的网络，拥塞都是存在的。因为 ATM 网络数据传输率高，交换节点资源有限，因此对 ATM 进行拥塞控制显得特别重要。流量控制能够从端系统（或者端节点）控制注入网络的数据量，因此有利于缓解交换节点内部发生的拥塞，但并不能从根本上消除拥塞。拥塞与流量控制是相互联系但又是不同性质的问题。

在面向连接的网络环境下，流量控制一般是指对端到端之间的一条连接或虚电路上传输的数据流量进行控制。许多文献指出，分组交换网和某些高层协议（如 TCP）中经常采用的滑动窗口机制不能有效地利用 ATM 的网络带宽，因此在 ATM 网络中不宜采用。在 ATM 网络中，通常采用速率控制的方法来进行流量控制。

基于速率的流量控制是一种闭环控制，是以端到端的反馈方式来进行的。端系统和网络中使用一种专用的特殊信元：资源管理信元（Resource Management cell，RM cell）来运载流量控制信息，以固定时间间隔向源端系统报告网络的拥塞情况。它和数据信元一起沿所有前向连接传输，经过网络中间交换机到达目的端系统；目的端系统收到 RM 信元以后又将它沿后向连接返回，再经过各中间交换机到达源端，交换机利用它来指示网络沿途的拥塞情况。交换机可以采用 3 种模式来指示拥塞：

- 显式前向拥塞标记方式（Explicit Forward Congestion Indication，EFCI）：交换机在前向传输的 RM 信元中设置一个标志以指示拥塞，该信元到达目的端后再返回到源端。
- 相对速率标记方式：交换机等节点在后向传输的 RM 信元中指示拥塞。
- 显式速率标记方式（Explicit Rate，ER）：交换机等节点在前向或后向或两个方向的 RM 信元中精确地标记出它们能够接受以及希望接受的速率。源端系统通过该 RM 信元获得各条连接上的拥塞信息后，使用特定的方法来控制当前连接发送信元的速率。

当用户通信时，希望网络能确保提供一定的服务质量。那么，如何来评价网络的服务质量呢？对于面向连接的 ATM 网络，当建立一个连接时，描述该条连接服务质量的参数如下：

- 峰值信元速率：每秒所能传输信元数的最大值。
- 信元丢失率：丢失信元占所有信元的比例。

- 信元传输延迟时间：从信元的第一位到达输入端口到该位从输出端口输出的时间。
- 信元传输延迟时间的变化：用于描述网络服务的稳定性。
- 输入/输出缓冲队列的长度：描述缓冲区资源的使用情况。

为了建立、维护和管理具有一定服务质量的连接，交换机必须采取一定的机制（如许可证控制、资源预约等）控制拥塞的发生，以保证网络的服务质量。首先在连接建立时，仅当系统有足够的网络资源时，才允许建立新的连接；当没有足够的资源时则拒绝建立新的连接。显然，这是一种开环控制方法，其实质是以牺牲网络资源的利用率为代价。由于网络是动态的时变系统，尽管确保服务质量的连接能够建立，但在以后的运行过程中也有可能出现拥塞；例如由于输入端突发性数据持续时间过长而造成某条虚电路中的缓冲区不足，但这时可以采用丢掉信元的办法来缓解拥塞；交换机一旦发现描述连接服务质量的参数变化超出了约定门限，就丢掉 CLP＝1 的信元。

为了维持一条连接上的服务质量，在用户网络接口上常采用流量控制的方法。一种方法是对流量进行监测，凡超过流量门限的信元一律使其 CLP＝1，当网络出现拥挤时首先丢掉该类信元。另一种广泛使用的方法是流量成形（traffic shaping），该方法把突发性流量转化为平稳的流量，以减少拥塞的发生。一种流量成形的策略是采用漏斗（leaky bucket）算法，将所有以各种方式到达的信元都先放入一个漏斗（缓冲区）中，然后以一个稳定的速率输出，这样就把突发性流量转变为平稳的流量。当突发性数据量太大时，漏斗溢出，对于溢出的信元可以将其直接丢掉或者把 CLP 位置为 1。

ATM 网络的拥塞与流量控制和交换机的内部结构、UNI 以及 NNI 协议有着密切的关系，是一个非常复杂的动态过程，网络拥塞问题的解决具有相当大的难度，网络拥塞若能够得到有效控制将大幅度提高网络的服务质量。

9.8.5　ATM 设备及接入

ATM 设备包括路由器、数据服务单元、工作站网络接口卡和交换机等，通过这些设备用户就可以接入 ATM 网络。

1. 路由器

路由器是最常使用的网络互联设备，它具有协议变换功能，能够将不同的网络连接起来，最常见的是用路由器将 LAN 与其他网络相连，如图 9.16 所示。当连接的对象是 ATM 时，路由器的两端分别连接 LAN 和 ATM 交换机。路由器的功能是取得 LAN 的帧，将之转变为信元并送给 ATM 交换机，然后在 ATM 网络上传输；或者从 ATM 交换机上接收信元，将之转换为 LAN 的帧，然后传输给 LAN。

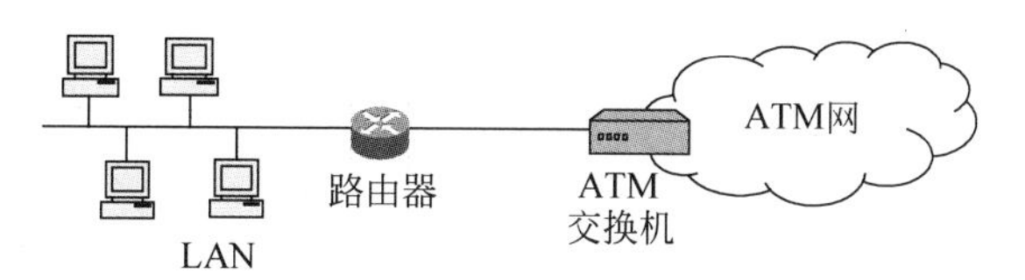

图 9.16　LAN 通过路由器与 ATM 网络相连

2. 数据服务单元

LAN 通过路由器与 ATM 网络连接的另一种方式是经过数据服务单元(Data Service Unit,DSU),如图 9.17 所示。此时 DSU 从路由器接收 LAN 的帧,然后将帧转换为 ATM 的信元,并发送给 ATM 交换机;或者将来自 ATM 的信元并转换成 LAN 的帧,然后经过路由器传输给 LAN。

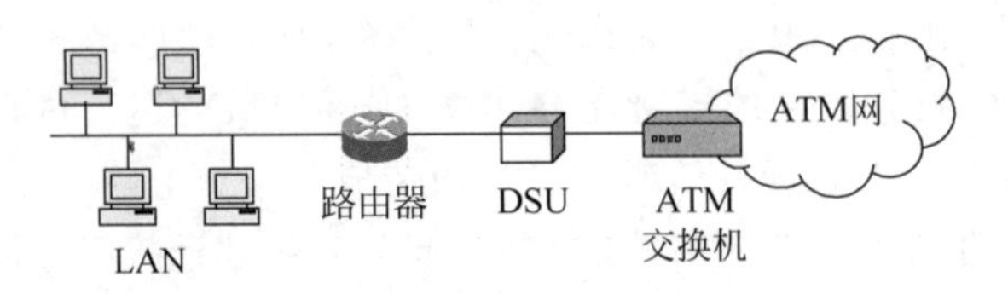

图 9.17 LAN 通过 DSU 与 ATM 网络相连

3. 工作站网络接口卡

ATM 网络接口卡提供了桌面 ATM 连接,可用于大多数终端工作站。例如,SUN SPARC station 和 PC 机。工作站通过 ATM 网络接口卡与 ATM 交换机相连,进而与整个 ATM 网络进行信息交换,如图 9.18 所示。

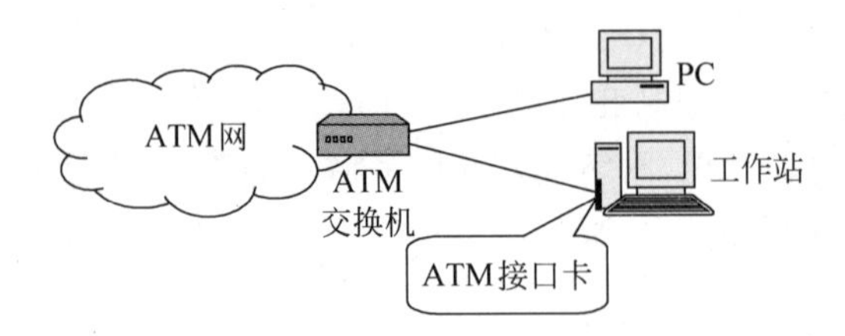

图 9.18 工作站通过 ATM 接口卡与 ATM 网络相连

4. ATM 交换机

交换机是 ATM 网的重要组成设备,其作用是在其输入端口和输出端口间进行信元的快速交换。交换机还具有数据缓冲、信元拆/装等功能。各种具有 ATM 网络接口的设备通过 ATM 交换机可以直接接入 ATM 网。

9.8.6 ATM 的应用

ATM 网具有带宽宽、速度快、延迟小、支持综合性业务等特点,使得 ATM 技术在如下几方面得到了应用:

- 构建快速局域网或实现局域网互联。目前有的大专院校已采用 ATM 构建其校园网;另一方面,通过 ATM 网可以将传统以太网等局域网连接起来,以实现更大范围的信息交换和资源共享。
- 为帧中继业务提供高速通道。因帧中继在交换速度、传输延迟等方面其性能明显劣于 ATM,所以帧中继若能作为接入层接入以 ATM 为交换技术的骨干网,将大幅度提高帧中继的性能。

- 作为因特网的高速骨干网。因目前 Internet 上的多媒体传输业务越来越多，对传输速率的要求越来越高，ATM 无疑能够很好地满足这些需求。ATM 与 TCP/IP 网络的互联将大大促进因特网上宽带业务的开发与应用。
- 形成了光纤同轴电缆网(HFC)的基础。HFC 利用光纤和 ATM 交换机组成广域网，把宽带业务接入家庭，为家庭用户提供视频点播(Video On Demand，VOD)、电视购物、电视会议和可视电话等各种宽带业务。

虽然 ATM 的产品和技术发展较快，并也得到了一定程度的应用，但仍存在许多问题，如 ATM 产品价格较高，标准不完善，给其推广应用造成了很大困难；而且因特网的普及应用使得高速以太网牢牢地占据了局域网市场，进一步阻碍了 ATM 技术的发展和应用。

习题

(1) 什么是电路交换、报文交换和分组交换？它们各自的优缺点是什么？

(2) 广域网是如何对节点进行编址的？这样编址有什么优点？

(3) 广域网中的交换节点是如何进行分组转发的？

(4) 什么是网络拥塞？网络传输数据分组的过程中为什么会发生拥塞？

(5) 解决网络拥塞的措施有哪些？

(6) 简述 X.25 网的产生背景。

(7) 什么是 DTE 和 DCE？它们各具有什么作用？

(8) X.25 使用的是(　　)。

A. 分组交换技术　　B. 报文交换技术　　C. 帧交换技术　　D. 电路交换技术

(9) 简述 X.25 的协议层次以及各层的功能。

(10) X.25 协议为确保分组传输的可靠性都采取了哪些措施？

(11) 简述 X.25 网的特点和应用场合。

(12) 用户设备如何接入 X.25 网？

(13) 什么是帧中继？它对 X.25 进行了哪些改进？

(14) 简述帧中继的帧格式以及各个字段的含义。

(15) 帧中继的数据帧中有哪些位用于拥塞控制？它们的作用是什么？

(16) 什么是 CIR？帧中继如何用它进行拥塞控制？

(17) 预测拥塞发生的措施有哪些？

(18) 用户如何接入帧中继？

(19) 什么是 ISDN？它与传统的电话线通信系统存在哪些区别？

(20) ISDN 的特点是什么？

(21) 如何接入 ISDN？ISDN 有哪些具体应用？

(22) B-ISDN 的含义是指(　　)。

A. 宽带综合业务数据网　　B. 窄带综合业务数据网

C. 基础综合业务数据网　　D. 综合业务数据网

(23) 简述 ATM 技术产生的背景。

(24) 简述 ATM 技术的特点，ATM 中“异步”的含义是什么？

(25) 简述 ATM 的组成和工作原理。

(26) 什么是 VP 和 VC？ATM 如何实现物理线路的多路复用？

(27) ATM 包括几个协议层次？各完成什么功能？

(28) 说明 ATM 信元的格式以及各个字段的含义。

(29) ATM 采用的线路复用方式为(　　)。

A. 频分多路复用　　B. 同步时分多路复用

C. 异步时分多路复用　　D. 独占信道

(30) ATM 信元包括(　)字节。

A. 1500　　B. 48　　C. 53　　D. 64

(31) ATM 的传输模式是(　　)。

A. 电路交换　　B. 分组交换　　C. 信元交换　　D. 报文交换

(32) ATM 适配层的功能是(　　)。

A. 分割和合并用户数据　　B. 信元头的组装和拆分

C. 比特定时　　D. 信元校验

(33) 流量控制和拥塞控制的关系是什么？

(34) ATM 如何进行流量控制和拥塞控制？

(35) 对于面向连接的 ATM 网络，描述某条连接服务质量的参数有哪些？

(36) ATM 为什么适合突发性数据的传输？

第10章 Internet接入技术

10.1 概述

目前，Internet 已形成了全球性的计算机网络，网上具有丰富的计算资源、存储资源和信息资源，用户若想访问这些资源，他首先必须接入 Internet。

接入 Internet 的方式有多种，一般是通过公共网络传输系统接入，常用的公共网络传输系统有 PSTN、DDN、X.25、帧中继、ISDN 等。当考虑接入问题时，常将相关网络系统分成两部分：核心网和接入网；核心网主要用来完成信息的交换和传输，是传输信息的主干通信网；目前的核心网大都采用光纤传输技术，这种传输技术具有带宽宽、速度快、容量大等特点。早期的接入网主要是指通过用户线（即铜线）接入因特网服务提供商（Internet Service Provider，ISP），这段线路也称为用户环路（subscriber loop），常指位于用户终端与交换局端（核心网的边缘）之间的线路。用户环路经历了从传输模拟信号到传输数字信号的两个阶段，接入方式已从普通拨号电话接入发展到 ADSL 宽带接入，传输速率和质量得到了极大改善。近几年来，宽带网发展迅速，导致接入方式多种多样，已不局限于用户环路，还有无线接入、光纤接入、混合光纤同轴电缆（HFC）接入等多种方式。特别是随着智能手机等移动终端的普及，通过电信、移动等网络系统可以非常方便地接入因特网；而位于校园网覆盖区域内的移动用户也可以通过 Wi-Fi 访问因特网上的各种资源。

10.2 双绞线接入

该方式利用电话系统的铜质双绞线实现 Internet 的接入，它是最早普及应用的一种 Internet 接入方式。这种接入方式并没有因为光纤技术的采用而淘汰，而是随着 ADSL、HDSL 等技术的出现应用越来越广，已经发展成 xDSL 系列双绞线接入技术。

10.2.1 通过普通电话拨号接入

用户的计算机或者代理服务器（proxy）通过调制解调器和公用电话网（PSTN）与 ISP 的拨号服务器相连，ISP 为因特网服务提供商，它直接与 Internet 相连。当用户访问 Internet 时，首先通过拨号与 ISP 的拨号服务器建立连接，借助于 ISP 的 Internet 出口来访问 Internet。这种方式普遍适用于个人用户，或者使用代理服务器的小型 LAN。

由于普通电话线传输的是模拟信号，而计算机输出的是数字信号，不能直接在电话线路上传输，所以在计算机和电话网之间需要增加一个调制解调器以实现数字信号和模拟信号间的相互转换。这种 Internet 接入方式如图 10.1 所示，图中的拨号接入服务器是位于公用电话网(PSTN)与 Internet 之间的一种远程访问接入设备，它与 DNS 服务器、Web 服务器、路由器等其他相关设备一起构成 ISP 服务站点，用户通过拨号连接到拨号接入服务器上，通过与之相连的路由器接入 Internet。调制解调器有外置和内置两种，外置式调制解调器是一台独立设备，可直接连接在用户机的串行接口上；内置式调制解调器是一块扩展卡，直接插在用户机内部的扩展槽中。此时使用的协议为串行线 Internet 协议(Series Line Internet Protocol，SLIP)或者点到点协议(Point to Point Protocol，PPP)，而 Windows 系列操作系统中捆绑有这些协议，所以用户使用起来非常方便。

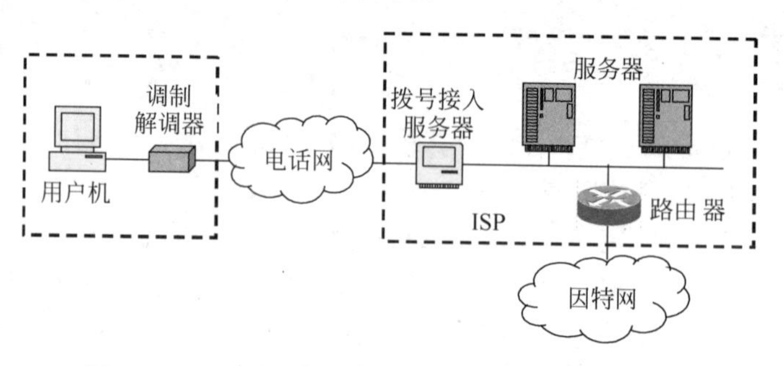

图 10.1 通过普通电话线和调制解调器接入 Internet

采用这种方式接入 Internet 时，用户机首先要通过拨号建立与 ISP 拨号服务器的连接，服务器然后从其 IP 地址池中取出一个动态 IP 地址分配给用户机，此时还要完成用户身份的认证以及链路参数的协商等工作。用户机一旦拨通了 ISP 的服务器并获得 IP 地址，用户就成为 Internet 的一个终端，可以访问 Internet 上的信息资源。当用户断开与拨号服务器的连接后，分配给它的 IP 地址自动回收到服务器的地址池中，供再次分配使用。这种 Internet 接入方式简单，费用低，只额外需要一个调制解调器和申请一个账号，此时可以得到 33.6kb/s 和 56kb/s 的最大上行和最大下行传输速率。用户通过这种接入方式或者上网，或者打电话，但两者不能同时进行。

10.2.2 通过 ISDN 接入

如前所述，ISDN 是一种综合业务数字网，它提供端到端的数字连接，是一种先进的网络技术。它除了提供电话业务外，还能够将传真、数据、图像等多种业务在同一个网络中进行处理和传送，并通过现有的电话线提供给用户使用。它可以在一条电话线上连接 8 部相同或不相同的通信终端，并能使两部终端同时使用，如上网和打电话同时进行。ISDN 分为窄带 ISDN(N-ISDN)与宽带 ISDN(B-ISDN)，目前通过改造电话线路而得到的是窄带 ISDN。用户通过 ISDN 可以连接 ISP，进而接入与之相连的 Internet。

由前面相关章节中对 ISDN 的介绍可知，ISDN 主要采用两种标准的用户-网络接口：基本速率接口 BRI(2B+D)和一次群速率接口 PRI(30B+D)。目前，国内的 ISDN 线路一般为 2B+D 模式，即 2 个基本数字信道(B 信道)和 1 个控制数字信道(D 信道)。B 信道用于传输话音、数据等，每个 B 信道的带宽为 64kb/s。D 信道则用于传输控制指令，每个 D 信道的带宽为16kb/s。因此，一个2B+D接口可以提供高达144kb/s的传输速率，其中纯数据速率可达128kb/s。使用时，一路电话占用一个B信道，另一路B信道可以用来上网，因为它们占用不同的信道，所以可以同时进行。一次群速率接口PRI(30B+D)的速率为2.048Mb/s，用于需要传输大量数据的应用，如LAN互联等。

当用户接入ISDN时，首先要接入ISDN的网络终端设备NT(Network Terminal)，它是连接电话局交换机与用户终端的接口设备；它安装在用户端，是实现在普通电话线上传输数字信号的关键设备，它包括两种：网络终端NT1和网络终端NT2。每个NT1可以连接多达8个用户设备，而NT2用于通过ISDN路由器连接LAN。

在广域网一章曾讲过，ISDN的两类用户终端设备TE1和TE2通过ISDN接入Internet的方式有一定区别；其中TE1带有标准的ISDN接口，如数字传真机、可视电话等；而TE2不带标准的ISDN接口，如计算机、模拟电话、模拟传真机等；这两类设备都要经过连接ISDN的网络终端设备后才能接入Internet。各类用户终端通过ISDN接入Internet如图10.2所示，具体分成如下几种情况：

- 通过终端适配器接入。TE2类的用户终端设备接入ISDN要通过终端适配器(Terminal Adapter，TA)。TA也称之为ISDN调制解调器，其作用是将计算机等设备的数字信号或者模拟语音信号转变为ISDN标准的帧，从而使非标准ISDN的终端(电话机和微机等)能够与ISDN交换信息，进而为各种用户提供ISDN服务。
- 通过网络终端设备直接接入。TE1类的用户终端设备带有标准的ISDN接口，因而可以通过NT1或NT2直接接入ISDN。
- 通过ISDN专用路由器接入。ISDN专用路由器是能够与ISDN直接相连并进行通信的路由器，它的基本配置是一个ISDN基本速率接口、2个RJ-11接口和一个10Base-TX接口。ISDN基本速率接口属于广域网接口，用于与ISDN公网相连，2个RJ-11接口为电话机接口，10Base-TX接口为LAN接口，用于连接LAN交换机。显然LAN通过ISDN专用路由器就可以接入ISDN，从而接入与其相连的Internet。

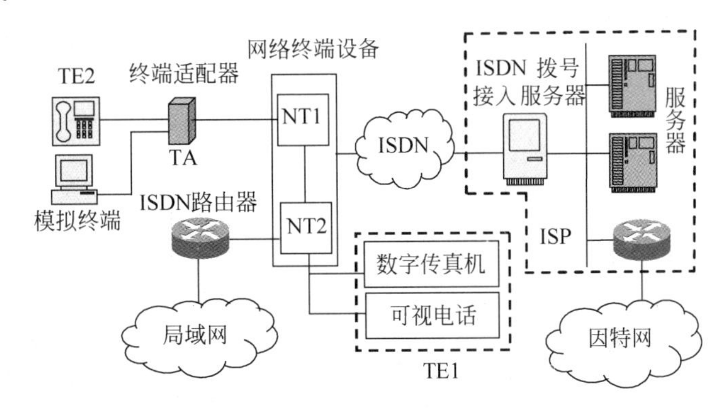

图10.2　各类用户终端通过ISDN接入Internet

用户通过ISDN接入Internet时，首先要拨通ISP的ISDN拨号接入服务器，然后通过ISP的路由器访问Internet。该种接入方式具有如下优点：

- 利用一条电话线即可享用电话、传真、可视图文、可视电话、会议电视及数据通信等服务。
- 利用 ISDN 接入 Internet，其速度比传统的接入方式快 2 倍以上，速率可达 128kb/s。
- 可实现通信全程数字化，传输质量好，性能稳定。

但接入时需要重新申请线路改装为 ISDN，而且网络终端设备价格较高且安装较复杂。

10.2.3 通过 ADSL 接入

ADSL 的英文全名是 Asymmetrical Digital Sub-scriber Loop，称之为非对称数字用户环路，是 DSL(Digital Sub-scriber Loop)系列中的一种。DSL 系列包括 HDSL、SDSL、VDSL 和 ADSL 等，一般统称为 xDSL。它们的主要区别体现在信号传输速度、传输距离、上行速率和下行速率等各方面。其中 ADSL 因技术及标准成熟、下行速率高、频带宽、性能优良等特点而深受广大用户的喜爱，成为继 Modem、ISDN 之后的一种更快捷、更高效的全新接入方式。

目前的电话双绞线是利用 0～4kHz 的低频段来进行话音通信的，普通 Modem 上网也是使用这一很窄的带宽。但一条铜双绞线的理论带宽有 2MHz，很明显大量的带宽被浪费了(主要在高频段)。因此，ADSL 中使用了新的调制技术，即采用频分多路复用(FDM)技术和回波消除(Echo Cancellation)技术在电话线上实现带宽的有效分隔，利用电话线的高频部分(26kHz～2MHz)来进行数字传输，从而复用出多路信道，使可用带宽大大增加。经 ADSL Modem 编码后的信号通过电话线传到电话局后再通过一个信号识别/分离器进行处理，如果是语音信号就传到电话交换机上，如果是数字信号就通过 ISP 接入 Internet；因为网络上的数字信号和电话的语音信号通过不同的频带进行传输，所以互不干扰，可以同时进行。使用 ADSL 接入 Internet 的方式如图 10.3 所示。

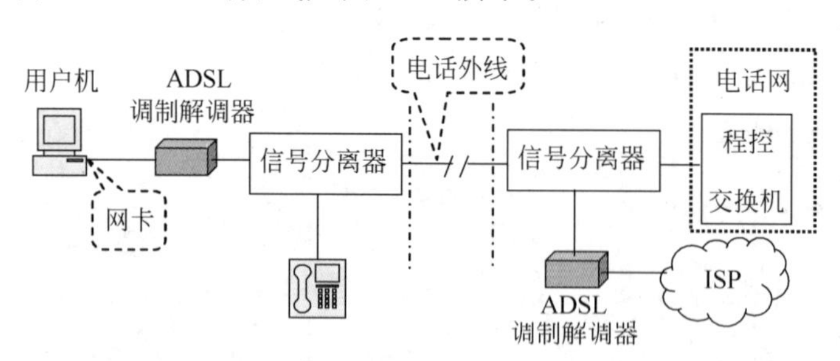

图 10.3 使用 ADSL 接入 Internet 的方式

ADSL 之所以被称为非对称数字用户线环路，是因为 ADSL 的上行速度和下行速度是不一样的，上传速率可以达到 640kb/s，甚至 1Mb/s，而下载速率为 1～8Mb/s，有效传输距离为 3～5km。ADSL 在网络拓扑的选择上采用星形拓扑结构，为每个用户提供固定、独占的带宽，而且可以保证用户发送数据的安全性。ADSL Modem 和目前的拨号 Modem 不一样，网络结构也不同，而且到 PC 的接口是以太网接口或 USB 接口。

ADSL 接入技术具有传输速率高、稳定，上网和打电话互不干扰，安装使用方便快捷，费用低，无须改造现有的线路，直接使用电话线即可。

10.3　DDN 接入

对于一些对带宽要求非常高的用户，如果仍采用共享频带方式接入 Internet，则会影响用户网络的正常运行效果。因此，一般应采用专线接入的方式，使用户独享带宽，以保证网络有较快的响应速度，但费用较为昂贵。目前市场上常见的专线接入是采用 DDN(Digital Data Network)专线。

DDN 为数字数据网的简称，它是采用数字信道来传输信号的数字传输网络，它为用户提供专用的数字数据传输信道，或者提供将用户接入公用数据交换网的接入信道，也可以为公用数据交换网提供节点间的数据传输信道。DDN 使用的传输介质有光缆、数字微波、卫星以及用户端可用的普通电缆和双绞线，它可提供速度为 $N\times64$kb/s($N=1,2,\cdots,32$)和 2Mb/s 的国际、国内高速数据专线业务。

相对于拨号上网，通过 DDN 接入速度快，线路稳定，连接可靠，误码率低，因此对于业务量大的用户(如大型企业)采用 DDN 专线接入 Internet 是理想的选择。在上网之前，首先要申请一条 DDN 专线，目前电信部门提供多种类型的专线供用户选择。

1. 用户终端设备接入 DDN

通过 DDN 接入 Internet 如图 10.4 所示，其中的调制解调器根据所传输的信号分为基带传输和宽带传输两种。对于宽带传输，根据收发信号所占用电缆芯数的不同又分为 2 线和 4 线两种；其中 2 线的调制解调器采用频率分割、回波抵消技术实现了全双工数据传输，目前普遍采用这种接入方式；而 4 线的调制解调器将收、发信道分开，实现全双工数据传输，速率较高，但目前已较少使用。对于基带传输，数据信号不经过调制解调而直接进行传输，也分为 2 线和 4 线两种。

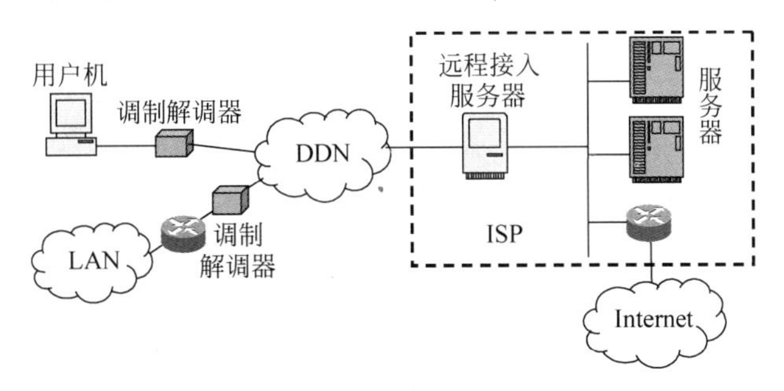

图 10.4　通过 DDN 接入 Internet

2. 用户网络接入 DDN

DDN 作为一种数据传输网络不仅可以实现用户终端接入 Internet，而且大部分情况下是为了满足大型企业等用户网络 24 小时接入 Internet 的需要。用户网络可以是局域网、分组交换网等。这种接入方式首先需要用户申请 DDN 数字数据传输专线，然后使用路由器经调制解调器或者 DDN 数据终端单元(Data Terminal Unit，DTU)将用户网络接入 DDN，再经由 DDN 专线接入 ISP 的远程接入服务器(Remote Access Server,RAS),最后经过 ISP 的 Internet 出口接入 Internet,具体如图 10.4 所示。由于 DDN 专线接入方式的费用较高,所以一般均采用网络方式接入,以摊薄和降低费用。

此外,通过 DDN 也可以实现用户网络与其他局域网、分组交换网等网络的互联。

10.4 HFC 接入

目前,有线电视(CATV)已非常普及,其中使用的混合型光纤同轴电缆(Hybrid Fiber Coax,HFC)具有频带宽、速率快以及传输距离远、质量高等优点。这种传输系统中主干线均采用光纤作为传输介质,距离用户的最后 1.6km 才使用同轴电缆,这样的传输效果与全光纤传输几乎一样,而且具有双向数据传输功能,使得带宽由 550MHz 提升到 750MHz,有 200MHz 的带宽可以用于网络数据传输,为用户提供了一种宽带接入 Internet 的有效途径。

利用有线电视网接入 Internet 时,需要使用称为电缆调制解调器(Cable Modem)的设备;该设备用于连接用户计算机和同轴电缆,与使用电话线接入 Internet 时所采用的调制解调器类似,但其功能要复杂得多。它不仅仅是调制解调器,还集桥接器、网络接口卡、加/解密设备、SNMP 代理和以太网集线器等功能于一身,最重要的功能就是实现电视信号和数据信号的分离和合成,以在 HFC 上传输不同性质的信号和数据。在传输速率方面,电缆调制解调器可以提供最高 10Mb/s 的上行速率和最高 40Mb/s 的下行速率,而且用户上网无须拨号,开机即可与 Internet 建立永久高速连接,使用起来非常方便。目前通过 CATV 网络,用户可以实现 Internet 访问、IP 电话、视频会议、视频点播、远程教育等各种功能。

10.5 光纤接入

光纤接入网使用光纤取代目前的双绞线作为传输介质。网络接入的主要设备为光网络单元(Optical Network Unit,ONU),又称光端机,它将用户设备与光纤网连接起来。在交换局侧,光端机将要传输的电信号转换为光信号送给光纤网;在用户侧,光端机将来自光纤网的光信号转换成电信号送至用户设备;具体如图 10.5 所示。用户接入光纤网后,通过光纤网与 ISP 相连,通过 ISP 访问 Internet。

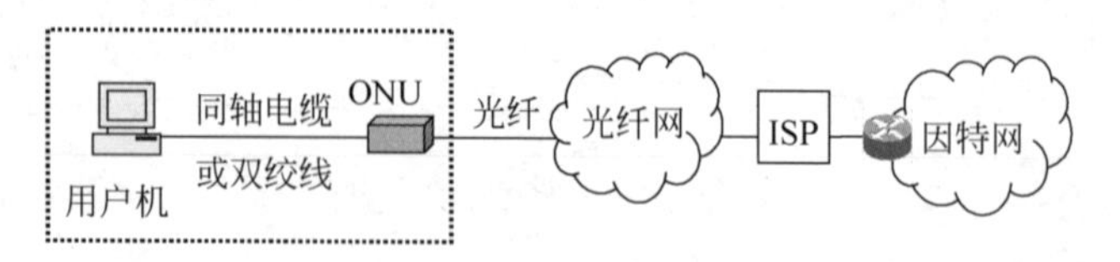

图 10.5 光纤接入网

光纤传输频带宽、容量大、损耗小、抗干扰性强,是一种理想的传输介质。目前,中国各种广域网的主干网多为光纤网。用光纤全部或部分地更换铜线,构成光纤用户接入网是用户接入网的发展方向,是解决传输速率和带宽问题的根本途径,它将从根本上满足用户接入网传输综合宽带业务的要求。

光纤接入网统称为FTTx，x表示光端机的存放位置，一般分为以下几种：

- 光纤到路边(Fiber To The Curb，FTTC)：此时光端机安置在路边电线杆上的分线盒处，从光端机到各个用户之间一般采用双绞线连接；若要传输宽带图像业务，则可以考虑采用同轴电缆。FTTC结构主要适用于点对点或者点对多点的树形拓扑结构，用户为普通居民住宅用户或者小型企事业单位用户。
- 光纤到大楼(Fiber To The Building，FTTB)：该种方式比FTTC更进一步，将光端机放置在楼内，再经过多对双绞线与多个用户连接。由此可见，FTTB是一种点对多点的结构。FTTB的光纤化程度比FTTC更进一步，光纤已铺设到大楼内，适合于中高密度的用户区，向光纤到户更进了一步。
- 光纤到户(Fiber To The Home，FTTH)：指光端机位于家庭内。这是一种全光纤网，从本地交换机到用户端全部为光纤连接，中间没有铜线，对于传输制式、带宽、波长和传输技术没有限制，是最理想的入网方式，鉴于条件的限制目前还无法实现。

此外，还有光纤到楼层(Fiber To The Floor，FTTF)、光纤到小区(Fiber To The Zone，FTTZ)等，此时光纤已分别铺设到楼层和小区。

光纤接入网的采用使得用户在享受到宽带上网的同时也将承受越来越高的成本，光纤到户目前还很难实现，基于CATV的HFC系统被认为是向光纤到户过渡的最佳接入网技术。

10.6　无线接入

无线接入技术是指在终端用户和交换局端之间的接入网全部或者部分采用无线传输方式，为用户提供固定或者移动的无线接入服务的技术。

目前，按照无线接入网的实现方式可分为固定无线接入网和移动无线接入网。移动无线接入是指可以在较大范围内移动的用户终端接入无线网。固定无线接入是指把以有线方式传来的信息(语音、数据和图像)用无线方式传送到固定用户终端，或者完成相反方向的传输；固定无线接入系统的用户终端是固定的，或者只能在很小的范围内(如室内)移动。

通过无线接入Internet的方式分成两大类：一类是基于蜂窝的接入技术，如GSM、GPRS、CDMA等；另一类是基于局域网的接入技术，如IEEE 802.11 WLAN、Bluetooth、Home RF等。其中IEEE 802.11 WLAN在局域网一章已详细论述，这里只简单介绍Internet的其他无线接入技术。

在各种无线接入技术中，GPRS和WAP技术是为无线网络业务设计的有效的分组解决方案，它们使无线移动接入Internet成为可能。GPRS(General Packet Radio Service)为通用分组无线业务的简称，是一种基于分组交换、高速传输数据的技术，其数据率是现有GSM的十倍以上，巨大的吞吐量改变了单一面向文本的无线应用，使得包括图片、话音和视频的多媒体业务得以实现。GPRS采用分组交换方式，最高速率可达384～400kb/s，它通过在网络中增加节点以接入Internet和X.25等分组数据网，从而给移动用户提供电子邮件、WWW浏览、LAN接入等无线IP和无线X.25业务。

WAP是一种无线应用协议标准，它的作用是将Internet的内容和数据服务引入无线移动终端，即WAP成为移动通信通向Internet的桥梁。WAP克服了无线网络和终端在传输无线多媒体和无线 IP 数据时所存在的局限性,针对无线环境的独有特性提出了建立在现有的 Internet 标准基础上的新协议。WAP 的描述性语言 WML(无线链接语言),能够更好地在移动终端显示屏上阅读不同的文本信息。它确定了在移动终端上安装微型浏览器处理与显示信息的方式,这样使移动用户可以直接利用移动终端访问 Internet。因此,WAP 是一个开放且全球统一的标准,支持包括 GSM 的各种移动网络,它与 GPRS 结合提供了无线接入 Internet 的最佳方案。

习题

(1) 什么是用户环路?通过用户环路共有几种接入 Internet 的方式?
(2) 请论述如何通过普通电话线拨号接入 Internet。
(3) 通过普通电话拨号接入 Internet 能达到的最大上、下行传输速率是多少?
(4) 采用普通电话拨号接入 Internet 时调制解调器的种类及其作用是什么?
(5) ISDN 采用的标准用户-网络接口主要有哪些?具体情况是什么?
(6) 请论述如何通过 ISDN 接入 Internet,它有什么特点,共有几种接入方法。
(7) 什么是 ADSL?请简述 ADSL 的原理。
(8) ADSL 的上传速率、下载速率和有效传输距离是多少?
(9) 请论述如何通过 ADSL 接入 Internet,它有什么特点。
(10) DDN 与拨号上网的区别是什么?
(11) DDN 使用的传输介质有哪些?
(12) DDN 提供专线的数据传输速率是多少?
(13) 请画出用户网络接入 DDN 的示意图。
(14) 请叙述混合型光纤同轴电缆系统的具体情况。
(15) 什么是电缆调制解调器?它与普通调制解调器的区别是什么?
(16) 电缆调制解调器可以提供的最高上行速率和下行速率是多少?
(17) 请简述使用 HFC 接入的特点。
(18) 简述采用光纤接入时光端机的作用。
(19) 什么是 FTTH、FTTB、FTTC?
(20) 什么是无线接入技术?
(21) 无线接入 Internet 的方式分成几大类?最成熟的是哪种接入方式?

第 4 篇　计算机网络安全与管理

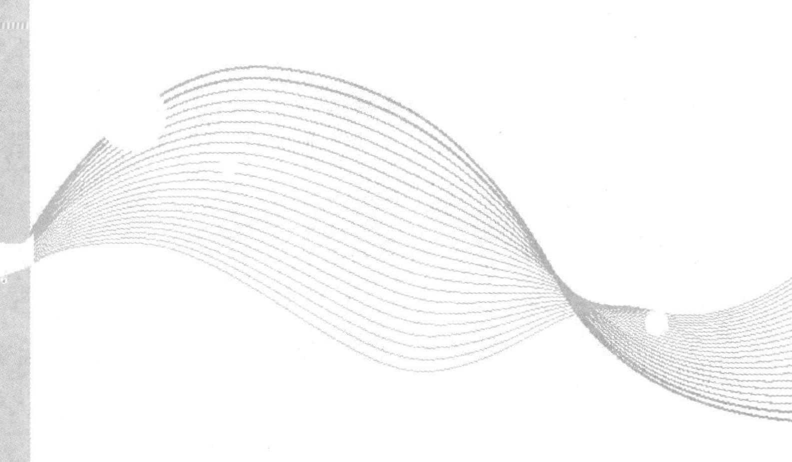

国际标准化组织：国际电信联盟ITU-T认为传统Internet存在3大缺陷：网络安全失控、服务质量无保证和网络管理的智能化程度较低。上述缺陷在网络安全方面具体体现为Internet上黑客攻击频繁，安全事件时有发生；而在网络管理方面体现为随着网络规模的不断扩大，网络管理的复杂程度越来越高，目前网络管理的方法和技术已难以胜任网络管理的要求，特别是对于跨域或者异构的网络环境。这些缺陷的根源一方面在于Internet设计的简单性和开放性，任何用户均可随意、方便地接入和访问Internet；另一方面，因一直忽视网络管理的重要性，导致网络管理协议的发展远落后于Internet应用的发展。下面在对计算机网络的工作原理及其典型网络了解的基础上，本篇对计算机网络的管理和网络安全等技术进行详细介绍，以此对计算机网络的相关知识进行扩展。通过本篇相关知识的学习，读者就能够在一个较高的水平上应用和管理计算机网络。

本篇介绍的主要内容有：

- 网络管理。具体包括网络管理的基本概念和功能，网络管理模型和简单网络管理协议（SNMP），远程网络监控系统（RMON）。
- 网络与信息安全。具体包括网络的脆弱性及安全威胁、网络攻击及攻击过程，各种网络与信息安全技术的原理，具体涉及密码学、信息隐藏、认证协议、消息认证与数字签名、防火墙、入侵检测、入侵防御等。

第11章 网络管理

随着计算机及其通信技术的发展，计算机网络作为信息社会的基础设施已经渗透到社会的各个领域。现代计算机网络与通信网、电话网、卫星网等通信设施相互融合、相互渗透，已成为人类社会密不可分的一部分，计算机网络能否正常、可靠地运行已成为涉及国计民生的重大问题。目前的计算机网络覆盖范围广，组成（硬件和软件）复杂，异构性强，提供的业务种类多，通信量大，而且用户构成复杂，不安全因素越来越多，是一个非常庞大的复杂系统。那么，怎样才能使计算机网络正常、稳定、可靠、安全、高效地运行呢？这就需要对计算机网络进行科学、有效地管理，以使网络的各个组成部分处于最佳工作状态，并能够协调、高效、可靠地运行，以满足用户日益增长的各种需求。

网络管理就是为了保证计算机网络能够正确、稳定、可靠、安全、高效地运行所采取的一切方法和措施。网络管理工作常由网络管理员和网络管理软件协同完成，其任务是收集、监视网络各组成部分（包括硬件、软件和物理线路）的工作状态和参数，并能对获取的信息进行分析，及时获取网络的工作情况，根据分析的结果对网络进行调整，改变网络系统的配置参数，调整安全防范策略，以保证网络工作性能稳定并实现网络资源的充分利用，确保网络能提供高质量的服务；同时还要完成计费等功能，以保证计算机网络的有偿使用，为网络管理和发展提供经济支持。

11.1 网络管理的功能

常规的网络管理包括配置管理（configuration management）、性能管理（performance management）、故障管理（fault management）、安全管理（security management）和计费管理（accounting management）五大部分，各个部分的具体功能如下：

1. 配置管理

配置管理是最基本的网络管理功能，它负责初始化网络和配置网络，记录和维护设备参数表，适当地调整设备参数，合理地维护、增删网络设备，调整网络设备之间的关系，以便更好地发挥设备的作用，获得优良的整体性能。具体包括系统初始化时的静态配置、运行期间的动态配置和系统规划的扩充配置 3 个方面，同时通过建立资源管理信息库（Management Information Base，MIB）记录系统的配置信息和资源状态，并提供给其他网络管理功能使用。配置管理结合其他网络管理功能,使网络的性能达到最优。

配置管理包括的主要功能有:

- 配置网络系统的各种参数。
- 管理系统资源及其名称、状态和各种描述参数。
- 收集、记录和分析网络资源的状态。
- 动态更改网络系统的配置。
- 管理资源信息库。

2. 性能管理

性能管理是对管理对象的行为和通信的有效性进行管理,目的是保证网络的服务质量(Quality of Service,QoS)和运行效率。性能管理分成信息的收集、分析和反馈,它通过收集和分析表征网络系统性能的各种参数,并根据分析结果对网络系统的参数进行调整以改善网络系统的性能,确保网络的服务质量。

性能管理包括的主要功能有:

- 监视网络的工作状态,收集、分析表征网络系统性能的各种参数。
- 判断、报告网络性能,并对严重事件进行报警。
- 预测网络性能的变化趋势。
- 评价和调整网络的性能指标、操作模式、管理对象(如路由器等网络设备)的配置。

3. 故障管理

故障管理是网络管理中另一项最基本的功能,其主要任务是检测、诊断、隔离和排除网络系统中的各种故障,恢复网络的正常工作状态,以保证网络系统的可用性。正如前面所讲述的,网络系统非常复杂,分散性强,包括多个不同的自治系统,而且各个系统之间还存在一定的关联,所以网络故障产生的原因可能是相当复杂的,这给故障的诊断和排除以及网络系统的恢复带来很大困难。

故障管理包括的主要功能有:

- 维护差错日志,响应差错通知。
- 定位和隔离故障。
- 进行诊断和测试以确定故障类型,并排除故障。
- 管理告警等事件报告。

4. 安全管理

安全管理就是采用信息安全措施保证网络中软、硬件系统、数据以及业务的安全性。网络安全涉及网络信息(软件和数据)的私有性、完整性、授权和访问控制等,这些方面的具体概念将在网络安全一章中详细介绍。网络安全管理的目的是提供信息的隐私、完整性等方面的保护机制,对信息的访问进行控制,合理配置防火墙、入侵检测系统、病毒检测软件等安全措施和手段,使网络系统免受侵扰和破坏,保证网络系统处于安全的工作状态。

安全管理包括的主要功能有:

- 网络系统安全方案的设计及实施。

- 安全事件的检测。
- 安全告警管理。
- 安全审计跟踪管理。
- 安全访问控制管理。

5. 计费管理

计费管理用于记录网络资源的使用情况，目的有两个：一是根据业务种类以及资源的使用情况按照一定的算法计算网络业务和资源的使用费用，为向用户收费提供依据；另一个是对各种网络资源的利用率进行统计，核算网络的运营成本，为网络的性能和配置管理提供基础数据。显然，对于ISP来讲，计费管理的功能相当重要。

计费管理包括的主要功能有：

- 统计用户对各种网络资源的使用情况，为确定计费标准提供依据。
- 计算网络资源的利用率，为网络管理提供基础数据。
- 计算用户应支付的网络使用费用。
- 账单管理。保存用户账单及必要的基础数据，以备用户查询。

11.2　简单网络管理协议

计算机网络是由不同厂家、不同类型的计算机和网络设备以及各种不同类型的软件所组成的异构系统。对于这样一个复杂系统，其管理具有很大难度。因而常借助软件系统对网络进行自动管理，这样的软件系统称为网络管理系统。

网络管理系统是一个分布式系统，它由网络管理站和分布在不同地理位置的多个代理等软件实体所组成。为了使这些网络管理实体在这种异构的、分布式的环境下非常方便地交换网络管理信息，就要定义相关的协议来规范网络管理的过程。为此目的，国际标准化组织ISO、国际电信联盟(ITU)和Internet工程任务组(IETF)先后做了大量工作，分别制定了自己的网络管理协议和标准，其中IETF制定的简单网络管理协议(Simple Network Management Protocol，SNMP)已成为Internet事实上的网络管理标准协议。

11.2.1　SNMP的产生与发展

网络管理技术的研究始于20世纪70年代，在ARPANET网络的研究实验过程中，人们开发了极为简单而且实用的互联网消息控制协议(ICMP)，通过该协议对网络进行简单有效的管理。随着ARPANET的民用化以及Internet的迅猛发展，对网络的主要设备：网关的远程监视和配置变得越来越为重要。因此，1987年11月发布了简单网关监视协议(Simple Gateway Monitoring Protocol，SGMP)，用以提供一种直接监控网关的方法，这成为研究专用网络管理工具的起点。

随着对网络管理工具需求的增长，Internet体系结构委员会(IAB)于1988年决定开发SNMP作为SGMP的增强版本；1990年5月，Internet工程任务组(IETF)发布了SNMP系列协议(现在称之为SNMPv1)。由于简单实用，SNMP很快就成为Internet事实上的网络管理协议标准。

1991年11月,SNMP增加了远程网络监视协议(Remote Monitoring,RMON),RMON为网络管理者提供了监控单独的网络设备以及整个子网的能力。RMON定义了一组支持远程监视功能的管理对象,利用这些对象使SNMP的代理不仅能提供代理设备的有关信息,同时还可以收集关于代理设备所在广播网络的流量及统计数据,使管理站可以获得单个子网整体活动的具体情况。

当SNMP应用于复杂的大型网络时,它在安全方面的缺点明显地暴露出来。为了弥补安全方面的不足,1992年7月,IETF提出了称为SNMPsec的SNMP安全版本。SNMPsec主要提供了数据完整性检验、数据源认证、数据保密性等安全机制。但是SNMPsec与SNMPv1不兼容,因而应用不多,最终SNMPsec被接受为下一代SNMP即SNMPv2的基础。

1993年,IETF发布了SNMPv2系列协议。SNMPv2吸取了SNMPsec以及RMON在安全性能和功能上的成功经验,同时针对SNMPv1在管理大型网络上的不足,对SNMP进行了一系列的改进和扩充。主要具有以下特点:加强了数据定义语言,扩展了数据类型;增加了集合处理功能,可以实现大量数据的同时传输,提高了效率和性能;丰富了故障处理能力,支持分布式网络管理;增加了基于SNMPsec安全机制的安全特性。但是,SNMPv2并没有完全实现预期的目标,经过几年的试用发现SNMPv2的安全机制仍存在严重缺陷,各设备提供商基本弃用了它的安全机制转而在SNMPv2体系中加入自定义的安全特性,逐渐形成了SNMPv2u及SNMPv23两个版本竞争的局面。为统一标准,IETF不得不在1996年对SNMPv2进行修订,发布了SNMPv2c。在这组新修订的文档中,SNMPv2的大部分特性被保留,但在安全机制方面则完全倒退回SNMPv1时代。

1999年4月,IETF正式发布了SNMPv3。SNMPv3是建立在SNMPv1与SNMPv2基础上的最新发展成果,它实现了SNMPv2所未能实现的几个目标:

- 为SNMP的文档定义了组织结构,表明SNMP系列协议走向成熟。
- 定义了统一的SNMP管理体系结构,并体现了模块化的设计思想,可以简单地实现功能的增加和修改。
- 总结了SNMP安全特性的发展,并强调安全与管理的结合,可以认为SNMPv3是SNMPv2在安全和管理方面的扩充。
- 具有很强的适应性,既可以管理最简单的网络,实现基本的网络管理功能,又能够满足大型复杂网络管理的需要。

11.2.2 SNMP的组成及网络管理模型

1. SNMP的组成

SNMP属于Internet体系结构中的一个应用层协议,它工作于UDP之上,通过调用UDP服务来完成网络管理的各项任务。但从广义上讲,SNMP是由一系列协议和规范组成的,它们提供了一种从网络设备上收集网络管理信息的方法;为了能够有效地对网络进行管理,SNMP模型定义了大量的变量来描述网络上硬件及软件的运行状态和统计信息,而将这些变量称为对象。SNMP主要包括三个部分:

- 管理信息库(MIB)：MIB中存放着各种被管对象的数据参数，包括对象的名字等标识符及其各种属性，这些对象以树状分层结构进行组织，每个分枝有其专用名字和一个以数字形式表示的标识符。使用该结构，MIB浏览器能方便快速地访问整个MIB数据库。
- 管理信息结构(Structure of Management Information，SMI)：SMI是对管理信息的公共结构和一般类型的描述，是MIB中被管对象定义和编码的基础，使得不同厂家网络管理产品采用相同的标准和规范来建立各自的MIB，以便这些产品能够协同和互操作。
- 通信协议：定义了在网络管理站和被管理的网络设备之间互相传递管理信息的方法和规范。

下面通过SNMP网络管理模型的介绍来详细阐述上述各个组成部分的具体作用。

2. SNMP网络管理模型

在网络管理中，实现网络管理功能的工作站称为网络管理站，而运行在网络管理站上进行网络管理的软件进程称为网络管理器(network manager)，也称为管理进程(management process)。网络上所有被管理的对象称为被管对象(management object)，如网络设备、网络服务等。驻留在被管对象上进行网络管理的软件实体称为管理代理(management agent)。管理进程和管理代理通过网络管理协议(network management protocol)交换网络管理信息，获得的网络管理信息存储在管理信息库MIB中。

SNMP的网络管理模型如图11.1所示。该模型由上面讲述的管理进程、管理代理、管理信息库(MIB)和SNMP组成，各个组成部分的具体功能如下：

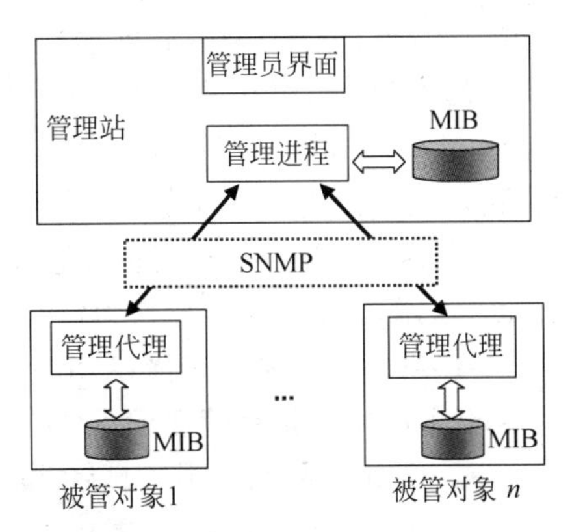

图11.1 SNMP的网络管理模型

1) 网络管理站和管理进程

网络管理站负责对网络中的资源进行全面管理和控制，并提供网络管理系统与网络管理员之间的用户接口，它通常是一台独立的设备。

网络管理进程是运行在网络管理站上的一个或者一组程序，它是网络管理系统的核心，负责发送和激活被管对象上的管理代理，并在SNMP的支持下与之进行信息交换，以收集网络状态信息，在此基础上完成网络管理的各项功能；同时它还提供了网络管理员的操作界面，以使管理员能够通过管理进程对网络进行管理，观察被管对象的状态。

2) 管理代理

管理代理是运行在被管对象(如路由器、网关等)上的程序或者进程，它按照管理进程的要求收集被管对象的状态信息，并通过SNMP与管理进程进行信息交换，将收集的信息传递给管理进程，同时接收管理进程的控制命令，对本地设备进行管理。

3) 简单网络管理协议

简单网络管理协议(SNMP)规定了管理进程与管理代理之间交换信息的格式，并负责在管理站与被管对象之间传输和解释操作命令。

4）管理信息结构（SMI）：SMI 规定了 MIB 的标准和规范，它采用 ASN.1（Abstract Syntax Notation）的一个子集来定义被管对象的表示方法，约定了定义 MIB 时的语法、基本的数据类型、宏结构、命令规则等。

5）管理信息库

网络中被管对象的所有状态参数等信息都存储在管理信息库（MIB）中。通过网络协议可以保证管理信息库中的数据与网络设备的实际状态和参数保持一致。

管理信息库在网络管理中具有重要作用。每个管理进程和管理代理均拥有自己的 MIB，其中管理代理的 MIB 存储的是本地信息。通过管理信息库，管理进程对被管对象的管理就简化为对被管对象的 MIB 的管理，管理进程若想得到被管对象的某个状态参数就可以启动相应的管理代理读取其 MIB 中的相应内容；同样，管理代理通过设置被管对象的 MIB 中某些参量的值就可以实现对被管对象的参数配置和控制，通过给被管对象的 MIB 中新增参量就可以增加新的控制功能。

SNMP 的 MIB 被组织成树形结构，每台设备（如工作站、服务器、路由器、网桥等）都维护一个记录自身状态的树形结构，并用其中的叶节点来存储设备的状态信息、运行的统计数据和配置参数等。在运行过程中设备通过对叶节点的赋值来记录和反映自己的工作状态，网络管理站通过读取这些叶节点的值就可以获得被管对象的运行状态等信息，也可以通过修改这些叶节点的值来修改设备的配置参数，从而达到调整网络工作状态的目的。如图 11.2 是一台设备的 MIB，该树形结构定义了 system（设备基本信息）、interfaces（设备上的网络接口信息）、at（地址转换表）、ip、icmp、tcp、udp、snmp 等几个管理信息组，每个组通过自己的管理信息组和子树来实现具体的信息管理。

图 11.2 中，mgmt 子树中记录的对象由 Internet 体系结构委员会（IAB）规定，共包括 10 个子树，分别用于描述设备管理的相关信息。部分管理信息组的具体含义如下：

（1）system 组：包括一组标量，用于存放设备的各种商品信息，该信息组的结构如图 11.3 所示，包括的主要标量为：

sysDescr：设备的文字描述，用于对设备硬件、操作系统等进行说明。

sysObjectID：网络管理子系统的供应商标识。

sysUpTime：网络子系统自启动以来的运行时间。

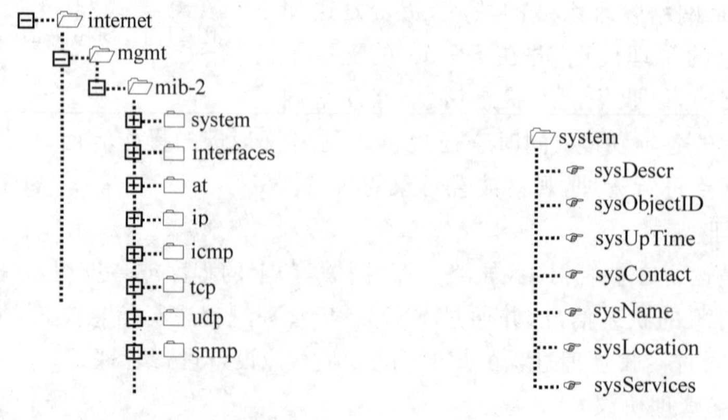

图 11.2　MIB 的树形结构实例　　图 11.3　system 组的树形结构

sysContact：设备联系人的姓名及联系方式。

sysName：网络管理系统对设备进行管理时采用的设备名称。

sysLocation：设备的物理位置。

sysServices：设备提供服务的初始设置值。

(2) ip组：保存IP层的各种信息，包括一组标量和3个表格变量。其中的标量记录了IP的各种状态信息，包括的主要标量有：

ipInReceives：记录从所有接口收到的IP数据报总数。

ipInHdrErrors：记录由于首部差错而被丢弃的IP数据报数。

ipInAddrErrors：记录因目的地址错而被丢弃的IP数据报数。

ipInDiscards：记录输入IP数据报时，因接收缓冲区不足而被丢弃的数量。

ipOutDiscards：记录输出IP数据报时，因输出缓冲区不足而被丢弃的数量。

ipOutNoRoutes：记录由于找不到路由而被丢弃的IP数据报数。

ipReasmTimout：记录在等待重装时已收到的数据报片被允许保留的最长时间(秒)。

ipReasmOKs：记录已经成功重装的IP数据报数。

ipReasmFails：记录IP重装算法失败的次数。

ipFragOKs：记录被成功分片的IP数据报数。

而3个表分别为：ipAddrTable存放IP地址数据(包括IP地址、子网掩码等)；ipRouteTable存放路由表；ipNetToMediaTable存放地址转换表(IP地址和物理地址间的对照表)。

(3) icmp组：包括多个标量，用于记录ICMP的各种状态信息，具体有：

icmpInMsgs：记录收到的ICMP报文数。

icmpInErrors：记录收到的有差错的ICMP报文数。

icmpInDestUnreachs：记录收到的目的地不可达的ICMP报文数。

icmpInTimeExcds：记录收到的ICMP超时报文数。

icmpInParmProbs：记录收到的参数出错的ICMP报文数。

icmpInSrcQuenchs：记录收到的源抑制ICMP报文数。

(4) tcp组：包括一组标量和一个表。其中标量用于保存TCP的各种状态，而表用于记录本节点内每条TCP连接的具体信息。

(5) udp组：包括4个标量和一个表。其中标量用于保存UDP的各种状态，而表用于记录正在监听的UDP地址(包括IP地址和端口号)。

(6) snmp组：包括一组标量，用于记录SNMP的各种状态，如记录SNMP模块接收到的分组数、转发出去的分组数、收到的不支持SNMP版本的分组数，等等。

3. SNMP的操作

SNMP定义了在管理进程与管理代理之间进行通信的操作原语，管理进程与管理代理之间通过这些原语进行交互；管理进程通过这些原语将要求管理代理要进行的操作通知给它，或者将管理进程要求的信息返回给它。SNMP包括5种操作原语，具体如下：

- GetRequest：由管理进程发给管理代理的请求命令，请求返回一个MIB变量值。
- GetNextRequest：由管理进程发给管理代理的请求命令，请求返回被说明目标的下一个目标的 MIB 变量值。

- GetResponse：是管理代理对收到请求的应答，将要求的数据发送给管理进程。
- SetRequest：由管理进程发给管理代理，要求它去改变一个 MIB 变量的值，从而实现对被管对象的控制。
- Trap：管理代理收集到某些消息后，在管理进程没有提出请求的情况下，主动将这些消息发送给管理进程。例如，当某个被管对象发生异常时，管理代理可以通过该原语将该异常事件及时地通知给管理进程。

SNMP 的基本功能是通过轮询(polling)方式实现的。在这种方式下，管理进程周期性地向管理代理发送轮询信息，通过指明被管对象的一个或者多个 MIB 对象，查询或者设置它们的值，从而实现查询或者控制被管对象的功能。GetRequest 和 GetResponse 等原语间的请求-响应机制就是通过轮询方式实现的。

SNMP 在采用轮询方式的同时，还采用了基于事件驱动的方法使管理代理能够主动向管理进程报告它所检测到的异常事件，这样管理进程不用等到查询就可以及时获取被管对象的异常信息，提高了网络管理的时效。Trap 操作原语就是上述方法的具体实现。

11.3 远程网络监控

在 SNMP 的发展过程中，远程网络监控(RMON)的出现具有特殊重要的意义，它对 SNMP 进行了重要补充，促使了简单网络管理向互联网管理的过渡。RMON 扩充了 SNMP 的管理信息库，以用于描述互联网上的管理信息，进而在不改变 SNMP 的条件下增强了网络的管理功能，扩大了网络管理的范围。

RMON 系统工作于 SNMP 之上，它包括 3 个组成部分：网络监视器、网络管理站和管理信息库(RMON MIB)。其中网络监视器也称为网络分析器或探测器，它可以是一台独立设备，或者是运行监视器软件的工作站或者服务器；它相当于网络管理模型中的管理代理，用于监视所在网络的工作情况，当检测到有异常事件发生时就向管理站报告。通常每个子网配置一台网络监视器，用于监视所在子网上出现的每个分组，并进行分析、统计；同时能够根据配置捕获特殊的分组，并进行存储记录，以备后续分析。网络监视器具有两种工作状态：

- 主动监视状态。为了节省通信开销，有时网络管理站可能不轮询和控制网络监视器。此时，网络监视器处于自治工作状态，它能够连续或者周期地运行监视程序，不断地收集网络故障、性能和配置等方面的信息，记录、统计和分析数据，以便在查询时提供给管理站。此外，当检测到异常事件发生时能及时、主动地报告给管理站。
- 受控监视状态。网络管理站采用轮询方式查询和控制网络监视器的工作，而监视器按照网络管理站的要求，收集、记录表征网络性能的各种参数，并返回给网络管理站。

对于具有一定规模的计算机网络，应该配备多个网络监视器，分别监视不同的子网或者网段，以便对全网的工作情况进行监视。

网络管理站是运行在中央工作站上的一个管理进程，它负责配置和控制各远程网络监视器，接收来自网络监视器的事件报告，并对收集的事件进行综合分析，从更高的层次上进行网络管理。为了提高网络管理系统的可靠性和性能，一个计算机网络可能要配置多个并行运行的网络管理站；这些管理站可能同时完成相同的网络管理功能，也可能分别承担不同的网络管理任务。

RMON MIB用于存储网络管理系统的统计、分析和诊断数据，它是SNMP的MIB的扩充，其数据可以被许多网络厂商开发的标准工具所读出，因而RMON MIB具有相当好的跨平台特性。

通过上面的分析可见，RMON是一个自治性很强的分布式网络管理系统，网络监视器可以分布于网络中的各个关键子网或者网段，监视和收集相关信息和数据，然后进行分析和统计，可以独立自治地监视和管理所在子网或者网段，并将监视的数据和分析结果反馈给网络管理器。网络管理站利用其中央控制功能可以非常方便地实现对全网的管理，可以将网络监视器发送到各个感兴趣的网络节点上，进而收集有关网络管理的各种信息，并以此进行分析、诊断和预测，实现对网络的全面监视和管理。

11.4　常用的网络管理系统

随着计算机网络的普及应用，各网络设备厂商陆续推出了自己的网络管理软件。这些软件各自具有不同的特点，但大都是针对自己的产品，因而往往具有一定的局限性，导致其使用范围受到一定的限制。例如大多数公司的网络管理产品没有提供对Netware、SNA、DECnet、X.25以及其他非SNMP设备的管理功能。目前，常见的各种网络管理软件见表11.1。

表11.1　常见的各种网络管理软件

软件名称	开发厂商	运行环境	适用对象
OpenView	HP	UNIX / MS Windows	开放平台
Sun Net Manager	Sun Microsystems	UNIX	仅Sun公司产品
Net View/6000	IBM	UNIX / MS Windows	仅IBM公司产品
Cisco Works	Cisco	UNIX / MS Windows	仅Cisco公司产品
Transcend Enterprise Manager	3COM	UNIX / MS Windows	仅3COM公司产品
Spectrum	Cabletron	UNIX	开放平台
Lucent Cajun View	Lucent	UNIX / MS Windows	仅Lucent公司产品

表11.1虽然列出了众多的网络管理软件，但是仅有HP公司的OpenView、IBM公司的Net View、Sun公司的Sun Net Manager以及Cabletron公司的Spectrum等在支持本公司的网络管理策略外，还支持基于SNMP的网络管理功能。下面简单介绍这几个典型的网络管理软件。

1. HP OpenView

在众多的网络管理软件中，HP公司的OpenView是第一个开放式、具有很强综合性和实用性的网络管理系统。它是一个功能完善的系列产品，包括一系列网络平台、一整套网络和系统应用开发工具，并为其他厂家的网络管理系统提供了统一工作界面下的嵌入式工作环境。而且,它具有从微机到大型机等不同硬件平台的版本,可在 Windows 系列和 UNIX 等操作系统下运行。其次,OpenView 具有友好的图形界面和易学易用等优点,同时支持大部分 SNMP 网络管理产品。上述 OpenView 的众多特点使其得到了业界的普遍认可和采纳。

Windows NT 环境下的 HP OpenView 专业套件是较为流行的网络管理软件,该套件主要包括:

(1) Network Node Manager

该软件可以建立 LAN 的管理框架,实现单点管理,具有自动搜索网络设备、布图和登记等功能;支持 SNMPV 2.0,可管理 IP/IPX,支持基于 Web 的远程管理,具有中央报警记录和告警功能。

(2) HP Netserver Assistant

该软件可对 HP Netserver 系列服务器的性能和故障进行主动监测和报警,具体监测的对象有服务器的硬盘驱动器、SCSI 控制器、ECC 内存、磁盘阵列和网卡等。

(3) HP AdvanceStack Assistant

该软件可以监视全网通信状态,实时获取某个 AdvanceStack 网络设备的整体情况、广播信息、流量、出错情况等,提供网络性能和趋势分析,可以远程配置 AdvanceStack 设备。

(4) HP NetMetrics for Windows

该软件通过 RMON 技术获取网络通信状态信息,确定网络的实时性能。

(5) HP JetAdmi

该软件实现对远程打印功能的管理。

2. IBM NetView/6000

IBM 在 HP OpenView 3.1 的基础上进行了功能扩展,并与其他一些软件相集成,开发了 NetView/6000 系列网络管理软件。NetView/6000 功能比较齐全,可以作为实际网络管理系统直接使用,也可以作为新的网络管理应用软件的开发平台。

3. Sun Net Manager

该软件是第一个基于 UNIX 的网络管理系统,它只能运行在 SPARC 工作站环境下。它基本上是一个开发平台,仅提供有限的网络管理能力。因而,若被采用作为网络管理工具,还需要附加一系列第三方开发的、针对特定应用环境的网络管理程序。

4. Cabletron Spectrum

该软件是一个可扩展的、智能的网络管理系统,它采用了客户/服务器体系结构,其引擎 Inductive Modeling Technology 具有一定的智能,它可以运行在诸如 DEC 工作站、IBM RS/6000、SGI 工作站、Sun 工作站等众多平台上。

Spectrum 得到了 Novell 的 Netware 和 Banyan 的 Vines 等局域网操作系统环境下的网关的支持,一些本地协议(如 AppleTalk、IPX 等)经过进一步的开发都可以利用外部协议加入到 Spectrum 中。

Spectrum 被业界认为是网络智能管理发展方向的一个代表性产品。

习题

(1) 为什么要对计算机网络进行管理?

(2) 什么是网络管理? 网络管理的主要任务和目的是什么?

(3) 请叙述网络管理的逻辑模型,并解释模型中每个组成部分的作用。

(4) 网络管理的5大功能是什么? 各项功能的主要内容是什么?

(5) 请简述SNMP的3个主要组成部分的具体含义。

(6) SNMP中管理进程与管理代理是如何交互的?

(7) 为什么说网络管理系统是一个分布式系统?

(8) SNMP的3个版本是如何改进的?

(9) 通过示例说明MIB是如何采用树形结构表示设备信息的。

(10) 请论述RMON的组成部分及其功能。

(11) RMON的网络监视器具有的两种工作状态是什么? 每种工作状态下,网络监视器分别完成什么功能?

(12) 有哪些常见的网络系统管理软件? 它们的特点是什么?

第12章 网络与信息安全

12.1 概述

如今人类已进入信息化社会，以计算机网络为平台的各种信息系统已成为当今社会运行的基础，它在各个国家的工业、经济、国防、金融等领域中所起的作用越来越重要，那么如何保障计算机网络及其信息系统能够安全、可靠地运行已成为世界各国所必须面对和解决的一个严峻问题。特别是电子商务、电子政务、电子支付等网络新业务的不断兴起，对网络及信息系统的安全提出了更高要求。

从广义上讲，计算机网络安全包括硬件设施安全及软件设施安全两方面。硬件设施安全是指保护计算机硬件及相关网络设备免受物理破坏；软件设施安全是指保护软件系统及计算机中的数据不被非法访问、篡改和破坏。一般所说的计算机安全是指软件设施的安全。通常，采用如下指标来评价计算机网络与信息安全的性能：

- 保密性(confidentiality)：就是保证信息不泄露给未经授权的人。信息的保密性包括传输过程中的保密性和存储时的保密性。
- 完整性(integrity)：就是防止信息被未经授权地篡改，即防止信息在传输和存储过程中被非法修改、破坏或丢失，并且能够判断出信息是否已经被修改，目的是要保证信息在传输和存储过程中的一致性。
- 可用性(availability)：就是保证信息及信息系统确实为授权使用者所用，即系统要保证合法用户在需要时可以随时访问系统资源。
- 可控性(controllability)：就是指网络系统应具有可管理性，能够根据授权对网络及信息系统实施安全监控，使得管理者能够有效地控制网络用户的行为和网上信息的传输。
- 不可否认性(non-repudiation)：也称不可抵赖性。即通过记录参与网络通信活动双方的身份认证、交易和通信等过程，使得任何一方无法否认其过去所从事的活动。

随着计算机网络和信息技术的发展，网络与信息安全的内涵也在不断延伸，从最初的信息保密性发展到信息的保密性、完整性、可用性、可控性和不可否认性，网络信息安全也已发展成为一个综合、交叉的学科领域，它将数学、物理、通信和计算机等诸多学科相融合，进行不断创新，并提出系统、完整、协同的信息安全解决方案，以确保网络与信息系统的安全运行。

12.2　网络的脆弱性及安全威胁

Internet的开放性极大地推动和促进了计算机网络的快速发展和广泛应用，但与此同时，也给计算机网络带来了巨大的安全隐患。通过前面几章的学习，我们知道资源共享是计算机网络的一项重要功能，网络的这种开放性和信息资源的共享性往往被利用而成为网络遭受攻击的弱点；除此之外，操作系统等系统软件的不完善也可能成为黑客利用的手段。因此把计算机系统在硬件、软件、协议的设计与实现过程中或系统安全策略上存在的缺陷和不足称为安全漏洞(security hole)，也叫脆弱性(vulnerability)。非法用户可以利用安全漏洞获得计算机系统的额外权限，在未经授权的情况下访问系统资源，或者提高其访问权限，破坏系统，危害计算机系统的安全。计算机系统中存在的安全漏洞是计算机网络最主要的安全威胁之一。

12.2.1　网络的脆弱性

计算机网络由物理线路、网络设备和软件组成，这些组成部分在设计和开发过程中均可能存在考虑不周的地方，同时也可能存在一些自然缺陷。计算机网络所存在的脆弱性具体体现在如下几方面：

- 电磁辐射：电子设备工作时都要产生电磁辐射。计算机网络由许多电子设备组成，由此将暴露两方面的脆弱性：一是外界的电磁辐射能够破坏网络中传输的数据；二是网络中传输的数据可能通过电磁辐射而泄密。
- 线路窃听：分为无源窃听和有源窃听。无源窃听在获取信息时不对传输的信息造成影响，其危害较小。而有源窃听可以篡改信息，具体体现为可以改变信息的内容，注入伪造信息，模仿合法用户或者干扰、阻止信息的正常传输。线路窃听包括线路中的搭线窃听和共享网络中的信息监听两种。
- 串音干扰：其作用是产生传输噪音，干扰和破坏网络上传输的信号。
- 硬件故障：网络硬件一旦发生故障势必影响网络的正常通信，甚至造成网络系统的瘫痪。
- 人为因素：主要指系统内部人员的非法活动，如盗窃机密数据和破坏系统资源。
- 网络规模：网络的脆弱性与网络的规模关系很大，一般网络规模越大系统的脆弱性就越大。
- 通信系统：通信系统的脆弱性最为严重，因为它是计算机网络的基础，一旦通信系统出现问题将影响整个计算机网络。
- 软件问题：软件存在众多脆弱性因素，如服务器守护程序、应用程序、操作系统以及协议栈等软件中的Bug常被黑客所利用。有时为了方便调试程序，往往留有非正常进入系统的方法，这被称为系统后门；这些后门一旦被发现，便成为严重的安全漏洞。
- 设计缺陷：在系统设计时由于知识或者能力的限制，导致系统设计上存在一定的缺陷。如TCP/IP设计时，就没有考虑安全因素，导致目前出现许多严重的网络安全问题。另一方面Windows系列操作系统在使用的过程中不断暴露出安全问题，微软采用打补丁的方法进行弥补。

12.2.2 网络的安全威胁

计算机网络系统的安全威胁来自多方面，主要可以分为主动攻击和被动攻击两类。主动攻击包括破坏数据的完整性，篡改、删除、冒充合法数据或者制造假数据进行欺骗，甚至干扰网络系统的正常运行。被动攻击不修改信息内容，如窃听、监视、非法查看等。目前，黑客攻击、恶意代码和拒绝服务攻击构成了计算机网络的3大威胁。

1. 黑客攻击

黑客攻击(hacking)指黑客非法进入网络并非法访问和使用网络资源。例如，通过网络监听获取网上用户的账号和密码，非法获取网上传输的数据，采用匿名手段进行网络攻击，突破防火墙等。黑客攻击具体体现在如下两方面：

(1) 非授权访问。黑客或者非法用户避开系统的访问控制机制，对网络资源进行非正常使用，擅自扩大使用权限，获取系统的重要信息。具体有两种形式：

- 假冒合法用户。攻击者窃取合法用户的登录账号、口令、密码等，利用这些信息冒充合法用户进入系统；或者利用系统漏洞，修改使用权限成为超级用户，控制系统为自己所用，或者作为进一步攻击其他系统的跳板。
- 假冒主机。冒充其他合法主机的IP地址进行欺骗，具体包括IP盗用和IP诈骗。IP盗用指使用合法主机地址增加节点以进行非法活动。IP诈骗是指在合法用户与远程主机或者网络建立连接的过程中，攻击者利用网络协议上的漏洞，用插入非法节点的方法接管该合法主机，从而达到欺骗系统、非法占用用户资源和获取信息的目的。

(2) 对信息完整性的攻击。攻击者通过改变网络中的信息流向或者顺序，修改或者重发甚至删除某些重要信息，使被攻击者受骗。

2. 恶意代码

恶意代码是指通过存储介质和网络进行传播，从一台计算机系统复制到另一台计算机系统，未经授权认证而对计算机系统的完整性造成破坏的程序或代码；它包括计算机病毒、蠕虫、特洛伊木马、恶意的网页脚本、电子邮件病毒、黑客攻击程序等。

计算机病毒(virus)是一种寄生在其他程序之上，能够自我繁殖，并对寄生体产生破坏的一段执行代码。计算机病毒具有寄生性、传染性和可触发性；寄生性也称为依附性，指病毒不能独立存在，必须依附于其他程序而存在；传染性是指病毒可以通过修改等手段将自己复制到其他程序当中，从而达到自我复制的目的；可触发性是指病毒的自我复制可能需要外界条件的触发，但是某些病毒具有自发性，也可能不需要外界条件的触发。计算机病毒入侵网络后，可能要占用大量的系统资源，严重影响系统的正常运行，甚至修改、删除系统中的某些重要文件，使网络不能正常工作，最终导致网络系统的瘫痪。

特洛伊木马(Trojan horse)是一个工作于客户/服务器模式的程序，服务器端安装在受害主机上，通过一定的方式向客户端提供服务；客户端由木马控制者使用，用来向服务器端发送命令，接收和显示服务器端的命令执行结果。与其他类型的恶意代码不同，设计木马的目的是为了控制受害主机，并从目标主机窃取信息或者利用受害主机的系统资源实施其他破坏活动。

计算机蠕虫(worms)是一种综合网络攻击、密码学和计算机病毒等技术,不需要计算机使用者干预即可运行的攻击程序或代码。它会扫描和攻击网络上存在安全漏洞的主机,通过局域网或者互联网从一个节点移动到另一个节点。蠕虫具有三个基本特征,一是可以独立运行,不依附于其他程序个体;二是可以从一台计算机主动移动到另一台计算机;三是可以自我复制。由于蠕虫以独立的程序个体形式存在,所以它可以作为病毒的寄生体,携带病毒,并在发作时释放病毒。蠕虫能够自动搜索计算机的漏洞并进行传染,而且能够主动快速地传播,造成计算机系统性能降低,网络速度减慢。如2017年5月出现的勒索病毒就是一种蠕虫式的病毒软件,它利用美国国家安全局泄露的危险漏洞"EternalBlue"(永恒之蓝)进行传播,给世界上的广大电脑用户造成了巨大损失。

3. 拒绝服务攻击

拒绝服务(Denial of Service,DoS)攻击是一种企图阻止合法用户正常使用网络服务的攻击形式,攻击的目的是使网络不能为正常的用户请求提供服务。这种攻击形式早在1983年就已出现,但因所能造成的破坏很有限,所以一直没有得到足够的重视。直到1999年夏,威力更强大的分布式拒绝服务(Distributed Denial of Service,DDoS)攻击出现,并陆续被黑客利用来对一些著名站点发动了破坏性极强的攻击,才引起全世界的关注。

拒绝服务攻击的类型按其攻击形式的不同分为异常型和资源耗尽型。分布式拒绝服务攻击就是一种典型的资源耗尽型攻击方式。

异常型拒绝服务攻击利用软硬件实现上的编程缺陷,导致网络系统的运行出现异常,从而使其拒绝为合法用户提供服务。如著名的Ping of Death攻击和利用IP协议栈对IP分片重叠处理异常的Teardrop攻击。

资源耗尽型拒绝服务攻击是通过大量消耗被攻击目标的网络资源,使它由于资源耗尽不能为用户提供正常的网络服务。根据资源类型的不同,资源耗尽型又分为带宽耗尽型和系统资源耗尽型两类。带宽耗尽型攻击的本质是攻击者通过放大等技巧消耗掉目标网络的所有可用带宽;该类最著名的攻击为Smurf攻击,它冒充目标网络向多个广播地址发送ping包,造成数量庞大的ping响应淹没目标网络。系统资源耗尽型攻击指对系统内存、CPU、缓存或程序中的其他资源进行消耗,使其无法满足正常服务的需求。著名的Syn-Flood攻击即是通过向被攻击目标发送大量的syn包使被攻击目标用于建立连接的缓冲资源被耗尽,无法再为其他正常的连接请求提供服务。

分布式拒绝服务攻击一般是通过控制多台傀儡主机,利用它们的带宽资源集中向被攻击目标发动攻击,从而耗尽其带宽或系统资源的攻击形式。目前著名的DDoS工具有TFN(Tribe Flood Network)、trinoo、TFN2K和Stacheldraht等。该类攻击的危害程度最大,也非常难以检测和预防。

12.3 网络攻击与攻击过程

12.3.1 网络攻击

网络攻击是指对网络系统的保密性、完整性、可用性、可控性和不可否认性造成危害的行为。前面介绍的计算机网络的三大威胁就是网络攻击的典型代表。此外,还存在许多不同类型的网络攻击。

1. 扫描攻击

扫描是黑客进行攻击的常用手段,它通过向目标主机发送数据报文,从响应报文中获得目标主机的有关信息。扫描主要包括两种:端口扫描和漏洞扫描。

端口扫描是对目标主机的某个端口进行扫描,根据端口是否打开就能判断目标主机是否提供相应的服务,攻击者由此决定是否发动针对这些服务的攻击。

漏洞扫描是通过扫描发现系统存在的安全缺陷或者薄弱环节,即所谓的漏洞。攻击者通过对被攻击目标的漏洞扫描可以发现是否存在可以利用的漏洞,并进一步通过漏洞收集信息或者直接对系统实施攻击。对于网络安全管理人员,通过漏洞扫描来检查网络或系统,检测存在的安全隐患,并进行弥补。目前已有多种漏洞扫描工具。

目前常见的端口扫描方法有 SYN 扫描、FIN 扫描、SYN/ACK 扫描、ACK 扫描、NULL 扫描等,而常见的漏洞扫描方法有 CGI 漏洞扫描、操作系统漏洞扫描、弱口令扫描、数据库漏洞扫描等。

2. 口令破译

口令机制是保护网络系统和资源正常使用的第一道屏障。攻击者通过对用户口令的破译来获取系统资源的使用权限。获取口令的方式有使用默认口令、口令猜测和口令破解等3种途径。某些软件和网络设备在初始化时会设置默认的用户名和密码,目的是允许厂家有能力绕过被锁闭或遗忘的管理员账号,但这些默认口令也给攻击者提供了最容易利用的弱点。口令猜测则是历史最为悠久的攻击手段,由于用户普遍缺乏安全意识,不设密码或使用弱密码的情况随处可见,这也为攻击者进行口令猜测提供了方便。口令破解技术为口令猜测提供了自动化手段,通常需要攻击者首先获取密码文件,然后通过遍历字典或高频密码列表等方法找出正确的口令。

3. 网络监听

网络监听(network sniffer)也称为网络嗅探,是与网络安全密切相关的一种技术,它将计算机的网络接口卡设置为混杂模式,截获网络上传输的所有数据报文。对于攻击者,网络监听是它刺探网络情报的最有效方法,它通过获得网络上传输的所有数据包,从中抽取安全关键信息,为进一步攻击做准备,如获取明文方式传输的口令等;或者通过网络监听直接窃取网络中传输的机密信息。对于网络管理人员,它可以通过网络监听获取网络的当前流量状况,或者监视网络系统和设备的运行状况。

4. 网络欺骗

网络欺骗指攻击者通过向被攻击目标发送冒充其信任主机的网络数据包,以达到获取访问权限或执行命令的攻击方法。具体的有 IP 欺骗、会话劫持、ARP 重定向和 RIP 路由欺骗等。

IP 欺骗是攻击者将其发送的网络数据包的源 IP 地址篡改为被攻击目标所信任的某台

主机的 IP 地址，从而骗取被攻击目标信任的一种网络欺骗攻击方法。IP 欺骗通常用于攻击 UNIX 平台下通过 IP 地址进行认证的一些远程服务，如 rlogin、rsh 等。

会话劫持指攻击者冒充网络正常会话中的某一方，从而欺骗另一方执行其所要的操作。目前较知名的如 TCP 会话劫持，它通过监听和猜测 TCP 会话双方的 ACK，插入包含期待 ACK 的数据包，能够冒充会话一方达到在远程主机上执行命令的目的。

ARP 提供将 IP 地址动态映射到 MAC 地址的机制，但 ARP 机制很容易被欺骗，攻击主机可以发送假冒的 ARP 响应给请求 MAC 地址的主机，使该主机错误地将网络数据包都发往被攻击主机，从而导致拒绝服务攻击。

RIP 由于其 v1 版本没有身份认证机制，v2 版本使用 16 字节的明文密码，因此攻击者很容易发送冒充的数据包欺骗 RIP 路由器，使之将网络流量路由到指定的主机而不是真正希望的主机，从而达到攻击的目的。

5. 数据驱动攻击

数据驱动攻击是通过向某个程序发送数据，使攻击者获取目标系统的访问权限，以产生非预期结果的攻击。数据驱动攻击分为缓冲区溢出攻击、格式化字符串攻击、输入验证攻击、同步漏洞攻击、信任漏洞攻击等。

缓冲区溢出攻击的原理是通过往程序的缓冲区中写入超出其边界的内容，造成缓冲区的溢出，使得程序转而执行攻击者指定的其他程序代码，以达到攻击的目的。近年来，著名的蠕虫如 Code-Red、SQL. Slammer、Blaster 和 Sasser 都是通过缓冲区溢出攻击获得系统管理员权限后进行传播的。

格式化字符串攻击主要是利用由于格式化函数的微妙程序设计错误造成的安全漏洞，通过传递精心编制的含有格式化指令的文本字符串，以使目标程序执行任意命令。

输入验证攻击针对程序未能对输入进行有效验证的安全漏洞，使得攻击者能够让程序执行指定的命令。

同步漏洞攻击利用程序在处理同步操作时的缺陷，如竞争状态、信号处理等问题，以获取更高的访问权限。

信任漏洞攻击是利用程序滥设的信任关系获取系统访问权限的一种攻击方法。

12.3.2 网络攻击过程

网络攻击企图达到的攻击目标一般为：拒绝为合法用户提供服务(DOS 攻击)；获得服务器或客户端管理员的访问权限；获得对后台数据库的访问权限；安装特洛伊木马软件，从而绕过安全措施，获取对应用程序的访问权限；在服务器上安装以“探测”模式运行的软件，盗取用户 ID 和密码。

为了达到上述目标，网络攻击过程一般分为四步，常称之为“four steps to Hacking”，这 4 步是：

(1) 寻找目标，收集信息。具体过程分为踩点(footprinting)、扫描(scanning)、查点(enumeration)。网络攻击的最终结果取决于他们对目标系统的了解程度。因此，信息收集在攻击过程中的作用非常重要。当黑客决定攻击一个目标时，攻击前应尽可能地了解目标的有关信息，包括机器名、IP 地址、机器类型、采用的操作系统平台和版本、目标机器开放的服务和端口等。而且互联网上的共享资源几乎可以为任何攻击提供有价值的信息。信息的收集工具包括网络探测、端口扫描、后门工具等。

(2) 初始访问系统。也称为成功访问(gaining access)。黑客通过收集的信息分析目标系统的安全漏洞,利用探测工具探测网络上的每台主机,以寻求系统的安全漏洞；黑客可能使用自编程序或者利用公开的软件工具,自动扫描驻留在互联网上的主机,以创造入侵的机会。

(3) 获得完全的访问权限。具体分为特权提升和偷窃。入侵者进入目标系统后,在系统内可以对取得的密码文件进行破解、放置木马、复制敏感文件等,还可以利用系统漏洞或者管理员的配置疏忽取得更高的权限。通常攻击者在入侵后,会安装一个监听程序,继续寻找相关可用信息,以便进一步掌握控制整个局域网,或者以此为跳板继续攻击其他主机。

(4) 覆盖痕迹,安装后门。具体分为掩踪灭迹(covering tracks)和创建后门(creating back doors)。当黑客完成攻击以后,会修改系统日志,以抹去攻击痕迹,防止系统管理员发觉；如果认为服务器具有继续利用的价值,可以在服务器上开个后门以便日后使用。还可以在系统的不同部分布置陷阱和后门,以便将来需要时能从容获得特权访问。

12.4 网络安全的基本功能和网络安全技术

为了保证计算机网络能够安全、可靠地运行,要求网络应具备安全防御、安全监测、应急处理和恢复 4 项基本功能。

- 安全防御：是指计算机网络能够采取各种手段和措施,使得网络具有抵御各种网络威胁或攻击的能力。
- 安全监测：是指计算机网络能够采取各种手段和措施,使得网络具有能够检测、发现各种已知和未知网络威胁或攻击的能力。
- 应急处理：是指计算机网络应具备及时处理和响应网络系统中出现的各种突发事件的能力。
- 恢复：是指计算机网络在遭受到网络攻击后,能够采取各种手段和措施恢复网络系统正常运行的能力,同时应把网络攻击所造成的损失降低到最小。

对于计算机网络安全的上述 4 项基本功能,考虑到计算机网络安全问题的复杂性,可以分别从多个不同的角度进行研究和实现。一方面是从被传输的对象,即信息本身出发,通过数据加密、数据隐藏等手段确保信息不被窃取。另一方面,可以从信息系统运行的环境,即从计算机网络出发,通过采取防火墙、入侵检测、访问控制、VPN 等技术确保网络系统安全地运行。目前,常用的网络信息安全技术有：

- 数据加密。数据加密就是对传输的信息进行编码和变换,将明文变成密文后再通过网络进行传输,目的是防止重要信息在网络上被拦截和窃取。加密技术是一种十分有效的安全技术,是网络信息安全的基础。
- 防病毒技术。防病毒技术通过已知病毒的特征来检测和清除病毒。它是最常用的一种计算机安全防卫措施,目前已有多种病毒检测软件；由于新型病毒的不断涌现以及病毒的交叉变异,用户需要不断更新病毒库以保证其有效性。
- 防火墙。防火墙是一种重要的安全技术,它通过在内外网络边界上建立相应的网络监控系统，对内外网络系统进行有效隔离，达到保障内部网络安全工作的目的。

- 身份认证。身份认证(authentication)是对用户的身份进行认证，以确认用户身份的合法性。用户身份认证是保护系统安全的一道重要防线。
- 访问控制。访问控制主要有两种类型：网络访问控制和系统访问控制。网络访问控制限制外部网络对内部网络资源的访问或系统内部用户对外部网络资源的访问，通常由防火墙实现。系统访问控制为不同用户赋予不同的访问权限，以保证系统的安全。
- 漏洞扫描。通过漏洞扫描检测远程或本地主机的弱点，收集和分析相关信息，发现系统中的安全漏洞，并及时地进行弥补，防止漏洞被攻击者所利用。
- 黑客跟踪。黑客跟踪是指发现、保存和分析计算机系统中黑客留下的蛛丝马迹的整套工具和技术。通过对黑客的行为信息进行分析，发现黑客的活动特征和规律，进行有效的防范并追踪黑客到源头。常见的蜜罐(honeypot)和蜜网(honeynet)技术就是通过引诱黑客攻击一个特定的环境，记录攻击的特征并进行分析，进而实现对黑客的跟踪。
- 入侵检测和防御。入侵检测就是通过检查系统的审计数据或网络数据包来检测系统中是否存在违背安全策略或危及系统安全的行为或活动的过程。目前，入侵检测技术与防火墙技术、防病毒技术相结合，对确保网络系统的安全运行起到了重要的保障作用。
- VPN 技术。VPN 技术使用数据加密、身份认证等技术在公共传输网(如因特网)上为远程用户间的数据传输提供保密措施。
- 安全审计。在网络信息系统中记录与安全相关事件的日志，可供日后调查、分析、追查系统的异常行为，发现系统的漏洞和弱点，为系统安全的逐步完善提供基础数据。
- 数据备份。通过数据及时备份减少系统受到攻击或者病毒侵害所造成的损失。
- 安全管理。建立健全完善的计算机网络安全管理制度，并严格执行，从主观上减少人为因素对计算机网络及信息系统的破坏。

12.5　密码学与数据加密

密码技术是一切信息安全技术的基础，其涉及的主要内容为密码学。密码学是研究密码系统或通信安全的一门科学，自古以来得到了广泛研究和应用，它是信息安全技术的核心。目前，使用密码技术对信息加密是保证信息保密性的最有效的手段；而使用密码技术实施数字签名，进行身份认证，并对信息进行完整性校验是当前保证信息完整性的最切实可行的办法；利用密码技术进行系统登录管理、存取授权管理，可以保证信息为授权者所用，从而保证信息系统的可用性；也可以有效地利用密码和密钥管理来保证信息系统的可控性；所以说密码技术是计算机网络与信息安全技术的基础。

密码理论与技术主要包括两类：

- 基于数学的密码理论与技术，其中包括对称密钥密码体制、非对称密钥密码体制、认证码、Hash 函数、身份认证、数字签名、密钥分配与管理、PKI 技术等。
- 基于非数学的密码理论与技术，其中包括信息隐藏与数字水印、量子密码、基于生物特征的识别理论与技术、混沌密码、热流密码等。

在对信息进行加密的过程中,需要被保护的信息称为明文,而被保护的信息经过变换得到的结果称为密文。将明文转换为密文的过程称为加密(encryption),而从密文恢复出对应明文的过程称为解密(decryption)。在加密过程中所使用的一组运算操作规则称为加密算法,而在解密过程中所使用的一组运算操作规则称为解密算法。加密和解密均是在各自的参数下进行的,只有知道这些参数才能完成信息的加密和解密,这些参数称为密钥。根据密钥的特点,密码体制分为对称密钥密码体制和非对称密钥密码体制。

12.5.1 对称密钥密码体制

对称密钥密码体制又称为私钥密码体制,该加密体制的特点是加密和解密使用相同的密钥,故称为对称密钥,如图 12.1 所示。此时,使用的密钥只有加密者和解密者知道,对外不能公开,否则就起不到加密的作用,所以称为私有密钥,简称私钥。显然,这种密码体制要提供发送方和接收方交换密钥的安全渠道,以保证能够成功地加密和解密。所以这种密码体制中密钥的安全传输(也称为密钥分发)是一个非常关键的问题,若密钥在传输或者分发途中被截获,则加密就失去了意义。另外,由于这种加密体制下发送方加密和接收方解密要使用同一个密钥,所以与多个不同的接收方进行保密通信时就需要多个密钥;若有 n 个不同的用户同时进行保密通信,则需要 $n(n-1)/2$ 个密钥;当 n 很大时,密钥的数量将多得无法管理。

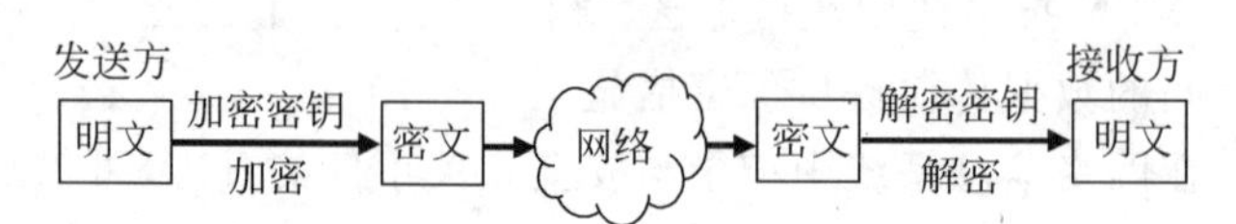

图 12.1 对称密钥密码体制的加密/解密过程

对称密钥密码体制包括分组密码和序列密码两种。序列密码以位为单位进行加密;而分组密码以多个数据位形成的分组为单位进行加密。

尽管对称密钥密码体制存在一些缺点,但是这种密码体制通常使用的加密算法比较简便、高效,密钥简短,破译极其困难,常常用于加密数据。目前,典型的对称密钥加密算法有 DES、IDEA、AES 等,其中 DES 是美国早期采用的数据加密标准,现在已经被 AES 所取代。

12.5.2 非对称密钥密码体制

该种密码体制的加密过程和解密过程使用不同的密钥,所以称为非对称密钥;其中解密密钥是保密的,而加密密钥是公开的,所以这种加密体制又称公开密钥密码体制。这种密码体制中,收发消息的每一方均有两个密钥,分别用于加密和解密,其中加密密钥是公开的,而解密密钥是保密的;当收发双方通信时,发方用接收方公开的加密密钥加密消息,接收方接收到后用自己的私有密钥解密消息。在安全性方面,即使加密算法是公开的,但由加密密钥推知解密密钥的计算也是不可行的,从而保证信息的保密性。非对称密钥密码体制的加密/解密过程如图 12.2 所示。

与对称密钥密码体制比较,非对称密钥密码体制具有如下优点:

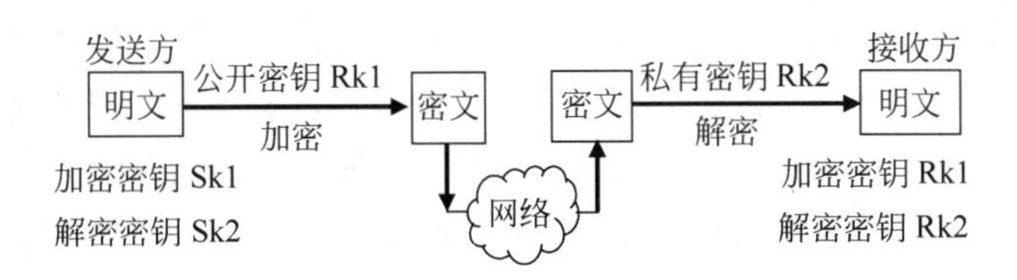

图 12.2　非对称密钥密码体制的加密/解密过程

- 密钥分发方便,可以以公开的方式分配加密密钥。
- 密钥保管量少。网络中的每个用户仅需要两个密钥:加密密钥和解密密钥,加密密钥给其他用户共同使用,而解密密钥自己使用。
- 支持数字签名。使用这种密码体制可以保证接收方接收的信息确实是发送方发送给它的。

在这种密码体制中,目前只有 RSA 体制、ELGamal 体制和椭圆曲线密码体制被证明是安全有效的。

12.5.3　混合密码体制

混合密码体制利用公钥密码体制加密私钥密码体制的密钥,消息的收发双方共用这个密钥,然后按照私钥密码体制的方法进行加密和解密运算。混合密码体制的加密过程如下:

(1) 消息发送方用对称密钥将要发送的消息加密。

(2) 消息发送方用接收方的公开密钥将对称密钥加密,形成数字信封。

(3) 消息发送方将数字信封和加密后的消息封装成一个数据包,并发送给接收方。

(4) 接收方收到该数据包后用自己的私钥解密其中的数字信封,得到发送方加密信息的对称密钥。

(5) 接收方用获得的对称密钥解密数据包中的加密信息,得到消息原文。

12.5.4　常见的密码算法

目前流行的密码算法主要有 DES、AES、IDEA、RSA 等。

1. DES

DES(Data Encryption Standard)是数据加密标准的简称,它是由 IBM 公司 20 世纪 60 年代研制的一种对称密钥密码体制,并于 1977 年被美国国家标准局、美国标准化协会(ANSI)和国际标准化组织(ISO)确定为非机密数据用加密算法标准。DES 是一个公开的加密算法,即完全公开了加密、解密算法,密文的安全性完全依赖于加密密钥。DES 是一种分组加密算法,它采用长度为 56bit 的密钥对长度为 64bit 的明文块进行加密。

DES 自发明以来 20 多年的时间里得到了国际范围内的广泛认可和应用,但是在 1997 年开始,DES 受到了业界的挑战并被攻破。因此,56 位密钥长度的 DES 已不能保证加密系统的安全性,1998 年开始逐渐被其他更安全的加密标准(如 AES)所代替。

2. AES

为了确定一个公开的、全球免费使用的分组密码算法,1997 年,美国国家标准技术研究所(NIST)开始征集 AES(Advanced Encryption Standard)算法,以取代 DES。要求新的算法能够支持 128、192 和 256bit 长度的密钥,对 128bit 长度的数据分组进行加密;而且要求作者必须放弃其知识产权,并在全世界范围内免费使用。经过三轮筛选,2000 年 10 月 NIST 最终从 15 个候选算法中选中比利时密码学家 Vincent Rijmen 和 Joan Daemen 提出的一种密码算法 Rijndael。该算法对存储要求低,具有安全、高效、实用、灵活等特点。于 2001 年 11 月 26 日,NIST 正式宣布将密码算法 Rijndael 作为新标准 AES,其编号为 FIPS PUBS 197,用于取代 DES 并在全美范围内推广使用。

3. IDEA

IDEA(International Data Encryption Algorithm)是国际数据加密算法的简称,是一种对称密钥密码体制的分组加密算法,其明文和密文分组长度都是 64bit,密钥长度为 128bit,使用同一算法进行加密和解密。由于密钥长度长达 128bit,可以有效消除任何试图穷尽搜索密钥的可能性,所以,可以认为 IDEA 算法目前是非常安全的。

4. RSA

迄今为止的所有公钥密码体系中,RSA 系统是最著名、使用最广泛的一种。RSA 公开密钥密码系统是由 R. Rivest、A. Shamir 和 L. Adleman 3 位教授于 1977 年提出的。RSA 的取名就是来自于这三位发明者的姓的第一个字母。RSA 自发明以来,业界完成了大量的研究工作,尝试破解该加密算法,但是都没有成功,所以它被认为是一个非常强的公开密钥算法。在实践中有大量的安全性都建立在它的基础之上。它的缺点是:至少需要 1024 位的密钥长度才能取得好的安全性能,这使得它的加解密速度非常慢。

RSA 是一种分组密码算法,它的基础是数论的欧拉定理,它的安全性依赖于大数因数分解的困难性。与 DES 算法相比较,RSA 算法因密钥过长而在处理速度上明显慢于 DES 算法。但是,在密钥管理上,RSA 算法比 DES 算法具有明显的优越性。RSA 算法可采用公开形式分配加密密钥,对加密密钥的更新非常容易,并且对不同的通信对象,只需对自己的解密密钥保密即可;DES 算法要求通信前对密钥进行秘密分配,密钥的更换困难,对不同的通信对象,DES 需产生和保管不同的密钥。另外,DES 算法从原理上不可能实现数字签名和身份认证;而 RSA 算法能够容易地实现数字签名和身份认证,同时还可以利用数字签名较容易地发现攻击者对电文的非法篡改,以保护数据信息的完整性。

12.5.5 新兴的密码技术

随着密码学数学理论的发展出现了许多越来越复杂的加密算法,但理论上不被破译的可能性并没有得到证明。特别是随着计算机计算能力的惊人增长,传统的信息加密技术显得越来越不安全;因而提倡研究不依赖于计算的加密方法,即采用物理等方法对信息进行加密。下面介绍一些新兴的密码学理论和技术。

- 量子密码。量子密码从量子理论中物理学的基本概念出发,解决了保密通信中的关键技术:量子密钥管理。特别是量子计算机在理论上已显示出惊人的计算能力,根据现有算法模型,原则上可以求解某些数学上的难题(如大整数因子分解等),而速度比经典计算机要快几个数量级,这对传统密码术特别是公开密钥加密技术是一个巨大的威胁；只有量子密码技术才能抵挡住量子计算机的攻击，所以量子密码技术具有良好的应用前景，已成为密码技术的重要研究方向。

- 混沌加密。混沌是非线性系统所独有且广泛存在的一种非周期运动形式，是由确定性方程直接得到的具有随机性的一种运动形式。混沌系统具有初始状态敏感性、复杂的动力学行为和分布上不符合概率统计学原理等特点，使得混沌系统难以重构和预测，因而混沌系统可以用于信息加密；混沌序列作为一个非线性序列，其结构复杂，难于分析和预测，可以提供具有良好随机性、相关性和复杂性的伪随机序列，可以产生供实际使用的流密码体制。
- 神经网络密码学。神经网络密码学是将神经网络和密码学相结合，用神经网络来解决机器密码学中的问题，构造出密码体制，特别是构造分组密码。这些方面的研究试图利用反馈网络或非反馈网络的输入和输出间的关系或感知器来构造分组密码。

12.6 消息认证与数字签名

随着计算机网络技术的发展及其广泛应用，网上银行、电子商务、电子政务等应用越来越广泛，网上交易成为商品交易的一种重要形式。但是计算机网络所构建的是一个虚拟空间，交易的双方并不是面对面地进行交易，那么如何在虚拟的网络环境下证实交易双方所交换的电子文书以及对方身份的真实性呢？

同样，在开放的网络环境下，传输的信息将面临伪造、篡改、冒充和抵赖等危险。伪造是指接收方伪造信息，并声称是对方发送来的；篡改是指接收方对接收到的信息进行局部改动；冒充是指假冒他人进行信息的发送或接收；抵赖是指发送者不承认自己发送过的信息，或者接收者不承认自己接收到的信息。

通常采用消息认证、数字签名等技术来解决上述安全隐患。

12.6.1 消息认证

消息认证(message authentication)也称为消息鉴别或者报文鉴别，它用来验证用户的身份，对访问的请求、消息的内容等进行识别，确定消息是否被篡改。常采用由消息生成验证码的方法对消息进行认证。具体的消息认证方法有如下几种：

- 消息加密。以整个消息加密的密文作为验证码。
- 消息验证码(Message Authentication Code，MAC)。采用加密函数和密钥对消息进行处理以生成一个定长的数据分组，并将它附在消息的后面与消息一起传输。该定长数据分组称为消息验证码。
- 杂凑码。通过杂凑函数将消息映射为一个定长的数据分组作为验证码。

1. 消息加密

消息加密能够为消息认证提供一种手段，使用对称密钥密码体制和公开密钥密码均可以用于消息认证。

对于对称密钥密码体制来讲，假定只有发送方和接收方共享密钥，则对于其他参与者来讲，只有真正的发送方能够成功地加密消息。该方法能够保证发送的消息不被篡改和伪造。

对于公开密钥密码体制来讲，则只能提供保密功能而不能提供验证功能。因为接收方的加密密钥是公开的，任何人均可以使用该密钥来加密消息，并假设它是发送方。

2. 消息验证码

使用消息验证码技术的过程中，通信双方共享一个密钥 K；如果发送方有消息 M 发送给接收方，它就会计算出消息的验证码；该验证码是消息 M 和密钥 K 的函数：$MAC_M=F(K,M)$；然后发送方将消息 M 及其验证码 MAC_M 一起发送给接收方；接收方对接收到的消息进行同样的处理，即用同样的密钥生成新的验证码，并与接收到的验证码进行比较，看是否一致，从而达到鉴别消息的目的。

这种方法因为采用对称密钥密码体制生成验证码，所以能够保证消息不被篡改，同时也能够对消息的发送方进行认证。

显然，上述过程与数据加密过程类似，唯一的区别是消息验证算法不需要是可逆的，而加密算法必须是可逆的。

3. 杂凑码

该方法采用杂凑函数(也称为散列函数或者哈希函数)将消息映射为一个定长的杂凑码，并把它作为验证码与消息一起传输。杂凑码也称为消息摘要(Message Digest，MD)。在接收端，接收方按照上述方法重新生成杂凑码，并与消息中一起传输过来的杂凑码进行比较，从而进行消息的鉴别。

用于消息认证的杂凑函数 H 必须具有如下性质：

(1) 函数 H 的输入可以任意长。

(2) 函数 H 的输出较短，并且长度固定。

(3) 方便性。已知 x，求 $h=H(x)$ 比较容易。

(4) 单向性。已知 h，求满足 $H(x)=h$ 的 x 在计算上是不可行的。

(5) 对于给定的任何 x，找出不同的 y，使得 $H(x)=H(y)$，在计算上是不可行的。

(6) 对于已知的 x 和 $y(x\neq y)$，使得 $H(x)=H(y)$，在计算上是不可行的。

前 3 个特性是消息身份验证所必需的；第 4 个性质保证验证码的机密性；第 5 个性质保证对于给定消息不可能存在另一个不同的消息能生成同样的杂凑码，即实现防伪造功能；第 6 个性质保证可以抵抗“生日攻击”。

代表性的杂凑算法有消息摘要算法(Message Digest algorithm 5，MD5)和安全杂凑算法(Secure Hash Algorithm，SHA)等。

4. 消息摘要算法和安全杂凑算法

MD5 是 Ronald Rivest 于 1991 年设计的一系列消息摘要算法中的第 5 个算法。直到最近几年，MD5 一直是使用最为广泛的杂凑函数，尽管被山东大学的王小云教授领导的科研团队所攻破。该算法以一个任意长度的消息作为输入，并按照 512 位长度的分组进行处理，生成 128 位的消息摘要作为输出。该算法通过一种足够复杂的方法使每一个输出位都要受到每一个输入位的影响，这样确保不同的输入都将产生一个不同的消息摘要。

SHA 算法由 NIST 开发,并在 1993 年作为联邦信息处理标准公布,在 1995 年公布了其改进版本 SHA-1。SHA 与 MD5 的设计原理类似,同样也按数据块为单位来处理输入,但它产生 160 位的消息摘要,具有比 MD5 更强的安全性。

12.6.2 数字签名

数字签名是手写签名的电子模拟,是通过信息处理技术产生的一段特殊数字消息,该消息具有手写签名的一切特点,是可信、不可伪造、不可抵赖和不可修改的。数字签名技术是信息安全的核心技术之一。数字签名作为重要的数字证据,美国、新加坡、日本、韩国、欧盟等电子商务开展较早的国家和地区都相继通过了数字签名的相关法案,我国也于 2004 年 8 月通过了《中华人民共和国电子签名法》,数字签名与手写签名具有同等的法律效力。

与手写签名类似,数字签名至少应满足以下 3 个条件:

- 签名者事后不得否认自己的签名。
- 接收者能够验证签名,而任何其他人都不能伪造签名。
- 当双方就签名的真伪发生争执时,第三方能够进行仲裁。

个数字签名方案一般由签名算法和验证算法组成。签名算法的密钥是秘密的,只有签名人掌握;而验证算法则是公开的,以便他人进行验证。典型的数字签名方案有 RSA 签名体制、Rabin 签名体制、ElGamal 签名体制和 DSS 标准。签名过程与加密非常相似,一般签名者利用自己的私钥对需要签名的数据进行加密,验证方利用签名者的公钥对签名的数据做解密运算。但是,签名和加密的目的不同;加密是为了保护信息不被非授权用户访问,而签名是为了让接收者确认消息的发送者是谁,以及消息是否被篡改。

下面通过采用公钥加密的 RSA 签名体制来举例说明数字签名的基本流程。假设 Tom 想要发送一份电子合同给 Bob。发送前 Tom 需要对电子合同进行签名,具体步骤如下:

(1) Tom 使用杂凑函数处理电子合同,生成一个消息摘要;

(2) Tom 使用自己的私钥加密消息摘要,形成一个数字签名;

(3) Tom 将电子合同和数字签名一起发送给 Bob。

Bob 接收到 Tom 发送过来的包括电子合同和数字签名的消息后,要验证该消息是否确实来自 Tom,具体过程如下:

(1) Bob 使用与 Tom 相同的杂凑函数计算出接收到的电子合同的消息摘要;

(2) Bob 使用 Tom 的公钥解密来自 Tom 的消息摘要,恢复 Tom 原来的消息摘要;

(3) Bob 将自己生成的消息摘要与 Tom 原来的消息摘要进行比较;若两者相同,则表明电子合同确实来自 Tom;若两者不同,则表明电子合同不是来自 Tom,或者电子合同的内容已被篡改。

12.7 信息隐藏技术

信息隐藏(information hiding)是与密码学、加密技术有一定联系而又有很大区别的一门新兴学科。传统的密码技术以隐藏信息的内容为目的,使加密后的文件变得难以理解,但很容易引起拦截者的注意而遭到截获和破解。而信息隐藏是以隐藏秘密信息的存在为目的，其外在表现为载体信息的外部特征，因此具有更强的信息保密性和信息安全性。在某些情况下，信息隐藏与信息加密有机地结合在一起，把待传送的信息加密后再隐藏在其他信息中，可以达到既隐藏信息存在又隐藏信息内容的双重保护作用。

信息隐藏是1996年在国外开始兴起的一门新学科。所谓信息隐藏，是指利用人类感觉器官的不敏感性（感觉冗余），以及多媒体数字信号本身存在的冗余特性（数据冗余），将信息（称为待隐消息）秘密地隐藏于另一非机密信息（称为宿主信号、遮掩消息或载体）之中，而且不影响载体的感觉效果和使用价值。其最大优点是仅通信双方知道载体中存在待隐消息。载体的形式可以是任何一种数字媒体，如图像、声音、视频或文档，等等。自从20世纪90年代，世界各国开始研究信息隐藏技术以来，已有相当数量的研究成果问世，现在信息隐藏已经成为一门拥有许多分支的新兴学科。

信息隐藏技术包含的内容十分广泛，可大致分成两类：

- 秘密消息隐藏。一般指那些进行秘密通信的技术的总称，也称为掩密术，通常把秘密信息嵌入或隐藏在其他不容易受到怀疑的数据（即载体）中。隐藏时并不改变载体的特征信息，以增加检测难度。相对来讲，秘密消息隐藏是一种比较成熟的信息隐藏技术。
- 数字水印与数字指纹。数字水印（digital watermarking）与数字指纹（digital fingerprinting）是一种新的数字产品保护技术，它们是将特定的信息（如版权信息、秘密消息等）嵌入到图像、语音、视频及文本文件等各种数字产品中，以达到标识、注释及版权保护等目的。同时，这种信息对宿主信号的影响不足以引起人们的注意且具有特定的恢复方法，此信息对非法接受者应该是不可见、不可察觉的。两者的主要区别在于，数字水印技术仅能用于数字产品的版权认证，但不能有效地阻止数字产品的非法复制。而数字指纹技术是将认证信息（包括生产者信息、用户信息、版本号等）隐藏在用户购买的数字产品中，以此来维护产品的版权；它虽然不能防止对数字产品的非法复制，但却能对非法复制进行跟踪，从而对非法复制起到威慑作用。此外，数字水印中的隐藏信息具有抵抗攻击的稳健性，即使知道隐藏信息的存在，对攻击者而言，要毁掉嵌入的水印，仍很困难（理想情况下是不可能的），即使水印算法的原理是公开的。

下面简单介绍信息的隐藏和提取过程：

- 信息隐藏过程。首先对待隐藏的消息 M 进行预处理，形成消息 M'，为加强整个系统的安全性，在预处理过程中也可以使用密钥来加密；然后用一个隐藏嵌入算法和密钥 $K1$ 把预处理后的消息 M' 隐藏到载体 C 中，从而得到隐秘载体 S。
- 信息提取过程。使用提取算法和密钥 $K2$，从隐秘载体 S 中提取消息 M'。然后使用相应的解密等逆向预处理方法，由 M' 恢复出真正的消息 M。

如果 $K1=K2$，那么可以说这个隐藏嵌入算法是对称隐藏算法，否则称为非对称隐藏算法。载体 C 可以是文本、声音、图像和视频等。隐藏嵌入算法可以是空域算法，也可以是频域算法。

在应用方面，掩密术早已成为军事上的一种通信方式，而且也用于保护个人隐私；而数字水印与数字指纹主要用于数字作品的版权保护。信息隐藏技术的主要应用有以下5个方面。

1. 数据保密

在互联网上传输的数据要防止被非授权用户截取和使用，这是网络安全的一项重要内容。可以通过使用信息隐藏技术来保护网上传输的重要信息，如电子商务中的敏感数据、谈判双方的秘密协议及合同、网上电子银行交易中的敏感信息、重要文件的数字签名和个人隐私等，这样可以不引人注意，从而对数据进行保护。另外，在军事通信中可以利用信息隐藏技术，使得通信不被敌方检测和干扰。

2. 数据的不可抵赖性

在网上交易中，交易双方中的任何一方都不能抵赖自己曾做出的行为，也不能否认曾经收到对方的信息，这是交易系统的一个重要环节。可以利用信息隐藏技术中的水印技术，在交易过程中任何一方发送或接收信息时，将各自的特征标记以水印的形式加入到传递的信息中，这种水印是不能被去除的，以此达到确认其行为的目的。

3. 数字产品的版权保护

版权保护是信息隐藏技术中的水印技术和指纹技术所试图解决的一个重要问题。因为数字产品具有易修改、易复制等特点，如果不解决好这一问题，将极大地损害服务提供商的利益。为了避免未经授权的复制和发行，出品人可以将不同的用户 ID 或序列号作为不同的指纹，利用水印技术嵌入到产品的合法复制中。一旦发现未经授权的复制，就可以从此复制中恢复指纹，从而确定它的来源。

4. 防伪

商务活动中各种票据的防伪也可以利用信息隐藏技术。在数字票据中隐藏的水印经过打印后仍然存在，可以通过再扫描回数字形式，提取防伪水印，以证实票据的真实性。

5. 数据的完整性

对于数据完整性的验证，是要确认数据在网上传输或存储过程中并没有被篡改。使用脆弱水印技术保护的媒体一旦被篡改就会破坏水印，从而很容易识别数据的完整性是否发生变化。

12.8　公开密钥基础设施

在加密、身份认证以及数字签名等技术应用的过程中，将涉及密钥的产生、存储、分发、撤销和管理等。用于实现上述密钥管理等相关功能的系统称为公开密钥基础设施(Public Key Infrastructure，PKI)。

PKI 采用公开密钥密码体制和技术，是一种遵循既定标准的密钥管理平台，能够为网络应用提供密钥和证书的管理、证书的认证、数据加密、数字签名等服务，是国家信息化基础设施的重要组成部分。PKI 采用证书管理公开密钥，通过第三方可信任的认证中心，把用户的公开密钥和其他用户标识信息捆绑在一起，在网上实现密钥的自动管理和用户身份的认证，它为电子商务、电子政务等网上业务的开展提供了一整套安全基础设施。

在介绍 PKI 的组成和功能之前，先介绍一下数字证书的概念。

12.8.1 数字证书

数字证书是由权威机构(Certificate Authority，CA)发行的一种电子文档，是网络环境下的一种身份证，用于标识用户的身份及其公开密钥的合法性。数字证书具有如下特点：

- 证书中包含用户的身份信息，因此可以用于用户身份的证明。
- 证书中包含非对称密钥，不但可以用于数据加密，还可以用于数字签名，以保证通信过程的安全性和不可抵赖性。
- 由于证书是由权威机构颁布的，因而具有很高的公信度。

显然，数字证书类似于日常生活中个人身份证。身份证将姓名、性别、出生时间、居住地址、证件编号等个人信息与个人照片等可识别信息捆绑在一起，并由国家权威部门签发，其有效性和真实性由权威机构(如公安局)的签章来保证。同样，数字证书是将证书持有者的身份信息和其所拥有的公开密钥进行捆绑的文件，用于证明用户的身份以及与公开密钥间的对应关系；该文件还包括签发证书的权威机构：认证中心 CA 对该证书的签名，以保证证书的合法性和有效性以及证书中所含信息的真实性和完整性。通过数字证书可以提供身份认证、完整性、机密性和不可否认性等安全服务，还可以实现数据加密和验证数字签名等功能。

数字证书的原理是基于公开密钥密码体制，每个用户均拥有两个密钥：公钥和私钥。其中私钥用于解密和签名；而公钥则提供给其他用户使用，用于数据的加密和验证签名。

1. 数字证书的分类

数字证书有多种类型。从证书的性质来分，数字证书分为系统证书和用户证书；从证书的用途来分，数字证书又可分成签名证书和加密证书。

1) 系统证书

系统证书指 CA 自身的证书，用于标识 CA 的特殊身份，包括 CA 中心的证书、业务受理点的证书、CA 操作员的证书。

2) 用户证书

用户证书分配给普通用户使用，而普通用户包括个人和各种组织机构。用户证书具体包括如下几种：

- 个人数字证书。用于标识证书持有者的个人身份，证书中包括个人的身份信息和个人的公开密钥。
- 机构数字证书。用于标识证书持有机构的身份，证书中包括机构的身份信息和机构的公开密钥。
- 个人签名证书。用于标识证书持有者的个人身份，证书中包括个人的身份信息和个人的签名私钥，即个人的私有密钥。
- 机构签名证书。用于标识证书持有机构的身份，证书中包括机构的身份信息和机构的签名私钥。
- 设备数字证书。证书中包括服务器的相关标识信息和服务器的公开密钥，用于标识持有证书的服务器的身份。该证书主要用于网站交易服务器，目的是在客户与服务器产生交易支付时，确保交易双方身份的真实性和可信性。

3）签名证书和加密证书

签名证书包含证书持有者的签名密钥。用户获得签名证书后便可使用其中的签名密钥对其要发送的信息进行签名，以保证信息的不可否认性。签名密钥由一对密钥组成，包括用于签名的私有密钥和用于验证签名的公开密钥。用于签名的私有密钥具有日常生活中法人代表签字的效力。为保证其唯一性，用于签名的私有密钥绝对不允许备份和存档；丢失后只能重新申请分配新的密钥对，原来的签名可以使用原先的公开密钥的备份进行验证。所以用于验证签名的公开密钥需要备份存档，以便验证旧的数字签名。用于数字签名的密钥对一般具有较长的生存期。

加密证书中包含证书持有者的加密密钥。用户获得加密证书后便可对传输的信息进行加密，以保证信息的机密性和完整性。由公开密钥密码体制的介绍可知，每个用户的加密密钥也是由一对密钥所组成，包括用于加密的公开密钥和用于解密的私有密钥。为了防止密钥丢失而无法解密数据，私有密钥要进行备份和存档，以便在任何时候都能解密数据。

由于数字签名的不可抵赖性依赖于用于签名的私有密钥的唯一性和机密性，所以 PKI 要求必须采用独立、互不相关的签名密钥和加密密钥。

2. X.509 数字证书

目前使用的数字证书有多种，如 X.509 证书、WTLS 证书、PGP 证书等，但大多数使用的是 X.509 证书。

X.509 是由 ITU-T 和 ISO IEC/ITU 定义的一种标准证书格式，而将符合 X.509 标准的数字证书简称为 X.509 证书。X.509 证书的核心是公开密钥、公开密钥的持有者（也称为主体）和 CA 的签名，该证书实现了公开密钥和公开密钥持有者的权威性绑定。任何拥有 CA 公开密钥的用户都可以对该 CA 签发的数字证书进行验证，从证书的信息部分获得一个用户的可信公开密钥，然后就可以使用该密钥向其拥有者发送加密的数据，或者验证其数字签名。

一个标准的 X.509 证书包括版本号、序列号、签名算法标识、签发者、有效期、主体名、主体公开密钥、CA 的数字签名、可选项等部分。

- 版本号：指出该证书使用的 X.509 标准的版本号，目前已有多个版本的 X.509 标准。
- 序列号：存储本证书的序列号。该序列号由 CA 分配给该证书，而且是唯一的。
- 签名算法标识：指出 CA 签发证书时所使用的公开密钥加密算法和 Hash 算法。
- 签发者：证书发行机构的名称，存放 CA 的唯一标志名。
- 有效期：指出证书有效的起止时间。
- 主体名：即证书持有人的名称。
- 主体公开密钥：包括证书持有人的公钥、算法的标识符和其他相关的密钥信息。
- CA 的数字签名：该证书的数字签名，由证书发行者的私有密钥生成，目的是确保该证书在发行之后没有被篡改。
- 可选项：所包括的信息在各个版本中规定不一，可根据需要进行选择。

12.8.2 PKI 的组成及功能

一个完整的 PKI 系统一般由认证机构 CA、数字证书库、密钥备份和恢复系统、证书作废处理系统、PKI 应用接口等五部分组成。

1. 认证机构 CA

CA 是证书的签发机构，是 PKI 的核心。由于 PKI 是基于公开密钥密码体制的，它涉及私有密钥和公开密钥；因公开密钥的公开性，使得攻击者可以使用自己的公开密钥冒充他人的公开密钥，骗取他人的信息。因此，在公开密钥密码体制环境下，必须有一个可信的机构对任何一个用户的公开密钥进行公证，证明用户的身份以及其与公开密钥间的合法匹配关系。CA 就是这样一个第三方机构，它用于解决用户之间的信任关系，为电子政务、电子商务、网上银行、网上证券等交易的权威性、可信性和公正性提供保障。

1）CA 的组成

CA 通常包括如下几个组成部分：

- 证书管理服务器。主要完成证书的生成、作废等功能，并负责维护证书库、作废证书库、证书状态库等有关数据库。它是对证书的生成、作废等操作进行控制的核心。
- 签名和加密服务器。用来接收来自证书管理服务器的申请，按规则对待签名证书和待签名的证书注销列表（Certificate Revocation Lists，CRL）进行数字签名，并进行证书管理服务器的加密和解密运算。
- 密钥管理服务器。与签名和加密服务器连接，按配置生成密钥、撤销密钥、恢复密钥和查询密钥。
- 证书发布和 CRL 发布服务器。用于将证书信息按照一定的时间间隔对外发布，为用户提供证书下载和 CRL 下载等服务。
- 在线证书状态查询服务器。为用户在线查询证书的最新状态提供服务。
- Web 服务器。用于证书的发布和有关数据认证系统政策的发布。

此外，CA 还包括证书的申请注册机构（Registration Authority，RA），它负责数字证书的申请注册以及证书的签发和管理。RA 是 CA 不可缺少的一个重要组成部分。

2）CA 的功能

CA 的主要功能是签发和管理证书，具体包括如下几个方面：

- 证书发放。接收到注册中心发送来的证书申请后，CA 根据证书操作管理规范在证书中插入附加信息并设置各个字段，生成数字证书，并采取适当形式将证书返回给用户。
- 证书更新。当证书已经过期，或者与证书相关的密钥已经达到它的生命终点，或者证书中的一些属性发生了改变并需要重新证明，此时 CA 就要对证书进行更新。
- 证书注销。当证书过期或者应证书持有者的要求来撤销证书。被撤销的证书信息存储在证书撤销列表 CRL 中，该表记录了已被撤销证书的序列号、撤销日期、撤销原因等信息。
- 证书验证。证书验证是确定证书在某一时刻是否有效，以及确认它是否满足用户意图的过程。其主要内容包括确认证书是否是一个有效的数字签名，证书内容是否被修改过，当前使用证书的时间是否在有效期内，检查证书撤销列表 CRL 以验证证书是否被撤销,等等。

3) 注册中心 RA

注册中心是数字证书的注册审批机构,负责证书申请者信息的录入、审核等工作,同时完成对发放证书的管理。它所完成的主要功能包括:主体注册证书的个人认证,确认主体所提供信息的有效性,确认主体是否拥有注册的私钥,产生公/私密钥对,发放包含私钥的物理介质(磁盘、智能卡等)。

2. 数字证书库

数字证书库用于存放已经签发的数字证书和公钥,是网上的公用信息库,通过证书查询系统用户可以查看证书库中其他用户的证书和公钥。

3. 密钥备份和恢复系统

如果用户丢失了用于解密数据的密钥,则导致数据无法被解密,这将造成合法数据的丢失。为了避免上述情况的发生,PKI 提供了备份和恢复密钥的机制,即密钥备份和恢复系统。但要注意的是上述备份和恢复功能仅针对解密密钥,对用于签名的私钥不能够进行备份。

4. 证书作废处理系统

与日常生活中使用的各种证件一样,由 CA 签发的证书在其有效期内可能需要作废。为此,CA 需要提供证书作废的一系列机制。

作废证书一般是通过将证书列入作废证书列表 CRL 来实现的。PKI 中,由 CA 负责创建并维护一张及时更新的 CRL,当用户验证证书时,他可以检查该证书是否在 CRL 中,以确定证书是否有效。

5. PKI 应用接口

PKI 的价值在于使用户能够方便地使用加密、数字签名等安全服务。因此,PKI 必须提供友好、易用的使用接口,使得各种应用能够以安全、一致、可信的方式与 PKI 交互。

12.9 安全通信协议

计算机网络设计的初衷是为了解决不同计算机节点间的信息交换,其通信协议对相关的安全问题考虑甚少,交换的信息常以明文形式在网络上进行传输。随着 Internet 的普及应用,TCP/IP 在安全方面的缺陷暴露得越来越明显,这些安全隐患严重影响了计算机网络的推广和应用效果。为了弥补上述安全缺陷,国际上许多研究机构和组织陆续着手研究,针对 Internet 各层协议所存在的安全问题,提出了一系列安全补充协议,具体有 IPSec 协议、SSL 协议、SSH 协议等;这些新的安全协议力图完善 Internet 的体系结构,最终为用户提供一个安全、可靠、可信的网络应用环境。下面介绍几个主要的安全协议。

12.9.1 IP 安全协议(IPSec)

IP 的主要功能是实现网络互连,而在最初设计 IPv4 时并没有对安全问题给以重视。

为此，Internet 工程任务组成立了相应的研究部门：Internet 安全协议(IETFIPSec)工作组专门进行 IP 安全协议和密钥管理机制方面的研究，陆续提出了一系列协议，并构成了一个完整的安全体系，把之统称为 IPSec(IP Security protocol)。

IPSec 是一套基于加密技术的安全服务协议簇，用来保护位于主机之间、安全网关之间或者主机与安全网关之间的数据传输通道；它采用端到端的安全保护模式，通过加密和认证等手段，保证在工作组、端计算机、服务器以及各种网络用户间安全地进行信息交换。

1. IPSec 的功能

IPSec 基于 IP，在网络层实现了加密、认证和访问控制等安全技术，极大地提高了 TCP/IP 的安全性，改善了 Internet 的安全性能。IPSec 所完成的主要功能如下：

- 机密性。通过加密传输的数据来保证数据的机密性。
- 访问控制：使用身份认证机制进行访问控制，根据网络设备节点的身份控制其对网络上各种资源的访问。
- 数据源认证。使用数字签名等方法对 IP 报文内的数据来源进行识别。
- 无连接完整性。在不参照其他数据包的情况下，对任一单独数据包的完整性进行检查，进而判断该数据包是否被修改。由于此时仅考虑单个数据包，必须依靠报文自身的信息对其完整性进行校验，所以可以借助散列技术来实现。由于该功能是对 IP 安全性的补充，而 IP 是无连接的，所以称之为无连接完整性。
- 抗重发攻击。重发攻击是指攻击者再次发送目的主机已接收过的 IP 包，通过占用接收系统的资源，使系统的可用性受到损害，从而达到攻击的目的。由于 IP 的无连接特性，使得网络很容易受到重发攻击的威胁。为此，IPSec 提供包计数机制，以抵抗重发攻击。

IPSec 通过一系列协议来实现上述安全功能，其中最基本的 3 个协议为：

- 认证头(Authentication Header，AH)协议：为 IP 报文提供数据源认证和完整性认证，并提供无连接的完整性和抗重发保护服务。
- 封装安全载荷(Encapsulating Security Payload，ESP)协议：实现数据加密功能，确保传输数据的机密性。
- Internet 安全协会和密钥管理协议(Internet Security Association and Key Management Protocol，ISAKMP)：提供通信双方交流信息时的安全性，主要是为了确保安全策略和会话密钥的安全协商，以支持 IPSec 协议的密钥管理。

AH 和 ESP 协议都有一系列相关的支持文件，其中规定了可以使用的各种加密和认证算法。这些协议可以独立使用，也可以灵活地组合在一起使用，以满足各种不同的安全需求。

2. IPSec 的工作模式

IPSec 有两种工作模式：传输模式(transport mode)和隧道模式(tunnel mode)。

1) 传输模式

该模式是 IPSec 的默认模式。该模式下，被传输的 IP 报文的首部保持不变，仅加密或者认证报文中的数据净荷部分(即传输层协议数据单元)，并在 IP 报文首部和传输层协议数据单元首部之间加入一个 IPSec 首部，具体如图 12.3 所示。

该模式的优点是给数据包增加的字节数少，允许网络设备看到源、目的IP地址等信息，不影响原有网络传输功能的执行；但是由于传输层的协议数据单元被加密，将影响对数据净荷部分的分析；同时IP报文首部仍以明文形式传输，为攻击留下了安全隐患。

2）隧道模式

该模式下，IPSec利用AH或者ESP协议对整个IP报文进行认证或者加密，然后在加密的IP报文外再加上一个新的IP首部，如图12.4所示。这个新IP首部包括运行IPSec协议的两个节点的IP地址，原IP报文要在这两个节点间进行安全传输，这两个节点间的通信链路形成了安全传输信息的隧道；这两个节点可能不是传输原IP报文的源节点和目的节点，一般是连接源节点和目的节点的两个网关。数据包一般在源网关经过加密等处理后经过隧道传输到目的网关，目的网关再去掉新IP首部，取出源IP报文，根据其中的目的IP地址将报文送给目的主机。

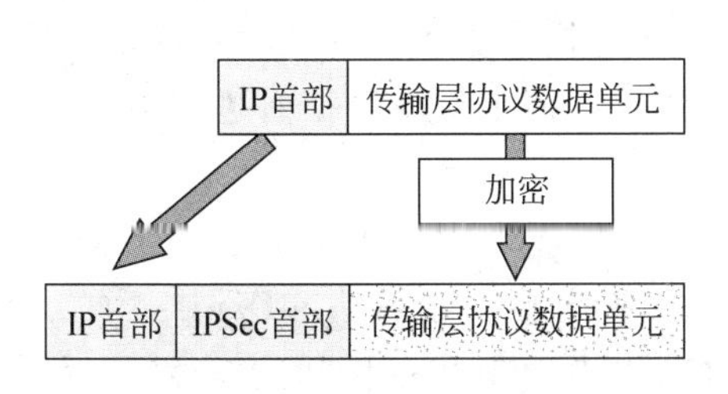

图12.3　IPSec传输模式下的数据包格式

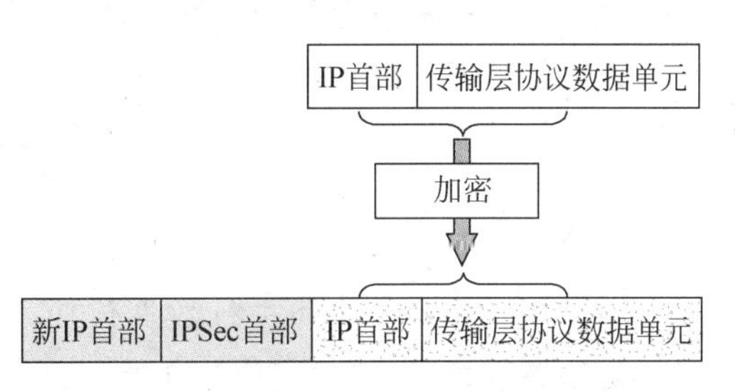

图12.4　IPSec隧道模式下的数据包格式

隧道模式将源IP报文进行整体加密，使得攻击者很难在数据传输的途中对数据进行窃听或者篡改。

上述两种工作模式均在原IP报文的基础上又增加了一个IPSec首部。该首部包含了用于验证用户身份、检查数据完整性等方面的信息。当AH、ESP等多种协议同时使用时，每个协议均有自己的首部，它们均包含在IPSec首部中。此时，IPSec规定ESP的首部直接插在IP报文首部之后，而AH等其他协议的首部要插在ESP协议首部之后。

3. IPSec的应用

设有两个子网由网关R1和网关R2经过公共网络（如Internet）相互连接，如图12.5所示。网关R1和网关R2上都运行IPSec协议，它们之间形成了安全通信的隧道。当位于两个不同子网中的主机H1向主机H2发送数据时，网关R1要对发送的数据重新进行封装，封装后的数据包经过隧道传输到网关R2，网关R2对接收的数据包进行解封，然后将解封后的数据发送给主机H2。

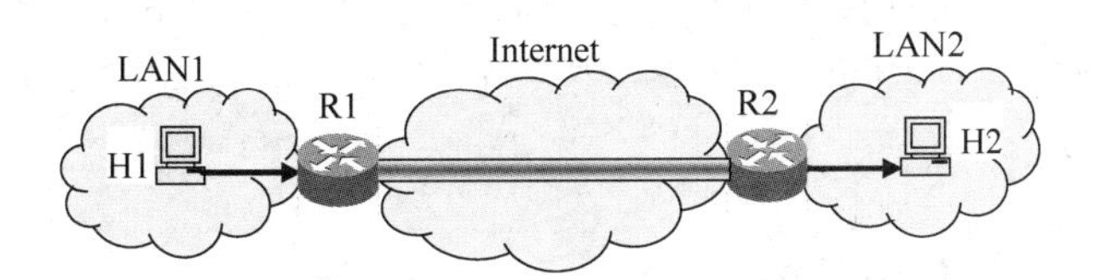

图12.5　IPSec隧道模式下的安全通信实例

12.9.2 安全套接层协议

安全套接层协议(Secure Socket Layer,SSL)最初由 Netscape 公司开发设计,是一种构建于 TCP 之上的保密通信协议和 Internet 通信的安全标准,主要用于解决 Web 安全的通信协议,目的是确保应用程序之间数据传输的安全性。该协议主要用来提供对用户和服务器的认证,对传输的数据进行加密或者隐藏,确保数据在传输过程中不被改变,即确保数据的完整性。它通过相互认证、数字签名、加密等措施实现客户端与服务器端之间的安全通信。

SSL 工作于传输层和各种应用层协议之间,对 HTTP、SMTP、FTP、Telnet 等应用层协议的安全性提供支持。它主要提供 3 个方面的安全服务:

- 用户和服务器身份的合法性认证。认证用户和服务器的合法性,使得它们能够确信数据将被发送到正确的客户机和服务器上。客户机和服务器都拥有自己的数字证书。为了验证用户和服务器是否合法,SSL 要求在握手交换数据时进行数字认证,以此来确保其合法性。
- 加密数据以隐藏被传输的信息。SSL 综合采用对称密钥加密和公开密钥加密技术。在客户机和服务器间进行数据传输之前,先交换包括加密算法和密钥在内的 SSL 初始握手信息,并对交换的初始信息进行加密,以保证其机密性和完整性,然后采用数字证书进行认证,防止非法用户的篡改和冒充。
- 保护数据的完整性。SSL 采用哈希函数和机密共享的方法来提供信息的完整性服务,建立客户机和服务器之间的安全通道,使得经过 SSL 处理过的信息可以完整、准确无误地传输到目的地。

SSL 采用两层的协议体系结构,自上而下依次是 SSL 握手协议和 SSL 记录协议。前者负责通信前的参数协商,后者定义了 SSL 的内部数据格式。

正如两个陌生人在交谈之前要先相互介绍一样,客户机与服务器在具体数据传输之前要先通过 SSL 握手协议协商通信过程的有关参数,具体包括:双方协商数据的加密算法和加密密钥,确定是否要对客户端进行认证等。在协商初始参数的过程中,客户机和服务器可能要将其数字证书发送给对方,以便接收方确认信息来源的真实性。

SSL 完成初始参数的协商后,就采用 SSL 记录协议来完成数据的传输。SSL 记录协议将要传输的数据流分割成一系列片段,对每个片段单独进行保密或者完整性处理,然后进行传输。接收方对接收的每条记录单独进行解密和验证。

尽管 SSL 协议提供了很好的安全服务,但是它仍存在一些问题;如不适合复杂的网络环境,仅能应用于 TCP,而且只适用于点对点通信。针对 SSL 协议的上述问题,在 SSL 3.0 版本的基础上经过进一步完善,发展成为安全性能更好的传输层安全(Transport Layer Security,TLS)协议。

12.9.3 安全外壳协议

安全外壳(Secure SHell,SSH)协议是一个功能强大、基于软件的通用网络安全协议,通过加密、认证等技术为在非安全网络上的应用增强安全性。SSH 支持远程登录、远程命令执行、文件传输、访问控制、TCP/IP 端口转发等方面的安全操作。

SSH 协议是建立在应用层和传输层基础之上的安全协议，它主要由传输层协议、用户认证协议和连接协议层 3 个部分组成。

- 传输层协议。该协议提供认证、信任和完整性检验等安全措施，此外还提供数据压缩功能。通常情况下，传输层协议建立在面向连接的 TCP 数据流基础上。
- 用户认证协议。该协议为服务器端提供对客户端用户身份的认证功能，它运行在传输层之上。
- 连接协议层。该层负责在逻辑连接的基础上创建客户端和服务器端的加密通道，它运行在用户认证协议之上，提供给更高层的应用协议使用。

SSH 基于客户机/服务器模式，它在客户机和服务器间建立连接，保证连接的双方真实可靠，并确保使用该条连接传输的数据不会被窃听或修改。

SSH 可以取代不安全的 Telnet、FTP 等网络应用程序，通过在本地主机和远程服务器间建立加密通道，为信息交换提供安全保证。SSH 安装容易，使用简单，一般的 UNIX、Linux 等系统都附带有支持 SSH 的应用程序包。

12.10 虚拟专用网

许多公司企业一般由多个部门或者分支机构组成，这些部门或者分支机构可能分布于世界各地，它们都拥有自己的局域网；为了实现公司企业内部业务信息的共享，以往的做法是通过租用电信公司的专线将这些网络连接起来，但是这种方法需要支付昂贵的费用。目前，Internet 已经相当普及，而且 Internet 具有相当好的互连特性；显然，可以借助 Internet 来连接各大公司企业位于世界各地的局域网，通过 Internet 传输公司、企业内部的业务数据，实现企业全局的信息共享；显而易见，这是一种非常廉价、简便易行的方法。但是，企业内部的信息往往是对外界保密的，而 Internet 的开放性不能保证这种私有信息的安全传输，所以必须在 Internet 的基础上，采取必要的技术确保私有信息传输的安全性。虚拟专用网（Virtual Private Network，VPN）就是用来在 Internet 等公共网络上安全传输私有信息的一种先进技术。

12.10.1 虚拟专用网概述

VPN 是指两个专用网络通过公共网络相互连接，进而传输私有信息的一种方法。VPN 技术借助不可信任的公共网络（如 Internet）将分布在不同地理位置的专用网络连接起来，构成可信任的逻辑网络，从而达到安全通信的目的。其中，虚拟专用网中的“虚拟”是指两个专用网络通过公共网络连接时并不存在端到端的物理链路，而是通过协议建立的逻辑链路（称为隧道），正如 TCP 所建立的、端到端的逻辑连接一样；而且，这条逻辑链路一旦建立，用户就可以像使用其内部专用网络一样来使用这条链路安全地进行通信，并感觉不到他是在使用公共网络，好像在使用自己的专用网络一样。

VPN 组成示意图如图 12.6 所示。与传统的网络互联相比，在专用网络和路由器（R1 和 R2）间增加了一台 VPN 设备。VPN 设备综合采用安全封装、加密、认证、存取控制、数据完整性等措施，将要传输的信息进行保密处理后，才传输到公共网络上；这些经保密处理的信息经公共网络传输到对应的另一个 VPN 设备后经过解密处理再传输给专用网 2。此时在两个对应的 VPN 设备间形成了一条穿越公共网络的安全传输隧道（tunnel），实现了两个位于不同地理位置的专用网络之间的安全通信。

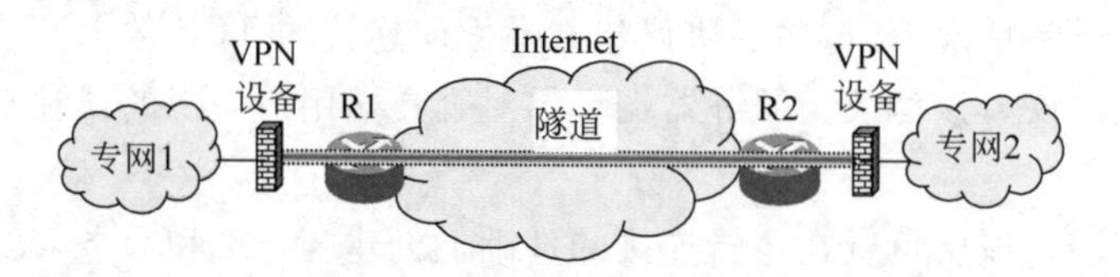

图 12.6　VPN 组成示意图

VPN 设备也称为 VPN 网关，它采取双网卡结构，内网卡连接内网，外网卡使用公网 IP 接入 Internet。VPN 的具体工作过程如下：

(1) 位于专用网内的主机发送明文信息到其 VPN 设备。

(2) VPN 设备根据网络管理员设置的规则，确定是对数据进行加密处理还是直接传输。

(3) 对需要加密处理的数据，VPN 设备将整个数据包进行加密并附上数据签名形成新的净荷部分，再加上由源、目的 VPN 设备地址以及一些安全参数形成的新包头，重新封装成新的数据包。

(4) 将封装后的数据包经过公共网上的隧道进行传输。

(5) 数据包到达目的 VPN 设备，将数据包解封，核对数字签名无误后，对数据包解密，恢复明文数据。

(6) 目的 VPN 设备将解密后的明文数据送给位于另一专用网内的目的主机。

12.10.2　隧道协议

VPN 在公共网络中形成的传输隧道实际上是一种封装技术，它利用一种网络传输协议，对其他协议产生的数据报文进行封装，进而形成新的报文然后在公共网络中传输；在公共传输网络和目的网络的接口处再将数据包解封装，取出负载并传输给目的节点。隧道技术是指包括数据封装、传输和解封在内的全过程。在数据包的封装过程中要完成加密、认证等功能。在隧道中对所传输的数据包进行封装的协议称为隧道协议。通过隧道协议可以建立网络到网络、主机到网络或者主机到主机间的安全连接，这种点到点的安全连接就形成了安全传输数据的隧道。这种隧道可以建立在几个不同的协议层上。在网络层上建立隧道的协议通常有 IPSec 协议和通用路由封装协议，而在数据链路层上建立隧道的协议通常有 PPTP、L2F、L2TP 等协议；在介绍安全通信协议时已经介绍了 IPSec 协议，下面简单介绍其他几个隧道协议。

1. 通用路由封装协议

通用路由封装（Generic Routing Encapsulating，GRE）协议是一种将任意类型的网络层数据封装成另一种网络协议数据包的协议，如图 12.7 所示。从图中可以看出，原始数据包（如 IP 数据报）首先被封装成 GRE 数据包，然后再被封装成另一种网络层协议的数据包，从而实现了对任意类型网络层数据的封装。其中,GRE协议称为封装协议,被封装的协议称为乘客协议,用来传输封装协议数据包的协议称为传输协议；PPTP、L2F、L2TP、IPSec等都是封装协议,PPP、SLIP、IP等常被作为乘客协议,而IP、ATM、帧中继等是常用的传输协议。

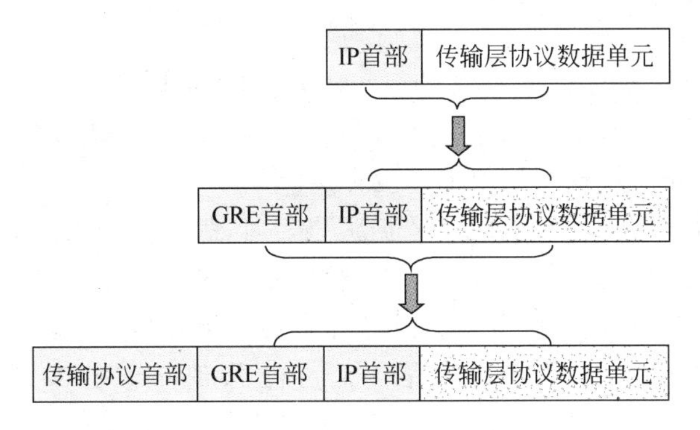

图12.7　GRE工作过程示意图

GRE主要用于在源路由器和目的路由器之间形成隧道。在源路由器,首先将要传输的原始数据包用GRE包首部进行封装,然后再用传输协议进行封装后在隧道中传输。当经过封装的数据包经隧道传输到目的路由器时,传输协议首部和GRE包首部被剥掉,继续按原始数据包中的目的地址进行寻址。

若以IP作为传输协议,则GRE的隧道将由其两端的源IP地址和目的IP地址来定义,它允许用户使用IP封装IP、IPX、Apple Talk等协议的数据包,并支持全部的路由协议,如RIP、OSPF、IGRP等。

2. 点对点隧道协议

点对点隧道协议(Point to Point Tunnel Protocol,PPTP)是Microsoft、3COM等公司在PPP基础上开发的隧道协议,用于实现PPTP客户端和PPTP服务器端之间的安全通信。该隧道协议工作在数据链路层,它支持多种网络层协议；其工作过程是先将IP、IPX、AppleTalk或者NetBEUI的数据包封装在PPP帧中,再将整个PPP帧封装成PPTP包,然后将PPTP包封装到IP数据报、帧中继或者ATM的信元中进行传输。

正如PPP很好地解决了拨号用户通过点到点的链路访问Internet一样,PPTP为远程用户安全访问企业网络提供了一条有效途径。PPTP支持多种乘客协议,用户可以运行基于这些协议的任何应用程序。PPTP服务器执行所有的安全和有效性检查,并能够进行加密处理,使得在没有安全保障的公共网络上与远程用户安全地交换信息。

3. 第2层转发协议L2F

第2层转发协议L2F(Layer 2 Forwarding)是由Cisco公司于1996年推出的一种数据链路层的隧道协议,它主要用于路由器和拨号服务器,它可以在ATM、帧中继、IP网上建立多协议的VPN通信方式。

在使用这种隧道协议的过程中,远端用户首先通过任何拨号方式接入公共IP网络,例如,按常规方式拨号到ISP的网络接入服务器(Network Access Server,NAS),与之建立

PPP 连接；然后 NAS 根据用户名等信息，发起第 2 重连接，建立通向企业 L2F 网关服务器的通信隧道，以后由该 L2F 服务器把接收的数据包解包之后发送到企业内网。在 L2F 中，隧道的配置和建立对用户是完全透明的。

4. 第 2 层隧道协议

第 2 层隧道协议(Layer 2 Tunnel Protocol，L2TP)是 PPTP 和 L2F 相结合的产物，它吸取了 PPTP 和 L2F 两个协议的优点，并得到了 Cisco、Microsoft、3Com 等公司的支持，目前已成为 IETF 有关第 2 层隧道协议的工业标准。

L2TP 允许对 IP、IPX 或 NetBEUI 数据流进行加密，然后封装 PPP 帧，并通过 IP、X.25、帧中继或 ATM 等网络进行传输。在 IP 网络中，L2TP 采用 UDP 封装和传输 PPP 帧，因而 L2TP 可以应用于因特网，也可以应用于企业专用 Intranet 中。

L2TP 涉及的主要系统和设备有远程系统、企业总部局域网、L2TP 接入集中器(L2TP Access Concentrator，LAC)、L2TP 网络服务器(L2TP Network Server，LNS)等；远程系统常通过拨号服务经由公共网络(如 PSTN)和 Internet 连接到企业总部局域网。典型的 L2TP 系统结构如图 12.8 所示。

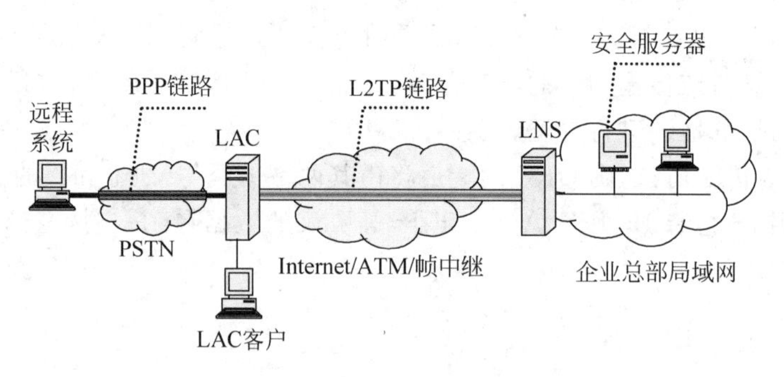

图 12.8 典型的 L2TP 系统结构

L2TP 隧道主要由 LAC 和 LNS 组成。其中，LAC 是 L2TP 隧道的一个端点，它位于远程系统和 LNS 之间，负责在它们之间转发数据包。LAC 和 LNS 间传输的数据包被封装到 L2TP 中，然后沿着 L2TP 隧道进行传输。LAC 与远程系统间的连接可以是本地连接，也可以是 PPP 链路连接。LAC 支持客户端的 L2TP，用于发起呼叫、接收呼叫和建立隧道。LNS 是 L2TP 隧道的另一个端点，也是隧道的终点，它位于企业的内网与公网的连接处。

通过 L2TP 隧道进行数据传输的工作过程如下：

(1) 远程用户通过公共电话网 PSTN 或 ISDN 拨号至本地的接入服务器 LAC，LAC 接收呼叫并进行基本的辨别(如身份鉴别)，然后建立拨号用户到 LAC 的 PPP 连接。

(2) 当用户被确认为合法的企业用户时，LAC 就向 LNS 发起隧道建立请求，然后建立一条通向 LNS 的拨号 VPN 隧道。

(3) LAC 向 LNS 发送收集到的有关用户的身份信息和配置信息，LNS 收到这些信息后由企业内部的安全服务器鉴别拨号用户。

(4) LNS 与远程用户交换 PPP 信息，分配 IP 地址；LNS 可采用企业专用地址(未注册的 IP 地址)或 ISP 提供的地址空间分配 IP 地址。

(5) 端到端的数据从拨号用户经过隧道传到 LNS。实际上，拨号用户的 PPP 数据帧首先传输到 LAC，由 LAC 采用 L2TP 进行封装后经加密隧道传送到 LNS；LNS 去掉封装包头，恢复出原来的 PPP 帧，再去掉 PPP 帧头，就得到网络层数据包，然后传输给企业内部网络的目的主机。

需要注意的是，GRE、L2F、PPTP 和 L2TP 等隧道协议虽然具有各自的优点，但是都没有很好地解决隧道加密和数据加密等问题。所以，在实际使用过程中常与具有认证和加密功能的 IPSec 协议一起使用，由 IPSec 负责对用户数据的加密和认证，从而为用户建立一条安全、可靠的通信隧道。

下面介绍基于 IPSec 协议的 L2TP 数据封装和解封过程，L2TP 封装的数据包格式如图 12.9 所示。

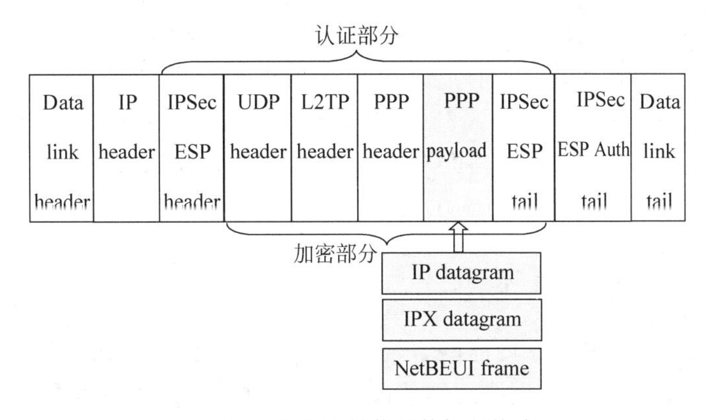

图 12.9　L2TP 封装的数据包格式

1) 数据封装过程

(1) L2TP 封装初始 PPP 有效净荷，如 IP 数据报、IPX 数据报或者 NetBEUI 帧等，首先封装上 PPP 帧头和 L2TP 首部。

(2) UDP 封装：然后在前面进一步添加 UDP 首部，其中的源端口号和目的端口号均设置为特定值(对于 Windows 2000，L2TP 客户机和服务器都使用 UDP 的 1701 端口)。

(3) IPSec 封装：基于 IPSec 策略，在形成的 UDP 消息前后添加 IPSec 封装安全负载 ESP 报头、报尾和 IPSec 认证报尾(Auth tail)，进行 IPSec 加密封装。

(4) IP 封装：在 IPSec 数据报外再添加 IP 报头进行 IP 封装，IP 报头中包含 VPN 客户机和服务器的 IP 地址，即隧道的源端和目的端的 IP 地址。

(5) 数据链路层封装：依据所使用的物理网络，在形成的 IP 报文前后添加帧头和帧尾。如将 L2TP 帧在以太网中传输，则用以太网协议封装 IP 报文；如果 L2TP 帧在广域网上传输，则用 PPP 封装 IP 报文。

2) 数据解封过程

当客户机或者服务器接收到 L2TP 帧后，进行如下解封操作：

(1) 处理并去掉数据链路层的帧头和帧尾；

(2) 处理并去掉 IP 报头；

(3) 用 IPSec ESP 认证报尾对 IP 有效载荷和 IPSec ESP 报头/报尾进行认证；

(4) 用 IPSec ESP 报头对数据报的加密部分进行解密；

(5) 处理 UDP 报头并将数据报提交给 L2TP；

(6) L2TP 依据其报头识别其所使用的隧道；

(7) 依据 PPP 报头提取 PPP 有效载荷(PPP payload)，并将其提交给相应的目的网络协议。

12.11 防火墙技术

Internet 是由许多自治系统组成的计算机网络，这些自治系统通过开放的互连环境连接在一起，实现更大范围内的信息交换和资源共享。Internet 的这种开放性导致各个自治系统的内部完全暴露给外部用户，致使自治系统很容易受到外部网络的攻击，对其安全构成了严重威胁。所以应该采取措施有效地将自治系统与外部网络进行隔离，对访问系统内部资源的用户进行检查，允许对系统的正常访问，而将恶意的破坏行为拒之门外；完成上述功能的网络安全设备称为防火墙(firewall)。目前防火墙已成为计算机网络必需配备的安全设备，它实现了用户内网与外部网络的有效隔离，对用户内部网络的安全运行起到了一定的保障作用。

12.11.1 防火墙技术概述

简单地说，防火墙就是位于内部网络与外部公用网络之间、或两个信任程度不同的网域之间的软、硬件系统，它对两个网络之间的通信进行监控，通过强制实施统一的安全策略，限制外界用户对内部网络的访问，管理内部用户访问外部网络的权限，防止对网络内部重要信息资源的非法存取和访问，以达到保护内部网络系统安全运行的目的。防火墙因安装于内部网络的入口处，亦称之为边界防火墙，如图 12.10 所示。

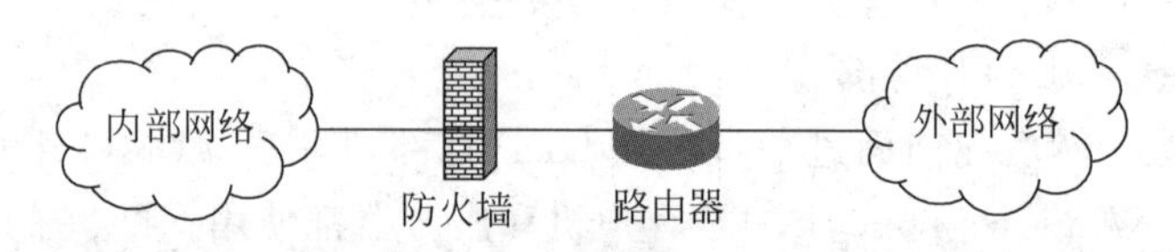

图 12.10 内部网络通过防火墙连接外部网络

防火墙是设置在被防护网络与外部公用网络之间的一道屏障，是不同网络或网络安全域之间的唯一出口，能根据受保护网络的安全策略允许、拒绝、监测出入网络的信息流，尽可能地对外部屏蔽网络内部的结构、信息和运行状况，以此来实现对内部网络的安全保护，以防止发生不可预测、潜在的破坏行为。防火墙本身具有较强的抗攻击能力，它是提供信息安全服务、实现网络和信息安全的基础设施之一。

传统防火墙技术的发展经历了 5 个阶段。第一代防火墙采用了包过滤技术，它几乎与路由器同时出现。1989 年，贝尔实验室推出了第二代防火墙，即电路层防火墙，同时提出了第三代防火墙：应用层防火墙(即代理防火墙)的初步结构。1992 年，诞生了基于动态包过滤技术的第四代防火墙，后来动态包过滤技术演变为状态检测技术。1998 年，NAI 公司推出了自适应代理技术，并在其产品中得以实现，给代理类型的防火墙赋予了全新的意义，可以称之为第 5 代防火墙。然而，这些传统防火墙的体系结构均是基于内网安全性假设和单一接入点假设，无法彻底解决内网的安全问题。传统防火墙的缺点具体体现在3个方面：

- 传统防火墙计算能力的限制。传统防火墙是以高强度的检查为代价，检查强度越高，计算代价越大，花费的时间就越长，对网络通信性能的影响就越大。
- 传统防火墙的访问控制机制是一个简单的过滤机制，它只是简单的条件过滤器，不具有智能功能，无法应对复杂的网络攻击。
- 传统防火墙无法识别正常和恶意行为，该特征决定了传统防火墙无法检测恶意的网络攻击。

为了克服上述缺点，Steven M. Bellovin于1999年首次提出了分布式防火墙的新型防御模式。在这种模式下，策略仍是由一个中心统一定义，而策略的执行却是由各个端节点完成；如此便消除了单一接入点，内网外网的划分并不依赖于网络的拓扑结构，因此内网的定义具有更多的逻辑意义，可以包含公司内无线接入的用户、拨号用户、通过VPN连接的用户等，而不仅限于传统意义上某个房间或某栋建筑内的网络。相应地，防火墙的策略也不需按照网络拓扑结构来制定访问控制列表，管理员可以更专注于对被保护的对象来制定规则。

12.11.2 防火墙的功能及分类

1. 防火墙的功能

防火墙是实现网络安全策略的重要组成部分，它通过监控不同网络之间的信息交换和访问行为来实现对网络安全的有效管理。从总体上看，防火墙应具备以下五大基本功能：

- 过滤进、出网络的数据包，强化安全策略。
- 管理和控制进、出网络的访问行为，对网络存取和访问进行监控审计。
- 对不安全的服务进行限制和拦截，对外屏蔽内部网络，阻塞有关内部网络中的DNS信息，防止内部信息的外泄。
- 记录通过防火墙的信息内容和活动。
- 对网络攻击进行检测和告警。

由于防火墙处在内网和外网的分界点，所有的网络流量必须通过防火墙；防火墙所处的优越位置使它在实际应用中还附加了一些其他高级功能。

(1) 身份验证和授权

身份验证是对一个用户的身份进行验证的过程。当外部用户通过防火墙访问内部网络时，用户只有通过身份验证后才可以进入内网，访问内部网络资源。

(2) 网络地址转换

实现内网的私有IP地址与全局IP地址间的转换，主要用来缓解IP地址空间短缺的问题；同时对Internet隐藏内部地址，防止内部地址公开。防火墙上安装网络地址转换软件即可实现网络地址转换(NAT)功能。

(3) 虚拟专用网

通过虚拟专用网(VPN)，将企事业单位在地域上分布在世界各地的LAN或专用子网有机地联成一个整体；不仅省去了专用通信线路，而且为信息共享提供了技术保障。VPN的基本原理前面已经介绍，它是通过对IP包的封装及加密、认证等手段，达到保证安全通信的目的。它往往是在防火墙上附加一个加密模块来实现。普遍采用的协议为IPSec协议。

(4) 病毒检测

利用自身的或者第三方的防病毒服务器，通过防火墙规则配置，扫描通过防火墙的数据包，清除计算机病毒。一般通过设置另一台专门的病毒防火墙来完成，以提高过滤效率。

2. 防火墙的分类

防火墙有多种分类方法。按防火墙在网络中所处的位置分为边界防火墙和主机防火墙；按实现的硬件环境防火墙分为基于路由器的防火墙和基于主机系统的防火墙；按防火墙的功能分为病毒防火墙、DOS(拒绝服务攻击)防火墙、DDOS(分布式拒绝服务攻击)防火墙、垃圾邮件防火墙等；按防火墙的实现技术分为包过滤防火墙、应用代理防火墙和状态检测防火墙；下面仅从实现技术的角度对防火墙做一简单分类和介绍。

1) 包过滤防火墙(网络级防火墙)

包过滤防火墙工作在网络层，通过检查单个数据包的地址、协议、端口等信息决定是否允许此数据包通过。路由器就是一个传统的网络级防火墙。包过滤防火墙检查规则表中的每一条规则直至发现包中的信息与某条规则相符；如果没有符合的规则，就会使用默认规则；一般情况下，默认规则就是要求防火墙丢弃接收的数据包。其次，通过定义基于 TCP 或 UDP 数据包的端口号，防火墙能够判断是否允许建立特定的连接，如 Telnet、FTP 连接。网络级防火墙简洁、速度快、费用低，对用户透明；但是它对网络的保护能力有限，因为它只检查地址和端口，对网络更高协议层的信息无理解能力，而许多网络攻击信息常隐藏于高层协议的数据单元中。

2) 应用代理防火墙(应用网关防火墙)

应用代理防火墙工作在应用层，它是一个具有防火墙功能的代理服务器(Proxy)，它将用户内部网络与外部网络隔离开来；外部用户若想访问内部网络，则首先要访问代理服务器，然后经过代理服务器再访问内部网络；这样使得网络数据包不能直接在内外网络之间进行传输。这种代理技术主要是为了弥补包过滤技术的不足。对于包过滤技术来讲，其特点是根据特定的过滤条件来判断是否允许数据包通过；一旦满足通过条件，防火墙内外两侧的网络就直接建立起连接，这样外部用户就有机会通过防火墙了解、刺探内部网络的情况，对内部网络造成威胁。

应用代理防火墙运行在内外网之间，对网络之间的每一个请求进行检查；对于来自外网用户的合理请求，它会转交到真正的内部服务器上，并接收内部服务器的响应，然后转发给外部用户。所以应用代理防火墙对于外部用户相当于服务器，而对于内网相当于客户机。这样应用代理防火墙在转发来自外网的请求时就可以有效地对其进行控制。

应用代理防火墙工作于网络协议的应用层，所以常称之为应用级网关。由于存在多种网络服务，所以针对不同的应用层服务，常有不同的应用代理防火墙，如 FTP 防火墙、Telnet 防火墙、WWW 防火墙等。

应用代理防火墙是目前最安全的防火墙，它提供了较高的安全性、较强的访问控制能力和身份验证功能。但是，由于这种防火墙对于每一种应用层协议均需要配置相应的代理软件，使用时工作量大；而且因它工作于应用层，需要完成更多的协议解析等数据处理工作，效率明显不如网络级防火墙。

3）状态检测防火墙（动态包过滤）

状态检测最早由 checkpoint 公司提出。对新建的应用连接，状态检测检查预先设置的安全规则，允许符合规则的连接通过，并在内存中记录下该连接的相关信息，生成状态表。对于该连接的后续数据包，只要符合状态表就可以通过。传统的包过滤在遇到利用动态端口的协议时会发生困难，如 FTP，防火墙无法事先知道哪些端口需要打开；如果采用原始的静态包过滤技术，就需要将所有可能用到的端口都打开，而这是相当危险的，会给网络带来相当大的安全隐患。而状态检测通过检查应用程序信息（如 FTP 的 PORT 和 PASS 命令），来判断此端口是否允许需要临时打开；当传输结束时，端口又马上恢复关闭状态。

此外，状态检测还提供一些额外的服务，如：将某些类型的连接重定向到审核服务中去，拒绝携带某些数据的网络通信，等等。

状态检测防火墙具有检查 IP 包的每个字段的能力，能够记录每个捕获包的详细信息，包括应用程序对包的请求、连接的持续时间、内部和外部系统所做的连接请求等。状态检测防火墙唯一的缺点就是所有这些记录、测试和分析工作可能会造成网络连接的迟滞，特别是在同时有许多连接激活的时候。

12.11.3　防火墙的体系结构

目前，防火墙的体系结构有如下几种：双穴主机体系结构、屏蔽主机体系结构和屏蔽子网体系结构。

1. 双穴主机防火墙

双穴主机防火墙（dual homed firewall）采用一种特殊的主机来实现。这台主机具有两个网络接口和两个 IP 地址，分别连接内网和外网，如图 12.11 所示。这种具有两个网络接口的主机称为双穴主机。双穴主机相当于连接内外网络的路由器，它起到隔离内外网的作用；当内网中的主机想要访问外网时，首先它要向双穴主机发送请求，经同意后才能访问外部网络节点；外部节点对内网的访问过程同样也要经过双穴主机。显然，此时防火墙起到代理服务器的作用。

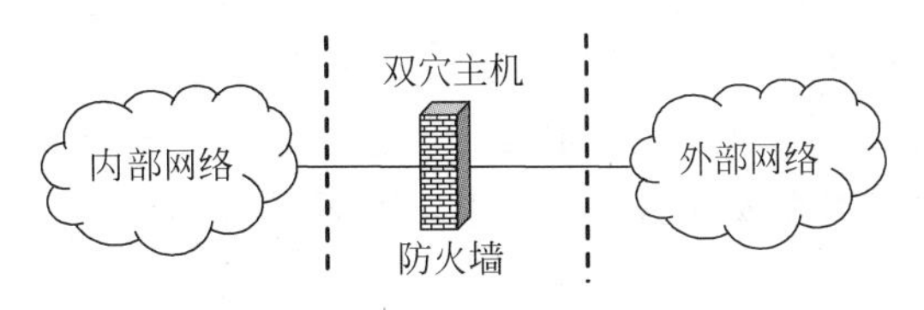

图 12.11　双穴主机防火墙

双穴主机防火墙的最大优点是能够有效地将内外网络相隔离，而且能提供日志功能，并可以进行身份认证，能够有效地屏蔽内部网络。其缺点是双穴主机作为内外网络联系的唯一路径，很容易受到攻击；而且一旦被攻破，内部网络就完全暴露给外部攻击者。

2. 屏蔽主机防火墙

屏蔽主机防火墙（screened host firewall）由一台包过滤路由器和一台堡垒主机组成，其中堡垒主机位于内部网络，而包过滤路由器位于内外网之间，如图 12.12 所示。这种防火墙通过对路由器进行配置，使得外部网络只能访问堡垒主机，而不能直接访问内网的其他主机；内网中的主机若想访问外网时，也必须经过堡垒主机的同意。对于这种防火墙结构，只有入侵穿透包过滤路由器而且要攻破堡垒主机后，才能对内网造成威胁，所以其安全性较强。

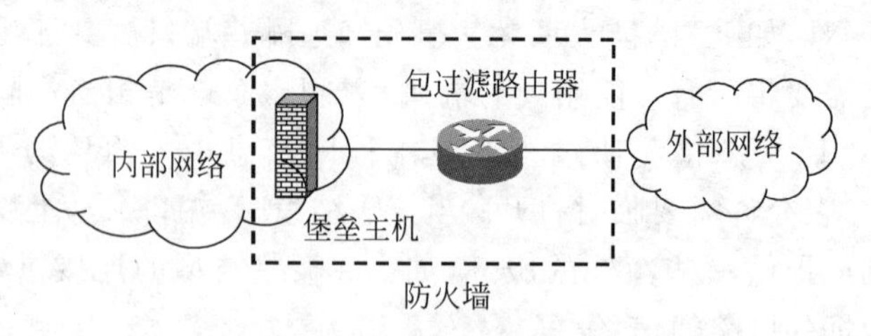

图 12.12 屏蔽主机防火墙

3. 屏蔽子网防火墙

屏蔽子网防火墙(screened subnet firewall)由位于内外网之间的一个子网所组成，该子网称为屏蔽子网，也称为 DMZ(DeMilitariezed Zone)，即隔离区或者非军事区，如图 12.13 所示。该屏蔽子网主要由堡垒主机、应用服务器组以及位于堡垒主机两侧的两台包过滤路由器组成，这些服务器是可以对外公开的服务，如企业 WWW、FTP、论坛等。通过设置屏蔽子网，使得外部网络对内部网络的访问又多了一道关口。

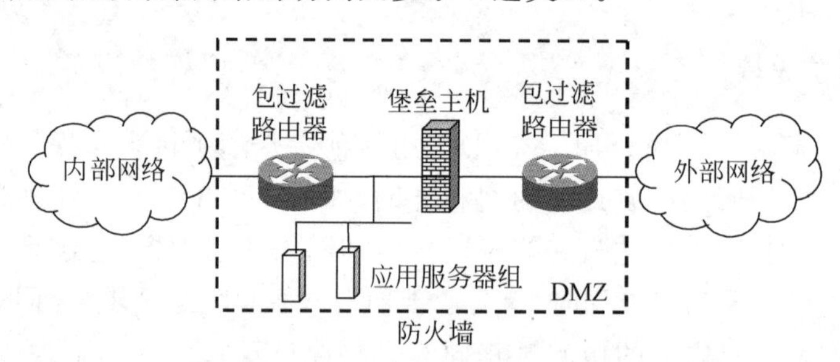

图 12.13 屏蔽子网防火墙

这种防火墙的优点是又多了一层防护，入侵者必须通过两个路由器和一个堡垒主机，因此要比屏蔽主机防火墙更难以攻破。目前屏蔽子网防火墙是最安全的防火墙。但是这种防火墙因为屏蔽子网的设置而需要配置的设备和软件模块较多，成本较高，而且配置起来较为复杂。

12.11.4 防火墙的发展趋势

随着网络与通信技术的发展以及新型网络攻击的层出不穷，促使防火墙技术也不断地得到完善和发展，以能够起到有效安全防护的作用。

防火墙技术的发展具体体现在 3 个方面：

1. 防火墙功能的不断完善和加强

为了增强防火墙的功能，一些厂商将基于角色的安全控制功能集成到应用代理防火墙中，使其具有用户身份认证功能，而这种功能对于无线网络应用是必需的。与多层交换功能类似，目前有的防火墙采用多级过滤技术，分别在不同的协议层上有针对性地实现不同的过滤功能，如网络层过滤掉与IP地址相关的数据包，而应用层上对不同的服务进行监测，等等；也有将防病毒功能集成到个人防火墙中，形成了“病毒防火墙”。

2. 防火墙性能的不断提升

随着网络应用的增加以及网络带宽的快速提升，对防火墙的处理速度提出了更高的要求，防火墙的响应、处理速度过慢将成为网络系统进出口的瓶颈。目前已有采用基于ASIC和基于网络处理器的防火墙。这些防火墙采用硬件或者软、硬件结合的方法实现防火墙的功能，通过采用专用硬件处理网络数据流，分担CPU的部分工作，可以获得比传统防火墙更好的性能。

3. 防火墙体系结构的不断变革

传统的防火墙位于被保护网络的边界，仅能阻挡来自外部的网络攻击，而对内部的网络攻击无能为力。但是目前大部分的攻击均来自网络内部，这就促使了防火墙由集中式向分布式方向发展。分布式防火墙能够很好地解决传统防火墙所面临的问题，它可以把安全防护系统延伸到网络中的每台主机。

分布式防火墙是一种主机驻留式的安全系统，它以主机为保护对象，它假设主机之外的任何用户访问都是不可信的，都需要进行过滤。它通常分布于网络的各个关键节点，负责对网络边界、各子网和网络内部各节点间的安全防护，保护它们免于入侵和破坏。

12.12 网络入侵检测技术

随着网络安全入侵事件的频繁发生，人们发现仅从防御的角度构建安全系统是远远不够的。入侵检测技术是继数据加密、防火墙等传统安全保护措施后的新一代安全技术。它对网络资源的恶意访问进行识别和响应，不仅检测来自网络外部的入侵行为，也监督内部用户的未授权活动，能更全面地保证网络系统的安全运行。

12.12.1 入侵检测及入侵检测系统

入侵检测，顾名思义，是对入侵行为的检测，是指发现非授权用户使用计算机系统或企图使用计算机系统的行为以及发现合法用户滥用其特权行为的过程。实现网络入侵检测功能的软、硬件系统称为入侵检测系统(Intrusion Detection System，IDS)。它用来对入侵行为进行监控，收集并分析网络或计算机系统中若干关键节点上的信息，从中发现网络或系统中是否有违反安全策略的行为或被攻击的迹象。入侵检测系统的主要功能包括：监测并分析用户和系统的活动，核查系统配置和漏洞，评估系统关键资源和数据文件的完整性，识别已知的攻击行为，统计分析异常行为，管理操作系统日志，识别违反安全策略的用户活动，为对抗入侵及时提供信息，阻止事件的发生和事态的扩大。

与其他安全产品不同，入侵检测系统需要更多的智能；它对获得的数据进行分析，并在合理的时间内给出有用的结论。一个合格的入侵检测系统能大大地简化管理员的工作，保证网络安全地运行。因此，入侵检测被认为是防火墙之后的第二道安全防线，在不影响网络性能的情况下能对网络进行监测，从而提供对网络内部攻击、外部攻击和误操作的及时检测。一个性能优良的入侵检测系统具有如下特征：

(1) 仅需少量的人工干预就可以持续地运行。

(2) 具有一定的容错(fault-tolerant)能力，一旦系统受到攻击而失效时能够重新启动自己，恢复以前的状态并使其运行不受影响。

(3) 运行时仅需少量的系统资源，避免干扰系统的正常运行。

(4) 能够自动适应系统或用户等外部环境的变化。

(5) 具有动态可配置特性(reconfiguration)，改变系统配置时不需要重新启动系统。

(6) 具有很强的健壮性(robustness)，当 IDS 的某些模块因某种原因失效而不应该影响其他模块的正常运行。

(7) 具有很好的可伸缩性(scalability)，可以非常方便地增加或裁减 IDS 的功能而不断提高其检测能力。

12.12.2 入侵检测系统的组成及功能

随着入侵检测技术的发展，一些国际组织陆续开展了 IDS 的标准化工作，其中 DARPA (Defense Advanced Research Project Agency) 定义了公共入侵检测框架 (Common Intrusion Detection Frame, CIDF)；该框架将一个入侵检测系统分成五个组成部分(也称为构件)：事件产生器(event generators)、事件分析器(event analyzers)、事件数据库(event databases)、响应部件(response units)和管理服务器(directory Server)，如图 12.14 所示。

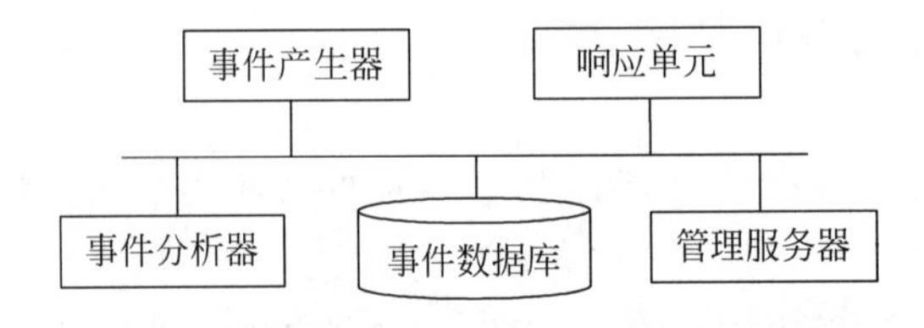

图 12.14 公共入侵检测框架

在图 12.14 中，事件产生器进行事件收集和完成必要的数据过滤功能，它的数据源一般是系统的日志文件或网络数据流。事件分析器分析事件数据以及来自其他组成部分的信息，根据分析结果产生报警信息。事件数据库存储由事件产生器和事件分析器传递过来的信息，对系统各阶段的数据进行管理，并提供检索和查询服务。响应单元根据事件分析器的分析结果以及相应的响应策略决定系统应采取的行动，对攻击做出反应。管理服务器也称目录服务器，通过该目录服务，CIDF 可以定位自己需要的服务构件以获取共享信息，或者注册自己以向其他构件提供共享数据，并为通信双方构建安全的信息通信通道提供支持，例如管理和分发密钥等。上述各个构件间以及不同的 IDS 间采用通用入侵检测对象 (Generalized Intrusion Detection Objects, GIDO) 进行数据交换。GIDO 以一种通用的标准格式来表示，该格式使用通用入侵描述语言 (Common Intrusion Specification Language, CISL) 来定义。

12.12.3　入侵检测系统的分类

入侵检测系统有多种不同的分类标准。从实现方式上可以分成基于网络的入侵检测系统和基于主机的入侵检测系统；根据检测时所使用的数据分析技术可分为误用入侵检测系统和异常入侵检测系统；根据对入侵攻击反应方式的不同可分为主动入侵检测系统和被动入侵检测系统；根据数据收集、分析和响应方式的不同又可分为集中式入侵检测系统和分布式入侵检测系统，等等。

首先，入侵检测根据数据分析方法的异同分为误用入侵检测和异常入侵检测，其组成如图 12.15 所示；图中左侧部分对应误用入侵检测，而右侧部分对应异常检测。误用入侵检测也称基于知识或基于特征的入侵检测，它提取各类攻击的模式特征，形成规则库；检测时将新获取的特征与规则库中的模式相比较，从而确定入侵行为；它仅能识别已知的攻击行为，因此存在一定程度的漏报；它的规则库可以通过自学等方式不断地扩充，以检测新的攻击行为，降低漏报率。异常入侵检测也称基于统计或基于行为的入侵检测，用于识别主机或网络中的与正常活动差异较大的异常行为；异常检测首先收集一定时期内正常操作行为的历史数据，以此建立代表用户、主机或网络连接的正常行为轮廓，然后收集事件数据并使用神经网络、遗传算法或传统的统计分析等方法与正常的行为模式相比较，决定当前的行为是否为异常行为；它可能将一个未曾出现过的正常行为误认为是异常行为，故存在一定程度的误报。

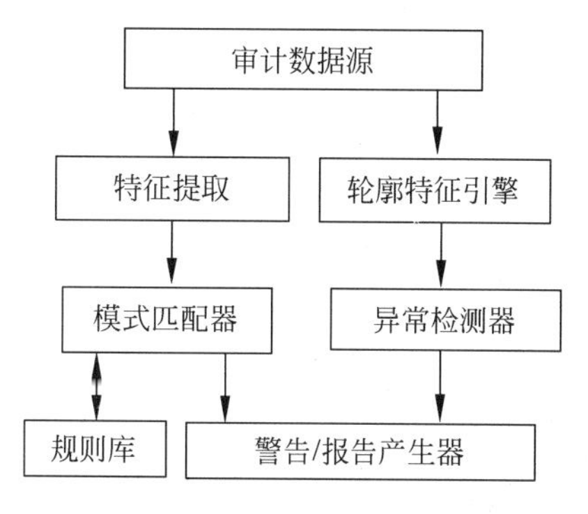

图 12.15　入侵检测系统的组成

根据数据收集、分析和响应位置的不同，入侵检测又可分为集中式入侵检测和分布式入侵检测。集中式入侵检测采用单台主机对审计数据或网络数据流进行分析，寻找可能的入侵行为；由于采用集中处理的方式，实现入侵检测功能的主机会成为系统的瓶颈；一方面因承担过多的工作而影响系统的性能，另一方面该主机也往往成为被攻击的首要目标，一旦被攻破，系统的安全就得不到保证，这就是所谓的单点失效问题。分布式入侵检测系统采用多个代理(agent)分布在网络的各个部分，分别进行入侵检测，并且可以协同处理各种可能的入侵行为；这种方式将检测代理分布在网络上感兴趣或重要的位置，独立、自治地运行，收集异常信息，独立或协同地检测网络入侵行为。这种分布式系统实现了入侵检测系统的功能分散和安全性分散，解决了单点失效问题；或将危害局限在一定范围内，不会对入侵检测系统的安全性能造成严重影响；同时因 IDS 可以分散到网络的各个部位，从而保证在第一地点、第一时刻检测到入侵，克服了网络延迟；而且采集到数据后大都在原地进行处理，减少了数据在网络中的传输，减轻了网络负载。分布式的采用还增强了 IDS 的异步执行特性(asynchronous execution)和自治性(autonomy)以及在异构环境下的跨平台特性和互操作性。

按照入侵检测系统处理信息来源的不同，又可将其分为基于主机的入侵检测系统和基于网络的入侵检测系统。基于主机的入侵检测系统分析所在主机的审计数据和系统日志等信息，进而判断是否发生了网络入侵；这种检测方式不受网络信息流加密和交换网络的影响，但它仅能判断已经发生的入侵行为，不能实时地检测出网络攻击。基于网络的入侵检测系统分析在关键网段或重点部位处所捕获的数据包，从而实时地检测出网络的攻击行为；但这种方式不能解析侦听到的加密信息和交换技术传输方式下的所有数据包；解析侦听到的数据包时会增加系统负担，对于高速网络更为明显。

显然，上述不同种类的入侵检测系统在所处理的数据对象、数据的获取方式、处理方法以及实现技术等方面存在一定程度的差异；每种系统实现的出发点不同形成了各自的优势，但也造成了各自的局限性；若单独使用某种方法或技术来独立完成入侵检测功能，则往往考虑过于片面；若将多种不同的检测技术相互融合，则可以形成优势互补，能够更好地完成入侵检测任务。

12.12.4 典型的入侵检测系统

世界上的许多网络设备公司和安全技术公司陆续推出了一系列的入侵检测产品，其中Sourcefire公司推出的Snort是一个比较典型的入侵检测系统，下面以它为例介绍入侵检测产品的基本情况。

Snort是一个基于网络的入侵检测系统，采用基于规则的方法进行入侵检测。Snort是由Martin Roesch等人开发的，用C语言编写的符合GPL(General Public License)规范的开放源代码软件，这几年它不断推出新的版本，已经成为一个相当稳定和高效的IDS。

Snort是一个基于Libpcap、多功能的轻量级入侵检测系统。所谓轻量级有两层含义：首先，它能够方便地安装和配置在网络的任何一个节点上，而且不会对网络运行产生太大的影响。其次，它具有跨平台操作的能力，管理员能够在短时间内通过修改配置进行实时的安全响应。Snort可以运行于多种操作平台，如UNIX系列和Window系列操作系统。

Snort由几大软件模块组成，这些软件模块采用插件方式与Snort结合，扩展起来非常方便，例如有预处理器和检测插件、报警输出插件等，开发人员也可以加入自己编写的模块来扩展Snort的功能。Snort是目前安全领域最活跃的开放源代码工具之一，与目前许多昂贵而庞大的商用系统相比较，Snort具有系统规模小、易于安装、便于配置、使用灵活等诸多优点。

Snort有3种工作模式：嗅探器、数据包记录器和网络入侵检测系统。各种模式所完成的主要功能如下：

- 嗅探器：又称为Sniffer，它实际上是一个运行在网络层的抓包和分析工具，用于实现对网络数据包的监控，并可以将捕抓到的数据包显示在控制台上。使用Sniffer程序监听某台主机时，要求安装Sniffer的主机和被监听的主机必须位于同一以太网段，而且必须以管理员或者root身份使用Sniffer程序，同时要将安装Sniffer的主机的网络接口卡设置为混杂模式，以便它能接收到网段上的所有数据包。
- 数据包记录器：数据包记录器是Snort的另一种常用的运行模式。在这种模式下，Snort记录的数据被保存在硬盘的日志文件中。在使用Snort记录数据包前，要先在本地主机或者远程主机上指定存储日志文件的文件夹和存储数据的格式。
- 网络入侵检测系统：Snort最重要的功能是作为一个基于网络的入侵检测系统。进行入侵检测时的规则集由Snort.conf文件给出。Snort将捕获的数据包与规则集中的规则进行匹配，发现有匹配的包就采取相应的行动，并将日志文件输出到指定的目录中。

Snort一般包括网络数据包嗅探器、预处理器、检测引擎、报警/日志等四个处理模块，具体如图12.16所示。嗅探器用来从网络上捕获数据包并提供给预处理器。预处理器对网络数据包进行协议解析、分片重组、流重组和异常检查等；然后解析规则文件，转化成规则链表；再根据报警模式，设定报警函数。检测引擎根据数据包的特征与规则库中的规则进行匹配，对当前数据包按照一定的顺序，分别应用规则列表，根据给定的各种规则和当时所截获的数据包的匹配结果，做出是否发生入侵行为的判断。如果当前数据包符合某条检测规则所指定的情况，则报警/日志模块可以根据这条规则所定义的响应方式以及输出模块的初始化定义情况，选择进行各种方式的日志记录和报警操作。

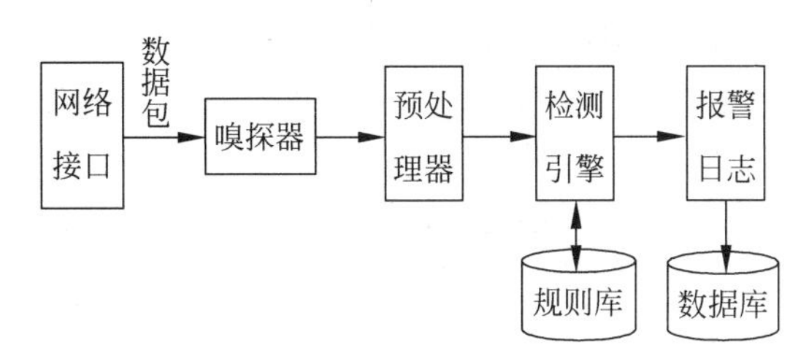

图12.16 Snort的组成框图

12.13 入侵防御系统

如前所述，入侵检测系统(IDS)对可能是入侵行为的异常数据进行检测，在发现异常情况后及时向网路安全管理员或防火墙系统发出警报。IDS系统通常工作于被动、旁路方式，在攻击实际发生之前，它们无法预先发出警报，它是一种入侵发生后的检测行为。

入侵防御系统(Intrusion Prevention System，IPS)则不然，它对那些被明确判断为攻击行为，会对网络、数据造成危害的恶意行为进行检测和防御，其目的在于及时识别攻击程序或有害代码及其克隆和变种，采取预防措施，及时阻断、调整或隔离一些不正常或是具有伤害性的网络入侵或者异常行为。所以，IPS是比IDS功能更强的网络安全设备。

与IDS不同，IPS则倾向于提供主动防护，其设计宗旨是预先对入侵活动和攻击性网络流量进行拦截，避免其造成损失，而不是简单地在恶意流量传送时或传送后才发出警报。IPS一般工作于在线方式，而不是旁路方式，即通过一个网络端口接收来自外部网络的流量，经过检查确认其中不包含异常活动或可疑内容后，再通过另外一个端口将它传送到网络系统内部。

与IDS的分类类似，IPS也分为基于主机的入侵防御系统(Hosted IPS，HIPS)和基于网络的入侵防御系统(Network IPS，NIPS)。

HIPS通过在主机/服务器上安装软件代理程序，利用由包过滤、状态包检测和实时入侵检测组成分层防护体系，防止网络攻击入侵操作系统以及应用程序；基于主机的入侵防护能够保护服务器的安全弱点不被不法分子利用。

由于HIPS工作在受保护的主机/服务器上，它不但能够利用特征和行为规则检测，阻止诸如缓冲区溢出之类的已知攻击，还能够防范未知攻击，防止针对Web页面、应用和资源的任何未授权的非法访问。

NIPS通过检测流经的网络流量，提供对网络系统的安全保护。由于它采用在线工作方式，所以一旦辨识出入侵行为，NIPS就可以阻断整个网络会话，而不仅仅是复位会话。由于工作于实时在线方式，NIPS需要具备更高的性能，以免成为网络的瓶颈；因此，NIPS通常被设计成类似于交换机的网络设备，提供线速吞吐速率以及多个网络端口。

在技术上，NIPS吸取了目前NIDS所有的成熟技术，包括特征匹配、协议分析和异常检测。特征匹配是最广泛应用的技术，具有准确率高、速度快的特点；基于状态的特征匹配不但检测攻击行为的特征，还要检查当前网络的会话状态，避免受到欺骗攻击。异常检测的误报率比较高，NIPS中较少采用。

性能优良的网络入侵防护系统应该具备以下特征：

- 满足高性能的要求，提供强大的分析和处理能力，保证正常网络通信的质量。
- 提供针对各类攻击的实时检测和防御功能，同时具备强大的访问控制能力，在任何未授权活动开始前发现攻击，避免或减缓攻击可能造成的损失。
- 准确识别各种网络流量，降低漏报和误报率，避免影响正常的网络功能。
- 具备丰富的高可用性，提供必需的可靠性保障措施。
- 可扩展的多链路IPS防护能力，避免不必要的重复投资。
- 提供灵活的部署方式，支持在线模式部署，第一时间把攻击阻断在网络之外；同时也支持旁路模式部署，用于攻击检测，以适合不同客户的需要。
- 支持分级部署、集中管理，满足不同规模网络的使用和管理需求。

目前，和防火墙一样，IPS也成为确保网络系统安全运行的关键设备之一。

习题

(1) 评价计算机网络与信息安全的性能指标有几个？各项指标的具体含义是什么？

(2) 信息安全的主要目的是为了保证信息的(　　)。

A. 完整性、机密性、可用性　　B. 安全性、可用性、机密性

C. 完整性、安全性、机密性　　D. 可用性、传播性、整体性

(3) 数据被非法篡改，破坏了信息安全的(　　)属性。

A. 保密性　　B. 完整性　　C. 不可否认性　　D. 可用性

(4) 什么是计算机网络的脆弱性？网络存在的脆弱性具体体现在哪些方面？

(5) 网络的安全威胁有哪些？

(6) 什么是恶意代码？计算机蠕虫和计算机病毒有什么区别？

(7) 特洛伊木马的作用是什么？

(8) 以下关于计算机病毒特征的说法，正确的是(　　)。

A. 计算机病毒只具有破坏性，没有其他特征

B. 计算机病毒具有破坏性，不具有传染性

C. 破坏性和传染性是计算机病毒的两大主要特征

D. 计算机病毒只具有传染性，不具有破坏性

(9) 木马与病毒的最大区别是(　　)。

A. 木马不破坏文件，病毒会破坏文件

B. 木马无法自我复制,病毒能够自我复制

C. 木马无法使数据丢失,病毒会使数据丢失

D. 木马不具有潜伏性,病毒具有潜伏性

(10) 什么是拒绝服务攻击? 拒绝服务攻击的原理是什么?

(11) 什么是分布式拒绝服务攻击? 它与拒绝服务攻击的区别是什么?

(12) 常见的网络攻击有哪些?

(13) 死亡之 ping(Ping of Death)属于(　　)。

A. 冒充攻击　　B. 拒绝服务攻击　　C. 重放攻击　　D. 篡改攻击

(14) 利用虚假 IP 地址进行 ICMP 报文传输的攻击方法称为(　　)。

A. ICMP 泛洪　　B. LAND 攻击　　C. 死亡之 ping　　D. Smurf 攻击

(15) TCP SYN 泛洪攻击的原理是利用了(　　)。

A. TCP 3 次握手过程　　B. TCP 面向流的工作机制

C. TCP 数据传输中的窗口技术　　D. TCP 连接终止时的 FIN 报文

(16) DDOS 攻击破坏了系统的(　　)。

A. 可用性　　B. 保密性　　C. 完整性　　D. 真实性

(17) 在以下人为的恶意攻击行为中,属于主动攻击的是(　　)。

A. 数据篡改及破坏　B. 数据窃听　　C. 数据流分析　　D. 非法访问

(18) 网络安全的基本功能是什么? 通过哪些技术来实现这些安全功能?

(19) 网络扫描工具(　　)。

A. 只能作为攻击工具　　B. 只能作为防范工具

C. 既可作为攻击工具也可以作为防范工具D. 不能用于网络攻击

(20) 请解释概念:明文、密文、加密、解密、加密算法、解密算法、密钥。

(21) 根据密钥的特点,密码体制是如何分类的?

(22) 什么是对称密钥密码体制和非对称密钥密码体制? 它们有什么区别? 各自的特点是什么?

(23) 什么是混合密钥密码体制?

(24) 目前流行的密码算法主要有哪些? 各自的特点是什么?

(25) 什么是消息认证? 消息认证有几种方法? 它们各自解决什么问题?

(26) 什么是数字签名? 数字签名至少应满足的 3 个条件是什么?

(27) 消息认证和数字签名的区别是什么?

(28) 电子商务的交易过程中,通常采用的抗抵赖措施是(　　)。

A. 信息加密和解密　　B. 信息隐匿

C. 数字签名和身份认证　　D. 数字水印

(29) 用公钥加密的 RSA 签名体制举例说明数字签名的基本流程。

(30) 什么是信息隐藏? 它与加密的区别是什么?

(31) 什么是数字水印与数字指纹?

(32) 请简述信息的隐藏和恢复过程。

(33) 信息隐藏主要有哪些应用?

(34) 哪些协议用于弥补传统 TCP/IP 在安全性方面的不足?

(35) 什么是 VPN 技术？它的作用是什么？

(36) 如何理解 VPN 中虚拟和专用的概念？

(37) VPN 中涉及哪些隧道协议？这些隧道协议各适合应用到什么场合？

(38) 请简述使用 L2TP 的工作过程。

(39) 在以下隧道协议中，属于 3 层隧道协议的是(　　)。

A. L2F　　B. PPTP　　C. L2TP　　D. IPSec

(40) 什么是防火墙？它的主要作用是什么？

(41) 防火墙的功能是什么？共有几类防火墙？简述各类防火墙的工作原理。

(42) 防火墙有几种体系结构？它们的优缺点是什么？

(43) 为了适应网络技术的快速发展，防火墙要解决的主要问题有哪些？

(44) 什么是入侵检测技术和入侵检测系统？它要解决的主要安全问题是什么？

(45) 一个优良的入侵检测系统应具有哪些特征？

(46) 请简述公共入侵检测框架(CIDF)中的各个组成部分及其功能。

(47) 入侵检测系统是如何进行分类的？

(48) Snort 有哪些工作模式？在各种工作模式下，Snort 完成的功能是什么？

(49) 请采用防火墙、入侵检测系统或者入侵防御系统构建一个局域网的安全防护系统。

第5篇

网络计算

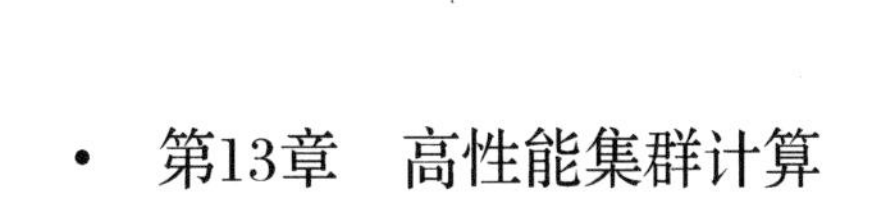

计算机网络作为国家信息化基础设施的重要组成部分，它的发展和完善以及应用领域的不断扩大有力刺激和推动了相关技术和领域的快速发展，促使了计算模式和计算机体系结构的不断变革，陆续出现了集群计算、网格计算、云计算、移动计算、普适计算等新兴计算模式；这些计算模式均是以计算机网络为基础，因此将之统称为网络计算。这些新兴计算模式的出现为人工智能(Intelligence Artificial，AI)、深度学习、大数据挖掘等新兴技术的发展提供了有力支撑，极大地促进了相关技术的发展和社会的信息化进程。

本篇共包括5章，分别介绍高性能集群计算、网格计算、云计算、移动计算、普适计算等新兴计算模式出现的背景、原理、体系结构、关键技术以及应用。

第13章 高性能集群计算

20世纪80年代以来，人们一直认为计算机性能的提高主要依赖于处理器，但随着并行处理技术的发展这种观点受到了挑战，并行处理技术已成为实现高性能计算的有效途径。随着微电子技术和大规模集成电路制造技术的发展，并行处理的内涵发生了根本变革，已由多处理器并行转变为多处理器并行与多机并行相结合的方式。特别是高性能工作站和高速网络技术的发展使得相互连接的多台计算机协同工作来共同完成同一项任务成为可能，从而导致了廉价的高性能集群计算系统的出现。这种集群计算系统为解决大型计算问题提供了一条有效途径。这些大型问题的计算量非常庞大，以往需要大型/巨型机才能完成，而且计算费用昂贵，常称这种类型的计算为高性能计算(High Performance Computing，HPC)。例如，结晶学、蛋白质动力学、生物催化学、光子的相对论量子化学、虚拟设计、全球气象和离散事件模拟等相关领域的一些问题常常涉及的就是高性能计算问题。集群计算系统的出现使得解决这些高性能计算问题变得更为经济和现实。由于集群计算系统具有投资风险小、可扩展性好、可继承现有软硬件资源、开发周期短、可编程性强等特点，正在成为并行处理和高性能计算的热点和主流。

13.1 集群系统及其体系结构

集群计算系统简称为集群(cluster)或者集群系统，它是一种并行分布式处理系统，它由多台通过高速网络连接在一起的独立计算机组成，整个系统像一个单独集成的计算机资源一样协同地工作。

集群系统包括通过网络连接的多个计算节点，每个计算节点可以是单处理器系统(如PC或工作站)，也可以是多处理器系统(如对称多处理机)。一个集群一般是指通过网络连接在一起的两个或多个计算节点。这些节点可以是集中在一起的，也可以是分散在不同物理位置而通过LAN连接在一起。一个集群系统对于用户和应用程序来说像一台单一系统映像(Single System Image，SSI)的计算机系统，具有单一的地址空间，无须涉及消息传递和远程调用这些复杂编程技术就可以让集群系统完成各种串行或者并行的计算任务。这样的系统可以提供一种价格合理、快速可靠且可获得所需性能的解决方案，而在以往只能通过更昂贵的专用共享内存系统来达到。集群计算机系统的组成结构如图13.1所示。

通常，一个集群计算机系统包括下列组件：

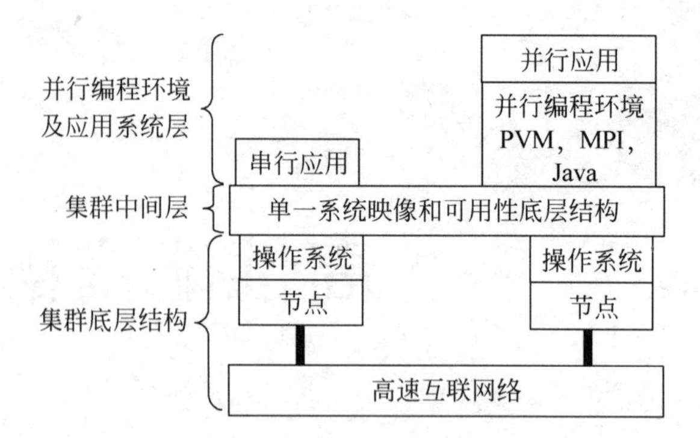

图 13.1 集群计算机系统的组成结构

- 多个高性能的计算机节点。在集群系统中，每个计算机节点可以是一个单处理器或多处理器系统（PC、工作站或 SMP），而且每个节点均独立拥有自己的内存、I/O 设备和操作系统。
- 具有较强网络功能的微内核操作系统。
- 高性能网络/交换机（如千兆以太网）。该组件是集群中最关键的部分，其容量和性能直接影响集群系统的高性能计算能力。
- 网络接口卡。
- 快速传输协议和服务。
- 集群中间件层。其中包括某些支持硬件（如数字存储通道、硬件分布共享存储器及 SMP）、应用软件工具（如系统管理工具）、实时系统（如分布式共享存储器软件和并行文件系统）、资源管理和调度软件等。
- 并行程序开发环境与工具。如编译器、编程环境、并行虚拟机（PVM）和消息传递接口（MPI）。
- 应用程序：包括串行、并行或分布式应用程序。

按照图 13.1 的 3 层结构，集群系统各组成部分的功能如下：

1. 并行编程环境和应用系统层

该层是集群计算系统的最高层，为用户提供使用集群计算系统的接口。并行编程环境和工具为应用程序提供可移植、有效和易用的开发工具。应用程序包括串行应用、并行应用和分布式应用，它们都可以在集群环境中运行。

2. 集群中间层

在底层结构之上的是集群中间层。集群中间层最重要的功能是实现单一系统映像（SSI）和可用性低层结构。单一系统映像提供单一接入点（entry point）、单一文件层次结构、单一控制点和单一作业管理系统。SSI 基础结构与操作系统联系在一起，在所有的节点上提供对系统资源的统一访问，有效管理分散资源使之作为统一、更强大的资源来使用。可用性底层提供高可用性服务，如自动故障检测、故障恢复和容错支持等。总之，这一层是整个集群计算环境的核心，它赋予该环境具有强大的并行计算能力，对用户屏蔽了低层平台的相关细节，并向上一层提供并行计算服务。

3. 集群的底层结构

集群的底层结构是整个系统的基础，它包括的一些重要组件是：多个高性能计算机(PC、工作站或 SMP)、优秀的操作系统(分层或基于微内核)、高性能网络/开关、网络接口卡(NIC)、快速通信协议和服务。也就是说，底层结构应该是一个应用目前各种网络技术，将运行各种多任务操作系统的高性能计算机连接在一起的高速局域网，如 Ethernet、FDDI、ATM、Myrinet、Quadrics 等，这些通信网络具有更高的带宽和更小的传输延时；这种网络连接环境对用户屏蔽了集群计算环境的异构性，由通信软件通过网络接口硬件进行节点间以及与外界的透明数据通信。

13.2 集群系统的分类

集群系统的分类方法有多种，从应用的特点分，集群系统可分为科学计算集群、负载均衡集群、高可用性集群、并行数据库集群等几种类型。

1. 科学计算集群

科学计算集群是最早出现的集群类型，主要用于进行大规模的数值计算，以解决复杂的科学计算问题。这种集群运行的是专门开发的并行应用程序，它可以把一个问题的数据分布到多台计算机上，使这些计算机协同完成同一项计算任务，从而解决单机难以完成的问题。一个典型的科学计算集群结构如图 13.2 所示。

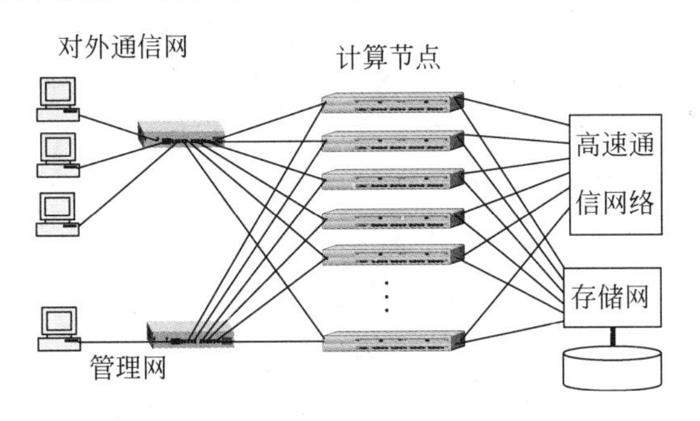

图 13.2 典型的科学计算集群结构

2. 负载均衡集群

从该类集群的名称可以看出，该系统将负载均匀地分摊给集群中的各个计算节点。此负载可能是应用程序或者是网络流量。在这种集群系统中，每个节点承担一部分负载，而且负载可以按照负载均衡算法在各个节点间动态分配。对于网络流量而言，若某个服务器应用程序接收太多的入网流量，以至于无法及时处理，将导致延迟增大而降低网络的性能；此时，应自动将流量分流给其他节点上运行的服务器应用程序。

3. 高可用性集群

高可用性(High Availability，HA)集群是一种运行速度和响应速度快、可靠性高的高性能计算机系统，它通过在多个节点上运行冗余的服务以进行相互跟踪，如果某个节点失败，它的替补将在短时间内迅速接管它的职责。因此，对于用户而言，该类集群提供高可用性的服务。

在高可用性集群环境下，应用程序通常分别部署在集群系统的主运行节点和备份节点上。当主节点出现故障时，正在运行的应用程序将迅速迁移到备份节点上继续运行。主从节点间的监控和应用迁移等工作需要专门的高可用性软件来实现，该软件通常由操作系统厂商或第三方软件厂商来提供。

高可用性集群又可分为主从方式、双机互备方式和多机互备方式。在主从方式下，主节点运行应用程序，而从节点保持闲置状态但会周期性地监视主节点的运行状态，一旦监测到主节点出现故障，则立即接管主节点的工作。在双机互备方式下，主从节点会同时运行不同的应用程序，但同时又作为对方的备份节点，出现故障的接管方式与主从方式类似。在多机互备方式下，通常集群中的各个节点分别运行多个不同的应用程序，采用一台服务器作为所有应用的备份服务器，或者采取一定的备份策略进行多个节点间的相互备份；这种方式比较复杂，需要专门的高可用性管理软件来实现。

4. 并行数据库集群

并行数据库集群是近几年兴起的一种集群系统，具有并行计算、负载均衡和高可用性等多种特性，已应用于商业高端数据库应用领域。

以往商业高端数据库系统一直是大型机和小型机的市场，但随着 IA（Intel Architecture）架构服务器的不断成熟，数据库系统开发商转向将大型数据库系统分而治之地部署在多个 IA 服务器上，从而促使了并行数据库集群系统的诞生。

并行数据库集群系统的两个典型代表是 DB2 EEE 和 Oracle RAC。DB2 数据库系统采用的是无共享并行体系结构，每台计算机都有它自己的 CPU、内存和磁盘，各台计算机通过高速互联设备连接起来。在处理查询时，每个节点处理其本地表中的行，然后将各个节点的部分结果回传给运行协调程序的节点，协调程序将来自所有节点的结果合并成最终结果。

Oracle RAC 数据库系统是共享磁盘体系结构的代表，每台计算机拥有自己的 CPU 和内存，但共享磁盘存储空间。这种并行体系结构的数据库更多采用的是连接数的并行执行，即不同的查询将依次连接到不同的节点上，由所在节点执行查询并返回结果。

并行体系结构的数据库具有强大的处理性能、高可用性和可扩展性。从技术上讲，DB2 数据库系统在并行处理性能和可扩展性方面占有优势；而 Oracle RAC 数据库系统在高可用性和可靠性方面较为突出。目前这两种并行数据库集群系统在金融、银行、政府、企事业等部门得到了广泛应用。

13.3 集群系统中的关键技术

计算机网络是一个松散耦合的分布式系统，其中的各台计算机独立自治地工作；而集群系统则是一种紧耦合的分布式系统，以单一系统映像呈现在用户面前，其中的计算、存储等资源要统一管理和分配，进程可以在各个节点间迁移，以达到系统的负载均衡和实现高性能计算的目的。

1. 资源管理与负载平衡

集群系统一般是一个多用户(multi-users)、分时共享(time-sharing)系统。集群系统的主要目标是通过网络互连实现全系统范围内的资源共享,同时通过高效的资源管理和任务调度(Resource Management and Scheduling,RMS)提高资源的利用率。从系统的角度来看,集群系统的资源使用率是最重要的问题。系统资源使用率越高,说明系统吞吐能力(throughput)越大,资源共享的效果就越好。常用的并行编程环境PVM、MPI等对资源管理与调度的支持都比较弱,仅提供了统一的虚拟机;主要原因是节点的操作系统为单机系统,并不提供全局服务支持,同时也缺少有效的全局共享方法。因此,就有必要在节点的单机操作系统和并行编程环境之间加入一些中间软件,即所谓的集群操作系统,来对系统中的所有资源进行统一管理和调度,其中包括组调度、资源分配和并行文件系统等。

负载平衡是并行处理中的另一个重要问题,其解决的好坏将直接影响到集群计算系统的性能。负载平衡技术的核心是任务调度算法,即将各个任务比较均衡地分布到不同节点进行并行处理,从而提高处理速度并使各节点的利用率达到最大。除此之外,还需要考虑诸如调度时机、调度系统模式、负载指标的收集、负载调度策略等问题。比较成熟的负载平衡系统有美国Wisconsin-Madison大学的Condor系统和加拿大Platform公司的LSF系统。它们的特点是只需对原有系统稍加改动,即可使之与并行程序设计环境结合起来,提供负载平衡功能。

2. 进程迁移

进程迁移就是将一个进程从当前节点移动到指定的另一个节点上,然后在目的节点根据进程状态再生该进程。它的基本思想是在进程执行过程中移动它,使得它在另一台计算机上继续存取它的所有资源并继续运行,而且不必知道运行进程或任何与其他相互作用的进程的知识就可以启动进程的迁移操作,这意味着进程的迁移是透明的。进程迁移是支持负载平衡和高容错性的一种有效手段。进程迁移具有如下作用:

(1) 动态负载平衡。将进程迁移到负载轻或空闲的节点上执行,可以充分利用系统资源,也可以通过减少节点间负载的差异来全面提高系统的性能。

(2) 容错性和高可用性。当某个节点出现故障时,将进程迁移到其他节点上继续恢复运行,这将极大地提高系统的可靠性和可用性。

(3) 并行文件I/O。将进程迁移到它要处理数据所在的文件服务器上进行I/O,而不是通过传统的方法,即通过网络将数据从文件服务器传输给进程。对于那些需向文件服务器请求大量数据的进程,通过进程迁移,而不是数据迁移就能有效地减少通信量,极大地提高效率。

(4) 充分利用特殊资源。当进程需要某些特殊资源而所在节点不能满足时,可以利用资源发现机制寻找到满足要求的节点,并将进程迁移到这些节点上运行,从而达到充分利用某些节点上独特软、硬件资源的目的。

(5) 内存导引机制。当一个节点耗尽它的主存时,内存导引机制将允许进程迁移到其他拥有空闲内存的节点,而不是让该节点频繁地进行分页或与外存进行交换。这种方式适合于负载较为均衡,但内存使用存在差异或内存物理配置存在差异的系统。

进程迁移的实现相当复杂，尤其是进程的透明迁移。根据应用的级别，进程迁移可以作为操作系统(Operating System，OS)的一部分，也可以作为用户空间、系统环境的一部分或者成为应用程序的一部分。

13.4 集群系统的应用

集群系统的应用领域非常广泛，从最初的用于大规模科学计算到近几年发展迅速的商业计算，处处可见集群系统的影子。

1. 集群系统在科学计算领域中的应用

集群技术最早的应用领域是科学计算领域(即高性能计算)。其实早在20世纪70年代，计算机厂商和研究机构就开始了对集群系统的研究和开发，当时主要用于科学工程计算，所以这些系统并不为大家所熟知，直到Linux集群系统的出现，集群的概念才得以广为传播。目前集群技术已广泛应用于涉及大规模数值计算的各种领域，具体如下：

(1) 生物学、生物医学和生物化学。具体涉及药物设计、生物分子结构、基因信息学、医学图像处理、人体功能模拟、皮层神经网络模拟、医学数据库分析等方面。

(2) 化学和化工。催化剂及酶的研究与设计、化工厂及管道系统的模拟与设计等。

(3) 物理学。新材料性质研究、芯片中的半导体模拟、核试验模拟、基本粒子性质研究、流体力学研究等。

(4) 空间科学与天文学。宇宙形成研究、天体系统(星、星云)研究、太阳动力学研究、黑洞及引力波研究、射电天文学数据分析等。

(5) 天气与气象。天气预报与全球气象预测、灾害性天气预报等。

(6) 环境科学。污染物和地下水在地层中的流动模型研究、生态系统研究，根据遥感数据研究土地和森林资源的性质和利用等。

(7) 地球科学和石油工程。石油勘探中的三维地震资料处理、油藏模拟、地震预报研究等。

(8) 航空、航天、机械和制造工业。节能汽车和飞行器的设计与制造、新型推进系统研究、新型计算机中的芯片模拟、新型飞行器的雷达识别模拟等。

(9) 军事应用。新型军用传感器和通信系统模拟、军事决策支持系统、军事演习模拟等。

(10) 人工智能。人工神经网络学习和优化算法研究、密码学研究等。

2. 集群在商业计算领域中的应用

集群技术从最早用于构建大规模高性能科学计算系统，逐步扩展应用到商业领域。集群的可用性、可扩展性、高性价比等诸多优秀特性，使得其在商业领域中的应用得到了越来越多业内厂商的支持和用户的认可。目前，集群技术主要应用的商业领域有银行、金融、证券、保险、电信等，目的是进行运营数据管理和商业决策支持等。

习题

（1）什么是集群？集群与计算机网络的区别是什么？

（2）集群是如何分类的？

（3）请描述集群的体系结构。

（4）实现集群系统涉及哪些具体的关键技术？

（5）举例说明集群的应用领域。

第14章 网格计算

随着 Internet 的广泛应用，并行与分布式计算技术的快速发展，伴随着网络带宽的不断增加，如何将 Internet 上丰富的计算和存储资源充分、有效地利用起来，让它们协同工作，进而共同完成一些复杂、大型的计算任务。为了达到上述目的，就迫切需要研究一种基于高速网络、实现网络计算资源共享的并行与分布式计算技术，以充分利用 Internet 上强大的计算资源，这种技术就是网格(grid)计算。这种技术利用互联网或专用网将地理上广泛分布的、异构的、动态的、跨组织的资源互联起来实现资源的高度共享和集成，为用户提供高性能的计算服务。

网格计算的概念最初来源于人们对高性能计算能力的追求，它通过 Internet 将分布在不同地域的若干高性能计算机连接为一个虚拟的大型计算系统，以解决单台计算机无法完成的大型复杂计算任务，或者让网上用户透明地共享这些昂贵的计算、存储资源；它力求在动态变化的虚拟环境下共享资源和协同解决问题。

14.1 网格的基本特征和内涵

供电网络(简称电网)是我们日常生活中非常熟悉的一种“网络”，用户在使用时只需将用电器连上电网，就能使用电网所提供的电力资源，而不需要关心电的来源。网格就是将互联网比拟成电网建立和发展起来的，网格一词在 20 世纪 90 年代中期首次被用来描述用于进行科学和工程分布式计算的基础设施；这种基础设施把计算资源、数据存储设施、其他设备等通过网络连成有机的整体，目的是为了方便用户使用基础设施中的任何资源。

从本质上讲，网格就是一个基于广域网构建的分布式计算系统。它与传统的分布式系统的主要区别在于，网格具有广域性、异构性、动态性 3 个特点，主要应用于解决科学、工程、商业领域中规模庞大、计算复杂、需要使用多种异构资源的计算问题，现实生活中存在大量的类似问题，而且这些问题在任何一台单一的超级计算机上都不能得到很好的解决。

网格的大小没有任何限制，根据不同的需要，可以建立行业网格、企业网格、局域网网格、校园网格、个人网格等等。虽然网格的大小不同，但是所有网格都实现了资源共享(注意这里的资源不仅仅是指信息资源，还包括计算资源、存储资源等)，消除了资源孤岛，提高了网格环境下资源的利用率。在网格环境中的用户，只需将自己的电脑连上网格，就能使用网格提供的各种资源，包括计算资源、存储资源、信息资源、数据资源、知识资源、设备资源等，而不需要关心正在使用的资源的地理位置，也不需要知道这个资源是由谁提供的。显然，网格环境下的资源共享与网络环境下的资源共享存在本质区别。

网格作为一种技术，其目标是实现资源共享和分布式协同工作。为了实现不同种类、异构的分布资源的共享和协作，网格计算必须解决多个层次的资源共享和协作技术，制定相应的网格标准，将 Internet 从通信和信息交互的平台提升到资源共享的平台。

另一方面，网格是通过网络整合计算机、数据、设备和服务等各种资源的一种重要基础设施。随着网格技术的逐渐成熟，连接地理上分散的、遍布全国或全球的大型计算资源节点，并集成网络上的众多资源，联合向全社会按需提供全方位的信息服务，特别是计算服务。这种设施的建立，将使用户如同今天按需使用电力一样，无需在用户端配备大规模的全套计算机系统和复杂软件，就可以方便地得到网格提供的各种服务，这将使得设备、软件投资和维护开销大大减少。

网格环境下所解决的问题常常是大型的应用项目。这样的项目规模庞大，涉及因素多，需要的计算、存储等资源单机环境难以满足，常常涉及许多单位和个人，往往需要由多个组织协同完成。这些组织通过网格计算环境形成一个统一的虚拟组织(Virtual Organization, VO)，各组织拥有的计算资源、存储资源等都可以被虚拟组织中的成员所共享，并且各成员可以方便地协同完成各种分布式的应用和任务。

显然，网格与集群系统一样，也是以计算机网络为基础的，但它与计算机网络和集群系统存在本质区别。传统因特网实现了计算机硬件的连通，而网格试图实现互联网上所有资源的全面连通。一般来讲，网格具有如下 5 个基本特征。

1. 分布与共享

分布性是网格最主要的特点之一。分布性首先是指网格的资源是分布的。分布的网格涉及的资源类型复杂，规模较大，跨越的地理范围较广。在网格的分布式环境下，需要解决资源与作业的分配和调度问题、信息的安全传输与通信问题、实时性保障问题、人与系统以及人与人之间的交互问题等。

共享是网格的目的，分布式资源的共享问题是网格的核心问题。这里的共享是指网格环境下各种资源的共享。分布是网格硬件在物理上的特征，而共享是在网格软件支持下实现的逻辑特征。

2. 自相似性

网格的局部和整体之间存在着一定程度的自相似性，局部往往在许多地方具有全局的某些特征，而局部的特征在全局也有一定体现。这种整体和局部的相似性在网格的建设和研究过程中具有十分重要的意义。

3. 动态性与多样性

网格的动态性包括网格资源的动态增加和减少。对于网格资源动态减少或者网格出现故障的情况，要求能及时实现作业的自动迁移，做到对高层用户透明并尽量减少用户的损失。网格资源的动态增加体现为网格的可扩展性，具体体现在规模、能力和兼容性等几个方面。网格资源是异构和多样的，在网格环境中可以有不同体系结构的计算机系统和不同类别的资源，因此网格系统必须能够解决这些不同资源之间的通信和互操作问题。

4. 自治性与管理的多重性

网格资源的拥有者对所属资源拥有最高级别的管理权限，网格应该允许资源拥有者对他的资源有自主管理的能力，这称为自治性。但是网格的各种资源也必须接受网格系统的统一管理，否则无法实现资源共享和互操作，因此网格的管理具有多重性。

5. 动态自适应性

网格的计算环境相当复杂，包含各种各样的计算资源，因而资源出现故障或失败的可能性较高，这就要求网格具有资源管理功能，能够动态监视和管理网格资源，并在某些资源出现问题时能够实现任务的重新调度和资源再分配。

14.2 网格的分类

网格依据出发点的不同有多种分类方法，其中的一种分类方法是按照网格客体的不同层次将网格分为资源网格、信息网格和知识网格，这 3 种网格所处理的对象分别对应资源、信息和知识，如图 14.1 所示。其中，资源网格包括计算网格和数据网格，它直接位于万维网之上，为上层应用提供数据层面的连通和共享。信息网格位于网格操作系统之上，它的功能是为上层应用提供信息的无缝共享，包括信息数据库的构建、信息的发现及处理等。知识网格位于信息网格之上，它是网格的高层应用，其主要功能是从底层的数据和信息中挖掘、处理和应用知识。每个层面的网格均提供了与其功能相对应的用户接口，用户通过该接口可以方便地使用相应网格所提供的服务。

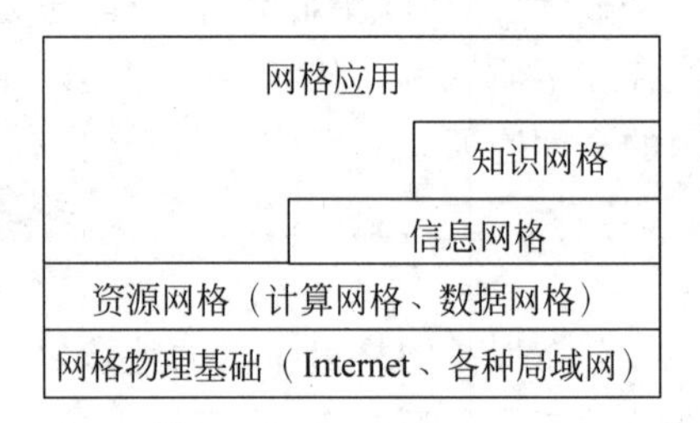

图 14.1 网格的层次分类

根据网格客体对象的不同，网格又可分成数据网格、计算网格和服务网格。数据网格中共享的基本单位是数据，主要解决数据的共享问题；计算网格中共享的基本单位是计算资源，其功能是为用户提供计算资源共享的接口和机制；服务网格中共享的对象是服务，其功能是为用户共享服务提供手段。

此外，网格也可以按照其主体(即网格用户)的不同分为科学研究网格、地球系统网格、地震网格、军事网格、教育网格等。

14.3 网格的体系结构

到目前为止，比较重要的网格体系结构有两个。一是由网格研究的先驱 Ian Foster 等提出的 5 层沙漏模型，二是由 IBM 与 Globus Alliance 结合 Web Service 技术提出的开放网格服务体系(Open Grid Services Architecture，OGSA)。

1. 沙漏模型

沙漏模型也采用分层的思想来定义网格的体系结构，它将网格的功能分散在 5 个不同的层中。低层实现的功能与物理资源的相关度较大，高层协议通过调用低层协议所提供的服务来完成本层协议的功能。各层协议功能可以直接调用 TCP/IP 来实现。

Ian Foster 等将 5 层沙漏模型自上而下分别定义为：应用层（application）、汇聚层（collective）、资源层（resource）、连接层（connectivity）和构造层（fabric），其中资源层和连接层为模型的核心部分；沙漏模型与 TCP/IP 模型的对比如图 14.2 所示。

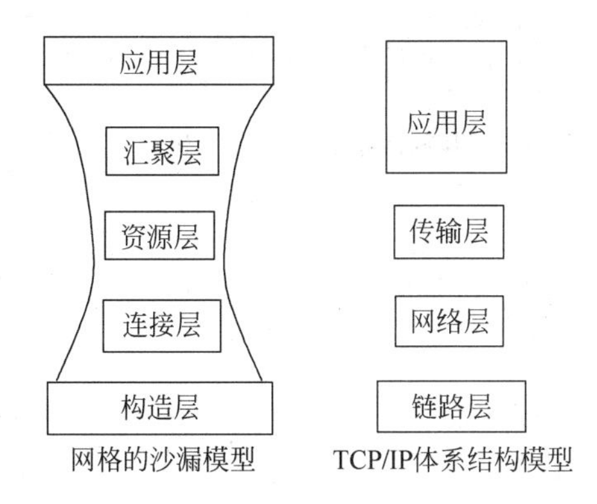

图 14.2 沙漏模型与 TCP/IP 模型的对比

沙漏结构的重要思想是以“协议”为中心，其重要特点是具有沙漏形状。沙漏狭窄的瓶颈定义了一些核心抽象概念和协议（如 TCP、HTTP），这些核心协议既要完成沙漏上层协议到自身协议的映射，也要实现本层协议到沙漏底部下层协议的映射。资源层和连接层共同构成了沙漏结构的核心瓶颈部分。

2. 开放网格服务体系

开放网格服务体系（OGSA）是在 5 层沙漏模型的基础上，结合 Web Service 技术提出来的。沙漏模型以“协议”为中心，而 OGSA 是以“服务”为中心。正如操作系统中将输入/输出设备抽象成文件进行管理一样，在 OGSA 框架中，将一切都抽象为服务，包括计算资源、存储资源、程序、数据、仪器设备等，从而使网格环境下的共享特性表现为对服务的共享。这种从资源到服务的抽象将各种各样的广义资源统一起来，非常有利于通过统一的标准接口来管理各种网格资源，方便共享资源的使用。

为了使服务的思想更加明确和具体，OGSA 定义了“网格服务”的概念。网格服务是一种 Web Service，该服务提供了一组接口，这些接口的定义明确并且遵守特定的惯例，解决服务发现、动态服务创建、生命周期管理、通知等问题。在 OGSA 中，将一切都看作是网格服务，因此网格就是可扩展的网格服务的集合。开放网格服务体系结构的核心组件包括开放网格服务基础架构、OGSA 服务和 OGSA 模式等 3 个主要部分，如图 14.3 所示。其中，开放网格服务基础架构（Open Grid Services Infrastructure，OGSI）定义了接口和行为规范以及约定来控制网格服务的创建、销毁、命名和监控等。OGSA 建立在 OGSI 基础之上，定义了网格功能环境中所需要的服务、附加接口等。

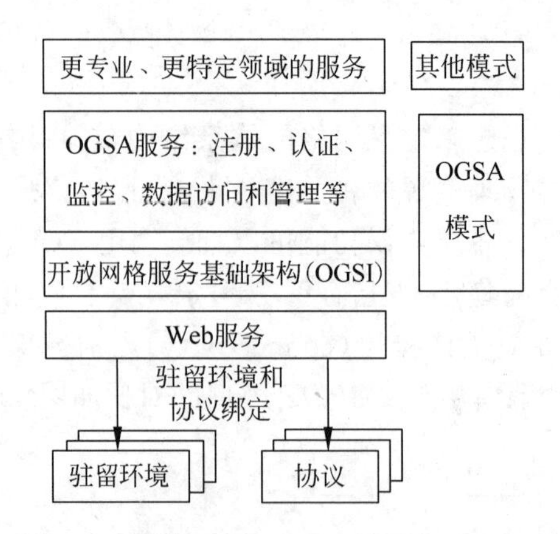

图 14.3　开放网格服务体系结构的核心组件

14.4　网格系统的层次划分

网格的上述两个体系结构模型比较抽象，不易于理解，下面借助于中间件（middleware）的概念提出一个简化的 3 层模型。此时网格系统可以分为 3 个基本的层次，即资源层、中间件层和应用层，各层的具体功能如下：

- 网格资源层是构成网格系统的硬件基础，其中包括各种计算资源，如超级计算机、集群、工作站、PC、大型存储设备、贵重仪器、可视化设备、应用软件等。这些计算资源通过网络设备（如广域网）连接起来，但是这种连接仅仅实现了计算资源在物理上的连通性，而逻辑上这些资源仍然是相互独立的，不能解决共享问题，而这个问题要由位于网格资源层之上的网格中间件层来完成。
- 网格中间件层是网格计算的核心，是指一系列工具和协议软件，其功能包括远程进程管理、资源管理、登录和认证、安全和服务质量（QoS）保证等，其作用是屏蔽网格资源层中计算资源的分布、异构特性，向网格应用层提供透明、一致的使用接口。网格中间件层也称为网格操作系统（grid operating system）。该层还需要提供用户编程接口和相应的环境，以支持网格应用系统的开发。
- 网格应用层是用户需求的具体体现。在网格操作系统的支持下，网格用户可以使用其提供的工具或环境开发各种应用系统。能否在网格系统上开发应用系统解决各种大型计算问题是衡量网格系统优劣的关键。

14.5　网格计算中的关键技术

为了在松散、分布、异构的网格环境下实现各种资源的共享和协同，需要解决资源管理与调度、网格安全技术等多方面问题。

1. 资源管理与调度

网格计算的本质是通过共享地理上分布在多个自治系统中的资源来协同完成某项任

务，其目的是在网格环境中，将各种地理上分布的异构资源在逻辑上整合在一起，呈现给用户的是一个单一的系统资源。因此，如何克服这些资源的异构性和动态性，提供可扩展、可伸缩的互操作性支持是非常重要的，这些功能是通过资源的管理和调度来实现的。

通常，网格的资源管理和调度一般具有如下基本功能：

- 资源发现。资源发现也称为资源定位（resource location）。资源管理的首要任务就是资源发现。其目标就是确定给定用户的可用授权资源列表。当前的网格资源发现算法主要是和网格信息服务（Grid Information Service，GIS）相交互，来得到授权资源的最初列表。例如，Globus 的 MDS（Monitoring and Discovery Service）。为了满足应用在硬件平台、操作系统、内存或磁盘空间等方面的最低需求，还需要对资源列表进行过滤，以获得满足用户需要的资源。
- 资源选择。一旦获得可能的目标资源列表，那么资源管理的第二阶段就是选择并确定能够满足用户在时间、性能等方面要求（即约束条件）的资源。为了满足用户的时间约束条件，资源管理必须收集关于资源可访问性、系统负载、网络性能等动态信息。这些信息可以由不同的服务提供。例如，NWS（Network Weather Service）。用户除了提出时间约束外，还可以提出费用约束条件；在这种情况下，还必须收集可用资源的价格方面的额外信息。例如，GRACE（Grid Architecture for Computational Economy）提供了一整套的贸易协议，它可以让资源的消费者和资源的提供者按照资源的开始使用时间、使用时间的长短以及其他条件来协商资源的使用价格。
- 作业（jobs）调度。资源管理和调度的下一阶段就是任务调度，就是将待处理的作业按照用户指定的某种成本函数（性能或费用）进行最优化然后再映射到特定的物理资源上。这是一个 NP 完全问题，可以使用不同的启发式算法来得到最优或近似最优解。当前的作业调度方法主要分为两大类：以性能为中心的调度和以经济为中心的调度。多数的网格系统调度属于第一类，它们是以最小化整体执行时间为目标找到任务/资源映射解；该类中的典型算法有贪心法、遗传算法、模拟退火法以及分支限定法。而以经济为中心的调度是将资源的使用成本作为优化条件，以寻求使用费用最低的资源。
- 作业的监控和迁移。网格系统本身是一个动态系统，其环境状态受到多种不可预测因素的影响。例如，系统或网络的故障、系统性能的下降、新资源的加入、资源价格的变化，等等。在这样的情况下，任务迁移是保证提交的任务按时完成、用户的约束条件得到满足的一种有效手段。任务迁移中的主要工作就是任务的监控、任务的重调度以及设定检查点（checkpoint）。任务监控负责检测引起迁移发生的报警信息。该信息传送给重调度器，由它决定是否进行任务迁移。检查点具有周期性捕获运行中的任务状态的能力，以便当任务迁移后，从最近的检查点处开始重新运行任务。

2. 网格安全技术

网格是通过开放的网络环境向用户提供服务的，因此它不可避免地涉及网络安全问题。与传统网络应用相比，网格的目标是实现更大范围和更深层次的资源共享，所以它所涉及的安全问题更为重要。由于网格系统规模大、牵涉面广，并且拥有超强的计算能力；因此，与传统的网络入侵活动相比，如果网格系统一旦遭到攻击破坏，或者被非法利用，其潜在的损失更大，危害也更为严重。

与传统的网络环境相比，网格计算环境极其复杂，它具有规模大、分布、异构、动态、可扩展等特性。根据网格计算环境的这些特性，网格计算面临的安全问题可分为如下 3 类：

- 集成问题(integration)。网格是异构的，决定了网格安全体系结构要具有灵活性和动态性，能方便地对现有的安全体系结构和跨平台、跨主机的环境进行集成。
- 协同问题(interoperability)。一个网格作业，往往需要访问多个不同的域和主机环境才能获得所需的资源，这需要域和主机环境能够协同工作；协同工作需要域间有严格的用户身份认证机制，以及安全的通信通道等作为保证。
- 信任关系问题(trust relationships)。网格作业需要跨越多个安全域，这些域中的信任关系具有非常重要的作用。网格安全体系结构必须对网格系统不同域间的信任关系进行定义和管理，并且由于网格的动态特性，使得信任关系很难预先建立，网格安全体系结构需要支持动态的信任关系。

由上面的分析可见，与传统的网络安全相比，网格安全所涉及的范围更广，解决方案也更加复杂。在确定网格安全的解决方案时，应考虑的安全功能包括认证、授权、存取控制、记账、审计、完整性、机密性和不可否认性等。

14.6 网格计算的应用

由于网格计算的优势，使其得到了非常广泛的应用，主要包括卫星图像的快速分析、先进芯片的设计、生物信息科学研究、超级视频会议、气象预报、地震和自然灾害预测、制造业的设计与生产、电子商务、数字图书馆等。具体的应用可分为 4 种类型：分布式超级计算、分布式仪器系统、数据密集型计算以及远程沉浸。

1. 分布式超级计算

分布式超级计算是指将分布在不同地域的高性能计算机用高速网络和网格中间件整合起来，形成前所未有的计算能力。分布式超级计算的驱动力来自于现代科技的发展对计算能力越来越高的要求，虽然计算机的处理能力在过去几十年中得到了飞跃发展，但是单个计算机的计算能力还是不能满足越来越多的应用需求。分布式超级计算是网格技术产生的初衷。

2. 分布式仪器系统

分布式仪器系统采用网格中间件来管理分布在不同地域的贵重仪器系统，提供远程访问和控制仪器的手段，提高仪器的使用效率，方便用户的使用。目前这一类应用主要包括远程医疗和对一些昂贵的科学仪器的远程访问和管理。

3. 数据密集型计算

数据密集型计算指在计算过程中涉及大规模数据的分布式超级计算。由于现代科学研究与现代商业流程中一般都需要分析大量的数据，因此数据密集型计算应用比分布式超级计算应用所适用的范围更广。针对数据密集型计算的网格系统被称为数据网格，数据网格在强调对计算资源进行协同调用的同时，更侧重于对海量数据资源的调度和管理。

4. 远程沉浸

简单而言，远程沉浸(Tele-immersion)是一种特殊的网络化虚拟现实环境，能够实现对现实事物或者历史场景的逼真再现，也可以实现对高性能计算结果或者数据库的可视化。"沉浸"的含义是指人们完全融入于由网格构成的虚拟空间中，在这个空间里既可以自由地漫游，又可以相互沟通和协作，还可以与虚拟环境进行交互，使之发生改变。远程沉浸广泛应用于科学计算可视化、教育、艺术、娱乐、工业设计、信息可视化等领域，具体的如虚拟历史博物馆等。

习题

(1) 简述网格的概念和基本特征。
(2) 网格有哪些分类方法？各种方法是如何对网格进行分类的？
(3) 网格计算与计算机网络、分布式系统、集群系统有哪些区别？
(4) 简述网格的5层沙漏模型。
(5) 简述网格的开放网格服务体系(OSGA)。
(6) 论述网格的5层沙漏模型和开放网格服务体系(OSGA)的区别。
(7) 论述网格计算中要解决的关键技术。

第15章 云计算

在计算机应用的传统模式下,用户建立一套 IT 系统不仅仅需要购买硬件和软件等基础设施,还需要配备专业人员进行管理和维护;若市场上没有满足其特定需求的商品化软件产品,还需要委托开发而经历一个漫长的过程。当用户的规模扩大,或者有新的需求时还要继续投入资金升级各种软、硬件设施以满足业务扩张的需要。但对于用户来说,计算机的硬件和软件本身并不是他们真正需要的,他们需要的是这些计算机系统为他们所做的工作和完成的任务,因此把计算机系统为用户所做的工作和完成的任务统称为服务。那么,能否有供应商提供这样的服务,当用户需要时,只需支付少量的“租金”即可“租用”到这些服务,从而为用户节省了购买软、硬件的大量资金和昂贵的维护成本。正如生活中使用电力、自来水和煤气一样,并不是每个家庭均建立一套独立的生产和供给系统,而是由专门的供应商通过专用的传输系统输送给用户,而发电、水处理、煤气制造以及输送和维护等过程均不需要用户考虑,用户只需支付费用就可以使用。这种模式极大地节约了资源和资金投入,方便了人们的生活。这些成熟的应用模式给了我们很大的启示,我们能否像使用水、电和煤气一样使用计算资源呢?这些想法最终导致云计算(Cloud Computing)概念的产生。此时,计算机系统提供的计算、存储、软件和应用均以服务的形式存在,它们作为商品通过互联网流通给用户,供用户消费。最终目标就是将计算、存储、软件和应用作为一种公共设施以服务的形式通过 Internet 提供给社会,使人们能够像使用水、电和煤气那样去自由地使用这些资源,而且取用方便,费用低廉。这种方式将从根本上改变计算机系统的使用模式,即由原来自购自建的消费模式,转变为不求所有、只求所用的以网上消费为特征的使用方式。此时,计算、存储、软件和应用等集中形成一个资源池,并连接在 Internet 上,用户通过 Internet 就可以按需使用这些资源。

15.1 云计算的概念和特点

云计算是分布式计算(Distributed Computing)、并行处理(Parallel Computing)、网格计算(Grid Computing)的进一步发展,是一种新兴的商业计算模型。它是基于互联网的计算,能够向各种互联网应用提供硬件、软件、存储等基础架构服务以及各种应用服务。通常云计算系统由专业化的商业组织或者政府部门投资、建立、维护并向用户开放,用户仅需通过互联网提交使用请求给云,云就能够按照用户的要求按需部署资源并将相应的服务提供给用户。

从狭义的角度看，云计算指的是厂商通过分布式计算和虚拟化技术搭建数据中心或超级计算机系统，以免费或按需租用方式向技术开发者或者最终客户提供数据存储、分析以及科学计算等服务。

从广义的角度看，云计算指服务提供商通过建立网络服务器集群，向各种不同类型客户提供在线软件使用、硬件租借、数据存储、计算分析等不同类型的服务。

按照最通俗的理解，云计算就是把计算资源都放到互联网上，互联网形成了云计算时代的云。计算资源则包括计算机硬件资源（如计算机设备、存储设备、服务器集群、网络设备等）和软件资源（如应用软件、集成开发环境、软件服务等），这些资源位于云的某个位置，称之为云端。用户若想使用云上的资源时，只需要通过互联网发送一个请求信息，云系统就会根据用户的需求确定一个云端为其提供服务。

云计算虽然是由分布式计算、并行处理、网格计算等技术发展而来的，但与上述计算模式相比，它具有许多独特之处。

（1）虚拟化。现有云计算平台的最大特点是利用软件来实现硬件资源的虚拟化管理、调度及应用。通过虚拟平台用户使用网络资源、计算资源、数据库资源、硬件资源、存储资源等，就像自己在本地计算机上使用一样，而且这种使用完全是透明的。通过虚拟化技术，云计算可以大幅度地降低维护成本和提高资源的利用率。

（2）灵活定制。在云计算时代，用户可以根据自己的需要或喜好定制相应的服务、应用及资源，云计算平台可以按照用户的需求来部署相应的资源、计算能力、服务及应用。用户不必关心资源在哪里、如何部署，只需把自己的需求告诉给云，剩下的工作由云来完成，云将返回用户定制的结果；同时，用户也可以对定制的服务进行管理，如退订或删除一些服务等。

（3）动态可扩展性。在云计算体系中，可以将服务器等计算资源实时地加入到现有服务器群中，提高"云"的处理能力；如果某个计算节点出现故障，则通过相应策略抛弃掉该节点，并将其承担的任务交给别的节点，而在节点故障排除后也可实时地加入到现有集群中。

（4）高可靠性和安全性。用户数据存储在云端的服务器上，应用程序也在云端的服务器上运行，计算完全由云端的服务器来处理。各种服务分布在不同的云端，而云端常由具有高可靠性的集群系统所组成，它具有超强的计算能力，提供了最可靠、最安全的数据存储功能，并由专业团队来管理，能够更好地实现系统的安全管理，而这些均不需要用户去考虑。

（5）高性价比。云计算对用户端的硬件设备要求非常低，只要能接入 Internet 即可，使用起来非常方便；软件不用购买和升级，只需定制即可；云端也可以用价格低廉的 PC、工作站组成服务器，其计算能力却可超过大型主机；用户在软、硬件维护和升级方面的投入也将大幅度减少。

（6）数据、软件存储和运行均在云端（服务器端）。云计算模式下，用户的所有数据直接存储在云端，需要时直接从云端下载使用；用户使用的软件由服务商统一部署在云端运行，软件维护由服务商来完成。

（7）超强的计算和存储能力。用户可以在任何时间、任意地点，采用任何设备登录到云计算系统后就可以得到计算服务。云计算的云端由数量众多的服务器组成，这些服务器组成了功能强大的集群系统，具有超强的计算和存储能力。

(8) 资源的按需部署。云能够监控系统中软、硬件资源的使用情况，按照用户的需求对资源进行动态重构，按需部署和生成用户请求所需要的虚拟环境，进而为用户提供服务。资源的按需部署是云计算的核心。

15.2 云计算系统的组成和体系结构

云计算为用户提供了一个廉价、易用的网络平台，它通过互联网连接了大量并发的网络计算和服务，利用虚拟化技术将各种软硬件资源通过云计算平台整合起来，在提高了系统资源利用率的同时，也为用户提供了超强的计算和存储能力。从云系统所完成的功能角度看，云计算系统的组成如图 15.1 所示，其各个组成部分的功能具体描述如下。

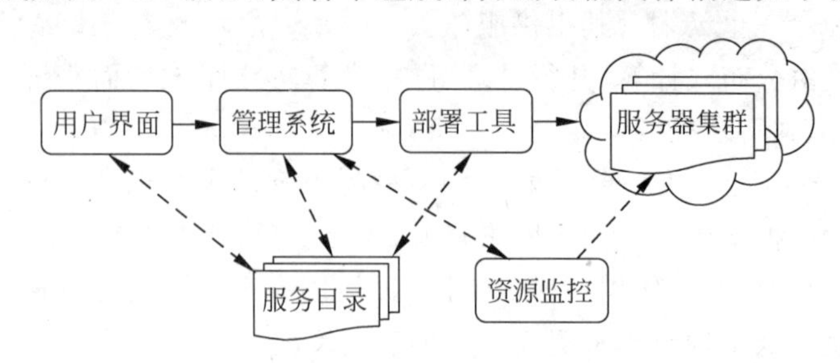

图 15.1 云计算系统的组成

(1) 用户界面：提供云用户请求服务的交互界面，也是用户使用云的入口。用户通过 Web 浏览器可以到云上进行注册、登录及定制服务。

(2) 服务目录：云用户在取得相应权限(付费或其他限制)后可以选择或定制服务列表，也可以对已有服务进行退订操作，在云用户端的界面上生成相应的图标或列表，以展示相关服务。

(3) 管理系统：用于管理可用的计算资源和服务，能对用户的授权、认证和登录进行管理，接收用户发送的请求，并将用户请求转发到相应的应用程序。

(4) 部署工具：根据用户请求智能地部署资源和应用，动态地部署、配置和回收资源。

(5) 资源监控：监控和计量云系统资源的使用情况，以便能迅速做出反应，完成节点同步配置、负载均衡配置和资源监控，确保资源能顺利地分配给合适的用户。

(6) 服务器集群：包括虚拟的或物理的服务器，由管理系统管理，负责处理高并发量的用户请求，完成大运算量计算，提供用户 Web 应用服务，云数据存储时采用相应数据切割算法并行地上传和下载大容量数据。

使用云计算资源时，用户可通过云用户端的用户界面从列表中选择所需的服务，其请求通过管理系统调度相应的资源，并通过部署工具分发请求、配置 Web 应用。

从云计算技术的实现角度看，云计算系统具有由物理资源、虚拟化资源、服务管理中间件和服务接口 4 部分组成的体系结构，如图 15.2 所示，各部分的功能如下：

(1) 服务接口：统一规定了在云计算环境下使用计算机的各种规范、云计算服务的各种标准等，为用户提供使用云系统的接口，可以完成用户或服务注册、对服务的定制和使用等功能。

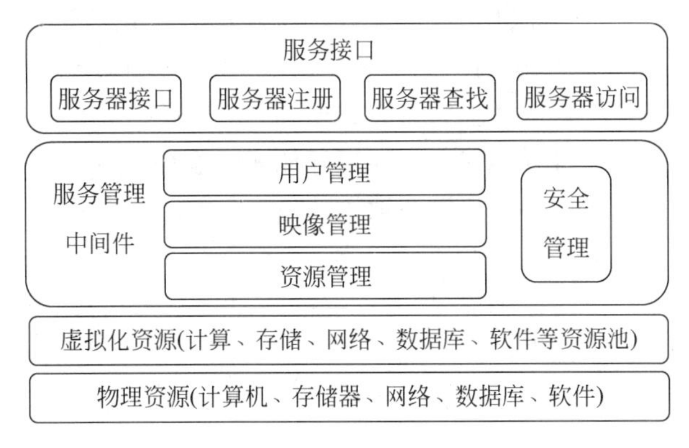

图 15.2 云计算系统的体系结构

(2) 服务管理中间件：在云计算技术中，中间件位于服务和服务器集群之间，提供管理和服务功能，即对应云计算组成结构中的管理系统。对认证、授权、目录、安全性等服务进行标准化和操作，为应用提供统一的标准化接口和协议，对高层应用隐藏了底层硬件、操作系统和网络的异构性，统一管理网络资源。其中，用户管理包括用户身份验证、用户许可、用户定制管理和使用计费等；映像管理包括映像创建和部署、映像库管理、映像生命周期管理等；资源管理包括负载均衡、资源监控、故障检测、故障恢复等；安全管理包括身份验证、访问授权、安全审计、综合防护等。

(3) 虚拟化资源：指一些可以实现一定操作和完成一定功能、但其本身是虚拟的、而不是真实的资源，如计算池、存储池、网络池、数据库资源等，通过软件技术来实现相关的虚拟化功能，包括虚拟环境、虚拟系统和虚拟平台等。

(4) 物理资源：主要指能支持云计算系统正常运行的硬件设备、软件系统，可以是价格低廉的 PC，也可以是价格昂贵的服务器及磁盘阵列等设备，可以通过现有网络技术、并行处理和分布式技术将分散的计算机组成一个能提供超强功能的虚拟系统，用于实现计算和存储等功能。云用户端仅需具有简单的计算设备，就可以访问和使用这些资源以及所提供的服务。

15.3 云计算的关键技术

云计算是基于互联网的一种计算理念和服务模式，实现云计算需要多种技术相结合，并且需要用软件实现硬件资源的虚拟化管理和调度，从而使云计算系统形成一个巨大的虚拟资源池供用户调用，充分提高各种资源的使用效率和利用率，减轻用户的负担和投入。

在云计算运用的多种技术中，以资源监控、自动化部署、虚拟化技术、编程模型、海量数据分布存储技术、海量数据管理技术、云计算平台管理等技术最为关键。

1. 资源监控

云计算通常拥有大量的服务器、存储、软件和应用服务等资源，而且这些资源是动态变化的，云计算通过资源监控能够及时、准确地获取这些动态变化的资源信息，掌握资源的使用情况和负载情况，为"云"对资源的动态部署提供依据，以便有效地为用户分配资源和提供服务。资源监控是实现"云"资源管理的一个重要环节，它在对系统资源实现实时监控的同时，也为其他子系统提供系统性能信息，以便更好地完成系统资源的动态分配。云计算通常通过一个监视服务器监控和管理计算资源池中的所有资源，通过在云中的各个服务器上部署代理程序(Agent)，配置并监视各资源服务器，定期将资源使用信息传送至数据仓库，同时监视数据仓库中"云"资源的使用情况，对获取的信息进行分析，跟踪资源的可用性，为排除故障和均衡资源使用提供依据。

2. 自动化部署

自动化部署是指通过资源的自动安装和部署，将计算资源从原始状态变为可用状态。在云计算中体现为将虚拟资源池中的资源进行划分、安装和部署成可以为用户提供各种服务和应用的过程，其中包括硬件(服务器)、软件(用户需要的软件和配置)、网络和存储。系统资源的部署有多个步骤，自动化部署通常通过调用脚本文件，实现不同厂商设备管理工具的自动配置、应用软件的部署和配置，免除大量的人机交互，使得部署过程不依赖于人工操作，全部自动地完成。

3. 虚拟化技术

虚拟化(Virtualization)是实现云计算的核心技术之一，是将各种计算及存储资源充分整合和高效利用的关键技术。虚拟化技术可以实现软件应用与底层硬件相分离，它包括将单个资源划分成多个虚拟资源的裂分模式(如将一个 CPU 虚拟成多个 CPU)，以满足多个一般用户的资源需求；它也包括将多个资源整合成一个完整虚拟资源的聚合模式(如将多台计算机虚拟整合成一台计算机)，以满足大型用户的使用。虚拟化的定义是为某些对象创造虚拟(相对于真实)版本，例如操作系统、计算机系统、存储设备和网络资源等，它是表示计算机资源的抽象方法。虚拟化技术根据虚拟化的对象可分成存储虚拟化、服务器虚拟化、网络虚拟化、应用虚拟化、平台虚拟化和桌面虚拟化等。

4. 编程模型

为了使用户能更轻松地享受云计算带来的服务，让用户能利用编程模型编写简单的程序来实现特定的目的，云计算的编程模型必须十分简单，必须保证后台复杂的并行执行与任务调度对用户和编程人员透明。

5. 海量数据分布存储技术

云计算系统由大量服务器组成，同时为大量用户提供服务。为了保证系统的高可用性、高可靠性和经济性，云计算采用分布式存储方式来存储数据，采用冗余存储的方式来保证存储数据的可靠性，即为同一份数据存储多个副本。另外，云计算系统需要同时满足大量用户的需求，并发地为大量用户提供服务，因此，云计算的数据存储技术必须具有高吞吐率和高传输率等特点。

6. 海量数据管理技术

云计算需要对海量的分布式数据进行管理，因此，数据管理技术必须能够高效地处理和分析规模庞大的数据，向用户提供高效的服务。在云对海量数据的存储、读取和分析中，数据的读操作频率远大于数据的更新频率，所以云计算中的数据管理应是一种读优化的数据管理技术。

7. 云计算平台管理技术

云计算资源规模庞大，服务器数量众多并具有异构、分布式特征，同时运行着数百种应用，如何有效地管理这些服务器，保证整个系统提供不间断的服务是一个巨大的挑战。

云计算系统通过高效的平台管理技术能够使大量的服务器协同工作，方便业务部署，快速发现和恢复系统故障，通过自动化、智能化的手段实现云计算系统的可靠运行。

15.4 云计算的主要服务形式

目前，云计算处于发展阶段，但许多厂商已经以不同的形式提供了多种类型的云计算服务。目前，云计算的主要服务形式有基础设施即服务(Infrastructure as a Service，IaaS)、平台即服务(Platform as a Service，PaaS)、软件即服务(Software as a Service，SaaS)。

1. 基础设施即服务

基础设施即服务(IaaS)是服务提供商将服务器、存储系统等组成“云端”基础设施，然后将这些基础设施以服务的形式提供给客户，供用户租用。基础设施提供商(Infrastructure Providers，IPs)利用虚拟化技术实现了资源的分割和动态调整，将内存、I/O设备、存储和计算能力整合成一个虚拟的资源池，根据用户申请为其提供所需要的存储资源和虚拟化服务器等服务。为了保证服务的可靠性，IPs部署了相应的软件以管理这些服务。这是一种托管型硬件服务方式，用户付费使用厂商的硬件设施。例如，Amazon Web 服务(Amazon Web Service，AWS)、IBM的BlueCloud等均是将基础设施作为服务出租。

IaaS的优点是，用户只需配备较低成本的硬件，按需租用相应的计算和存储资源，大大降低了用户在硬件及其维护上的开销。

2. 平台即服务

平台即服务(PaaS)是在云基础设施之上提供抽象层次的服务，即服务提供商将系统运行的软件平台以服务形式提供给客户，软件平台包括开发平台、商业部署和应用平台以及支撑用户研发的中间件平台等。平台服务提供商(Platform Providers，PPs)提供硬件、软件、操作系统、软件升级、安全以及其他应用程序托管等服务内容，大多数提供商限定于某种语言和集成开发环境。PaaS是一种分布式平台服务，用户在服务提供商所提供平台的基础上定制开发自己的应用程序，并通过其服务器和互联网为用户提供服务。

Google App Engine、Salesforce 的 force. com 平台等是 PaaS 的典型代表。其中，Google App Engine 是一个由 python 应用服务器群、BigTable 数据库及 GFS 组成的平台，

为开发者提供一体化主机服务器及可自动升级的在线应用服务；用户编写应用程序并在Google的基础架构上运行就可以为互联网用户提供服务，Google提供应用运行及维护所需要的平台资源。而SalesForce的Force. com平台是基于SalesForce. Com的软件服务引擎，为用户提供了构建商业化应用、移动应用以及网页站点应用的开发平台。

3. 软件即服务

软件即服务(SaaS)是指服务提供商将应用软件统一部署在自己的服务器上，客户可以根据自己的实际需求，通过互联网向厂商定购所需的应用软件服务；服务提供商根据客户所订购软件的种类和数量、使用时间的长短等因素进行收费，并且通过浏览器向客户提供应用软件服务。这种服务模式的优势是，由服务提供商装备、配置、维护和管理软件，提供软件运行的硬件设施和环境，用户只需拥有能够接入互联网的终端，即可随时随地使用软件。在这种模式下，客户不再像传统模式那样在硬件、软件、维护等方面花费大量资金，只需要支付一定的租赁服务费用，通过互联网就可以享受到相应的软件和应用服务，这是网络应用最经济的营运模式。对于小型企业来说，SaaS是以最小投入提升企业信息化水平的有效途径，它消除了企业购买、建设和维护基础设施和应用程序的需要；而且可以利用原来大型企业才具备的信息基础设施，通过多个用户共享基础设施也可以大幅度降低企业的运营成本。

15.5 典型的云计算平台

由于云计算技术及其应用所涉及的范围很广，目前各大IT企业根据自身的特点和优势提供不同种类的云计算服务。下面以Google、IBM、Amazon为例进行说明。

1. Google的云计算平台

Google优越的硬件资源、大型的数据中心、广泛采用的搜索引擎，促使了Google云计算的迅速发展。Google的云计算平台主要由MapReduce、Google文件系统(GFS)、BigTable组成；此外，Google还构建了其他云计算组件，包括一个领域描述语言以及分布式锁服务机制等。Sawzall是一种建立在MapReduce基础上的领域语言，专门用于大规模的信息处理。Chubby是一个高可用、分布式数据锁服务，当有机器失效时，Chubby使用Paxos算法来保证及时备份。正是这些技术的采用使Google搜索引擎分布在世界各地的几十万台甚至上百万台服务器一起形成“云”，积聚了强大的计算和存储能力，组成了强大的数据中心，为全球用户提供了快速高效的搜索服务。

基于Google的云计算基础设施，Google还提供了基于Web的传统办公软件服务，包括：Gmail、Google日历、Google Talk、Google Docs以及Google地球和地图应用。采用Google Docs，数据会保存在互联网上的某个位置，用户可以通过任何一个与互联网相连的系统方便地访问这些数据。目前，Google已经允许第三方在Google的云计算中通过Google App Engine运行大型并行应用程序。此外，Google倡导技术的开放性，其主要云计算技术已成为搭建云计算平台和云计算编程的工具。

2. IBM的"蓝云"计算平台

"蓝云"计算平台是由IBM云计算中心开发的企业级云计算解决方案。该解决方案可以对企业现有的基础架构进行整合，通过虚拟化技术和自动化技术，构建企业自己拥有的云计算中心，实现企业硬件资源和软件资源的统一管理、统一分配、统一部署、统一监控和统一备份，打破了应用对资源的独占，从而帮助企业实现云计算理念。

"蓝云"计算平台基于IBM Almaden研究中心的云基础架构，采用了Xen和PowerVM虚拟化软件、Linux操作系统映像以及Hadoop软件，将Internet上使用的技术扩展到企业平台上，使得数据中心使用类似于互联网的计算环境。"蓝云"大量使用了IBM先进的大规模计算技术，结合了IBM自身的软、硬件系统以及服务技术，支持开放标准与开放源代码软件。

3. Amazon的弹性计算云

作为互联网上最大的在线零售商，Amazon为了应付交易高峰，不得不购买了大量的服务器。而在大多数时间，大部分服务器处于闲置状态，造成了很大浪费；为了合理利用空闲服务器，Amazon建立了自己的云计算平台：弹性计算云(Elastic Compute Cloud，EC2)，并且是第一家将基础设施作为服务进行出租的公司。

Amazon充分利用公司内部的大规模集群计算资源，建立了弹性计算云，用户可以通过弹性计算云的网络界面去操作在云计算平台上运行的各个实例(instance)，如图15.3所示。用户使用实例的付费方式由用户的使用状况决定，即用户只需为自己所使用的计算平台实例付费，运行结束后计费也随之结束。这里所说的实例即是由用户控制的完整的虚拟机运行实例。通过这种方式，用户不必自己去建立云计算平台，节省了设备与维护费用。

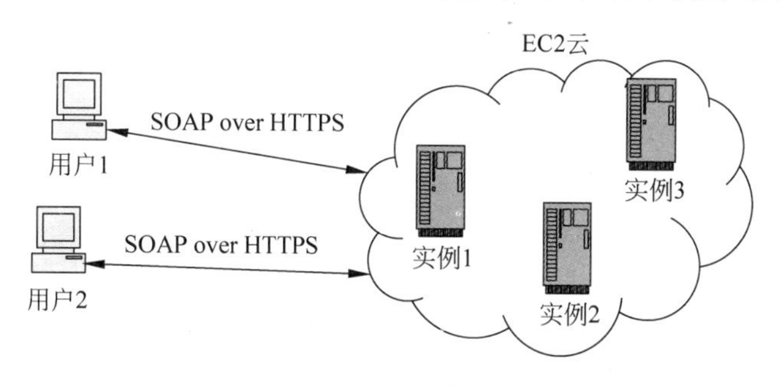

图15.3　Amazon弹性计算云EC2的组成

从图15.3中可以看出，弹性计算云用户使用客户端通过SOAP over HTTPS与Amazon弹性计算云内部的实例进行交互。这样，弹性计算云平台为用户或者开发人员提供了一个虚拟的集群环境，使用户具有充分灵活性的同时，也减轻了云计算平台拥有者(Amazon公司)的管理负担。弹性计算云中的每一个实例代表一个运行中的虚拟机。用户对自己的虚拟机具有完整的访问权限，包括针对此虚拟机操作系统的管理员权限。虚拟机的收费也是根据虚拟机的能力进行计算的，实际上，用户租用的是虚拟的计算能力。

总之，Amazon通过提供弹性计算云，满足了小规模软件开发人员对集群系统的需求，减小了维护负担。其收费方式相对简单明了，用户使用多少资源，只需为这一部分资源付费即可。

为了弹性计算云的进一步发展，Amazon 规划了如何在云计算平台基础上帮助用户开发网络化的应用程序。除了网络零售业务以外，云计算也是 Amazon 公司的核心价值所在。Amazon 逐步会在弹性计算云平台基础上添加更多的网络服务组件模块，为用户构建云计算应用提供方便。

习题

(1) 简述云计算出现的背景。

(2) 请叙述云计算的概念、云计算系统的组成以及各组成部分的功能。

(3) 云计算与网格计算、集群计算的区别是什么？

(4) 为什么说虚拟化和资源动态部署是实现云计算的核心技术？

(5) 简述 3 种云计算服务形式。

第16章 移动计算

随着蜂窝通信、无线局域网、卫星通信等技术的飞速发展，移动用户数量急剧增多，移动用户希望在任何地点都能通过移动计算机和无线终端设备访问 Internet 上的信息资源。相对传统的分布式计算而言，这是一种更加灵活、更为复杂的分布式计算环境，故称之为移动计算环境(mobile computing environment)。这种移动计算环境就是移动设备通过无线或固定网络与固定或其他移动设备连接的计算环境。由于移动计算环境比传统的分布式系统更复杂，使得信息查询、事务处理等问题变得与客户的物理位置、网络连接情况，甚至电源供应等问题密切相关，因此传统的分布式计算技术不能有效地支持移动计算。

16.1 移动计算环境的组成及特点

在传统的分布式计算环境中，所有终端都是通过固定的网络与网络主机连接，只要开机就能登录网络，具有连接的持续性。在这种分布式计算环境中，主机的位置基本上固定不变，主机的地址信息是已知的，用户终端与服务器间的网络通信具有对称性。而移动计算不同于传统的分布式计算，移动计算节点包括固定节点和移动节点；用户可以携带移动设备自由移动，并在移动过程中通过移动通信网络与固定节点或者其他移动节点连接和交换信息。这种计算模式将提供一种全新的应用，使移动用户在任何地点都可以方便地访问网络上的各种信息资源。移动计算环境的组成模型如图 16.1 所示。

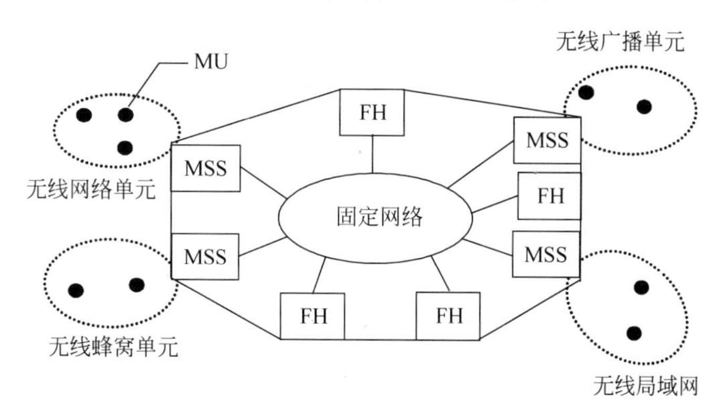

图 16.1　移动计算环境的组成模型

图 16.1 中模型组成部分的具体含义如下：

- MU：Mobile Unit，为具有无线通信接口的移动设备。
- MSS：Mobile Support Station，为移动基站，是支持移动计算的固定站点，具有无线通信接口。
- FH：Fixed Host，为固定主机。

这个模型由固定设备和移动设备组成。所有的固定设备通过固定的高速网络（如因特网、光缆专用网）连接在一起。相对于可靠性不高的无线网络单元，我们将固定网络部分称为可信部分。移动基站（MSS）具有可以与移动设备通信的无线接口，可以支持一个无线网络单元。移动设备 MU 可以从任何一个无线网络单元经由 MSS 连接到固定网络。无线网络单元的覆盖范围取决于它们所采用的无线通信技术，例如，有的无线网络单元的覆盖直径只有几百米，而卫星通信的无线网络单元可以覆盖整个地球。在图 16.1 所示的移动环境中，移动设备可以从任何一个无线网络单元经由 MSS 连接到固定网络，或者连接到其他的移动设备；并且在无线通信单元内或者单元间移动时，仍然可以保持通信连接。

相对于传统的分布式计算，移动计算具有以下特点：

- 移动性。在移动计算环境中，最突出的特征是设备的移动性。一个移动设备可以在不同的地方连通网络，而且在移动的同时也可以保持网络连接。这种计算平台的移动性可能导致系统访问布局的变化和资源的移动性。
- 频繁断接性。移动设备在移动过程中，由于使用方式、电源、无线通信费用、网络条件等因素的限制，一般都不采用保持持续联网的工作方式，而是主动或者被动地间歇性与网络连接或者断开。
- 网络条件的多样性。移动设备的移动性使得不同时间可用的网络条件：网络带宽、通信代价、服务质量、网络延迟等呈现不同的特性。移动设备既可以联入高速的固定网络，也可以同低带宽的无线设备连接，在 MSS 不能覆盖的地方，也可能处于断接状态。
- 无线连接的低带宽。和固定网络相比，无线连接的带宽要小很多，它通常只有几十千比特每秒，无线 LAN 带宽可以达到 11Mb/s；但这与用户数据增长的速度相比，还是远远不够的，尤其是对于需要传输多媒体数据的应用。
- 网络通信的非对称性。由于物理通信媒介的限制，一般的无线网络通信都是非对称性的。移动计算环境中固定服务器节点可以拥有强大的发送设备，而移动设备的发送能力有限，所以导致下行链路（服务器到移动设备）的通信带宽比上行链路（移动设备到服务器）高很多，这与分布式计算的网络通信相比具有很大的差别。
- 低可靠性。无线网络与固定网络相比，可靠性低，更容易受到电子干扰而出现网络故障。
- 移动设备资源的有限性。与固定设备相比，移动设备的资源相对有限，例如 CPU 速度、存储容量、电源供电时间等。

移动计算的上述特点充分说明传统的分布式计算技术不能够很好地满足移动计算环境，而必须对其进行扩充和改造。目前，移动计算技术的研究已经成为一个独立的热门学科。

16.2 移动计算中的关键技术

1. 移动 IP

移动计算使得人们接入和使用网络变得非常方便，但现今 Internet 上的网络层协议(IPv4)的路由算法不支持主机漫游；因为在 IPv4 中，主机在网络中的位置是由其 IP 地址唯一确定的，而 IP 地址是与其地理位置密切相关的，主机在网络中必须处于由其 IP 地址标识的地方才可以接收数据；这种要求显然不适合移动计算网络中主机可以随时随地漫游的情况，所以有必要设计另外一种基于现有 IP、能支持主机漫游的网络层协议。IETF 的 IP Routing for Wireless/Mobile Hosts 工作组对此提出了一种新的协议——Mobile IP，即移动 IP，该协议已被提议为 Internet 标准。

新型的移动 IP 不要求主机与网络间建立固定的连接。主机移动通信时，不必考虑其实际的物理位置，也不必更改网络配置，协议能动态地跟踪移动主机并进行通信。总体来说，移动 IP 具有如下特点：

- 可移动性。配有移动 IP 的主机可以自由移动而不会失去与原先网络的连接。
- 松散性。移动主机不必与本地路由器建立固定的网络连接，移动 IP 能动态跟踪本地路由器并自动地建立连接。
- 透明性。移动通信时，移动主机保持 IP 地址和地址格式不变，外地路由器也维持原先的网络设置，移动 IP 使得网络传输透明化。
- 安全性。移动 IP 支持授权服务，保证网络安全。

IETF 的移动 IP 体系结构定义了 3 种功能实体：本地代理(home agent)、外地代理(foreign agent)和移动主机(mobile host)，如图 16.2 所示，它们协调工作使得移动主机在移动时无须改变 IP 地址就可以接入网络。移动代理指的是具有本地代理或外地代理或两者功能的主机或路由器。当移动主机接入移动计算网络时将被分配一个称为永久地址(home address)的静态 IP 地址，如同静态主机或路由器的地址一样；当移动主机漫游到别的网络时永久地址不变，移动主机仍使用这个地址与其他主机通信。但是，当移动主机漫游到别的网络时，它必须向新网络上的外地代理登记，在外地代理的访问列表中记录其标识信息，使得目前提供服务的外地代理知道移动节点的存在。此时，将外地代理的地址称为移动节点的转交地址，用于标识移动节点现在所处的位置。外地代理将该转交地址通知给移动节点的本地代理，然后本地代理建立与外地代理间的连接隧道。本地代理把所有发给移动主机永久地址的数据报先发送给外地代理，再由外地代理转交给移动主机。

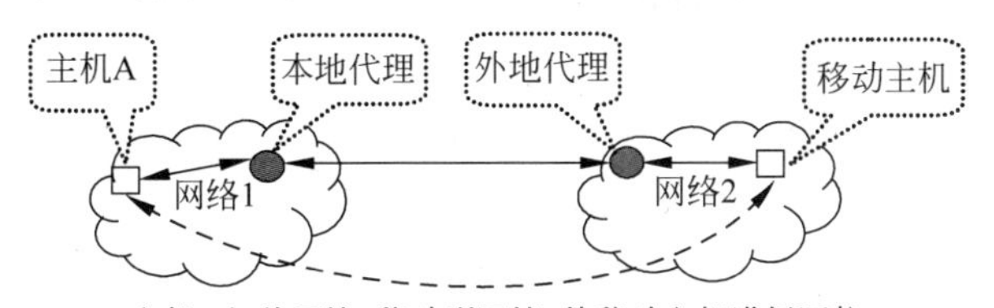

图 16.2 IETF 的移动 IP 体系结构

本地代理是一个路由器，它周期性地发布代理广告；当移动主机漫游到别的网络时，本地代理把所有发给移动主机永久地址的数据报截获下来，重新打包后发到移动主机的转交地址(即外地代理)。

外地代理也是一个路由器，它周期性地发布代理广告，为漫游过来的移动主机提供转交地址，并转发由本地代理发来的数据报给移动主机；同时，外地代理也是移动主机发送数据报的默认路由器。

2. 缓存技术

由操作系统、计算机组成等课程的学习知道，缓存是提高计算机系统性能的关键技术；在 HTTP 一节，曾介绍 Web 应用通过采用缓存技术可以提高网页的访问速度。在移动环境中，由于移动终端本身的内存很小，所存数据有限；为了访问大量数据就要经常访问网络，造成网络通信费用过高；为了节省网络带宽，总是希望尽量利用终端本地的数据来满足用户的需求。另外，由于移动用户与网络的断接性，还需要维护移动终端和主机间的数据一致性；所以移动环境下缓存策略设计的目标是在用户访问移动数据库时，提高访问的命中率和减少网络通信开销。一般的做法是在移动主机的本地磁盘中开辟一块内存空间，用于缓存移动主机访问的数据或者文件，可以采用基于优先级的缓存管理算法来缓存用户的数据到本地；当缓存空间不够时，将优先级最低的数据或者文件删除；同时要采用一定的策略以保证缓存数据的一致性；该方面的研究成果说明缓存不仅可以用来提高系统的性能，还可以用来提高数据的可用性。

3. 数据广播技术

在移动计算环境中，网络的带宽是非对称的。在一个无线单元内，从服务器到移动用户的下行通信带宽一般要远大于从移动用户到服务器的上行通信带宽，而且移动用户从服务器接收数据的开销也远小于发送开销。由于移动设备只有很小的存储能力，为了支持大量移动用户并发访问服务器上的数据，人们提出了数据广播的数据发送方式，即服务器向空中广播数据，移动用户从空中获取数据。在这种数据传输方式下，因服务器广播数据的开销与接收广播的移动用户个数无关，因此它可以以很小的代价支持大量的移动用户同时访问数据，而且移动用户只要在信号的覆盖范围内，就可以自由移动而不影响接收，同时可以避免或减少与服务器间的上行网络通信，以节约带宽资源。

4. 复制技术

复制技术是移动计算环境中的研究热点之一。该技术的目的是根据当前移动客户的分布与访问情况，动态调整数据的布局和复制策略，使移动用户可以就近访问数据，从而减少网络流量，提高访问性能。复制技术还有另一个非常重要的作用，即通过将数据冗余地存放在多个场地，当其中一些场地出现软、硬件故障时，其他场地的数据副本仍然可被存取，从而提高系统的可靠性。另外，多个副本可以进行不同场地的并行处理，加快了系统的响应速度，有利于负载均衡；同时，用户可以选择本地或者附近副本进行操作，降低网络通信开销。

5. 安全技术

从本质上讲,无线连接的网络远没有固定网络安全,这是由于无论从何地都可以轻而易举地侦听和发射无线电波,且很难被发觉。因此,数据的无线传输比固定线路传输更容易受到盗用和欺骗。移动计算环境存在的主要安全问题为:一台计算机容易冒充另外一台计算机的身份,对数据进行非法访问;移动计算机携带方便,但容易失窃;移动计算环境使用户可以接入任意网络,可能对被访问网络环境造成偶然或者恶意的破坏。

目前,移动计算中采用的安全技术主要是:第一,对移动用户进行认证,防止非注册用户的欺骗性接入;第二,对无线路径加密,防止第三方盗用;第三,对移动用户提供身份保护,防止用户位置泄密或被跟踪。

16.3　移动计算的应用

随着移动计算和无线网络的普及,智能化的无线终端正逐渐取代传统的桌面计算机、移动 PC、掌中电脑和 PDA 等,移动性代表了信息社会发展的一种必然趋势。国际著名的 IT 市场研究机构 Meta Group 研究报告表明,随着通信和信息技术的发展,越来越多的商业用户将采用移动的解决方案。除了商业用户的需求外,移动计算在医疗卫生、军事等方面也具有巨大的应用市场。

习题

(1) 什么是移动计算?请说明移动计算环境的组成。
(2) 移动计算环境的特点是什么?
(3) 为什么因特网的 IP 不能直接应用于移动计算环境?
(4) 实现移动计算的关键技术有哪些?
(5) 请列举 3 个以上移动计算应用的实例。
(6) 请说明个人将来对移动计算存在哪些新的需求?

第17章 普适计算

自从计算机诞生以来，计算模式已经经历了主机计算和桌面计算两个时代。在主机计算(framework computing)时代，计算机仅仅是一种计算工具，应用局限于需要大量数学运算的军事和科研领域。这个时期的计算机价格贵，数量少，一般为多用户分时系统，一台计算机可供多个用户同时使用，人与计算机的关系是多对一的关系，只有少数人能够真正操作和使用计算机，而且需要很高的专业知识。到20世纪80年代，廉价、轻便的PC开始流行，计算模式也随之跨入桌面计算(desktop computing)时代。此时，人与计算机之间的关系演变为一对一的关系，计算机进入了普通人的生活。并且随着网络技术的发展，计算机也不仅仅是简单的计算工具，而是成为人们获取和处理信息的重要手段。但是，在桌面计算时代，计算模式仍然以计算机为中心，计算机的使用仍然需要一定的专业知识。同时，桌面计算只是一种用户私有的计算模式，计算机的使用仍局限于一定的空间内，计算并没有真正地融入人们的日常生活，不能随时随地地为人们提供计算服务。

近几年来，计算机、通信、网络、微电子、集成电路等技术得到快速发展，信息技术的软、硬件环境发生了巨大变化。这种变化使得由计算机和通信技术构成的信息空间与人们生活和工作的物理空间紧密结合，并逐渐融为一体。此时，人们希望能随时、随地、自由方便地享用Internet上的计算能力和信息服务，由此导致计算模式进入第3个时代，即普适计算(pervasive computing或ubiquitous computing)时代。

相对主机计算和桌面计算而言，在普适计算模式下，计算机扮演的角色和发挥的作用发生了很大变化。由于受技术水平所限，主机计算和桌面计算关注的是计算机本身的计算资源和计算能力，它们本质上都是以机器为中心的计算模式。而在普适计算环境下，计算资源就像空气一样自然地存在于人们周围，人们想用就可以随时随地使用，而不用特意去想这些资源是否存在以及如何去使用等问题。此时，计算资源不再是人们关注的对象，人们关注的重点将是对计算或服务的满意程度。所以，普适计算是一种以人为中心的计算模式，即人本计算。

17.1 普适计算的产生、组成及特点

普适计算的概念是由Xerox公司Palo Alto研究中心计算机科学实验室(Xerox PARC CSL)的Mark Weiser于1988年提出的，并于1991年在他的论文*The Computer for the*

21st Century 中对普适计算做了更为系统和全面的阐述。他主张计算机的使用应迎合人的习性，应融入人的日常环境及工具中，并自主地与使用者产生互动。在普适计算时代，人们将处于一个由各种传感器、执行器、显示器和计算设备所组成的物理世界中。计算机、传感器等智能设备将无缝地嵌入到办公设备、家电、墙壁、地板、衣服、汽车等人的日常环境及工具中，并且通过计算机网络相连接。计算服务就像空气和电力一样自然地存在于人们的周围，几乎使人忘了它本身的存在，因此计算服务是无处不在、随时随地可以利用的。无论何时何地，只要需要，就可以通过计算设备访问到有用信息。

普适计算系统一般由基础设施和移动设备两部分组成。基础设施是普适计算的基础，它的主要作用是对普适计算系统中的大量设备、计算实体等进行控制和管理，为它们之间进行数据交互、相互协作、消息传递、任务迁移等提供系统支持。移动设备为物理位置经常发生变化的设备，它可以随着用户的移动而出现在不同的环境中。

与其他计算模式相比，普适计算具有以下特性：

- 普适性。数量众多的计算设备通过网络（无线或有线网）连接起来，并被布置和嵌入到生活空间和工作环境中，通过这些设备，用户可以随时随地得到计算服务。
- 透明性。在普适计算环境下，计算过程对于用户是透明的，即通过在物理环境中提供各种传感器、嵌入式设备、移动设备和其他有计算能力的任何设备，从而在用户觉察不到的情况下进行计算和通信，并为用户提供各种服务，最大限度地减少用户的介入。
- 动态性。在普适计算环境中，用户通常处于移动状态，这导致在特定的空间内用户集合将不断变化。另一方面，移动设备也会动态地进入或退出一个计算环境，这导致计算系统的结构也在发生动态变化。
- 自适应性。计算系统可以感知和推断用户需求，自发地提供用户需要的信息服务。
- 永恒性。计算系统不会关机或者重启，计算模块可以根据需求、系统错误或系统升级等情况加入或离开计算系统。
- 智能空间：看不见的嵌入式设备和传感器的联合使物理空间变为智能空间，智能空间能够看见、听见和感知空间内发生的事情，最终能够理解用户的意图。
- 上下文感知：一个普适计算环境能够获得不同的上下文和状态信息，这是普适计算能够理解用户意图和服务于用户的必要条件。

17.2　普适计算中的关键技术

从技术上来说，普适计算是计算机网络、移动计算、中间件、人机交互、嵌入式、传感器等技术的高度融合。普适计算对环境信息具有高度的可感知性，人机交互趋于自然化，设备和网络的自动配置和自适应能力强，充分展示了人本计算的思想。普适计算涉及的关键技术如下：

1. 普适网络

普适网络是一种覆盖全社会的有线、无线混合网络，世界上的所有物品都将连接到普适网络中。这种网络具体包括无线网络、移动网络、互联网、电话网、电视网等，还包括 RFID

网络、无线传感器网络、GPS网络等多种不同类型的网络。普适网络支持异构环境和多种设备的自动互连，对环境的动态变化具有自适应性；人们可以在任何地方，用各种方便的方式访问普适网络提供的各种资源。普适网络为用户提供无处不在的通信服务。

2. 上下文感知

普适计算具有自动感知物理空间中对象与环境的状态信息及其变化的能力。感知上下文计算是指利用上下文信息向用户提供高效的信息交互，并提供针对性的服务。常见的上下文信息包括时间、位置、场景等环境信息，屏幕大小、处理能力等设备信息，以及用户身份、操作习惯、个人喜好、情绪状态等用户信息。上下文感知技术是实现服务自发性和无缝移动性的关键。上下文感知涉及上下文信息感知和表达、上下文建模和推理、上下文感知应用等多个方面。

3. 人机交互

普适计算以人为中心的特点要求具有和谐自然的人机交互方式，即人能利用其日常技能与系统进行交互，而系统要具有对意图的感知能力。与传统的人机交互方式相比，它更强调人机交互的自然性、人机关系的和谐性、交互途径的隐含性以及感知通道的多样性。在普适计算环境中，交互场所将从计算机面前扩展到人类生活的整个三维物理空间；交互方式应符合人们的日常习惯，并且尽可能不分散用户对工作本身的注意力。从技术上看，键盘、鼠标、显示器等输入/输出设备要实现智能化，能够实现与环境的友好交互，最终发展到通过语音识别、手写输入、肢体语言(如手势、脸部表情等)与系统进行交互。

4. 自适应技术

在普适计算环境中，各种设备拥有的资源不但不同，而且是不断变化的，具体体现在计算能力、存储容量、电池容量、交互手段等方面。另外，设备在不同的环境中移动时，可用的无线网络带宽也是不同的。因此，难免会出现用户的资源请求与系统资源不匹配的矛盾，为此需要解决系统的自适应问题，即系统能够根据自身的资源状态，采取一定的策略来保证应用程序的顺利执行。

5. 服务发现及其协议

在普适计算环境中，服务是一个更为宽泛的概念，位于环境中的资源、设备以及设备所提供的各种应用都可以称为服务，如各种计算设备提供的计算服务，网络通信设施提供的信息传输服务，信息空间中的信息服务和应用程序等。服务发现是指在普适计算环境中为服务请求动态、自动地寻找、提供所需服务的设备或者资源，并提供访问服务接口的行为。而服务发现协议是在普适计算环境的有线或无线计算机网络中动态、自动地监测资源或提供服务的网络协议，它通过适当的服务描述来查找、定位服务，并提供接口，以允许服务请求者调用相应的服务。服务发现协议需要执行以下功能：定义并使用服务描述语言、存储服务信息、搜索查找服务、定位最佳服务、不需或最小化人工管理、自动维护服务状态的变化、维护网络拓扑结构的变化等。

6. 系统软件

普适计算的系统软件对普适计算环境中的大量联网设备、计算实体进行管理，为它们之间的数据交换、消息交互、服务发现、任务协调等提供系统级支持。由于普适计算环境存在任务动态性和设备异质性等特点，系统软件需要解决设备与服务的发现与自适应等问题，实现对物理实体的管理以及模块间的协调机制，同时要保证系统的鲁棒性和安全性。

7. 数据库技术

数据库是实现普适计算的重要基础。对于普适计算而言，数据库需要解决两个问题。一是数据复制，即将数据复制到不同的节点，而且要保持数据的一致性(也称为数据同步)，实现移动设备就近访问数据，减少系统通信开销。二是开发支持 API 和 SQL 子集的小型数据库，以减少系统开销，方便移动设备的使用。

8. 安全性

在普适计算研究的初期，研究人员将更多的精力放在上面提到的诸多技术问题上。但随着普适计算研究的深入，研究人员逐渐感觉到实现普适计算所面临的障碍不仅仅是技术问题，安全性、隐私等经济和社会因素才是普适计算实施阶段所要面临的最大困难。

在传统的分布式计算环境中，研究人员通常将用户和资源的地理位置分离开来，而在普适计算环境中，用户、设备在环境中的物理位置以及上下文信息是和计算紧密结合的。这种物理世界与信息空间的高度融合导致普适计算面临的安全问题与以往的计算模式存在本质区别，具体如下：

- 在普适计算环境下，物理世界与信息空间的融合导致人们在信息空间和物理世界中的活动不再独立。在这种环境下，信息空间中的活动将会直接影响到人们的现实生活，所以，在物理世界中的用户及计算设备将面临和信息空间中的信息、数据一样的安全威胁，这也将导致普适计算环境中安全问题产生的后果更加严重。
- 物理世界与信息空间的融合将使用户隐私保护更加困难。在普适计算环境中，利用环境中无处不在的计算设备，计算系统可以获得用户的上下文信息，并以此向用户提供透明和自发的信息服务。但从另一个方面看，如果计算系统的安全性得不到保证，将导致大量的用户隐私完全暴露在入侵者面前。
- 普适计算环境中存在着各种不同的人机交互方式。计算系统在选择交互方式的时候，不仅需要考虑用户需求和信息服务类型，还必须考虑安全和隐私因素。在普适计算环境下，计算系统提供的交互方式基本都是开放性的(所谓开放性，是指只要用户处于这个环境中，就可以利用环境提供的交互方式与计算系统进行交互)。所以，计算系统必须在向用户提供信息服务前，针对环境中的用户集合提供不同的访问控制策略。

17.3 普适计算的典型研究工作

近几年来，快速发展的无线通信、网络、软件等技术为普适计算的研究和应用提供了强有力的技术支撑；以纳米技术、片上系统(System On Chip，SOC)等为代表的芯片制造和集成技术使各种芯片能以更小的体积实现更强的运算能力。互联网的普及及其性能的不断提高不仅使网络环境几乎无处不在，而且可以传输声音、图像等大容量数据，用户通过网络能够及时获取所需要的各种信息。移动通信技术，特别是移动自组织网络、蓝牙、802.11x 等无线通信技术的发展，使得"随时随地"接入因特网进而获取信息成为可能。传感器网络、射频识别(Radio Frequency Identification, RFID)等感知技术的兴起大大提高了计算设备的感知能力以及与人之间的交互能力。

目前，包括美国和欧洲在内的很多世界著名高校和企业都投入了大量人力和物力开展普适计算方面的研究，并且这些研究都得到了政府机构(如欧盟的 IST 和 FET、美国的 DARPA、NSF 和 NIST 等)的大力支持。所开展的典型研究项目包括 MIT 的 Oxygen Project、CMU 的 Aura Project、伊利诺伊州大学的 Gaia Project、加州大学伯克利分校的 Endeavour Project、美国国家标准技术局(National Institute of Standards and Technology, NIST)的 Smart Space Project、欧盟资助的 Disappearing Computer Project、IBM 的 DreamSpace Project、Microsoft 的 EasyLiving Project、HP 的 CoolTown Project、清华大学的 Smart Classroom 等。

1. MIT 的 Oxygen Project

Oxygen Project 于 2000 年由 MIT 计算机科学实验室和人工智能实验室启动，并得到美国国防部 DARPA 的资助。Oxygen Project 从名称上就非常形象地表达出了人与计算之间紧密的关系，即在信息世界中，人可以像呼吸氧气般轻松自然地使用各种信息服务。MIT 的科研人员在研究计划中也强调了普适计算是"以人为本"(human-centered computing)的思想。

Oxygen Project 的研究涵盖了计算设备、网络技术、软件技术、感知技术等方面，研究内容主要包括：

- 计算设备和网络设备。Oxygen 定义了 3 类计算设备：E21、H21 和 N21。E21 代表一类嵌入式设备，它们可以嵌入到如办公室、居家、楼宇和汽车等环境中，用于构建智能环境。H21 代表一类手持设备，它们向用户提供移动接入的能力。N21 代表网络设备，它为环境中的移动设备和固定设备提供动态的网络通信支持。
- 软件技术。Oxygen 提供自适应和永恒的软件环境，支持由用户、计算环境、应用程序引起的动态变化。
- 感知技术。语音和视觉是 Oxygen 的主要交互方式。通过这些方式，Oxygen 能够提供更加方便和自然的人机交互。同时，多模态融合提高了感知技术的有效性，在视觉信息的辅助下，系统能够更好地感知和识别用户表达的信息。

目前，Oxygen 中完成的研究成果已经在 MIT 及其合作企业(如 Acer、Delta Electronics、HP、NTT、Nokia、Philips)中得到了验证和应用。

2. CMU 的 Aura Project

CMU 在开发 Aura Project 项目时提出：在一个计算机系统中，最宝贵的资源将不再是处理器、内存、磁盘空间和网络带宽，而是人的注意力。Aura Project 的目标就是设计和开发一种计算系统，由它代理用户去管理、维护分布式计算环境中频繁变化、松散耦合的多个计算设备，向用户提供计算和信息服务。要达到这个目标，所做的研究工作包括硬件和网络设备、操作系统和中间件、人机交互和应用程序等各个层面。虽然 Aura Project 涉及的研究领域众多，但整个 Aura Project 仍体现了两个核心概念：先应(pro-activity)和自调整(self-tuning)。先应指系统具有对更高层次的请求进行预测的能力。自调整指系统的各个层次能够根据外界需求的变化对应地改变自身的性能和资源使用情况。这两种技术的实现有助于减轻用户对系统的关注程度。

Aura Project 实际上是一个综合研究项目，它下面有多个子计划，其中包括 Coda、Compose、Darwin、Odyssey 等。Coda Project 研究分布式文件管理系统，Compose Project 研究基于组件的软件系统，Darwin Project 研究支持应用感知网络(application-aware network)的资源管理机制，Odyssey Project 的目标是为实现感知自适应机制提供操作系统级的支持。

习题

(1) 什么是普适计算？普适计算与传统的计算模式有哪些区别？
(2) 普适计算的特点是什么？
(3) 普适计算涉及哪些关键技术？
(4) 为什么说普适计算应用的关键问题是安全问题，而不是技术问题？

第 6 篇

新型计算机网络

计算机网络自诞生以来，虽然经过短短几十年的发展，但它已广泛应用于人类社会的各个领域，并给人类社会带来了翻天覆地的变化，有力地促进了经济社会的发展和人类文明的进步。但是，人类社会的需求是无止境的，计算机网络应用范围的不断拓宽以及与人们日常生活、工作、学习结合程度的日益加深，进一步刺激了计算机网络技术的快速发展和不断完善，并诞生了诸如主动网、自组网、无线传感器网等新型计算机网络，以满足日益增长的社会需求。

本篇共包括3章，主要内容有：

- 主动网的概念、产生及特点、体系结构、实现方法及应用。
- 自组网的概念及特征、组成结构、关键技术及应用。
- 无线传感器网的概述、体系结构、关键技术、研究重点及应用。

第18章 主动网

主动网(active network)是一个比较新的概念,它是一种特殊的计算机网络,但不像传统的网络那样仅仅是被动地传送数据包,更多的是工作在主动计算模式,网络中的节点能够执行所接收数据包中携带的程序代码,从而完成特定的功能,这些节点被称为主动节点。因而,主动网络可以简单地认为是一些对流经的数据能够按客户要求进行处理的节点的集合。

18.1 主动网的产生及特点

"主动网络"的概念最早是于1994—1995年DARPA在讨论网络系统的发展方向时提出的。传统的计算机网络提供了一种端到端的传输机制,只对流经它们的数据报的首部进行简单处理和计算,然后完成数据转发功能。传统的网络系统对所转发数据本身的语义不作分析和理解,因而称之为被动网络(passive network)。传统的网络在协议的制定和速度上远落后于应用程序的发展,明显的缺点是数据包传输的可靠性差(因为IP提供的是不可靠的服务),虽然采用TCP等面向连接的通信方式使可靠性有所提高,但大量的确认和否定包又容易引起广播风暴。现有的网络对于不同的应用只能提供固定的配置,难以适应复杂网络管理工作的需要。随着网络新技术的出现以及新型服务要求的不断提出,必须改造传统的网络协议,以适应新的应用需求。这就要求未来的网络在保持其硬件结构基本不变的前提下,具有高度的灵活性。

主动网就是为了解决上述问题而提出的。主动网在中间节点上执行新的网络协议功能,允许用户按需要创建自己的服务并分布到网络中。高度智能的主动节点对应用敏感,可为不同的应用提供不同的服务,能为应用寻找最佳途径,激活不同的处理,并能进行自我复制、剪裁、再生,避开受破坏的节点,相邻节点能提供备份,从而提高网络的可靠性和减轻通信负荷。由于流经主动节点的数据报文中由客户定制的程序能够在这些主动节点上运行,这就使得主动网在安全性和有效性等方面远比传统的计算机网络复杂。由此可见,与传统的计算机网络相比,主动网络具有许多特殊之处,具体体现在如下几方面:

- 可编程性。主动网络在传统网络功能(存储-转发)的基础上增加了计算功能(存储-计算-转发),网络节点不仅具有传统路由的转发功能,而且允许用户向网络节点插入定制的程序,以便修改、存储或重定向网络中的数据流,为分组的转发或分组的进一步处理提供手段,这种计算功能可以通过编程定制。这种特性对许多网络新应用提供了支持，如主动的安全性度量、自纠错网络、自付账(self-paying)系统等。

- 移动性(mobility)。主动网络能够传送携带程序代码的报文，这种报文称为主动报文或者主动包，它们按照主动网络封装协议(Active Network Encapsulation Protocol，ANEP)进行封装，能在不同的平台上流动，流经的节点可以执行主动报文中的程序代码。所以，主动网络可以成为移动计算的基础。
- 可互操作性。主动网络是由现有的计算机网络发展而来的，它必须具有开放式的网络体系结构，能够与 Internet 等网络交换信息和进行互操作。
- 安全保密性。网络的可编程性同时带来新的网络安全问题，因为每个主动报文中都可携带程序代码，并可以在主动节点上执行，这会造成更严重的潜在威胁。

主动网络的上述特点并不是孤立的，其中，安全性是基础，互操作性是前提，可编程性是手段，正是这些特点赋予了主动网络更强大的功能和生命力。

18.2 主动网体系结构

在主动网技术提出的初期，美国国防部高级计划研究署(DARPA)十分看好该技术在未来因特网发展中的作用，因而设立了专门的资助项目，这激起了美国高校和科研机构研究主动网技术的热潮，并陆续提出了一批主动网原型系统。典型的主动网原型系统有美国麻省理工学院(MIT)的 ANTS、美国宾州大学的 Switch Ware、美国乔治亚理工学院的 Bowman 等。这些原型系统为研究和开发主动网技术奠定了很好的实验基础，但同时也引起了主动网技术术语和模型方面的混乱。为了统一，DARPA 所属的主动网工作组提出了标准的主动网体系结构模型。在这种模型中，主动网由一组通过不同网络连接起来的主动节点所构成，每个主动节点均包括 3 个组成部分：节点操作系统(Node OS)、执行环境(Execution Environment，EE)和主动应用(Active Application，AA)，如图 18.1 所示。其中，每个主动节点运行一个节点操作系统和多个执行环境以及多个主动应用，每个主动应用对应一个网络服务。节点操作系统类似于一般操作系统的内核，通过固定的接口为执行环境提供服务，它负责分配和调度节点中链路接口的带宽、处理器的计算时间以及存储资源。每个 EE 实现一个虚拟机(Virtual Machine，VM)，用于解释执行主动报文中的程序代码；每个 EE 可以是一个完全通用的图灵机，也可以是一个由报文首部控制的分组转发器；EE 的类型和功能完全根据主动报文的要求设置；EE 在执行主动报文的过程中通过 Node OS 提供的服务接口调用所需要的资源；这样，既可以限制每个 EE 对节点资源的使用，保证多

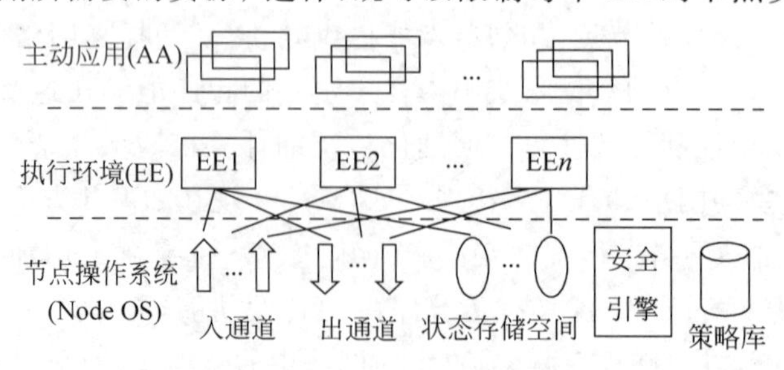

图 18.1 主动网的体系结构

个 EE 可以公平地使用节点资源，又可以隔离每个 EE 的处理，防范由于某个主动报文无意或者恶意地过多使用网络节点资源而妨碍主动节点的正常运行。主动应用是一系列用户定义的程序，它通过执行环境提供的网络应用接口（Network API）获取运行程序所需的相关资源，实现特定的功能。这种主动网体系结构中各个组成部分的具体功能如下：

1. 主动应用

主动应用（AA）由一段主动代码和与主动代码相关的数据、状态参数组成，它通过主动包加载到主动节点，并在主动节点上运行，进而实现某种预定的功能。一个主动节点上可存在多个 AA，这些 AA 可以完成相同或者不同的功能。AA 既可以运行在数据层面上，实时地处理数据包，也可以运行在控制或管理层面上，以设置控制参数，或者查询对象的状态。AA 可以在节点间移动，也可以在节点中长期驻留。AA 的编程语言通常具有良好的安全性和可移植性，AA 的执行需要网络资源和节点资源，如带宽、CPU 时间和内存等。AA 的范围既包括传统的网络应用，如网络管理、拥塞控制，也包括一些新出现的网络应用，如可靠多播。

2. 执行环境

执行环境（EE）是工作在 Node OS 上的一个用户级操作系统，它可以同时支持多个 AA 的执行，并负责 AA 之间的相互隔离。EE 为 AA 提供了一个可调用的编程接口，使得 AA 可以访问节点和网络资源，同时又提供一个受限的执行环境，防止 AA 违背安全策略和滥用资源。用户以主动报文的形式向节点 EE 发送编码指令。指令的执行将导致 EE 状态信息的更新，也可使 EE 立即传递新的报文。EE 的具体功能如下：

- 远程 AA 代码的动态加载。主动网的一个基本特征是 AA 代码可以动态地加载到网络节点上，EE 应提供一种机制支持 AA 代码的动态加载。
- 安全和资源保护。由于主动网的最终目标是允许任何用户定制网络应用，因此应提供一套完善的安全措施，防止非法用户恶意攻击。另外，在允许不同 AA 相互协作的前提下，EE 必须防止 AA 之间以及 AA 和 EE 之间的边界侵犯和资源侵犯。
- 网络 I/O。Node OS 和 EE 合作通过网络 I/O 把接收到的主动报文传递到合适的 AA，同时允许 AA 把主动报文发送到网络中。
- UA/AA 接口。端系统中的 EE 必须提供 API 给用户应用（User Application，UA），以便使它能够在一个特定的 AA 中启动一个主动任务。
- 定时服务。任何较大规模的网络协议都需要一个定时器服务，以便控制数据包的重发和软状态的超时。

目前有许多种主动网络执行环境，其中 ANTS（Active Network Transport Service）是一个颇具特色的主动网络执行环境。ANTS 是一种基于 Java 编程语言的执行环境。ANTS 结构中有 3 个组件：主动包、程序代码分布系统和主动包程序代码执行环境。主动包代替了原来的 IP 数据包。除数据外，主动包还包含了一个 MD5 指纹加密的程序代码索引，根据该索引，就可以在主动包移动到的节点上获得处理数据包的程序代码。程序代码分布系统是用于在数据包的传输路径上传送程序代码的一个简单的轻量级协议，因为该协议的运行仅需占用少量的网络资源，故称为轻量级协议。当主动包到达一个节点，该节点首先在自己的程序代码库中查找相应的程序代码。如果程序代码存在,主动包将被立即处理;如果程序代码不存在,该节点沿原路径向前一个节点发一个请求去申请相应的程序代码;如果前一节点找到了所需的程序代码段,便会立即返回该段程序代码;否则,继续向更前面的节点发送请求。程序代码索引机制允许完成较大较复杂的协议,因为程序代码没有在主动包中传输,所以这种机制的安全性高。用于产生程序代码索引的MD5指纹将在每个节点处被重新计算,以判断程序代码是否正确或已被改动或被欺骗。而且ANTS还建议,程序代码由服务提供者预先检查正确性、资源使用和安全等有关问题。SANTS(Secure ANTS)是ANTS的一个扩展,主要是在ANTS中加入了安全机制,在节点操作系统上采用数字证书X.509加入了细粒度的授权和身份认证来决定应用(即移动代码)能否在节点上执行。

3. 节点操作系统

Node OS类似于一般的操作系统,为系统的正常运行提供最基本的功能,如CPU管理、存储管理、文件管理等。Node OS包括输入/输出信道、软状态存储以及安全策略数据库和安全引擎等。EE在Node OS的支持下运行,一个Node OS可以并发地支持多个EE,协调EE对节点中可利用资源(内存区域、CPU周期、链路带宽等)的使用。Node OS还为EE提供接收和发送数据包所需的信道。此外,Node OS还为EE提供了一个固定接口,这个接口提供了一系列基本的底层函数,上层的EE将利用这些基本底层函数产生更高层次的网络应用程序接口(Network API);通过Network API,Node OS将上层的EE与底层资源管理的具体实现隔离开来,使得EE不必关心底层的资源管理是如何实现的,从而实现了EE与操作系统的无关性,有效地屏蔽了主动节点的异构特性。同时,Node OS也保证了各个EE相互独立,避免了EE之间的交叉联系。另一方面,EE对Node OS隐藏了它们与各个用户应用交互的细节,使Node OS不必关心每个具体的应用。

具体讲,Node OS定义了如下几个抽象对象:线程池(thread Pool)、内存池(memory pool)、通道(channels)、文件(files)和流(flows)。前四个抽象对象定义了节点资源(包括计算、内存、带宽)如何为每一个流所使用。每一个流一般拥有若干文件、若干通道、一个线程池和一个内存池;每个流在建立时被分配一个线程池,规定了它可以并发启用的最大线程数。内存池是流在建立时Node OS分配给它的一块内存区域。信道是流发送、接收和转发报文的通道;一些和EE固定相连的通道被称为固定信道,又可具体分为接收报文的输入信道和发送报文的输出信道;还有一种被称为直通信道的通道,直接在输入和输出设备之间转发报文,不需要交给EE处理;创建输入信道时,必须规定它所接收的报文类型和存放等候报文的缓冲区。创建输出信道时,必须说明它可以使用的输出带宽。

Node OS能够限制任何一个指定流所获得的资源。为了平衡各个EE的资源分配,保障网络安全,所有的EE都必须通过Node OS才能获取节点资源。

4. 数据包处理流程

一个数据包通过物理链路到达主动节点后,首先根据数据包中的信息(如包头)进行分类,以决定该数据包属于哪个输入通道,不能匹配那个输入通道的数据包将被丢弃。经过输入通道处理后,数据被发送给申请创建该输入通道的执行环境EE。EE对某种特定数据包的访问权限是由操作系统和安全引擎来控制的。在输出侧，EE 把数据发送给输出通道，经过处理、调度后从链路上发送出去。

18.3 主动网的实现方法

主动网的实现方法可以根据程序代码注入网络方式的不同分为 3 种：封装体方案、可编程交换节点方案以及二者相结合的综合方案。

1. 封装体方案

封装体方案是一种"集成"的方法，即欲传输的数据包中除了携带地址和数据外，还要附加上处理这些数据的程序代码。当主动包到达节点时，代码调用机制就会把主动包中的程序代码调出来连同包中的数据一起放入一个临时的执行环境中；然后在这个临时环境中执行程序代码，并允许有限制地访问节点的内存或其他资源。代码执行的结果可能是主动包所需的计算数据，或者是要求改变节点工作状态的指令信息；但在各个主动节点中不驻留任何代码，它们仅为主动包提供必要的执行环境。这种方式由于程序代码与数据一起传输，增加了网络负担，所以数据包中封装的程序代码不宜过大，一般为简单的处理程序。这种方式的实时性好，灵活性强。

2. 可编程交换节点方案

可编程交换节点方案是一种"离散"的方法，主要是让网络节点智能化。此时，主动包中不真正包含程序代码，取而代之的是程序代码的标识符等参数，程序代码被事先注入网络节点中。当主动包到达节点时，利用其携带的参数激活对应的程序。这种方案有效地降低了网络负载，同时也克服了封装体方案中携带程序代码所造成的安全隐患。因此，在用户定制的程序较复杂时，可以优先采用这种方法。前面介绍的主动网络执行环境 ANTS 采用的就是这种方法。

3. 综合方案

这种方案的思想是：主动包中仅携带简单的处理程序，而更为复杂的程序需事先注入网络节点，通过对这些服务程序的调用来实现复杂的处理工作。该方案在保证处理能力的同时也避免了主动包因携带庞大的程序而导致网络性能下降的现象。

18.4 主动网的应用

主动网因其独特的优点使其更能胜任现在由传统的计算机网络所承担的工作。主动网的具体应用包括多播技术、网络管理、网络缓存、网络安全、拥塞控制等。

1. 多播技术

多播技术虽然已广泛应用于 Internet 等各种计算机网络，但由于传统网络固有的缺陷，它们对于多播技术中存在的一些问题，如NACK泛滥(即在多播传输出现错误时，大量接收者向数据包发送方送出NACK消息包，从而造成数据包发送方通信量急剧增加，再次造成网络拥塞)、无用重传、重复数据拷贝等，仍然无法解决。而主动节点允许分解主动包和运行主动程序的特性，使上述问题迎刃而解。第一，主动节点具有Cache缓存机制，能够在需要数据重传的情况下使网络传输延迟和通信量减少。第二，主动节点能够及时处理流经的NACK消息包，从中获取与NACK消息发出者有关的信息，并保存在节点内。当同样的NACK消息包经过时，节点不执行转发操作，直接将其丢弃，从而可以避免NACK消息包被重复送往同一接收对象。第三，主动节点能够有效地控制NACK消息包的传送范围，用户可以在NACK消息包中指定获取修复数据包的路径，节点根据对NACK消息包分析的结果，在指定的链路上转发NACK消息包。借助主动网技术的优点，MIT大学的主动网络研究小组提出了ARM(Active Reliable Multi-communication)方案，利用主动网络有效解决了多播通信中的上述问题。

2. 网络管理

随着计算机网络的不断发展及其应用的普及，网络的规模越来越大，复杂度越来越高，新增的业务种类越来越多，网络管理的难度也随之越来越大。在这种情况下，传统的网络管理方法已显得力不从心。主动网技术的出现为复杂的网络管理工作提供了一种有效的解决方案。通过主动网技术可以非常方便地开发分布式的网络管理系统。这种网络管理系统可以随时将定制的管理程序传到相关的网络设备上，获取目标节点的状态信息或者调整设备的控制参数，从而实现到目标节点上进行信息的获取、处理和决策，而不是采用周期性轮询的集中式管理方式。这样不但可以减少信息在网络上的传输，同时也缩短了响应时延，提高了网络管理的时效；而且这种管理方式实现了功能分散，提高了网络管理的可靠性。

3. 网络缓存

为了减小数据的传输时延，常采用的传统技术就是网络缓存。具体来讲，就是在一些网络关键节点缓存一些用户最近用过的数据，使得用户再次访问这些数据时不需要再从远端的数据源获取数据，而是从本身或者距自己较近的节点上获取，从而缩短数据的传输时延，减轻网络的通信负荷。在介绍WWW服务时曾说明通过Web页面缓存机制可以减小用户访问Web服务器的时延，从而提高系统的响应性能。但是，对于实时性要求较高的应用，缓存技术起的作用非常有限，而且某种程度上，由于缓存了一些过时的信息，反而会降低系统的性能。

利用主动网技术，可以使网络具有自组织性，将不同的缓存策略注入到网络节点中去，通过分析、统计通过该节点的数据特性，从而动态地调整缓存策略，如选择缓存点、确定缓存数据、设置缓存大小等，以更好地适应动态变化的网络环境。

4. 网络安全

网络安全一直是计算机网络领域关注的重点问题之一，主动网技术为网络安全系统的实现提供了一条新途径。利用主动网技术来探测与防止非法入侵与攻击有许多优点。首先，主动网技术能够方便、快捷地更新网络的安全防护系统，能够迅速封堵新发现的安全漏洞；其次，主动网安全技术能发挥其移动特性自动找到最佳安全设防点；最后，主动网安全技术能优化网络资源的利用效率。主动网安全技术的研究内容非常丰富，目前较成功的是一种称为“主动网络攻击探测与防范(Active Network Intruder Detection and Response，ANIDR)”的网络安全防护系统。

ANIDR 系统的核心网由运行 SANTS 的主动路由器和交换机构成，ANIDR 根据网络结构自动地找到最佳防护点。当有人攻击网络中的某台服务器时，ANIDR 立即就会探测到，ANIDR 随即激活该服务器周围的包过滤器，形成“防火墙”，对所有经过该服务器的包进行检查。同时，利用反向跟踪机制将“防火墙”推向攻击者，最后在最靠近攻击源的 ANIDR 系统网络的边界上形成“专用防火墙”，以有效地阻止攻击。

5. 拥塞控制

传统网络一般采用基于 TCP 的消息反馈式拥塞控制机制，但由于这种机制增加了拥塞节点和端节点的工作量，不能很好地适应网络带宽和延迟时间的要求。众所周知，网络延迟越大，则端节点对网络是否拥塞做出正确判断所需的时间就越长；网络带宽越宽，端节点在检测拥塞的过程中向拥塞网络送出的数据包就越多。所以，网络的带宽和延迟性能将直接影响网络拥塞的持续时间和拥塞程度。主动网络采用了通过数据包对路由器进行再编程的思想，在很大程度上克服了反馈式拥塞控制的缺点。首先，主动节点可以监视可用带宽，并利用具有大容量缓冲区的优势，控制通道内数据流的传输速率，以尽量减少拥塞现象的发生。其次，主动网络检测到拥塞时，网络拥塞控制机制能够自动、有选择地丢弃某些相对不重要的数据包或信元，这一措施也能有效地降低发生拥塞现象的可能性。再次，对于具有不同传输优先级别的数据流，主动节点不仅能够从总体上控制它们的整体流速，而且还能细化到控制每条数据流的流速，甚至还能随时动态调整承诺的限额速率。最后，在网络拥塞的发生点，通过执行主动程序能够进行数据转换(如压缩数据、改变数据传输路由等)，从而缓解网络的拥塞程度或者避免拥塞范围的进一步扩大。

习题

(1) 什么是主动网？它与传统的计算机网络有什么区别？
(2) 简述 DARPA 提出的主动网体系结构。该体系结构各个组成部分的功能是什么？
(3) 简述主动网的 3 种实现方式。
(4) 举例说明主动网的具体应用领域。

第19章 自组网

自组网(ad hoc networks)是一种多跳的临时性自治系统,是一种无线移动网络。它最初起源于20世纪70年代的美国军事领域,是在美国国防部DARPA资助研究的“在战场环境下采用分组无线网进行数据通信”项目中产生的一种新的网络技术。无线移动通信、移动计算和移动终端技术的高速发展使得自组网不但在军事领域中得到了充分发展和应用,而且也为民用移动通信服务奠定了技术基础。

自组网技术提出的一个最大目标就是实现网络终端在移动过程中不至于因为网络拓扑结构的变化而引起通信中断。这样,在一些没有可利用的网络通信基础设施或者因某些因素(费用、安全、政策等)限制的特殊环境中,就可以通过移动终端灵活自主地组网,以完成用户之间的信息交换和协同工作。

19.1 自组网的概念及特征

自组网是由一些带有无线收发装置的移动节点组成的一个多跳的临时自治系统。在任一时刻,节点间通过无线信道连接形成一个任意网状的拓扑结构。自组网中的节点可以任意移动,从而可能导致网络拓扑结构也随之发生变化。在这种环境中,由于终端的无线通信覆盖范围的有限性,两个无法直接通信的用户终端可以借助其他终端的分组转发功能进行数据通信(即所谓的多跳)。它可以在没有或不便利用现有网络基础设施的情况下提供一种通信支撑环境,从而拓宽了移动通信网络的应用和服务范围。蜂窝移动通信网络和无线局域网都属于现有网络基础设施的范畴,它们需要基站或访问服务点(如无线AP)这样的中心控制设备,而自组网是一种各个移动节点高度自治、无中心的分布式网络。

自组网有多种存在形式,它可以在独立的环境下运行,也可以通过网关连接到现有的网络基础设施上,如连接到Internet。对于后面这种情况,自组网通常是以一个末端网络的方式连接进入现有网络,它只允许产生于或目的地是自治系统内部节点的信息进出,而不会让其他信息穿越自治系统。

在自组网中,节点兼备主机(即端节点)和路由器两种角色。一方面,节点作为主机运行相关的应用程序;另一方面,节点还要作为路由器运行相关的路由协议,进行路由发现、路由维护等常见的路由操作,对接收到的不是自己的信宿分组进行转发。因为自组网是一种多跳的无线移动网络,两个要交换信息的主机可能不能直接进行通信,它们之间的通信可能要经过多个中间的移动节点(即所谓的多跳)。

自组网和常见的有线网络以及无线局域网相比,具有以下特征:

(1) 网络的自组性。自组网可以在任何时刻任何地点构建,而不需要现有网络基础设施的支持,形成一个自由移动的通信网络。

(2) 动态的拓扑结构。由于网络中的节点可以以任意速度和任意方式移动,加上无线发送装置发送功率的变化、无线信道间的互相干扰、地形等综合因素的影响,节点间通过无线信道形成的网络拓扑结构可能随时发生变化,而且变化的方式和速度都是不可预测的。

(3) 有限的无线传输带宽。由于无线信道本身的物理特性,它所能提供的网络带宽相对于有线信道要低得多。除此之外,考虑到竞争共享无线信道产生碰撞、信号衰减、噪音干扰、信道间干扰等因素,节点可得到的实际带宽远小于理论上的最大带宽值。这个特点导致自组网比有线网络更容易发生网络拥塞。

(4) 节点资源有限。通常自组网的移动用户终端内存小、CPU 处理能力低,都是依靠电池等可耗尽能源来供电,其工作时间以及信号的发射和接收能力有限。

(5) 安全性差。自组网由于是一种无线移动网络,所以更加容易受到窃听、伪造、拒绝服务等各种网络攻击。

(6) 分布式控制。自组网中的移动节点都兼有独立路由和主机功能,节点地位平等,不存在一个集中的网络控制中心,采用了分布式控制方式,一个节点失效或者出现故障不影响整个网络的正常工作,从而具有很强的鲁棒性和抗毁性。这种特性在军事应用中尤为重要。

(7) 存在单向的无线信道。自组网采用无线通信方式,由于地形环境或发送功率等因素的影响,可能产生单向无线信道。

(8) 生存时间短。自组网通常是由于某种特定原因或者为完成某项特殊任务而临时性组建的,使用结束后,网络环境将会自动消失。自组网的生存时间相对于固定网络而言是非常短暂的。

19.2　自组网的组成结构

自组网一般有两种结构:平面结构和分级结构。自组网的平面结构如图 19.1 所示,该结构由若干个节点组成,而且所有节点的地位是平等的,所以又称为对等式结构。自组网的分级结构如图 19.2 所示,这种结构中网络被划分为簇(cluster),每个簇由一个簇头(cluster-header)和多个簇成员(cluster member)组成,这些簇头形成了高一级的网络;在高一级网络中,还可以分簇,再次形成更高一级的网络,直至最高级。分级结构中,簇头节点负责簇间数据的转发;转发时簇头节点将数据经过网关节点发送给其他簇头节点。

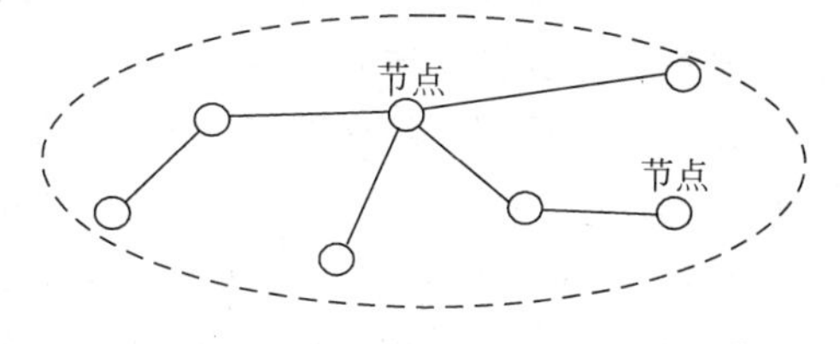

图 19.1　自组网的平面结构

根据不同的硬件配置,分级结构又可分为单频分级和多频分级两种,分别如图 19.2(a)、(b)所示。单频分级网络只有一个通信频率,所有节点使用同一个频率通信。为了实现簇

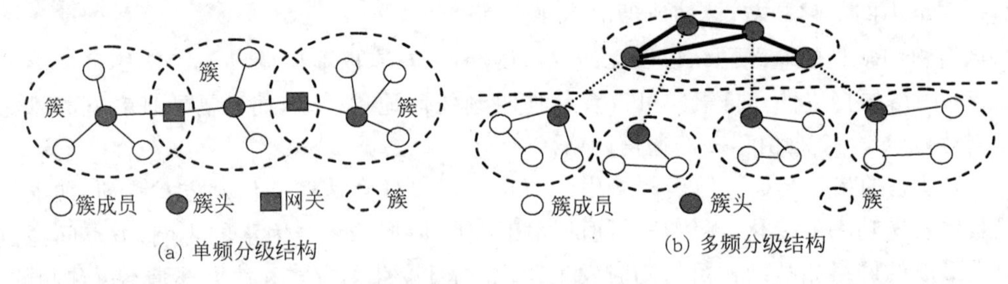

(a) 单频分级结构

(b) 多频分级结构

图 19.2 自组网的分级结构

头之间的通信,要有网关节点(同时属于两个簇的节点)的支持。簇头和网关形成了高一级的网络,称为虚拟骨干。而在多频分级网络中,不同级采用不同的通信频率;低级节点的通信范围较小,而高级节点可以覆盖较大的范围;高级节点同时处于多个级中,有多个频率,用不同的频率实现不同级的通信。在图 19.2(b)所示的两级网络中,簇头节点有两个频率;频率 1 用于簇头与簇成员的通信,而频率 2 用于簇头之间的通信。

显然,平面结构的自组网比较简单;源站和目的站之间一般存在多条路径,可以使用多条路径实现负荷分担,也可以为不同的业务类型选择适当的路径;网络中所有节点是对等的,原则上不存在瓶颈,所以抗毁性强。平面结构中节点的覆盖范围比较小,相对较安全。平面结构的最大缺点是网络规模受限。在平面结构中,每一个节点都需要知道到达所有其他节点的路由。由于节点的移动性,维护这些动态变化的路由信息需要大量的控制消息。网络规模越大,路由维护的开销就越大;当网络的规模增加到一定程度时,所有带宽都可能会被路由协议消耗掉。所以,平面式结构网络的可扩充性较差。

分级结构的最大优点是可扩充性好,网络规模不受限制。必要时可以通过增加簇的个数或级数来提高网络的容量。分级结构中,簇内成员的功能比较简单,基本上不需要维护路由,这就大大减少了网络中的路由控制信息。但簇头节点较为复杂,它不但要维护到达其他簇头的路由,还要知道所有节点与簇的所属关系。但总的来说,在相同网络规模的条件下,其路由开销远比平面结构小。如果簇内通信的信息量占较大比例时,各簇可以互不干扰地进行通信,系统的吞吐量显然要比平面结构的要高。但是分级结构也有它的缺点。首先,维护分级结构需要较复杂的簇头选择算法。其次,簇间的信息都要经过簇头寻径,不一定能使用最佳路由;例如处于不同簇中但互为邻居的节点,在平面结构中可以直接通信,但分簇后要通过两个簇的簇头转交。

从上述两种结构的介绍可见,分级结构要优于平面结构。首先,分级结构有较好的可扩展性。其次,分级结构通过路由信息局部化提高了系统的吞吐量。分级结构中的这种路由信息局部化,使得簇内节点无须知道其他簇的拓扑结构,一个簇的拓扑变化不会被其他簇感知,这就减小了路由控制报文的开销。再次,分级结构中节点的定位要比平面结构简单得多。在平面结构中,想知道一个节点的位置,需要在全网中执行查询操作。而在分级结构中,簇头知道自己簇成员的位置,只要查询簇头就可以得到节点的位置信息。此外,分级结构是无中心和有中心模式的混合体,可以采用两种模式的技术优势。虽然采用分级结构后有了相对的控制中心——簇头,但是簇头和簇成员是动态变化的,节点仍是自动组网的。分级后网络被分成了相对独立的簇,每个簇都有控制中心。基于有中心的 TDMA、CDMA 等技术都可以在分级的网络中使用。同样,基于有中心控制的路由、网络管理等技术也可以移植到 Ad Hoc 网络中来。随着 Ad Hoc 应用内容的增加以及对 QoS 要求的提高，Ad Hoc 网络逐渐呈现出分级化的趋势。

19.3 自组网中的关键技术

自组网中动态变化的拓扑结构、采用的无线通信方式使得网络的路由、安全以及 QoS（服务质量）等问题变得较为复杂，其中路由选择问题是自组网构建时所要着重考虑的一个问题。下面简单介绍一些自组网实现中的一些关键技术。

1. 路由技术

自组网是由一组具有路由功能的节点组成的分布式无线多跳网络，它不依靠任何预设的网络基础设施。由于自组网中节点的传输范围有限，源节点和目的节点通信时，通常需要其他节点的辅助，所以路由协议是自组网中不可缺少的一部分。

与传统的有线网络相比，自组网具有许多独特之处。如网络拓扑结构动态变化、无线传输带宽有限、移动节点的计算存储能力有限、安全性差、存在单向无线信道以及生存时间短等。因此，自组网的路由协议采用了许多独特的技术和方法，主要包括：路由环路避免问题、控制开销问题、对网络动态性的适应问题、节能问题、路由协议与定位技术的结合问题、组播路由等。

(1) 路由环路避免问题。按照所依据的基本路由算法的不同，自组网路由协议可分为基于链路状态的路由协议、基于距离矢量的路由协议、源路由协议和反向链路协议。在源路由协议中，由于路由信息标记在分组头部，协议本身具有环路避免特性。而对于其他的路由算法，由于控制分组经过不同的路径，在网络中的时延不同，如果采用过期的控制分组进行路由计算，在网络动态变化的情况下，很可能会产生环路问题。

信息标识是用来解决路由环路问题的一种技术。在自组网的路由协议中，每一个分组可用＜源节点，序列号＞来唯一标识。其中的序列号是与源节点时间相关的唯一值，序列号越大，分组越新。分组在路由过程中，会受到网络延迟、阻塞和链路通断的影响，因此在到达目的节点时，会发生乱顺和重复，可根据分组标识来保证过滤重复分组和有序处理分组。信息标识技术不仅可以应用于分组标识，也可应用于路由表项的标识等。在 DSDV (Destination Sequenced Distance Vector)和 AODV(Ad hoc On Demand Distance Vector)协议中，每一个距离矢量都带有一个序列号信息标识，用于确定距离矢量的生成顺序，以解决路由环路问题。

(2) 对网络动态性的适应问题。网络拓扑的动态性是自组网的一大特点，网络的高度动态性必将导致原有路由的失效。在网络动态变化十分剧烈的情况下，路由一般只能通过洪泛法来实现。在网络稳定的情况下，通常有以下 3 种方法对失效路由进行维护：备份路由、源节点重新计算路由和在路由失效节点进行局部路由修复。而在自组网中，比较好的方式是采用路由局部修复技术，将链路变化限制在一个局部区域内，在保持路由连通性的前提下，减少路由开销，缩短路由恢复时间。但局部链路修复技术仅考虑到了局部情况，实际上是放弃了对最优路径的追求。

(3) 控制开销问题。路由开销控制是评价自组网路由协议性能的重要指标。路由开销可以用节点发送的路由控制分组比特数与正确接收的数据业务分组比特数之比来表示。自组网路由协议的设计过程就是一个路由优化过程，即在满足分组传输要求的基础上尽量减少路由开销，从而提高网络的吞吐量。自组网采用按需发送路由请求分组、减少广播控制分组的节点数、限制路由发现的重复频率、减少对拓扑变化的反应和允许非最优路由存在等方法来降低路由开销。

(4) 节能问题。自组网的移动节点一般都采用电池供电，因电池提供的能量不够充足，导致移动节点的工作时间比较短。在自组网中，部分节点电量耗尽，不仅使这些节点本身不能工作，而且有可能影响到网络的整体性能。例如：造成连通网络的分割，严重时将导致大部分生存下来的节点之间不能相互通信。为此专门设计了功率感知路由协议用来节省网络功率消耗，延长网络寿命，该协议实现的两个主要功能为：①尽量保证每个节点剩余能量的均衡。②寻找一条节能的路由。第一点要求寻找路由时尽量选择剩余能量多的节点加入路由(参与中继转发)，同时避免使用电量已不足的节点加入路由。第二点要求寻找总体最节能的路由。在空闲状态下，功率感知路由协议的基本思想是让每个处于空闲状态中的节点尽量将自己的工作模式调整到休眠或者关机状态，以此来减少能耗。然而，这种思想需要很好的路由设计，使得当许多节点处于休眠/关机状态(此时，无法为其他节点转发分组)时也能保证通信的正常进行。

(5) 路由协议与定位技术的结合问题。目前，存在着一些比较成熟的定位技术(如GPS、北斗定位系统等)，可以为自组网中的节点提供地理位置信息。利用地理位置信息可以使自组网的路由性能得到很大改善，这类路由协议是自组网的一大特色。在自组网中利用位置信息，可以使节点在寻找路由时避免简单的洪泛。利用相邻节点或目的节点的位置信息，可以提高路由寻找的效率。

(6) 组播路由。组播路由可以实现多方通信，充分发挥无线网络的广播特性，提高网络的利用率。在拓扑动态变化的移动 Ad Hoc 网络中，组播树不再是静态的，因此组播路由必须处理好移动性问题，包括成员的动态性。

2. 自组网的安全问题

自组网的安全目标与传统有线网络的安全目标一致，它们包括可用性、机密性、完整性、安全认证和抗抵赖性。但是两者却具有不同的内涵。在传统网络中，主机之间的连接是固定的，网络采用层次化的体系结构，并具有稳定的拓扑。传统网络提供了多种服务，包括路由服务、命名服务、目录服务等，并且在此基础上实现了相关的安全策略，如加密、认证、访问控制和权限管理、防火墙等。而在移动 Ad Hoc 网络中没有基站或中心节点，所有节点都是移动的，网络的拓扑结构动态变化，并且节点间通过无线信道相连，没有专门的路由器，节点自身同时兼作路由器，也没有命名服务、目录服务等网络功能。二者的区别导致在传统网络中能够很好工作的安全机制不再适用于移动 Ad Hoc 网络。因此，移动 Ad Hoc 网络比固定网络更容易遭受各种安全威胁，如窃听、伪造身份、重放、篡改报文和拒绝服务等。

为了保障移动 Ad Hoc 网络的安全，至今已经提出了许多种安全解决方案，主要包括 3 个方面：

- 密钥的设置与认证。在移动 Ad Hoc 网络无中心自组织的情况下，密钥分配和相互认证主要采用两种实现方式：基于门限密钥的管理方案和基于 PGP 的自组织的认证方案。

- 路由安全方案。重点是对路由协议提供安全保障，通过对路由协议中的报文提供完整性校验、身份认证等安全措施，防止恶意篡改的发生。
- 入侵检测。在网络运行中及时发现恶意节点的入侵。

3. 服务质量

服务质量（QoS）是指当源端向目的端发送分组数据时，网络向用户保证提供满足预先定义的服务性能，如端到端的延迟、带宽、分组丢失率等。显然，为了提供 QoS 保证，首要的任务就是在源节点和目的节点之间寻找一条较为理想的路由，该路由具有必要的资源来满足 QoS 要求；其次，对于特定的数据流，一旦路由被选择后，必须为该数据流预留必要的资源（如带宽、路由器中的缓存空间等）。

例如，多媒体应用通常要求高带宽的可用性、低的分组丢失率、分组传输延迟的低变化（即端到端的延迟抖动轻）。可是，在移动 Ad Hoc 网络环境中，由于移动性、信道时变性和可靠性等问题，这些要求很难得到满足。即使这些要求一时得到了满足，并预留了带宽，也不能保证在整个会话过程中一直能持续保持不变。所以，为了在这样的网络上得到可接受的服务质量是相当困难的，目前的趋势是使用自适应 QoS 方法替代基于资源预留的方法来实现 QoS 保证。

19.4 自组网的应用

自组网作为现有网络的一种补充和扩展，主要应用在没有网络基础设施支持的环境中，或现有网络不能满足移动性、机动性等要求的情况下。例如，军事作战环境，救火、救生等需要紧急部署通信网络的环境，人员处于没有现成网络支持但又需要协同工作的商业环境等。

1. 军事通信

军事应用是 Ad Hoc 网络技术的主要应用领域。因其特有的无须架设网络设施、可快速展开、抗毁性强等特点，成为数字战场通信的首选技术。Ad Hoc 网络技术已经成为美军战术互联网的核心技术。近期，美军的数字电台和无线互联网控制器等主要通信装备都使用了 Ad Hoc 网络技术。

2. 紧急事故和临时场合

在发生了地震、水灾、强热带风暴或遭受其他灾难性打击后，固定的通信网络设施（如有线通信网络、蜂窝移动通信网络的基站等网络设施、卫星通信地面站以及微波接力站等）可能被全部摧毁或无法正常工作。对于抢险救灾来说，这时就需要 Ad Hoc 网络这种不依赖任何固定网络设施又能快速布设的自组织网络技术。类似地，处于偏远或偏僻野外地区时，同样无法依赖固定或预设的网络设施进行通信。Ad Hoc 网络技术的独立组网能力和自组织特点，是这些场合通信的最佳选择。

3. 传感器网络

传感器网络是 Ad Hoc 网络技术的另一个应用领域。最近，人们开始关注大量分布的传感器协调工作问题。传感器可以工作在危险的环境(如有害化学物质泄漏现场)，通过在传感器上装备位置指示器、Ad Hoc 收发器等，将传感器所在现场的信息传送到危险现场以外，避免救援人员直接进入现场去收集和处理事故信息。

4. 移动会议

现在，笔记本电脑、PDA 等便携式设备越来越普及。在室外临时环境中，工作团体的所有成员可以通过 Ad Hoc 方式组成一个临时网络来协同工作。借助 Ad Hoc 网络，还可以实现分布式会议功能。

5. 个人域网络

个人域网络(Personal Area Network，PAN)的概念是由 IEEE 802.15 提出的，该网络只包含与某个人密切相关的装置，如 PDA、手机、掌上电脑等；这些装置可能不与广域网相连，但它们在进行某项活动时又确实需要通信。目前，蓝牙技术只能实现室内近距离通信，Ad Hoc 网络为建立室外更大范围的 PAN 与 PAN 之间的多跳互联提供了技术可能性。

6. 与移动通信系统的结合

Ad Hoc 网络还可以与蜂窝移动通信系统相结合，利用移动站点的多跳转发能力扩大蜂窝移动通信系统的覆盖范围、均衡相邻小区的业务、提高小区边缘的数据速率等。

综上所述，军事应用目前仍是 Ad Hoc 网络的主要应用领域。由于 Ad Hoc 网络具有其他无线通信系统不具备的特点和独特的优势，所以它在那些临时、紧急、无通信基础设施、要求低发射功率但高覆盖范围的场合具有广阔的应用前景。

习题

(1) 什么是自组网？自组网产生的背景是什么？
(2) 和常见的有线固定网络以及无线局域网相比，自组网具有哪些特点？
(3) 自组网具有哪几种组成结构？各种组成结构的特点是什么？
(4) 实现自组网的关键技术有哪些？其具体内涵是什么？
(5) 简述自组网的主要应用领域。

第20章 无线传感器网络

随着通信、嵌入式计算和传感器等技术的飞速发展和日益成熟，具有感知能力、计算能力和通信能力的微型传感器开始在世界范围内出现，由这些微型传感器构成的无线传感器网络(Wireless Sensor Network，WSN)引起了人们的极大关注。这种传感器网络综合了传感器、嵌入式计算、现代网络及无线通信、分布式信息处理等技术，能够协同地实时监测、感知和采集网络分布区域内的各种环境或监测对象的信息。这些信息通过无线方式在网络中进行传输，并以自组多跳的方式传送到用户终端。这种传感器网络可以使人们在任何时间、地点和任何环境条件下获取大量可靠的有用信息。因此，这种网络系统的出现受到了各行各业的普遍关注，它在军事国防、工农业、城市管理、生物医疗、环境监测、抢险救灾、防恐反恐、危险区域远程控制等许多重要领域都具有一定的实际应用价值。

20.1 概述

无线传感器网络通常是指由大量密集部署在监控区域内，带有嵌入式处理器、传感器以及无线收发装置的智能节点以自组织方式构成的无线网络，通过节点间的协同工作来采集和处理网络覆盖区域中的目标信息。这种网络由于传感器节点数量众多，部署时只能采用随机投放的方式，传感器节点的位置不能预先确定；在任意时刻，节点间通过无线信道连接，采用多跳(multi hop)、对等(peer to peer)通信方式和自组织网络拓扑结构。传感器节点的组成如图20.1所示。它是一个具备感知能力、计算能力和通信能力的微型嵌入式系统，主要由传感模块、数据处理模块、无线通信模块以及电源供应模块组成。外部环境的物理量经过传感模块变成电信号，然后经过放大、模数转换(ADC)，产生的数据信息提交给由微控制器(MCU)和内存组成的数据处理模块，最后通过无线通信模块与其他节点进行通信，电源供应模块则负责整个节点的能源供应。此外，节点上运行的软件，如操作系统、协议也需要根据有关特性专门设计。更重要的是，各传感器节点间具有很强的协同能力，通过局部的数据采集、预处理以及节点间的数据交换来协同完成全局性任务。

无线传感器网络系统的组成如图20.2所示。它是由大量的功能相同或不同的无线传感器节点、接收发送器(sink节点)、Internet或通信卫星、任务管理节点等部分组成的一个多跳式无线网络。传感器节点散布在指定的感知区域内，形成了分布式传感器网络(Distributed Sensor Network，DSN)，其中的每个节点都可以收集数据，并通过多跳路由方

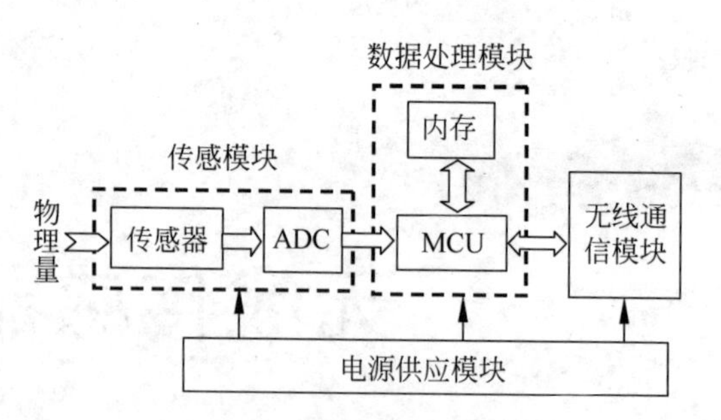

图 20.1　传感器节点的组成

式把数据传送到 sink 节点(也称为汇聚节点)。sink 节点也采用同样的方式将信息发送给各节点。此外,sink 节点直接与 Internet 或通信卫星相连,通过 Internet 或通信卫星实现任务管理节点(即观察者或者用户)与传感器之间的通信。

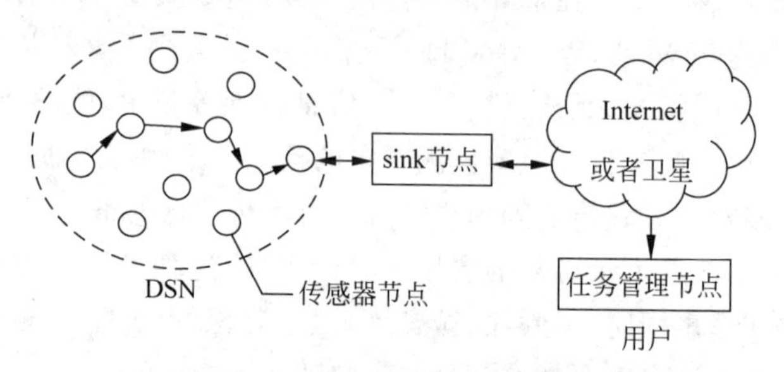

图 20.2　无线传感器网络系统的组成

由上面的介绍可见,无线传感器网络与 Ad Hoc 网络非常相似,它除了具有 Ad Hoc 网络的移动性、断接性、电源能力有限性等共同特征外,还具有通信能力和计算能力有限、强健壮性和容错性、动态性和实时性等特点。

(1) 无线传感器网络中的传感器节点绝大多数是静态的,密集部署于监测区域内,而且数量非常庞大,在一个目标区域内往往要部署成千上万个传感器节点,节点数量远大于 Ad Hoc 网络。

(2) 无线传感器网络的拓扑结构因传感器节点的失效、睡眠或者唤醒而经常发生变化。由于在一个目标区域内部署的传感器节点非常密集,所以必须对网络拓扑结构进行全面、实时的管理。

(3) 传感器节点主要使用广播通信机制,其中最引人注目的先进通信技术是超带宽通信技术,而目前大部分专用网络都采用点对点通信。

(4) 传感器节点的电源功率、计算能力和存储容量都有一定的限制。为了省电,各个传感器节点大部分时间都处于睡眠状态,并采用唤醒工作方式,一旦需要某个传感器节点参与工作,则通过事件触发唤醒它。

(5) 无线传感器网络一般都是在一个开放式空间中自主、自组织、无人值守地工作,不可能采用像移动蜂窝通信网、互联网一样完善和复杂的安全认证体系,只能采用尽可能简单并且具有一定隐密性的安全认证体系。

(6) 在各种军事应用场合,传感器节点一般都是随机地部署在不同的环境中执行特定的任务。虽然各传感器节点无法事先知道自身所处的位置,但是通过部署后的实时自定位,就能以自组织的方式相互协调地组网工作。

由上面的介绍可以看出，无线传感器网络是一种应用于特殊场合的无线网络，其性能和可用性至关重要。下面介绍评价无线传感器网络性能的几个重要指标：

- 能源有效性。无线传感器网络的能源有效性是指该网络在有限的能源条件下能够处理的请求数量，它是评价无线传感器网络的重要性能指标。
- 生命周期。无线传感器网络的生命周期是指从网络启动到不能为观察者提供信息为止所持续的时间。
- 时间延迟。无线传感器网络的延迟时间是指当观察者发出请求到他接收到回答信息所需要的时间。
- 感知精度。无线传感器网络的感知精度是指观察者接收到的感知信息的精度。传感器的精度、信息处理方法、网络通信协议等都对感知精度有所影响。感知精度、时间延迟和能量消耗之间具有密切的关系。
- 可扩展性。传感器网络的可扩展性表现在传感器数量、网络覆盖区域、生命周期、时间延迟、感知精度等方面的可扩展极限。
- 容错性。由于环境或其他原因，维护或替换失效传感器常常是十分困难的，有时甚至是不可能的。这样，传感器网络的软、硬件必须具有很强的容错性，以保证系统具有相当强的健壮性。

20.2　无线传感器网络的体系结构

无线传感器网络的体系结构如图 20.3 所示。该网络体系结构由通信协议、DSN 管理以及应用支撑技术 3 个部分组成，各个组成部分实现的功能如下：

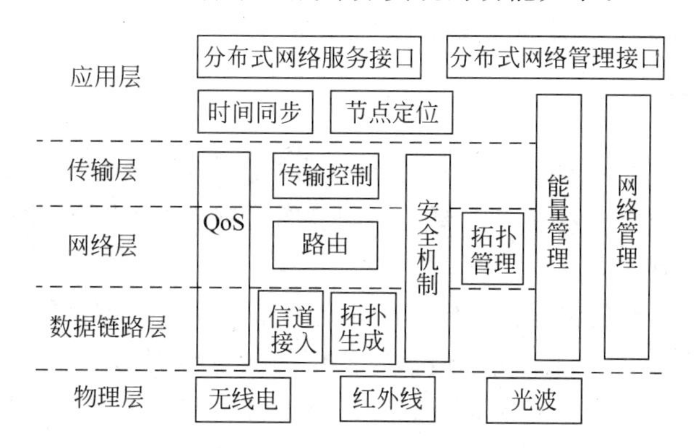

图 20.3　无线传感器网络的体系结构

1. 通信协议

(1) 物理层。物理层负责数据的调制、发送与接收。物理层传输方式涉及分布式传感器网络采用的传输媒体、通信频段及调制方式。传感器网络所采用的传输媒体主要有无线电、红外线、光波等。

(2) 数据链路层。负责数据成帧、帧检测、介质访问和差错控制。

(3) 网络层。主要完成数据的路由转发，实现传感器与传感器、传感器与观察者之间的通信，并支持多传感器协作以完成大型感知任务。

2. DSN 管理

(1) 能量管理。在传感器网络中，电源能量是各个节点最宝贵的资源，为了延长传感器网络的存活时间，必须合理、有效地利用能量。传感器网络的能量管理部分控制节点对能量的使用。

(2) 拓扑管理。在传感器网络中，为了节约能量，某些节点在某些时刻会按照某种规则进入休眠状态，导致网络的拓扑结构不断变化。为了使网络能够正常运行，必须进行拓扑管理，控制各节点状态的转换，以使网络保持畅通，数据能够有效地传输。

(3) 网络管理。负责网络维护、诊断，并向用户提供网络管理服务接口，通常包含数据收集、数据处理、数据分析和故障处理等功能。需要根据传感器网络的能量受限、自组织、节点易损坏等特点设计新型的分布式网络管理机制。

(4) QoS 支持与网络安全机制。QoS 是指为应用程序提供足够的资源，以使服务满足用户的要求。通信协议中的数据链路层、网络层和传输层都可以根据用户的需求提供 QoS 支持。由于传感器网络多用于军事、商业领域，安全性非常重要。而在传感器网络中，传感器节点随机部署、网络拓扑的动态性以及信道的不稳定性，使传统的安全机制无法适用，必须针对传感器网络的特点设计新型的网络安全机制。

(5) 移动控制。某些应用环境中，有一部分节点可以移动；移动控制负责检测和控制节点的移动，维护到汇聚节点的路由，还须使传感器节点能够跟踪它的邻居。

(6) 远程管理。由于传感器网络中的节点常处于人不易接近的地点，所以对传感器网络进行远程管理十分必要。通过远程管理，可以修正系统的 Bug、升级系统、关闭子系统、监控环境的变化等，使传感器网络能够更有效地工作。

3. 应用支撑技术

(1) 时间同步。在传感器网络中，单个传感器的能力有限，通常需要大量的传感器相互配合。这些协同工作的传感器节点需要全局同步的时钟支持，这种时钟同步一般通过节能、高效的同步算法来实现。

(2) 节点定位。节点定位是指确定每个传感器节点在传感器网络系统(DSN)中的相对位置或绝对的地理坐标。该位置信息通常与节点的测量数据绑定在一起，以使测量数据具有实际的应用价值。节点定位功能在传感器网络的许多应用中都起着至关重要的作用。例如，在军事侦察、火灾监测、灾区救助等应用中，传感器节点需要根据自身的位置信息来提供目标的位置。另外，通过节点定位，传感器网络系统可以智能地选择一些特定的节点来完成任务，这种工作模式可以大大降低整个系统的能量消耗，延长系统的生存时间。

(3) 分布式网络服务接口。传感器网络的应用多种多样，为了适应不同的应用环境，人们提出了各种应用层协议为用户提供服务，如任务安排和数据分发协议(Task Assignment and Data Advertisement Protocol，TADAP)、传感器查询和数据分发协议(Sensor Query and Data Dissemination Protocol，SQDDP)等。

(4) 分布式网络管理接口：主要为使用传感器网络管理协议(Sensor Management

Protocol，SMP)提供手段。

20.3　无线传感器网络的关键技术及研究重点

无线传感器网络正处于发展阶段，其实现技术仍处于不断的研究和探索过程中。其中的关键技术和重点研究内容主要包括传感器节点配置、网络体系结构、时间同步、目标追踪与节点定位、网络拓扑控制、能量管理、以数据为中心的处理和路由、网络的容量与生命周期、冲突信号避免、网络的容错性以及安全性等多个方面。下面从 4 个方面详细介绍。

(1) 能源管理。无线传感器网络的一个重要特点是能源受限。由于无线传感器网络节点数量多，通信量大，耗能多，而且通常工作于恶劣环境，能量很难替换和补充，所以节能问题是一个重要研究内容。在考虑节能问题时，不仅涉及处理器和通信模块等硬件方面，还需要在通信协议的各层及操作系统中加以协调和控制。

当前对无线传感器网络节能问题的研究主要集中在两个方面：

- 从电源模块本身出发，研究增强能源供电能力的方法，如可充电电池研究、太阳能电池研究等。
- 从传感器网络的工作机理出发，研究增强网络能源利用效率的方法，如新的节能型网络拓扑结构研究，新的节能型网络路由算法和协议研究。

(2) 节点定位。节点的准确定位是无线传感器网络应用的重要条件。由于无线传感器网络的工作区域是人类不适合进入的区域，或者是敌对区域，并且传感器节点的位置都是随机布置的，事先难以预知。但是，节点采集到的数据必须结合位置信息才有意义，没有位置信息的数据几乎没有任何利用价值。传感器网络的特点，使获得节点的准确位置具有一定的难度。一个直接想法是使用全球定位系统(GPS)来实现，但是在无线传感器网络中使用 GPS 来获得所有节点的位置信息受到价格、功耗等因素的限制，存在一定的困难。因此，目前主要的研究工作是利用少量已知位置节点(参考节点，采用 GPS 定位或者预先放置的节点)，来获得其他节点的位置信息。

目前，在研究节点定位技术时应考虑以下几个方面：

- 如何使用较少的基础设施来获得满足应用需求的定位精度。
- 在保证应用需求的定位精度的前提下，应尽量减少网络通信开销和能量消耗。
- 在网络规模较大的情况下，应有效提高节点定位的速度。

(3) 网络拓扑管理。在无线传感器网络中，为了节约能量，某些节点偶尔会进入休眠状态，从而可能导致网络的拓扑结构不断变化。而传感器网络作为一种多跳式网络，网络拓扑结构的变化将在某种程度上影响网络的正常通信。所以，为了保证网络能够正常运行，应研究网络拓扑的管理技术，以有效地控制各节点状态的转换，在尽可能少消耗能源的条件下使网络通信保持畅通。

(4) 路由协议。路由协议负责在 sink 节点与其余节点间进行数据可靠的传输。由于无线传感器网络与应用高度相关，单一的路由协议不能满足各种应用需求，因此人们研究了众多的路由协议，如基于聚簇的路由协议、基于地理位置的路由协议、能量感知路由协议、以数据为中心的路由协议、容错路由协议，等等，以满足特定的应用需求。

基于无线传感器网络的特点，在设计路由协议时应考虑如下几个方面：

- 减少通信量，以节约能量。由于无线传感器网络中的数据通信最耗能，因此应在路由协议中尽量减少数据通信量。例如，可在数据查询或者数据上报中采用某种过滤机制，抑制节点上传不必要的数据。另一方面，采用数据聚合机制，在数据传输到sink节点前，就完成可能的数据计算。
- 保持通信量负载平衡。通过更加灵活地采用路由策略让各个节点分担数据传输，平衡节点的剩余能量，提高整个网络的生存时间。例如，在路由选择中采用随机路由而非稳定路由，或者在路径选择中考虑节点的剩余能量。
- 路由协议应具有容错性。由于无线传感器网络节点容易发生故障，因此应尽量利用节点易获得的网络信息计算路由，以确保在路由出现故障时能够尽快得到恢复；也可采用多条冗余路径来提高数据传输的可靠性。
- 路由协议应具有安全机制。由于无线传感器网络的固有特性，其路由协议极易受到安全威胁，尤其在军事应用领域。目前的路由协议很少考虑安全问题，因此在一些应用中必须考虑设计具有安全机制的路由协议。
- WSN路由协议向基于数据、基于位置的方向发展。这是由于WSN一般不采用统一编址，而是以数据、位置为中心，因此路由协议应充分考虑这些特点。
- 针对WSN中节点少移动的特点，不维护其移动性；针对网络相对封闭、不提供计算等特点，只在sink节点考虑与其他网络互联；在设计路由协议时应充分考虑这些特点，以有效地减少路由开销。

20.4 无线传感器网络的应用

传感器网络具有低成本、低功耗等特点，使其可以大范围地分布在一定区域，即使是人类无法到达的区域，它都能正常工作，因而其应用面较广。目前的无线传感器网络常应用于军事、环境监测、医疗健康等领域。

1. 军事应用

从某种意义上说，无线传感器网络的产生正是源于军事领域对网络技术的特殊需求，因此在军事上的应用反映了无线传感器网络产生的初衷。无线传感器网络在军事战场上的应用主要是信息收集、跟踪敌人、战场监视、目标分类。无线传感器网络由大量密集型节点构成，拥有自组织性和相当的容错能力，即使部分节点遭到恶意破坏，也不会导致整个系统崩溃，正是这一点保证了无线传感器网络能够在恶劣的战场环境下稳定、可靠地工作，提供准确可靠的信息传输。

除了在战争时期，和平年代也能应用无线传感器网络进行国土安全保护、边境监视等应用。例如，用埋设地雷来保卫国土、防止入侵，反而对本国带来了巨大的安全威胁；取而代之的可能是在边境布置成千上万的传感器节点，通过对声音和震动信号的分类分析，探测敌方的入侵。

2. 环境监测

环境监测是无线传感器网络的又一个非常重要的应用领域。在人们对环境问题越来越关注的今天，环境监测涉及的范围非常广，依靠传统的数据收集和统计方法已经无法正常进行，无线传感器网络则能够胜任这项工作。

人们在设计未来智能大楼的进程中，普遍认为对室内环境的监测很有必要。加州大学伯克利分校的SABER研究中心研制的Smart Dust系统，可以实时监测室内的温度和亮度。ASHRAE研究机构（American Society of Heating, Refrigerating and Air Conditioning Engineers）设计了HVAC系统（Heating Ventilation and Air Condition），将无线传感器网络布置在办公大楼中，实时监测楼内的温度和空气质量，以改善室内环境。

传感器网络也为野外获取研究数据提供了方便。例如，哈佛大学与北卡罗莱纳大学的合作项目通过无线传感器网络收集震动和次声波信息并加以分析，进行火山爆发的监测。

3. 医疗健康

随着无线传感器网络的不断发展，它在医疗健康方面也得到了应用。医生可以利用传感器网络，在一些有发病隐患的病人身上安装特殊用途的传感器节点，如心率、血压等监测设备，医生就可在远端随时了解被监护病人的病情，进行及时处理和救护。

Intel研究中心利用无线传感器网络开发的老人看护系统，实时检测他们的健康问题。传感器节点被安置在老年人身上，能够感知到老年人的各项行动，并相应地做出正确提醒，同时记录下老年人的全部活动，为老人的健康安全提供保障。

4. 其他应用

除了上述应用领域外，无线传感器网络在空间探测、工业生产、物流控制以及其他一些商业领域也有着广泛的应用。

美国宇航局（NASA）研制了SensorWebs，为火星探测做准备；英国石油公司利用无线传感器网络以及RFID技术，对炼油设备进行监测管理；许多大公司利用无线传感器网络对仓库货物进行控制。

传感器网络低成本、低功耗，并且可以自组织地进行工作，为其在各个领域的应用奠定了坚实基础；传感器网络的不断成熟和完善，将会孕育出越来越多新的应用模式。

习题

(1) 说明无线传感器网络与自组网的主要异同。
(2) 论述无线传感器网络的特点和主要性能指标。
(3) 论述传感器节点的组成及各部分的功能。
(4) 说明无线传感器网络的体系结构以及各个组成部分的功能。
(5) 为什么说无线传感器网络的拓扑结构是经常变化的？
(6) 基于无线传感器网络的特点，设计路由协议时应考虑的主要问题是什么？
(7) 如何解决无线传感器网络的能源受限问题？
(8) 节点的准确定位对无线传感器网络的应用有什么价值？
(9) 说明无线传感器网络的主要应用领域。

部分习题参考答案

第1章

(6) B (17) A (20) A

第2章

(9) D (10) B (11) D (19) D (20) B

第3章

(7) C (8) A (12) C (13) C (16) B,C (17) D (25) C (32) B (33) A,D (34) B (35) B,D

第4章

(2) B (3) D (8) D (19) B (21) D (22) B

第5章

(6) D (16) B (18) A (20) A (21) D (24) B (25) D (26) A (27) C

(28) C (29) A (31) C (33) D (34) A (35) A (42) B (44) C

(48) B (49) B

第6章

(7) C (10) C (17) C

第8章

(12) B (13) D (19) A (20) D (21) C (26) C (30) A,D (31) D (32) D (36) B (40) C (46) C (47) A (48) D (49) C (50) B

第9章

(8) A (22) A (29) C (30) C (31) C (32) A

第12章

(2) A (3) B (8) C (9) B (13) B (14) D (15) A (16) A (17) A (19) C (28) C (39) D

参考文献

[1] Andrew S Tanenbaum. 计算机网络[M]. 4 版. 潘爱民，译. 北京：清华大学出版社，2004.

[2] Behrouz A Forouzan, Sophia Chung Fegan. TCP/IP 协议簇[M]. 2 版. 谢希仁，译. 北京：清华大学出版社，2003.

[3] 步山岳，张有东. 计算机信息安全技术[M]. 北京：高等教育出版社，2005.

[4] 陈广山，等. 网络与信息安全技术[M]. 北京：机械工业出版社，2007.

[5] 甘刚. 网络设备配置与管理[M]. 北京：清华大学出版社，2007.

[6] James F Kurose, Keith W Ross. Computer networking[M]. Higher Education Press, 2001.

[7] Ian Foster, Carl Kesselman. 网格计算[M]. 2 版. 金海，袁平鹏，石柯，译. 北京：电子工业出版社，2005.

[8] James F Kurose, Keith W Ross. 计算机网络：自顶向下方法[M]. 6 版. 陈鸣，译. 北京：机械工业出版社，2014.

[9] Kevin R Fall. TCP/IP 详解 卷 1：协议[M]. 2 版. 吴英，张玉，许昱玮，译. 北京：机械工业出版社，2016.

[10] 李明江. 简单网络管理协议[M]. 北京：电子工业出版社，2007.

[11] 雷万云. 云计算[M]. 北京：清华大学出版社，2011.

[12] 鲁士文. 新编计算机网络习题与解析[M]. 北京：清华大学出版社，2013.

[13] Mani Subramanian. Network Management: Principles and Practice [M]. Higher Education Press, 2001.

[14] M Sahami, Computer science curricula 2013 (CS2013)[J], Computer, 2013, 5 (1) :4-5.

[15] 孙钦东，等. 网络信息内容审计[M]. 北京：电子工业出版社，2010.

[16] 吴功宜. 计算机网络[M]. 3 版. 北京：清华大学出版社，2011.

[17] 谢希仁. 计算机网络[M]. 7 版. 北京：电子工业出版社，2017.

[18] 杨延双，等. TCP/IP 协议分析及应用[M]. 北京：机械工业出版社，2009.

[19] 杨云江，魏节敏，等. 计算机网络管理技术[M]. 3 版. 北京：清华大学出版社，2017.

[20] 张基温. 计算机网络教程[M]. 北京：清华大学出版社，2017.

[21] 张曾科，阳宪惠. 计算机网络[M]. 北京：清华大学出版社，2006.

[22] 张中荃. 现代交换技术[M]. 2 版. 北京：人民邮电出版社，2009.

[23] 周伟. 计算机网络考研习题精析[M]. 北京：机械工业出版社，2016.

图书资源支持

感谢您一直以来对清华版图书的支持和爱护。为了配合本书的使用，本书提供配套的资源，有需求的读者请扫描下方的“书圈”微信公众号二维码，在图书专区下载，也可以拨打电话或发送电子邮件咨询。

如果您在使用本书的过程中遇到了什么问题，或者有相关图书出版计划，也请您发邮件告诉我们，以便我们更好地为您服务。

我们的联系方式：

地　　址：北京海淀区双清路学研大厦A座707

邮　　编：100084

电　　话：010-62770175-4604

资源下载：http://www.tup.com.cn

电子邮件：weijj@tup.tsinghua.edu.cn

QQ：883604(请写明您的单位和姓名)

资源下载、样书申请

书圈

用微信扫一扫右边的二维码，即可关注清华大学出版社公众号“书圈”。